国之重器出版工程

网络强国建设

"十三五"
国家重点出版物出版规划项目

国家出版基金项目
NATIONAL PUBLICATION FOUNDATION

5G 丛书

5G 移动通信：
面向全连接的世界

5G Mobile Communication:
A Fully Connected World

刘光毅　方敏　关皓　李云岗　孙程君　等 编著

人民邮电出版社

北　京

图书在版编目（CIP）数据

5G移动通信：面向全连接的世界 / 刘光毅等编著
. -- 北京：人民邮电出版社，2019.12
（国之重器出版工程·5G丛书）
ISBN 978-7-115-53251-0

Ⅰ. ①5… Ⅱ. ①刘… Ⅲ. ①无线电通信－移动通信
－通信技术 Ⅳ. ①TN929.5

中国版本图书馆CIP数据核字(2019)第285867号

内 容 提 要

本书从 5G 需求与愿景出发，深入揭示了 5G 产生的背景、频率需求、候选频率及其无线传播特性，围绕 5G 相关的主要标准化组织及其研究的最新进展对 5G 标准的未来进行了展望；围绕 5G 的关键技术，分别从多天线的演进、非正交与多址、全双工、编码与链路自适应、网络架构、用户无感知的移动性管理、以用户为中心的自治网络、毫米波系统设计、超密集网络及小区虚拟化以及物联网的优化等方面详细介绍了 5G 的关键技术，最后对 3.5 GHz 5G 样机的设计与外场试验情况进行了介绍，并展望了 5G 应用与部署。

本书全方位地系统阐述 5G 的来龙去脉以及未来主要发展方向，是 5G 研发、无线通信技术教学以及工程实施人员有益的参考书。

◆ 编　著　刘光毅　方　敏　关　皓　李云岗　孙程君 等
　责任编辑　李彩珊
　责任印制　彭志环
◆ 人民邮电出版社出版发行　　北京市丰台区成寿寺路 11 号
　邮编　100164　电子邮件　315@ptpress.com.cn
　网址　http://www.ptpress.com.cn
　北京盛通印刷股份有限公司印刷
◆ 开本：800×1000　1/16
　印张：30　　　　　　　　2019 年 12 月第 1 版
　字数：555 千字　　　　　2019 年 12 月北京第 1 次印刷

定价：229.00 元

读者服务热线：**(010)81055493**　印装质量热线：**(010)81055316**
反盗版热线：**(010)81055315**
广告经营许可证：京东工商广登字 20170147 号

专家委员会委员（按姓氏笔画排列）：

于　全　中国工程院院士

王少萍　"长江学者奖励计划"特聘教授

王建民　清华大学软件学院院长

王哲荣　中国工程院院士

王　越　中国科学院院士、中国工程院院士

尤肖虎　"长江学者奖励计划"特聘教授

邓宗全　中国工程院院士

甘晓华　中国工程院院士

叶培建　中国科学院院士

朱英富　中国工程院院士

朵英贤　中国工程院院士

邬贺铨　中国工程院院士

刘大响　中国工程院院士

刘怡昕　中国工程院院士

刘韵洁　中国工程院院士

孙逢春　中国工程院院士

苏彦庆　"长江学者奖励计划"特聘教授

苏哲子　中国工程院院士

李伯虎　中国工程院院士

李应红　中国科学院院士

李新亚　国家制造强国建设战略咨询委员会委员、
　　　　中国机械工业联合会副会长

杨德森　中国工程院院士

张宏科　北京交通大学下一代互联网互联设备国家
　　　　工程实验室主任

陆建勋　中国工程院院士

陆燕荪　国家制造强国建设战略咨询委员会委员、原
　　　　机械工业部副部长

陈一坚　中国工程院院士

陈懋章　中国工程院院士

金东寒　中国工程院院士

周立伟　中国工程院院士

郑纬民　中国计算机学会原理事长

郑建华　中国科学院院士

屈贤明　国家制造强国建设战略咨询委员会委员、工业和
　　　　信息化部智能制造专家咨询委员会副主任

项昌乐　"长江学者奖励计划"特聘教授，中国科协
　　　　书记处书记，北京理工大学党委副书记、副校长

柳百成　中国工程院院士

闻雪友　中国工程院院士

徐德民　中国工程院院士

唐长红　中国工程院院士

黄卫东　"长江学者奖励计划"特聘教授

黄先祥　中国工程院院士

黄　维　中国科学院院士、西北工业大学常务副校长

董景辰　工业和信息化部智能制造专家咨询委员会委员

焦宗夏　"长江学者奖励计划"特聘教授

　　4G 为宽带移动通信打开了一扇门，在给人们带来生活与工作便利的同时，也深刻地改变着整个社会运行的模式和效率。4G 的普及应用，进一步刺激了用户对移动数据的消费，同时也刺激了人们对未来数字化生活的渴望与追求。

　　有人说，4G 是移动通信的终极时代，不会再有新的移动通信系统出现，因为没有新的技术能够支撑新一代移动通信系统的产生。在现实生活中，人们却发现，越来越多的新业务、新应用场景对移动通信网络的能力提出了新的要求。随着消费电子类产品的技术突破，AR 和 VR、更高清的 4K/8K 屏显示、裸眼 3D 等都会真真切切地走入人们的生活，这些都对移动通信系统的速率和容量提出了更高的要求；同时，工业互联网和自动驾驶等也对通信的时延提出了更高的要求。

　　此外，随着人与人之间通信市场的饱和，移动通信产业开始把注意力转向如何为其他行业提供更加有效的通信工具和能力，开始构想"万物互联"的美好愿景。面向物与物的无线通信，与传统的人与人的通信方式有着较大的区别，在设备成本、体积、功耗、连接数量、覆盖能力上，都提出了更高的要求，特别是面向远程医疗、工业控制和智能电网等应用，对传输的时延和可靠性提出了更苛刻的要求。4G 在全球范围内的大规模部署也给未来网络的发展带来了新的启示，业务需要尽可能地靠近用户、新业务的部署需要实现快速和低成本、针对不同应用场景的网络部署需要灵活和可配等。所有这些，在已有的 4G 及其演进系统上都难以完全满足，新的需求呼唤和驱动着新一代移动通信系统的诞生。

　　随着 5G 研究的深入，移动通信产业对 5G 需要重点关注的 3 个主要应用场景形成了共识，包括增强的移动宽带、低功耗大连接的物联网、低时延和高可靠网络，并针对 5G 应用的主要场景制定了详细的技术需求，如 20 Gbit/s 的峰值速率、0.5 ms 的空口时延、3～5 倍频谱效率的提升、百万级的连接数密度、10 Tbit/(s·km^2) 的流量密度、能耗效率的

100 倍提升等。为了实现可持续的产业发展，业界还对未来的移动通信网络成本提出了更高的期望，即千倍以上的每比特成本的降低。围绕 5G 的需求，3GPP RAN 开始了面向 5G 新空口的可行性技术研究，并从 2016 年 6 月开始正式标准的制定，2018 年 6 月完成第一个版本的标准制定，2019 年年底完成第二个标准版本的制定，并形成最终的 5G 候选技术提案，正式提交 ITU-R。此外，3GPP SA2 也先于 3GPP RAN 开始了下一代网络架构的研究，并计划与 3GPP RAN 同期完成相关标准的制定。

随着标准化的启动，中、韩、日、美等国开始争夺 5G 产业发展的主导权。韩国已在 2018 年平昌冬季奥运会上展示了 5G 业务体验，并在 2018 年 12 月推出了 5G 商用部署；日本宣布将在 2020 年夏季奥运会商用 5G；中国在 2019 年 10 月 5G 正式商用；而美国则宣布将主导 5G 未来的产业发展，并为 5G 分配了 11 GHz 的 6 GHz 以上的频谱，同时，美国运营商 Verizon Wireless 则更激进地发布了面向 28 GHz 的 5G 标准。全球其他运营商也纷纷宣布开始启动 5G 的试验。5G，正朝着 2020 年商用的目标稳步迈进。

感谢人民邮电出版社的组织和邀请，使得活跃于 5G 研发第一线的专家们有机会聚集在一起，探讨未来 5G 发展的全貌，并共同撰写了这本书。希望通过我们的工作，给读者呈现出 5G 的来龙去脉以及未来发展的方向，为 5G 的发展做出微薄的贡献。

本书第 1 章由姜大洁、刘光毅撰写，第 2 章由刘亮、刘婧迪、郑毅、李男、刘光毅撰写，第 3 章由刘光毅撰写，第 4 章由王飞、侯雪颖、金婧、王启星、童辉、刘光毅撰写，第 5 章由袁志峰、陈燕、方敏、李云岗撰写，第 6 章由刘胜、李云岗撰写，第 7 章由徐俊、许进、方敏撰写，第 8 章由吴瑟、宗在峰、强宇红、谢振华、陶峥珺、方敏撰写，第 9 章由赵竹岩、杜蕾、关皓撰写，第 10 章由刘云璐、陈卓、马慧、李男、刘光毅撰写，第 11 章由俞斌、孙程君撰写，第 12 章由郝鹏、方敏撰写，第 13 章由赵竹岩、杜蕾、关皓撰写，第 14～16 章由刘光毅等撰写。

另外，本书的所有内容仅代表作者的个人学术观点，不代表任何公司的观点和立场，特此申明。由于作者水平所限，难免有疏漏和不足的地方，欢迎广大读者批评指正。

作 者

2019 年 10 月于北京

目　录

4G 的快速应用和普及在给人们的生活带来极大便利的同时，也在不断培育新的业务和应用，催生着面向下一代移动通信网络的新需求。本章从移动通信的业务和市场发展趋势出发，分析面向未来的新业务和新应用的特点，进而分析和定义 5G 的新能力和性能指标。

从 20 世纪 80 年代第一代（1G）移动通信的诞生开始，移动通信深刻改变了人们的沟通方式。面向 2020 年及未来，移动数据流量的爆炸式增长、设备连接数的海量增加、各类新业务和应用场景的不断涌现，将对现有网络产生非常严峻且无法满足的挑战，第五代（5G）移动通信系统应运而生。从 5G 网络的两大驱动力——移动互联网和物联网出发，通过预测未来 5G 典型应用场景和典型业务，同时结合 5G 网络运营面临的挑战，提出了 5G 应具备的关键能力，并给出了 5G 总体愿景。

| 1.1　5G 总体愿景 |

20 世纪 80 年代，第一代移动通信诞生，"大哥大"出现在了人们的视野中。从此，移动通信对人们日常工作和生活的影响与日俱增。移动通信发展回顾如图 1-1 所示。1G，"大哥大"作为高高在上的身份象征；2G，手机通话和短信成为人们日常沟通一种重要方式；3G，人们开始用手机上网、看新闻、发彩信；4G，手机上网已经成为基本功能，拍照分享、在线观看视频等，已经成为手机上能做的再熟悉不过的事情。人们的沟通方式、了解世界的方式，已经因移动通信而改变。想要知道更多，想要更自由地获取更多信息的好奇心，不断驱动着人们对更高性能移动通信的追求。可以预见，未来的移动数据流量将爆炸式地增长、设备连接数将海量增加、各类新业务和应用场景将不断涌现。这些新的趋势，对于现有网络来说将会是不可完成的任务，5G 移动通信系统应运而生。

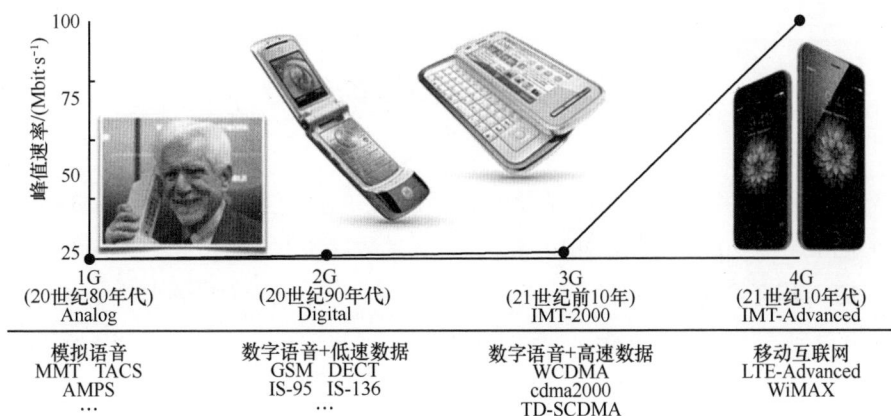

图 1-1　移动通信发展回顾

　　5G 作为面向 2020 年及以后的移动通信系统，将深入社会的各个领域，作为基础设施为未来社会的各个领域提供全方位的服务，如图 1-2 所示。5G 将提供光纤般的接入速度，"零"时延的使用体验，使信息突破时空限制，为用户即时呈现；5G 将提供千亿设备的连接能力、极佳的交互体验，实现人与万物的智能互联；5G 将提供超高流量密度、超高移动性支持，让用户随时随地获得一致的性能体验；同时，超百倍的能效提升和超百倍的比特成本降低，也将保证产业的可持续发展。超高速率、超低时延、超高移动性、超强连接能力、超高流量密度，加上能效和成本超百倍改善，5G 最终将实现"信息随心至，万物触手及"的美好愿景。

图 1-2　5G 深入移动互联网和物联网的各个领域

|1.2 驱动力和市场趋势 |

移动互联网和物联网，是当前及未来移动通信的热门方向。根据 IMT-2020（5G）推进组预测[1]，2020 年相比 2010 年，全球移动数据流量的增长将超过 200 倍，而到了 2030 年更将进一步超过万倍增长，如图 1-3 所示；而物联网终端的规模也将在 2020 年达到与人口相当的量级，后续将进一步发展至千亿级别，如图 1-4 所示。

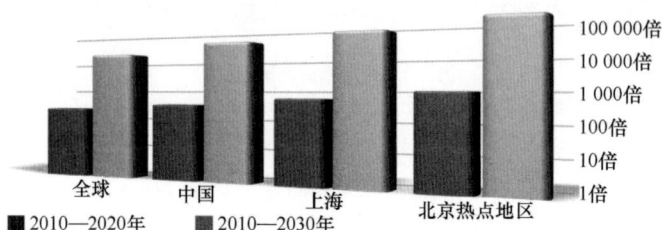

图 1-3　移动互联网流量增长

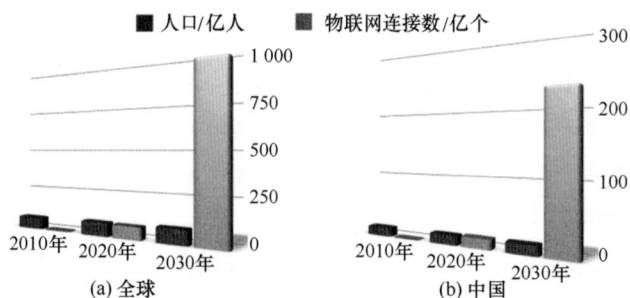

图 1-4　物联网连接数增长

移动互联网和物联网的迅猛增长，将为 5G 提供广阔的前景。移动互联网将推动人类社会信息交互方式的进一步升级，为用户提供增强现实、虚拟现实、超高清（3D）视频、移动云等更加身临其境的极致业务体验。各种新业务不仅带来超千倍的流量增长，更对移动网络的性能提出了挑战，必将推动移动通信技术和产业的新一轮变革。

物联网则是将人与人的通信进一步延伸到人与物、物与物智能互联，使移动通信技术渗透至更加广阔的行业和领域。在移动医疗、车联网、智能家居、工业控制、环境监测等场景，将可能出现数以千亿的物联网设备，缔造出规模空前的新兴产业，并与移动互联网发生"化学反应"，实现真正的"万物互联"。

1.3 典型业务、场景与性能挑战

移动通信网络已经越来越多地融入人们的工作和生活中，未来的 5G 网络将与人们的居住、工作、休闲和交通等各个领域结合得更加紧密。当前，在一些特殊区域，例如体育场、露天集会、地铁、快速路、高铁等，由于这些场景的超高流量密度、超高连接数密度、超高移动性等特征，现有网络情况下体验还不理想；另外一些区域，例如密集住宅区、办公室、广域覆盖场景等，考虑到未来将出现的新业务，如增强现实、虚拟现实、超高清视频、云存储、车联网、智能家居、OTT 消息等，也对速率、时延等提出更为苛刻的要求。

对日常工作、生活中的各种环境以及其中可能出现的各类应用，以"高流量密度""高连接数密度""高移动性"为依据进行筛选之后，列举出一些 5G 的典型场景。结合各场景未来可能的用户分布、各类业务占比及对速率、时延等性能要求，可以得到各个应用场景下的 5G 性能指标，主要包括用户体验速率、连接数密度、端到端时延、流量密度、移动性和用户峰值速率，见表 1-1 和表 1-2 中，办公室场景的最大性能挑战是每平方千米每秒数十太比特的流量密度，密集住宅场景的最大性能挑战是 Gbit/s 用户体验速率，体育场和露天集会场景的最大性能挑战是 100 万/km^2 的连接数，地铁场景的最大性能挑战是 6 人/m^2 的超高用户密度，快速路场景的最大性能挑战是毫秒级端到端时延，高铁场景的最大性能挑战是 500 km/h 以上的高速移动，广域覆盖场景的最大性能挑战是 100 Mbit/s 的用户体验速率。

表 1-1 5G 性能指标

名称	定义
用户体验速率/(bit·s⁻¹)	真实网络环境下用户可获得的最低传输速率
连接数密度/km⁻²	单位面积上支持的在线设备总和
端到端时延/ms	数据分组从源节点开始传输到被目的节点正确接收的时间
移动性/(km·h⁻¹)	满足一定性能要求时，收发双方间的最大相对移动速度
流量密度/(bit·(s·km²)⁻¹)	单位面积区域内的总流量
用户峰值速率/(bit·s⁻¹)	单用户可获得的最高传输速率

表 1-2　不同场景下的 5G 性能挑战

地点	关键性能挑战	典型业务
办公室	数十 Tbit/(s·km²) 以上流量密度	多方视频会议
		云桌面
		数据下载、云存储
密集住宅	Gbit/s 用户体验速率	视频会话
		视频播放
		在线游戏
		虚拟现实
		数据下载、云存储
		OTT 消息
		智能家居
体育场	百万/km² 连接数	视频播放
		增强现实
		实时视频分享
		高清图片上传
		OTT 消息
露天集会	百万/km² 连接数	视频播放
		增强现实
		实时视频分享
		高清图片上传
		OTT 消息
地铁	6 人/m² 以上超高用户密度	视频播放
		在线游戏
		OTT 消息
快速路	毫秒级端到端时延	车联网
		视频播放
高铁	500 km/h 以上的高速移动	视频会话
		视频播放
		云桌面
		在线游戏
广域覆盖	100 Mbit/s 用户体验速率	增强现实
		OTT 消息

| 1.4　可持续发展与效率需求 |

在满足多种场景下的性能挑战的同时，使整个网络具备可持续发展的能力，5G

网络在建设、部署、运营维护方面，也需要大幅提升效率。

目前的移动通信网络在应对移动互联网和物联网爆发式发展时，可能会面临以下问题：能耗、每比特综合成本、部署和维护的复杂度难以高效应对未来千倍业务流量增长和海量设备连接；多制式网络共存造成了复杂度的增长和用户体验下降；现网在精确监控网络资源和有效感知业务特性方面的能力不足，无法智能地满足未来用户和业务需求多样化的趋势；此外，无线频谱从低频到高频跨度很大，且分布碎片化，干扰复杂。应对这些问题，需要从如下两方面提升 5G 系统能力，以实现可持续发展。

- 在网络建设和部署方面，5G 需要提供更高网络容量和更好覆盖，同时降低网络部署，尤其是超密集网络部署的复杂度和成本；5G 需要具备灵活可扩展的网络架构以适应用户和业务的多样化需求；5G 需要灵活高效地利用各类频谱，包括对称和非对称频段、已有频谱和新频谱、低频段和高频段、授权和非授权频段等；另外，5G 需要具备更强的设备连接能力来应对海量物联网设备的接入。

- 在运营维护方面，5G 需要改善网络能效和比特运维成本，以应对未来数据迅猛增长和各类业务应用的多样化需求；5G 需要降低多制式共存、网络升级以及新功能引入等带来的复杂度，以提升用户体验；5G 需要支持网络对用户行为和业务内容的智能感知并做出智能优化；同时，5G 需要能提供多样化的网络安全解决方案，以满足各类移动互联网和物联网设备及业务的需求。

从可持续发展的角度，频谱、能耗和成本是移动通信网络可持续发展的 3 个关键因素，见表 1-3。5G 系统相比 4G 系统在这 3 方面需要得到显著提升。具体来说，频谱效率需提高 5~15 倍，能耗效率和成本效率均要求有百倍以上提升。

表 1-3　5G 关键效率指标

名称	定义
频谱效率/$(\text{bit}\cdot(\text{s}\cdot\text{Hz}\cdot\text{cell})^{-1})$ 或 $(\text{bit}\cdot(\text{s}\cdot\text{Hz}\cdot\text{km}^2)^{-1})$	每小区或单位面积内，单位频谱资源提供的吞吐量
能源效率/$(\text{bit}\cdot\text{J}^{-1})$	每焦耳能量所能传输的比特数
成本效率/$(\text{bit}\cdot单位成本^{-1})$	每单位成本所能传输的比特数

|1.5　5G 关键能力|

从 5G 的典型应用场景的性能要求，可以总结出 5G 应该具备的一些关键能力。

- 速率方面：支持 0.1～1 Gbit/s 的用户体验速率和超过 10 Gbit/s 的峰值速率。
- 连接能力方面：支持每平方千米百万量级的连接数密度。
- 时延方面：支持毫秒级的端到端时延。
- 流量密度方面：支持每平方千米数十 Tbit/s 的流量密度。
- 移动性方面：支持 500 km/h 以上的移动性。

其中，用户体验速率、连接数密度和时延为 5G 最基本的 3 个性能指标。

为了提升网络建设、部署、运营方面的效率，5G 还应具备如下关键能力。

- 频谱效率：相比 4G 提升 5～15 倍。
- 能源效率：相比 4G 提升百倍以上。
- 成本效率：相比 4G 提升百倍以上。

性能需求和效率需求共同定义了 5G 的关键能力，犹如一株绽放的鲜花，如图 1-5 所示。寓意：红花绿叶，相辅相成，"花瓣"代表了 5G 的六大性能指标，体现了 5G 满足未来多样化业务与场景需求的能力，其中"花瓣"顶点代表了相应指标的最大值；"叶子"代表了 3 个效率指标，是实现 5G 可持续发展的基本保障。

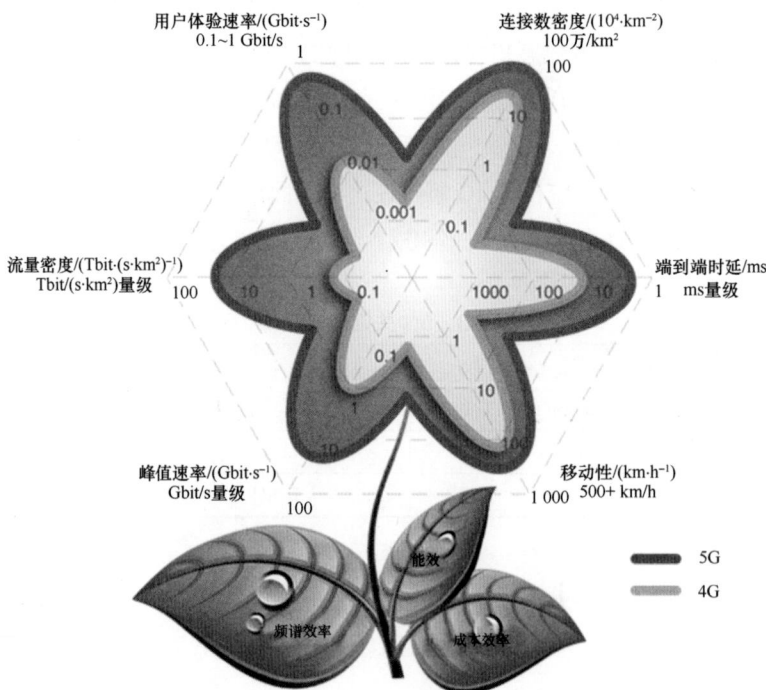

图 1-5　5G 关键能力

| 1.6 小结 |

　　5G 网络的目标，在于支持未来移动互联网和物联网巨量增长带来的苛刻需求。纵观移动互联网和物联网可能渗透到的应用场景和新兴业务，5G 在性能方面的大幅提升将全面提升用户体验。光纤般的接入速率，"零"时延的使用体验，千亿设备的连接能力，超高流量密度、超高连接数密度和超高移动性等多场景的一致服务，将极大地提升移动互联网和物联网的影响力。为了实现全行业的可持续发展，5G 在能效和成本效率方面超百倍的提升，也将使移动通信的应用更加普及和深入，为相关新技术和新业务提供更广阔的发展平台，并最终实现"信息随心至，万物触手及"的 5G 愿景。

| 参考文献 |

[1] IMT-2020 (5G) Promotion Group. IMT-2020(5G) PG-white paper on 5G vision and requirements_ V1.0[R]. 2016.

第 2 章

候选频率与传播特征

频率是不可再生的稀缺资源，也是移动通信网络的基础。对 5G 发展的频率需求预测有利于为 5G 产业协调合适的资源，支持 5G 的快速部署和普及。本章介绍全球 5G 发展的频率需求以及我国的 5G 频率规划与分配方案，最后介绍 5G 频段的多维信道传播特性和模型。

为了满足 2020 年以后移动通信业务量的井喷式发展需求，5G 移动通信网络的部署需要更多的频率资源、更高效的无线传输技术和更多的站址。考虑到短期内无线传输技术的整体效率很难有量级上的突破，5G 的成功将很大程度上依赖于可用的移动通信频率。本章从 5G 的频率需求预测出发，详细介绍我国在 2020 年前后的移动通信频率需求、5G 移动通信可能的候选频点、这些新频率的传播特性，为后续的关键技术研究和系统设计提供必要的支撑。

| 2.1 候选频谱 |

频率是移动通信系统设计和部署的基础，频率对 5G 的发展起着至关重要的作用。从整个移动通信发展的历史经验来看，全球统一划分和规划的移动通信频率有助于全球移动通信产业在共享全球产业规模、降低设备成本的同时，简化终端的实现、方便用户在全球运营商之间的漫游。所以，面向 5G 候选频率的征集，全球产业的共同呼声是全球融合、统一的频率划分。但是，考虑到各国的移动、卫星、雷达、航天等业务的发展差异，各国能够拿出的 5G 频率有较大的差异，很难实现完全的全球统一划分的目标。

从移动通信业务未来发展的需求出发，介绍国内对 5G 频率需求的预测结果，并结合国内无线电频率已有划分和相关业务的使用情况，对可能的 5G 候选频率进行了分析，并介绍了全球 5G 候选频率的最新进展。

2.1.1　需求

各国管制机构需要综合考虑各个行业发展的频率需要，所以合理的频率需求预测是争取移动通信新频率的基础，为此介绍面向 2020 年及以后的业务发展趋势以及带来的频率需求。

2.1.1.1　移动通信产业 IMT 发展现状及市场趋势

近年来，全球 IMT 产业保持较快增长，我国的增速尤其显著。2013 年 1—9 月，全国移动电话用户净增 9 439.8 万户，总数首次突破 12 亿户大关，达到 12.07 亿户。其中，3G 移动电话用户净增 13 479.4 万户，对移动电话用户的增长贡献达到 141.5%，3G 用户总数达到 3.79 亿户，在移动电话用户中渗透率由 2012 年同期的 19.4% 跃升至 30.5%。另外，值得注意的是，我国 2G 用户自 2012 年底开始减少，2013 年前 9 个月 2G 用户累计减少 4 039.6 万户。

2014 年，全球 LTE 商用网络部署加快，我国移动通信网络也处于由 3G 向 4G 发展的关键阶段。2013 年 12 月 4 日，工业和信息化部（以下简称工信部）向中国移动通信集团公司（中国移动）、中国电信集团公司（中国电信）和中国联合网络通信有限公司（中国联通）颁发了"LTE/第四代数字蜂窝移动通信业务（TD-LTE）"经营许可。短短一年时间之后，我国已建成超过 70 万个 4G 基站，覆盖全国 300 多个城市，成为全球规模最大的 4G 网络，4G 用户突破 8 000 万户。4G 手机终端款式不断丰富，出货量明显增长。2015 年 2 月 27 日，工信部又向中国电信集团公司和中国联合网络通信有限公司发放"LTE/第四代数字蜂窝移动通信业务（LTE FDD）"经营许可，允许 TDD/FDD 混合组网，标志着我国正式进入 4G 时代。我国为 LTE 商用共分配了 357 MHz 频谱（包含 205 MHz TDD 频谱和 152 MHz FDD 频谱），频谱数量上处于全球领先地位。正是在充足的频谱资源支持和保障下，我国的 4G 取得了巨大的商业成功。

2.1.1.2　5G 频谱需求

为了应对未来爆炸式移动数据流量增长、海量的设备连接、各类新业务和应用场景不断涌现，5G 移动通信系统应运而生。5G 将渗透到未来社会的各个领域，以用户为中心构建全方位的信息生态系统。5G 将使信息突破时空限制，提供极佳的交互体验，为用户带来身临其境的信息盛宴；5G 将拉近万物的距离，通过无缝融合的方式，便捷地实现人与万物的智能互联。5G 将为用户提供光纤般的接入速率，"零"时延的使用体验，千亿设备的连接能力，超高流量密度、超高连接数密度和超高移动性等多场景的一致服务，业务及用户感知的智能优化，同时将为网络带来超百倍的能效提升和超百倍的比特成本降低，最终实现"信息随心至，万物触手及"的总体愿景。

根据国家发展和改革委员会（以下简称国家发改委）、工信部和科技部联合成立的 IMT-2020 推进组发布的《5G 愿景和需求白皮书》，预计我国 2010—2020 年移动数据流量将增长 300 倍以上，2010—2030 年将增长超过 4 万倍。发达城市及热点地区的移动数据流量增速更快，2010—2020 年上海的增长率可达 600 倍，北京热点区域的增长率可达 1 000 倍，这对我国未来频谱资源的需求提出了更高的挑战。根据 ITU 的预测，全球范围内到 2020 年 IMT 总频谱需求是 1 340～1 960 MHz，2018 年无线局域网在 5 GHz 频段上的最小频谱需求约为 880 MHz。其中，我国到 2020 年 IMT 总频谱需求是 1 490～1 810 MHz，目前还存在 800～1 100 MHz 的频谱资源缺口。

2.1.2　候选频谱

4G 系统从数据速率、移动性和时延等维度来表征其系统的能力，而未来 5G 的需求维度更广，且与 4G 相同维度的能力也有大幅的提升。一方面，基于现有频率资源，3GPP LTE-Advanced（R12）技术至少在峰值速率和用户体验速率两项关键能力上无法满足 5G 的需求，且存在较大差距，需要更大频率带宽来弥补这个差距。考虑 3 GHz 以下频段已很难找到连续的大带宽频谱，5G 需要向更高的频段发展。另一方面，由于要满足用户永远在线的需求，保证用户的高速移动性，还必须借助低频段提供良好的网络覆盖。因此，5G 时代势必需要采用高、低频段结合的频谱使用方式。

2.1.2.1　深耕现有 IMT 频率资源，促进向 5G 平滑演进

在 2007 世界无线电大会（World Radiocommunication Conference-07，WRC-07）上，国际电信联盟（ITU）通过决议，将已划分给 IMT-2000 技术（3G）的频谱用

于 IMT 技术（3G/4G/5G 等），新划分频率也不再区分具体技术，统一划分给 IMT 技术使用。因此，从无线电规则讲，已划分给 2G/3G/4G 技术的频率都可以被 5G 技术所使用，且由于已划分频率大都属于低频段，相对于更高的频率来说，具有更好的传播特性和穿透特性，若能深度挖掘其潜力，它们将成为 5G 部署的重要频率资源，满足用户移动性和时时在线的需求。

表 2-1 给出不同频段 LTE 承载 12.2 kbit/s 语音业务时的覆盖能力，900 MHz 频段相对 1.8 GHz 和 2.6 GHz 段的覆盖增益明显。1 GHz 以下低端频率以其与生俱来的传播优势，势必成为未来 5G 时代连续覆盖和深度覆盖的重要频率。而目前很难在 1 GHz 以下频段寻找到新的频率，较好的方式是挖掘现有 2G 技术（CDMA/GSM）的 850 MHz/900 MHz 频段能力。随着政府未来允许运营商根据市场和产业需求在上述频段开展技术升级，这些频段将为未来 5G 的广深覆盖提供重要保证。

表 2-1 LTE 承载 12.2 kbit/s 语音覆盖能力链路预算

频段	900 MHz（FDD2 天线）		1 800 MHz（FDD2 天线）		2 600 MHz（TDD8 天线）	
	上行	下行	上行	下行	上行	下行
室外覆盖小区半径/km	1.04	1.51	0.7	1	0.74	0.91
室外覆盖室内小区半径/km	0.5	0.73	0.3	0.42	0.27	0.34

2.1.2.2 挖掘新频率，满足 5G 吉比特业务速率需求

未来新型业务的发展以及用户对于移动宽带速率需求的极速提升，刺激着网络管道流量需求的增长，频谱资源的缺口越来越大，未来移动通信网络需要更多的连续大宽带的频谱资源来满足高速的数据增长以及吉比特的业务速率需求。考虑到 3 GHz 以下频段使用情况已经相当拥挤，很难找到连续的大带宽频谱，5G 需要向 3～6 GHz 甚至 6 GHz 以上更高的频段发展。

（1）充分利用已在 ITU 层面实现区域划分的 3 400～3 600 MHz 频段

3 400～3 600 MHz（3.5 GHz）有望成为全球统一规划的 TDD 频段，为我国主导的 TDD 技术的未来发展提供了重要机遇。2013—2014 年，欧洲、英国、澳大利亚、美国、加拿大、南非等地区和国家的频率管理机构均发出调研函咨询 3 400～3 600 MHz 频段 TDD 规划建议，美国 FCC 于 2015 年 2 月发布 3.5 GHz 最终规划决定，2016 年完成商用网络。2014 年 12 月，日本总务省宣布发放 TDD 3.5 GHz 频段总计 120 MHz

频谱牌照，软银、DoCoMo、KDDI 分别获得 40 MHz 频谱。3 家运营商承诺未来 5 年在 3.5 GHz 基站上投资总额高达 36 亿美元，在 2016 年 3 月 31 日前启动 3.5 GHz 网络建设，在 2016 年年底前正式商用。所以，3 400～3 600 MHz 频段是 5G 未来商用的重要频段。

我国在 WRC-07 时已经在 ITU 无线电规则的 3 400～3 600 MHz 频段加入相关脚注，将这 200 MHz 频率标识给 IMT。2011—2014 年，工信部电信研究院（现为中国信息通信研究院）和频率监管机构组织相关部门对 3 400～3 600 MHz 频段 IMT 系统与固定卫星业务（FSS）地面站的兼容性进行了理论研究，并开展了 IMT 系统单站与卫星固定业务地面站共存测试，掌握了 IMT 系统单站与卫星固定业务地面站共存的基本条件。我国在 2016 年完成 3 400～3 600 MHz 国内规划，该频段具有 200 MHz 连续带宽，是 5G 候选频段中的黄金频段。

（2）近期立足 WRC-15，争取 6 GHz 以下低频段频率

ITU 在寻找未来移动通信的合适频谱资源时，需要综合考虑频率的传播特性、连续带宽的可能性、降低设备复杂性以及需要满足系统的覆盖、容量和性能的要求。

针对 WRC-15 1.1 议题的研究，JTG 4-5-6-7 最终确定了 19 个频段作为 IMT 的潜在候选频段，欧洲、美国、日本、韩国和中国对这些频段的观点见表 2-2。我国目前支持 3 300～3 400 MHz、4 400～4 500 MHz、4 800～4 990 MHz 这 3 个频段作为 IMT 的潜在候选频段。

3 300～3 400 MHz 频段主要用于无线电定位业务，国内该频段目前分配给雷达定位业务使用。考虑到该频段的实际占用度不高，且与 C 波段频率相邻，可以与 3 400～3 600 MHz 连在一起，构成一个较大的连续带宽，满足未来较高速率业务的需求。

表 2-2　世界主要国家和地区对 WRC-15 IMT 候选频段立场

频段/MHz	欧洲	美国	日本	韩国	中国
470～698	待研究	支持	反对		
1 350～1 400	反对				
1 427～1 452	支持	反对	支持		
1 452～1 492	支持	反对	支持	支持	
1 492～1 518	支持	反对	支持		
1 518～1 525	反对	反对			
1 695～1 710	反对	支持			反对

（续表）

频段/MHz	欧洲	美国	日本	韩国	中国
2 700～2 900	反对	待研究			反对
3 300～3 400	反对				支持
3 400～3 600	支持	待研究	支持		反对
3 600～3 700	支持	待研究	支持	支持	反对
3 700～3 800	支持	待研究	支持	支持	
3 800～4 200	反对	待研究	支持	支持	反对
4 400～4 500	反对		支持		支持
4 500～4 800	反对		支持		反对
4 800～4 990	反对		支持	支持	支持
5 350～5 470	反对	支持			
5 725～5 850	待研究				
5 925～6 425	待研究				反对

世界范围内，4 400～4 500 MHz 和 4 800～4 990 MHz 频段主要存在固定业务和移动业务。在我国，这两个频段内的主要业务是大容量微波接力干线网络、移动业务和射电天文。目前，大容量微波接力干线已经逐渐被光纤替代。我国这两个频段中已经登记的台站数很少，并且全国范围内的频率占用度都非常低。而射电天文业务可以通过适当的地域限制进行保护。因此，以上两个频段引入 IMT 业务的条件相对宽松，适合作为 IMT 候选频段。

（3）长期面向 WRC-19，为 5G 储备高频段频率

在 3G、4G 时代，由于各国和标准化组织的产业化模式、技术积累等因素存在差异，其发展路线图侧重点不尽相同；然而，从全球 5G 发展而言，不同 5G 发展路线在需求、部署场景、关键技术等方面存在相似性，未来的不同接入网络会逐步走向融合。因此，寻找 6 GHz 以上潜在 IMT 候选频率范围，需要考虑频段的全球融合问题；同时，选择的候选频段需要充分考虑现有业务划分，以确保业务划分的有效性以及和现有业务的共存可能性；另外，频段选取需要结合国内制造产业的现状，并综合考虑产品实现能力。6 GHz 以上候选频段选取原则可以归纳如下。

- 合规：所选频段为《中华人民共和国无线电频率划分规定》中已划分（或以脚注形式标注）给移动业务的频段。

- 融合：在 ITU 3 个区域有相似划分和使用情况，便于全球范围内协调一致的频段。
- 安全：需充分考虑系统间电磁兼容问题，以确保对其他系统的保护以及移动通信系统自身抗干扰。
- 连续：高频段的一大优势是具备连续的大宽带频谱资源（如大于 500 MHz），以此可确保系统获得更高的效率。
- 有效：结合高频段的传播特性，兼顾产业硬件制造能力，选择适合的频段以确保系统的有效设计以及系统、终端、仪表等的可实现性。

遵照以上 IMT 候选频率选取原则以及相关频段我国无线电业务划分、规划和使用情况，借鉴国际（如 ITU）已开展共存研究结论，IMT-2020 推进组频率组初步提出我国在 6～100 GHz 范围 IMT 潜在候选频段如图 2-1 所示。

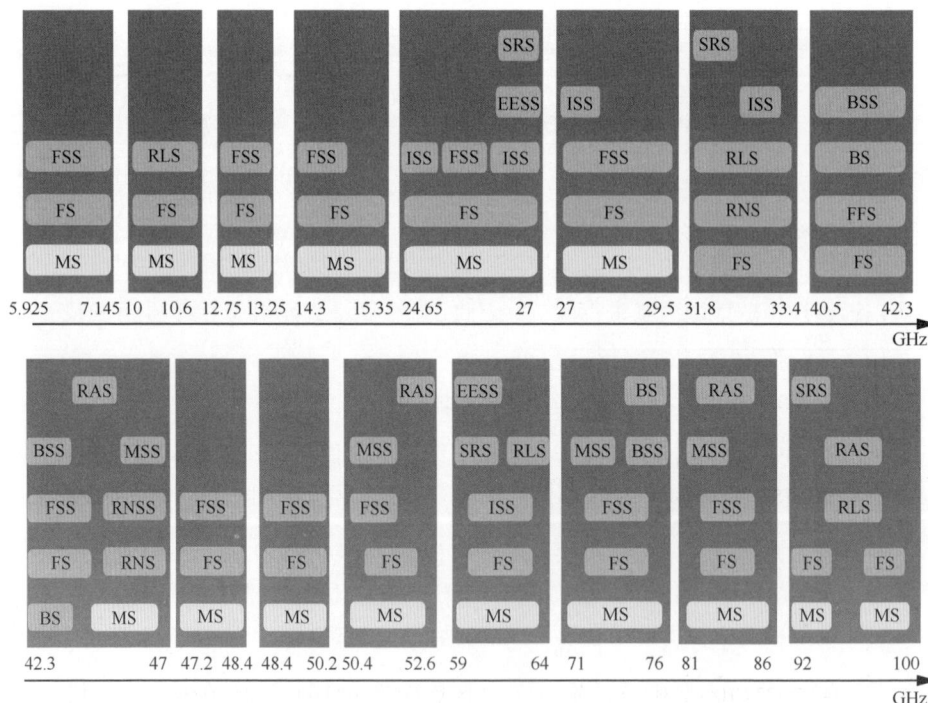

图 2-1　我国 6～100 GHz 频段内 IMT 候选频段主要业务划分

6～100 GHz 候选频段的优缺点分析及其他国家和地区业务划分情况见表 2-3。

表2-3　6～100 GHz 候选频段优缺点分析及其他国家和地区业务划分情况

序号	6～100 GHz 频段	优缺点分析及该频段其他国家和地区业务划分情况	
		优点	缺点
1	5.925～7.145 GHz	该频段上移动业务在 ITU 的 3 个区的划分均为主要业务； 该频段在 WRC-15 阶段就已是 IMT 候选频段并开展了共存研究，根据 JTG（联合任务组）的研究结论； 5 925～6 425 MHz 频段在一定共存条件下，可用于 IMT 系统； 带宽较宽，适合未来 IMT 系统高速率大带宽的需求	根据 JTG 的共存研究结果，该频段上 IMT 与 FSS 共存可行性基于一定的前提假设，包括只限于室内使用以及限制 IMT 最大发射功率（EIRP），因此会对 IMT 的部署条件和场景产生较大的限制； 欧洲在该频段上有卫星地球探测业务，对于卫星地球探测业务的保护比较严格；在欧洲和美国没有移动业务划分
2	10.0～10.6 GHz	有连续 600 MHz 的带宽，适合未来 IMT 系统高速率大带宽的需求，在我国，移动业务为主要业务； 该频段上划分的业务较少，参考 JTG 共存研究，移动业务和固定业务共存相对较为容易	在美国没有移动业务划分；参考以往 JTG 共存研究的结论，与无线电定位业务共存可能存在一定的困难，需要在一定隔离条件下才能有共存的可能性
3	12.75～13.25 GHz	该频段具有连续 500 MHz 的连续频谱资源，在 ITU 的 3 个区域，该频段有统一的移动业务划分，并且为主要业务；该频段上业务划分简单，与 IMT 系统间的共存难度不大，可以形成比较良好的兼容性	该频段在欧洲，没有移动业务划分；与卫星固定业务（地对空）的共存，需要满足一定的隔离条件； FSS 应用较多
4	14.3～15.35 GHz	在无线电规则中的 3 个区域，该频段有移动业务划分，并且为主要业务； 该频段上 3 个区域有统一的划分； 该频段上业务划分简单，与 IMT 系统间的共存难度不大，可以形成比较良好的兼容性； 该频段具有连续 1 000 MHz 的连续频谱资源	该频段在欧洲，没有移动业务划分；与卫星固定业务（地对空）的共存，需要满足一定的隔离条件
5	24.65～27 GHz	ITU 3 区频率划分给移动业务，同时还有固定、卫星间以及卫星固定（地对空）业务，2 区、1 区都没有移动业务划分；我国有移动业务的划分，欧洲、美国都没有移动业务划分	
6	27～29.5 GHz	27～29.5 GHz 频段为国际上一些研究机构和公司所重点研究和关注，韩国三星公司近年来一直致力于 28 GHz 的研究，并初步完成样机系统	

（续表）

序号	6～100 GHz 频段	优缺点分析及该频段其他国家和地区业务划分情况	
		优点	缺点
7	31.8～33.4 GHz	该频段，如果我国实际应用较少或主要业务是固定业务，争取为移动业务划分	
8	40.5～42.3 GHz	40.5～42.3 GHz 是我国规划的可用于无线回传业务的频段，移动业务划分为次要业务	
9	42.3～47 GHz	该频段应用于移动业务需要考虑与宽度接入业务的融合问题以及非授权频谱的管理方式	
10	47.2～48.4 GHz	这个频段移动业务是主要分配频段之一，但要考虑移动业务与宽度接入业务的融合问题以及非授权频谱的管理方式问题	
11	48.4～50.2 GHz	该频段业务划分比较简单，共存较容易	
12	50.4～52.6 GHz	50.4～51.4 GHz 频段需要考虑与 EESS 业务的邻频共存问题；而在 51.4～52.6 GHz 频段则需要考虑与射电天文业务及固定业务高密度应用之间的共存问题	
13	59～64 GHz	该频段需要考虑与卫星地球探测业务，空间研究业务以及无线电定位业务之间的共存问题，另外还需要考虑 60 GHz 附近频段的大气吸收衰减非常显著，每千米衰减约为 15 dB，这将非常不利于无线电信号的传播	
14	71～76 GHz	71～76 GHz 具有较大的连续带宽，1、2、3 区的业务划分保持一致，各国划分也基本趋于一致，有望形成统一的分配方案，建议该频段为高优先级，但需要考虑解决好与卫星固定、广播和卫星广播等业务间的共存问题	
15	81～86 GHz	81～86 GHz 频段具有较大的连续带宽，1、2、3 区及各国的划分均趋于一致，有望形成全球统一分配	
16	92～100 GHz	92～100 GHz 频段频率较高，传播特性较差，同时业务划分比较复杂，需要考虑与射电天文、卫星固定、无线电定位、无线电导航、卫星无线电导航等多种业务之间的共存问题，可能面临较大的挑战	

2016 年 7 月 14 日，美国 FCC 正式划定约 11 GHz 的 6 GHz 以上高频资源，用于 5G 部署，成为首个确定 5G 高频段的国家。这些频段包括 27.5～28.35 GHz、37.5～38.6 GHz、38.6～40 GHz 的授权频谱以及 64～71 GHz 的免授权频谱。几乎同时，美国政府宣布将投入 4 亿美元，用于搭建多城市的网络测试平台。5G 在高频段的部署从美国首先开始。

2.1.2.3 促进频率使用新技术成熟，实现多业务的高效频率复用

在频率资源日益紧张、空白频率基本使用殆尽的不利情况下，可以通过引入频

率使用新技术，例如认知无线电（CR）和授权频谱接入（LSA）、非授权频段接入等技术，实现移动业务和其他主业务的高效频率复用，为 5G 开拓新的频率资源空间。

（1）认知无线电（CR）和授权频谱接入（LSA）技术

认知无线电是最常见的频率共享技术。利用集中式和/或分布式的检测方式或基于数据库的方式，在"时间"或"空间"维度主业务没有使用时，次级业务将某段频率使用起来；当主业务重新使用该段频率时，次级业务立即退出该段频率的使用。

广播电视业务使用的 700 MHz 频段不但具有良好的传播特性和穿透特性，还具备良好的时间维度和空间维度的"频率空洞"，如图 2-2 所示。可以利用认知无线电的技术手段，在广播业务没有使用的地区，将空闲频率用于移动通信业务。

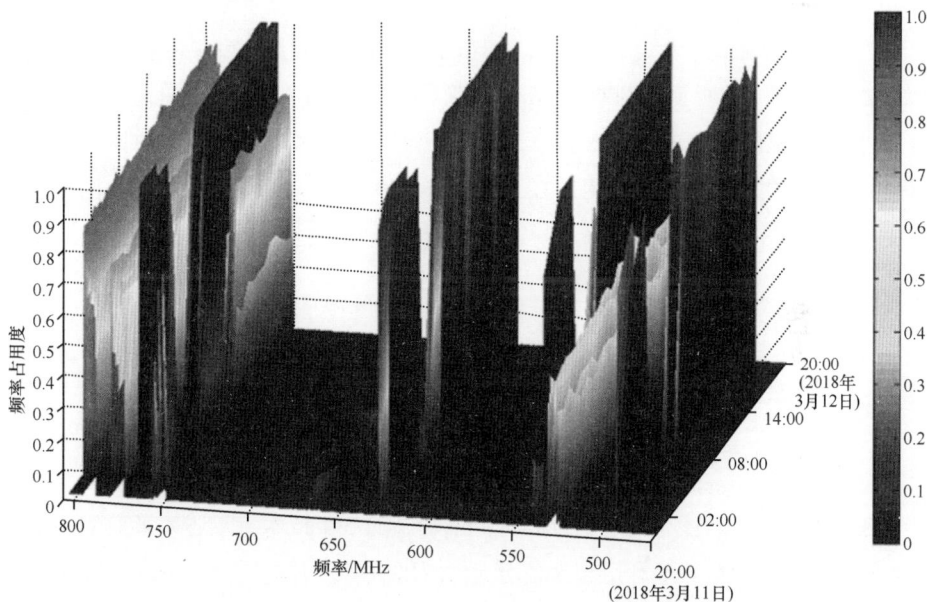

图 2-2　北京某地区 700 MHz 频段频率占用度测试结果

然而，移动通信系统若单纯利用认知无线电技术使用其他业务频率存在一些技术挑战。首先，当授权业务重新使用某一频率时，使用认知无线电技术的设备必须立刻退出频率使用，导致业务中断，无法有效保证用户体验。其次，当多个设备同时检测到某一频率可用并发起业务时，将产生相互之间的干扰，导致业务质量明显下降。上述问题可以通过授权共享接入（LSA）技术来解决。LSA 与认知无线电技术最大的区别是 LSA 所使用的空闲频率也是授权频率，当频段内主用户暂时不使用时，仅允许付费的授权用户（运营商）使用。欧洲电信标准化协会（European Telecommunications Standards Institute，ETSI）正在研究在 2 300～2 400 MHz 频段利用 LSA 技术实现移动蜂窝技术与雷达、遥感及业余无线电等系统实现频率复用。美国联邦通信委员会（Federal Communications Commission，FCC）正在研究在 3.5 GHz 频段使用 LSA 技术，实现主用户国防业务、优先接入用户医疗、当地政府机构以及其他授权用户（如无线手机用户等）间的三层频率复用。在 5G 阶段，我国可以考虑利用 LSA 技术在 700 MHz、2 300 MHz 和 3 600～4 200 MHz 频段实现移动蜂窝技术与广播业务、利用无线电定位技术和固定卫星技术进行频率复用，实现上述重要频率的高效使用。

（2）非授权频段接入

近年来，为了促进无线宽带发展，全球范围内开放了大量非授权频率给 WLAN 等业务使用。如图 2-3 所示，我国仅在 5 GHz 频段就已为 WLAN 等业务分配了 325 MHz 频率，近期有望再分配 255 MHz 频率，达到与移动通信频率数量相当的总计 680 MHz 频率资源。国内运营商和个人用户在 5 725～5 850 MHz 频段部署了大量的接入点，但在 5 150～5 350 MHz、5 470～5 725 MHz 频段却较为空闲。

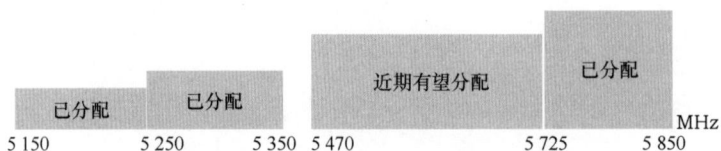

图 2-3　我国 5 GHz 频段非授权频率分配情况

在 5G 阶段，若能采用可靠性和性能都较高的 5G 技术将上述大量空闲、免费的非授权频率资源有效地利用起来，可大大缓解频率资源的压力。一种可行的方式是将非授权频率与运营商已有的授权频率使用载波聚合技术有机结合起来使用，利用授权频率保证用户的基本业务质量，利用非授权频率提供额外的增值体验，从而为用户提供更具性价比、用户体验更好的服务。可以预见，利用蜂窝技术使用非授权频段将是面向 5G 产业界的下一个研究热点，未来将有望成为运营商的低成本、高性能/收益比的数据分流方案。

（3）5G 频率演进思路

综上所述，5G 时代需从深耕现有 2G/3G/4G 频率、挖掘新频率和促进频率使用新技术成熟等方面综合满足未来移动互联网、物联网的频率需求。5G 频率发展策略如图 2-4 所示。

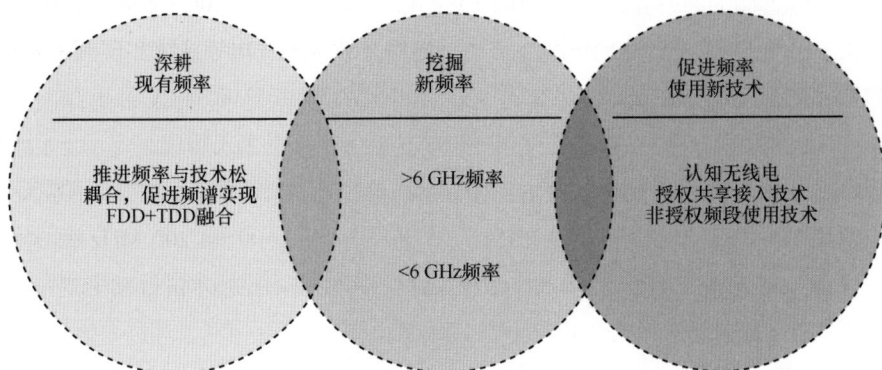

图 2-4　5G 频率发展策略

2.1.3　国内 5G 频率分配方案

2018 年下半年，工信部加快频率分配的推进，并成立了由行业专家组成的专家组，就国内 5G 候选频率的分配方案进行讨论和论证。由于工信部早期明确的中频段 5G 候选频率仅包括 3.3～3.4 GHz、3.4～3.6 GHz 和 4.8～4.99 GHz，所以初期的 5G 频率分配方案集中在这 3 个频段。考虑到频率的可用性和覆盖能力，运营商争夺的焦点在 3.4～3.6 GHz 频段，而对仅能用于室内的 3.3～3.4 GHz 以及更高的 4.8～4.99 GHz 兴趣不大。所以，关于 3.4～3.6 GHz 的频率划分出现了如下两种方案。

方案 1：均分 200 MHz 频率，但考虑到 5G 可支持的带宽，一个比较折中的分配方案为 60 MHz/60 MHz/80 MHz，即 3 个国内运营商分别获得 60 MHz、60 MHz 和 80 MHz。该方案的优势是资源分配上保持了运营商间的相对公平，缺点是每个运营商的带宽都很有限，难以构建一个具有竞争力的 5G 网络，特别是相对于 4G 的载波聚合来说，其速率优势并不明显。

方案 2：100 MHz/100 MHz，即考虑到 3 家运营商的用户数的差异，为了保证 3 家运营商的用户需求都得到满足，中国移动可以获得 100 MHz 的频率资源，而中国电信和中国联通共享 100 MHz 频率资源。该方案的优势是从 3 家运营商的角度来看，用户体验到的带宽都是 100 MHz，保持了用户之间的公平性，同时中国电信和中国联通共享 100 MHz 带宽，可以帮助其加快建设 5G 网络，节约一半的网络投资。

由于运营商间的博弈，最终这两种方案都没有达成一致。所以专家组开始考虑新的频率分配方案。此时，2.6 GHz 未分配的 60 MHz 频率被建议为新的 5G 频率候选，由此出现了在 2.6 GHz 构建一个 100 MHz 带宽用于 5G 部署的方案，即将 2.6 GHz 剩余未分配的 60 MHz 和中国电信、中国联通并未大规模使用的 2.6 GHz 各 20 MHz 频率腾空，构成一个 60 MHz+40 MHz 的频率块。由此形成 5G 频率划分的第 3 种方案。

方案 3：3.4～3.5 GHz/3.5～3.6 GHz/2.515～2.575 GHz+2.635～2.675 GHz。该方案的优势是每家运营商都能获得 100 MHz 的频率，建设一张非常有竞争力的 5G 网络，缺点是 2.6 GHz 的 100 MHz 是非连续的，同时也必须考虑和现有的 TD-LTE 的 60 MHz 的邻频共存，保持时隙对齐，否则需要在两侧预留保护带，导致实际可用频率资源远小于 100 MHz。

最终，方案 3 被工信部所采纳，并将 2.6 GHz 的非连续 100 MHz 分配给中国移动，同时分配给中国移动 4.8～4.9 GHz 频率；中国电信和中国联通分别获得 3.4～3.6 GHz 的各 100 MHz 连续频率。

| 2.2　传播特性 |

频率是移动通信的基础，不同频段的传播特性影响移动通信系统的设计、规划和未来部署，所以，频率的传播特性对移动通信系统的应用影响深远。本节概述频率的传播特性、5G 移动通信系统频率的传播特征及其研究思路，最后介绍一些正在开展的 5G 信道相关的研究工作和研究成果。

2.2.1　对系统设计的影响

在无线通信领域，系统设计首先要考虑的是覆盖。使用的频率越高，传播损耗越大，系统的覆盖能力就越差。而从天线的角度，因为频段越高，天线的尺寸也就越小，这将更加方便终端和基站在相同的面积下集成更多的天线数目，从而利用波束成形增益来弥补高频段覆盖受限的挑战。另外，由于通信使用的频段不断变高，这将导致系统需要考虑更多的大气吸收、雨雾的衰减。而由于频段升高，信号传播的粒子性增强，会导致反射特性增强，绕射和衍射的特性降低。因此，对于建筑物、植被的遮挡带来的影响都需要在系统设计和部署中考虑。

由于高频段信号在空气中传播衰减较大，而因为粒子性又导致其传播的方向性较强，其能够到达目标接收端的信号强度和多径数目都将受到影响。基于方向性传输的测量结果显示，高频信号因为反射现象在传播中具有更重要的影响，导致多径时延相比于低频会大大降低。这就会导致系统设计的时候，如果仍然采用 OFDM 的结构，则循环前缀（CP）的长度可以大大地缩短。而由于方向性大大增加，高频信号传播中能够到达接收端的多径数目也将大大减少，这也给 MIMO 传输带来了挑战。随着频率越高，信号受到多普勒效应的影响也将越强，这就导致高频信号在时域的变化会更加剧烈，而通信系统对信道的估计和追踪都将变得更加频繁，这对系统设计带来了更高的要求。

2.2.2　传播特性分类

移动通信信道的传播模型主要从大尺度衰落特性和小尺度衰落特性两个部分参数考量。其中，大尺度衰落主要包括路径损耗、阴影衰落等相对慢速变化的衰落特性；而小尺度衰落，则包含短时内快速变化的信道波动特性，主要包含多径的时延扩展、到达角度和离开角以及扩展、每径的功率分布、多普勒频移等。

2.2.2.1　大尺度参数特征

高频传输首先要面对的是更大衰落的问题。根据电磁波的空间自由传播模型[1]，有：

$$P_R = P_T \cdot G_T \cdot G_R \cdot \frac{\lambda^2}{16 \cdot \pi \cdot R^2}$$ （2-1）

其中，P_T、P_R 表示发射功率和接收功率；G_R 和 G_T 表示收发天线的天线增益；R 为收发端的间距；而 λ 则表示载波的波长。

空间传播的损耗与载波频率和距离有关，当载波频率从 6 GHz 提升到 60 GHz，则相同距离的衰落会提升 100 倍。而在工程与学术研究中，通常以下面的形式来表征，路径损耗随距离的变化方式：

$$PL = \beta + \alpha \cdot 10 \lg d$$ （2-2）

其中，α 为路径损耗指数因子，表示路径损耗随距离变化的情况；而 β 则涵盖了其他影响传播的损耗的因素，并在特定的场景下会抽象为一个常数。对于高频传输，更多关注的是路径损耗的因子，因为其直接影响实际部署时的覆盖范围，表 2-4 是现有初步调研的衰减因子。

表 2-4　路径损耗衰减因子初步调研

	ITU UMi（2～6 GHz）[2]	亚洲初步调研（28 GHz）[3]	美国纽约大学测量（28 GHz）[4]
LOS	2.2	1.9～2.3	2
NLOS	3.67	2.5～3.8	2.92

根据上述调研的数据，可以看到更高频段的衰减因子与低频的衰减因子相差不多，而差距仅为常数部分，会相差 20～40 dB。上述参数说明，高频传输的信号衰落并不会随着距离的增大而显著提升，而仅仅是与低频传输有固定的差距，说明高频传输的更大损耗是可以通过技术手段克服的。

在大尺度衰落方面，高频相比于低频新增了在近距离传输但是完全收不到信号的情况（Outage），如图 2-5 所示。由于频率的升高，电磁传播的粒子性增强，反射和衍射的特性增强，散射特性降低，再考虑到本身传播损耗就比较大，从而导致在部分情况下，即使基站与终端距离很近，终端也有可能收不到信号。

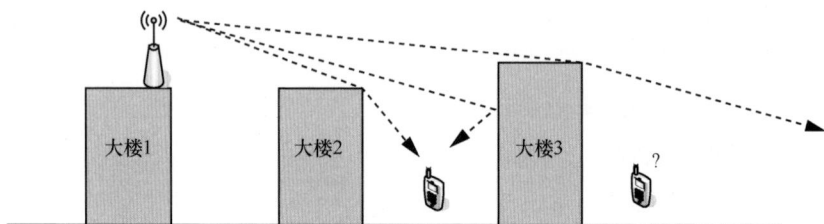

图 2-5　高频传输中 Outage 的情况

因此，需要进一步明确在高频传输时，在不同的场景下，出现完全没有信号的情况以及概率，为后续进一步的技术分析与评估提供条件。

另外两个比较重要的大尺度参数是阴影衰落和穿透损耗。在低频，穿透损耗一般假设在 20 dB 左右[1]；但是在高频，在 28 GHz 测量的穿墙损耗在 28 dB 左右，对于镀膜的玻璃，损耗在 40 dB 左右。另外，对于高频，由人体带来的阻挡或者扰动就会带来额外的 20～35 dB 的损耗。阴影衰落主要是由于建筑物的遮挡，对信号传播造成的额外损耗。初步调研见表 2-5。通常在低频，信号在直射路径上受到遮挡，通过电磁波的散射和衍射可以让建筑物后方的用户收到信号。但是，由于高频信号的粒子性很强，散射和衍射特性大大降低，导致建筑物后方的信号损耗会更大。因此，高频的阴影衰落比低频更大，特别是在没有直射路径的情况下。

表 2-5　阴影衰落初步调研

	ITU（2～6 GHz）	美国纽约大学测量（28 GHz）
LOS	3 dB	3.5～4.6 dB
NLOS	4 dB	8.4～11.7 dB

人体的遮挡、更大的路径损耗及 Outage 的存在，都会导致高频传输的非连续性，需要在系统设计的时候加以考虑。更高频段传输导致较大的路径损耗，也会降低高频段小区的覆盖范围，这也是在系统设计的时候需要考虑的问题。

2.2.2.2　小尺度参数特征

小尺度衰落，是指信号短时的变化，主要考虑多径的时延参数、功率、各种角度以及多普勒频移的影响。其中，多径时延扩展将影响到系统帧结构的设计。如果继续沿用 OFDM 的调制方式，则需要保证符号的循环前缀大于最大多径时延。经过在不同场景的测试结果，高频的最大多径时延维持在几百纳秒的量级，比如，美国纽约大学给出一次测量中的多径时延为 344 ns，这个参数相比于现有 LTE 假设的 5 μs 要小很多，由此带来的系统设计也将有很大的不同。这部分将在后面的章节继续讨论。

高频传播的频域响应和频域扩展主要取决于接收端的移动以及周围散射体的移动。通常，室内环境下，散射体移动较少，环境相对稳定，室内的多普勒频移相对较低；而室外环境，相对更加复杂一些，传播路径中的移动物体更加丰富，由此会导致室外的频域响应会更加剧烈。信道频率域的响应是传播路径上所有多径的多普勒效应的总叠加。由于高频信道下，载波频点的升高，会导致频率域的整体偏移（Doppler Shift，多普勒偏移）会更高。但是因为粒子性更强，散射更小，每个多径内的子径传播的环境很相似，会导致多普勒扩展相比于低频会更小。

高频传播另外一个显著的特点是，由于粒子特性更加显著，电磁的传播主要依赖于反射而不是散射，能够到达接收端的多径数目会大大减少，通常都在 2～3 个[4]。多径的丰富程度将大大影响 MIMO 技术的使用。由于多径变少，会导致单用户的多流传输受到限制；但是因为多用户信道的相关性降低，这将提高多用户空间资源复用的性能增益。

2.2.3　5G 信道传播特性研究思路

面向更高频段信道模型的研究，应该本着从系统设计的角度出发，基于更广泛和丰富的测量数据进行参数提取，基于新系统中考虑的特性进行建模。5G 信道模型的研究应该优先定义场景，即基于已有的场景确定信道模型和测量中缺少的部分，然后基于场景确定最优的建模方式，再进行实际的信道测量对参数进行提取，并进行一系列的建模工作。

从实际应用的角度出发，应该优先定义未来系统更可能应用的场景。在 ITU 和 3GPP 中，4G 系统的主要考核指标是峰值速率、频谱效率、移动性、广域覆盖性能等，从而定义了室内热点、城市微蜂窝小区、城市宏蜂窝、农村覆盖等几个场景。这些场景的基站位置、用户位置、移动速率、室内室外分布情况均有不同；基于这样的部署场景，ITU 进行了相关类似场景的信道测量，从而使得信道模型服务于需求。而面向 5G 系统，由于在 4G 系统定义的阶段已经完成了部分场景的定义，并且在模型的研究中从两维信道模型扩展到了三维，进一步完善了信道模型，所以 5G 可以将部署场景、模型、参数从 4G 中继承过来。而对于 5G 高频等新引入的特性，可以针对相应的应用场景定义专门的场景，并与已有的场景结合。

对于已有的 4G 以及 3GPP 中采用的信道模型，比如典型城市宏蜂窝、典型城市微蜂窝场景，在未来的研究中可以复用，同时保持其引入的三维信道特性。而对于高频段使用的场景，建议引入室内独立房间、办公区域、商场、体育场馆的场景。另外，由于移动通信系统的优势在于不仅仅室内可以部署，在室外也能够支持一定的移动性，所以建议在室外引入适于中心城区部署的高频覆盖场景，其中典型的场景有街道/商业步行街（Street Canyon）和开放式广场。

室内独立房间主要描述 30 m² 左右的室内场景，而在这样的场景下，由于天线的部署不同，会有不同的信道特性，如图 2-6 所示。其中一种是天线位于天花板上，平行于天花板垂直于地面，这样的部署方式会给发送端带来更大的自由度；另外一种方式，就是部署在房间天花板的 4 个角落中，由于墙面的反射作用，能够更好地集中有限的发送信号。办公区域包含开放式办公区以及 ITU 室内热点两种场景，相比于独立的房间具有更大的传输范围，将是未来高频段在室内应用的主要场景，并且是用来满足室内高数据速率传输的主要方式。而对于商场和体育场馆，5G 都将面临着更大的数据速率要求的挑战，而相对封闭的环境都能够提供更好的高频传输环境，因此也成为高频主要的使用场景。在这样的场景内，需要考虑人群扰动对传播特性的影响。室外的街道/商业步行街、广场两种场景，因为人群流动较大，同时由于周围的建筑物会形成相对封闭的环境，因此也为高频传输带来了一定的好处。移动通信系统的优势主要体现在对移动性的支持，因此，室外的模型也将是后续研究的重点。

(a) 天线位于天花板　　　　　　　　　　(b) 天花板 4 个角落

(c) 商场和体育馆

图 2-6　5G 高频信道模型研究场景示例

有了确定的场景，下一步就需要明确测量的方法和手段。在给定了具体的场景之后，可以在相似的环境内进行实际测量。目前主要的测量手段都是基于喇叭天线的测量，喇叭天线能够汇聚传输和发送信号，类似波束成形的效果，提高接收端和发送端的信号能量。但是，因为其较强的方向性，会导致发送端和接收端只能接收到一个方向上的信号能量，而基于此获得的信道参数并不是全部 360°的空间参数，而仅仅适用于某一个方向。另外，由于喇叭天线测得的数据只是全部空域信息的一部分，会导致测量得到的路径损耗偏低，多径时延扩展变小，所以进一步地，测量上会考虑使喇叭天线指向不同的方向，并在后期将不同时刻的结果合并起来，而由此又会带来数据如何合并以及不同的数据在时间上的问题相关性。由于室外的环境会更加动态，这就导致相关时间以外的两套数据如果进行合并会引入一定的误差。

实地的外场测量在实施上会存在较大的操作难度，并且受限于实际的场地不能遍历某个环境下的所有位置，所以，射线追踪的方法也被建议作为重要的信道信息的获取手段。由于其采用模拟仿真的方式获取信道传播特性的统计特征，场景的定义、不同材料的反射、散射特性都需要进行校准，并与实际测量的数据进行比对。射线追踪方案可以作为在部分不容易测量的环境下，获取信道传播信息的重要手段。

当具体的信道参数通过实际测量或者射线追踪得来的时候，下一步工作就是如何能够建立可以在仿真评估中使用的模型。现阶段使用最多的是基于统计特性的多径叠加模型。这个模型通过建立传播过程中的散射体，从而得到不同分簇的传播路径和多径参数，并通过利用实际测量中得到的特定环境下的统计特性，随机生成部分信道参数，并将所有多径合并到一起，就得到了仿真评估中需要的信道冲击响应。这种模型是基于实际环境中，信号的空间传播经过若干路径传播并最后叠加，同时又参考实际测量中得到的不同参数的统计分布，最后得到近似的模型。这种基于几何信息的统计分布模型能够代表某一类场景的典型特征，但是无法完全匹配特定的任意一个环境。另外的建模方式，就是基于射线追踪的方式，基于特定的场景直接通过射线追踪得到特定的一套参数。该模型能够与特定的环境进行完全的匹配，但是一旦其中的某一参数发生改变，则整个模型都需要进行重新设定。同时，这样的模型对某一类场景的匹配度较低。

除了基本的测量和建模方法，还需要考虑由于高频传输带来的变化。比如，高频中粒子性的增强，对于不同极化间能量的泄露会有不同的影响，反射、散射、衍射不同类型的传播方式会在建模中体现为不同的能量分配比例，用户处于相近位置而带来的空间一致性。这些都是在以往的建模中没有考虑的，需要在 5G 的信道研究工作中有所考虑和体现。

2.2.4 测量与建模结果

2.2.4.1 场景描述

在此，从更高频段的起点 6 GHz 进行典型城市微蜂窝的测量。UMi 场景选址在北京邮电大学（以下简称北邮）校本部，发射端设置在校保卫处楼顶，接收天线相对于地面约高 13.8 m，接收机在保卫处周围道路上进行数据采集。为了对比 3.5 GHz 与 6 GHz，采用相同的测量场景及测量路线，方便后面进行对比分析。测量场景及测量路线如图 2-7 所示。其中，黑色星标为发射天线所在位置，黑色粗线为测量路线。

图 2-7　北邮保卫处 UMi 测量场景及测量路线

在保卫处共进行了两轮测量，第一轮测量路线包括校外的杏坛路两侧，不过由于杏坛路两侧树木过于茂密，对结果影响太大，第二轮测量时，路线规划尽量都在北邮校园内部。

发送端天线的仰视及俯视图如图 2-8 所示。

(a) 仰视图　　　　　　　　　　　(b) 俯视图

图 2-8　发送端的仰视图和俯视图

2.2.4.2 参数配置

表 2-6 中的参数配置都是针对获取大尺度参数来定的，所用的天线也都是垂直极化天线（Dipole），在第一轮测量中对 3.5 GHz 的小尺度参数进行测量，不过由于缺少 6 GHz 的测量数据，无法进行对比，3.5 GHz 小尺度测量情况暂未列出。

表 2-6　6 GHz UMi 场景测量参数配置

参数	设置	参数	设置
测量地点	北京邮电大学	—	—
中心频率	6.0 GHz	带宽	100 MHz
发射天线类型	垂直极化天线	接收天线类型	垂直极化天线
发射天线高度	13.8 m	接收天线高度	1.75 m
发射天线极化方式	垂直极化	接收天线极化方式	垂直极化
TX 经度	116.354 166 67	TX 纬度	39.961 666 67
码片长度	255	码片采样率	2
信道采样数（每波长）	3	信道采样率	181.554
移动台最大移动速度	2 m/s	散射体最大移动速度	3 m/s
突发模式	关	突发速率	1
发射天线端口号	1	接收天线端口号	1
发送端功放前功率	−12.14 dBm	发送端上天线前功率	35.30 dBm

根据经验公式[2]，计算 LOS 场景下断点的位置：

$$
\begin{aligned}
d'_{BP} &= 4h'_{BS}h'_{UT}f_c / c, \\
h'_{BS} &= h_{BS} - 1.0\ \text{m}, \\
h'_{UT} &= h_{UT} - 1.0\ \text{m}
\end{aligned}
\tag{2-3}
$$

首先，计算 LOS 条件下的模型断点，由前面的参数配置可知，$h_{UT} = 1.75, h_{BS} = 13.8$，则计算可知，$d'_{BP} = \begin{cases} 448\ \text{m}, & f_c = 3.5\ \text{GHz} \\ 768\ \text{m}, & f_c = 6.0\ \text{GHz} \end{cases}$，由测量规划及实际的距离可知，在本次 UMi 测量中，测量距离均没有超过模型断点的距离，则在 LOS 下的路损模型为 $PL = 22.0 \lg d + 28.0 + 20 \lg f_c$。

路损在 LOS 与 NLOS 条件下差异较大，所以在分析时需将两种情况分开处理，而对于比较边缘的情况，比如既非视距又非完全遮挡的情况，对其结果暂不分析。

经过计算后的路损拟合结果及与标准模型对比如图 2-9 和图 2-10 所示，其中图

2-9 为 UMi 场景下在 LOS 条件下的拟合结果，图 2-10 为 UMi 场景下在 NLOS 条件下的拟合结果。

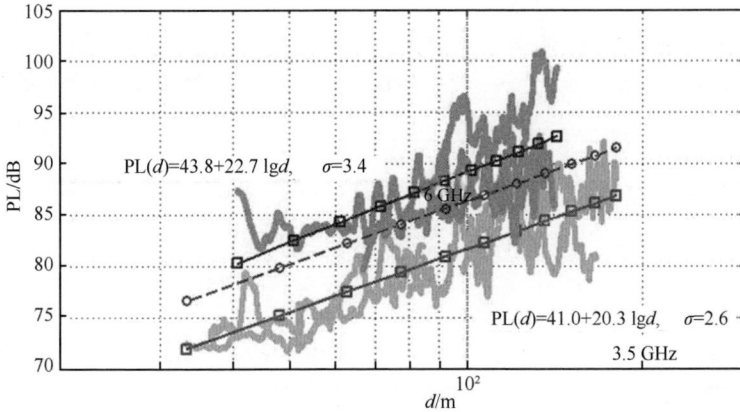

图 2-9　UMi-LOS 场景路损拟合结果

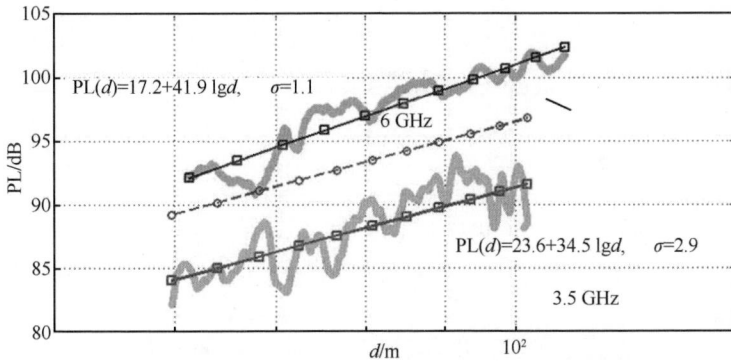

图 2-10　UMi-NLOS 场景路损拟合结果

其中，对 UMi 场景下 3.5 GHz 与 6 GHz 在 LOS 与 NLOS 情况的统计模型见表 2-7。

表 2-7　3.5 GHz 和 6 GHz 在 LOS 与 NLOS 条件下的路损模型

频点	LOS 或 NLOS	模型
3.5 GHz	LOS	$PL(d) = 41.0 + 20.3 \cdot \lg d$
6 GHz	LOS	$PL(d) = 43.8 + 22.7 \cdot \lg d$
3.5 GHz	NLOS	$PL(d) = 23.6 + 34.5 \cdot \lg d$
6 GHz	NLOS	$PL(d) = 17.2 + 41.9 \cdot \lg d$

观察图 2-10 可知，在 LOS 条件下，3.5 GHz 与 6 GHz 的路损与标准模型的非常接近，但是 NLOS 条件下就相差比较大，分析原因，可以认为在这个场景下，选取的 NLOS 是由很强的衍射或者反射造成的。

图 2-9 和图 2-10 中的拟合曲线并不是特定的一条路线的结果，而是同样条件（LOS 或 NLOS）多条路线共同拟合的结果，具体到每一条线，其路损由于建筑物的特异性，可能与模型中的差异较大。

| 2.3 5G 信道模型 |

为了便于各国的 5G 评估工作组顺利完成 5G 候选技术的评估，ITU-R WP5D 制定了 5G 候选技术的评估方法[5]，包含了 5G 的相关信道模型。

IMT-2020 信道模型包括主模块、扩展模块和基于地图的混合信道模块（后两个提供了可选的生成衰落参数和可选的信道建模方法），如图 2-11 所示。 主模块包含了室内热点-eMBB、密集城市-eMBB、农村-eMBB、城市宏-uRLLC 和城市宏- mMTC 等场景的信道参数，包括路径损耗（以下简称路损）、LOS 概率和阴影衰落以及快衰落。

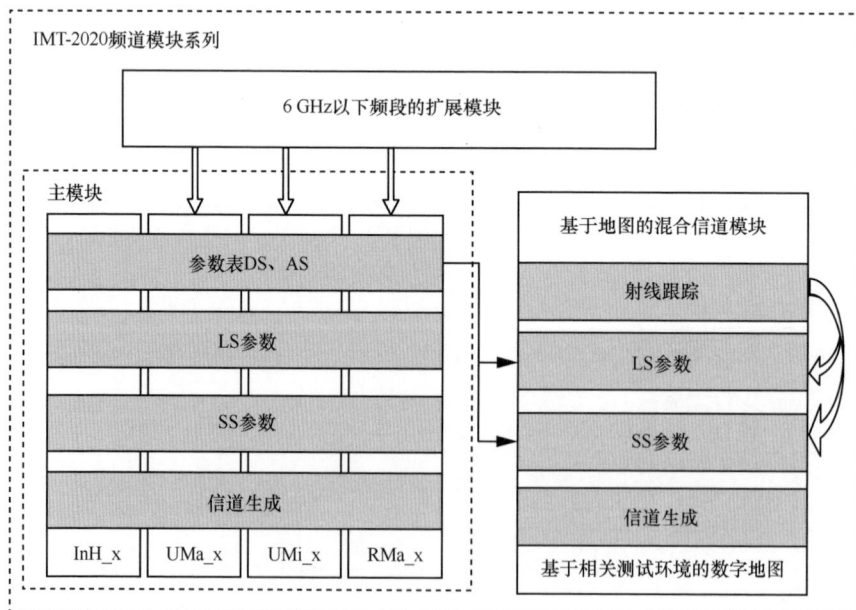

图 2-11 IMT-2020 信道模型构成

2.3.1 主模块

IMT-2020 主信道模块是基于几何的随机信道模型。它没有明确指定散射体的位置，而是指明射线的方向。基于几何的无线信道建模使得能够分离传播参数和天线。基于从信道测量中提取的统计分布，随机确定各个快照的信道参数。信道冲击响应的实现通过应用几何原理来生成，即通过具有特定小尺度参数（如延迟、功率、到达和离开的方位角、到达和离开的仰角）的射线叠加来实现。叠加导致天线阵元之间的相关性和时间衰落与几何相关的多普勒频谱。

该模型的原理如图 2-12 所示。每个具有多个点的圆圈表示产生一个簇的散射区域，每个簇由 M 个射线构成，并且假设有 N 个簇。假设发射器（Tx）有 S 个天线，接收器（Rx）有 U 个天线。对于每条射线，假设每条射线的小尺度参数是不同的，诸如延迟 $\tau_{n,m}$、到达水平方位角 $\varphi_{rx,n,m}$、到达仰角 $\theta_{rx,n,m}$、离开水平方位角 $\varphi_{tx,n,m}$ 和离开仰角 $\theta_{tx,n,m}$。下面以下行链路为例说明主模块的原理。

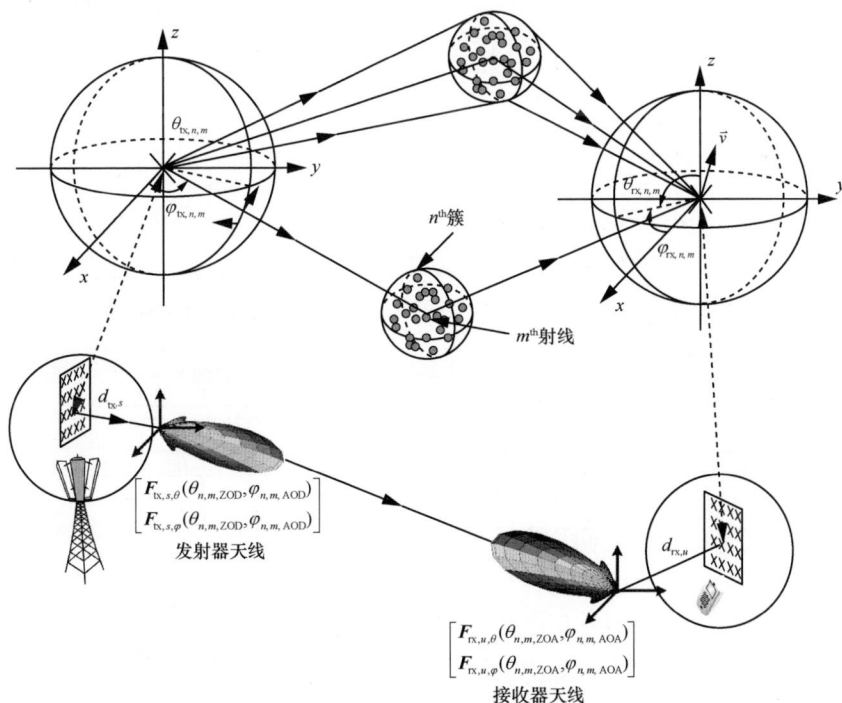

图 2-12 3D-MIMO 信道模型原理

$U \times S$ 维的 MIMO 时变信道脉冲响应由式（2-4）给出：

$$H(t;\tau) = \sum_{n=1}^{N} H_n(t;\tau) \tag{2-4}$$

其中，t 表示时间，τ 表示时延，N 表示簇的数目，n 表示簇索引号。图 2-12 中，F_{tx} 和 F_{rx} 分别是发射和接收天线阵列的响应矩阵。

从发射天线 s 到接收天线 u 的第 n 个簇的信道可以表示为：

$$H_{u,s,n,m}(t;\tau) =$$

$$\sqrt{\frac{P_n}{M}} \sum_{m=1}^{M} \begin{bmatrix} F_{\text{rx},u,\theta}\left(\theta_{n,m,\text{ZOA}}, \varphi_{n,m,\text{AOA}}\right) \\ F_{\text{rx},u,\varphi}\left(\theta_{n,m,\text{ZOA}}, \varphi_{n,m,\text{AOA}}\right) \end{bmatrix}^{\text{T}} \begin{bmatrix} \exp\left(j\Phi_{n,m}^{\theta\theta}\right) & \sqrt{\kappa_{n,m}^{-1}} \exp\left(j\Phi_{n,m}^{\theta\varphi}\right) \\ \sqrt{\kappa_{n,m}^{-1}} \exp\left(j\Phi_{n,m}^{\varphi\theta}\right) & \exp\left(j\Phi_{n,m}^{\varphi\varphi}\right) \end{bmatrix} \times$$

$$\begin{bmatrix} F_{\text{tx},s,\theta}\left(\theta_{n,m,\text{ZOD}}, \varphi_{n,m,\text{AOD}}\right) \\ F_{\text{tx},s,\varphi}\left(\theta_{n,m,\text{ZOD}}, \varphi_{n,m,\text{AOD}}\right) \end{bmatrix} \exp\left(j2\pi\lambda_0^{-1}\left(r_{\text{rx},n,m}^{\text{T}} \cdot d_{\text{rx},u}\right)\right) \exp\left(j2\pi\lambda_0^{-1}\left(r_{\text{tx},n,m}^{\text{T}} \cdot d_{\text{tx},s}\right)\right) \times$$

$$\exp\left(j2\pi\nu_{n,m}t\right)\delta\left(\tau - \tau_{n,m}\right) \tag{2-5}$$

其中，$\Phi_{n,m}^{\theta\theta}$、$\Phi_{n,m}^{\theta\varphi}$、$\Phi_{n,m}^{\varphi\theta}$ 和 $\Phi_{n,m}^{\varphi\varphi}$ 分别是簇 n 的射线 m 在 4 个不同的极化合并的初始相位；$F_{\text{rx},u,\theta}$ 和 $F_{\text{rx},u,\varphi}$ 分别是接收天线 u 在球面坐标方向 θ 和 φ 的场方向图；$F_{\text{tx},s,\theta}$ 和 $F_{\text{tx},s,\varphi}$ 分别表示发送天线 s 在球面坐标方向 θ 和 φ 的场方向图；$r_{\text{rx},n,m}$ 和 $r_{\text{tx},n,m}$ 分别是到达水平角 $\varphi_{n,m,\text{AOA}}$、到达水仰角 $\theta_{n,m,\text{ZOA}}$、离开水平角 $\varphi_{n,m,\text{AOD}}$ 和离开仰角 $\theta_{n,m,\text{ZOD}}$ 的球面单位向量；$d_{\text{rx},u}$ 和 $d_{\text{tx},s}$ 分别是接收天线 u 和发射天线 s 的位置向量；$\kappa_{n,m}$ 为交叉极化功率比，线性值；λ_0 为载频的波长；$\nu_{n,m}$ 为射线 n,m 的多普勒频率。

如果无线信道被建模为动态的，则所有上述小尺度参数都是时变的，即它们是 t 的函数。主模块全面描述了信道特性，涵盖的数学框架包括一组参数以及路径损耗模型。

上面给出的信道冲击响应过程是从单个发射天线单元到另一个接收天线单元。当在 Tx 和 Rx 处部署天线阵列时，信道的冲击响应就是矢量信道。

2.3.2 6 GHz 以下频段的扩展模块

6 GHz 以下的扩展模块提供了另一种在主模块中生成 6 GHz 以下信道参数的方法。它提供了额外的参数可变性。在主模块中，小尺度和大尺度参数是变量，扩展模块根据特定于环境的参数为主模块提供新参数值。它仍然维护着模型框架。

扩展模块基于时空传播模型（即 TSP 模型），该模型是具有闭合形式函数的基于几何的双向信道模型。它通过考虑以下关键参数来计算信道实现的大规模参数，例如城市结构（街道宽度、平均建筑物高度）、基站高度、带宽以及基站和终端之间的距离。

2.3.3　基于地图的混合信道模块

基于地图的混合信道模块是可选模块，其基于数字地图，并且由以下的确定性分量组成。例如，当希望通过采用数字地图评估或预测系统性能，以及考虑环境结构和材料的影响时，该模块可使用。

基于地图的混合信道模块的实现从场景和数字化地图的定义开始。基于导入的配置，射线跟踪应用于每对收发链路，输出包括 LOS 状态/确定性功率、延迟、角度信息等。然后，除了阴影衰落之外的大尺度参数是采用基于主模块的相似过程生成随机簇的延迟和虚拟功率，其中在随机簇的选择中考虑簇间到达间隔的概率阈值。基于确定性结果计算所选随机簇的实际功率。在合并随机和确定性簇之后，除来自相应确定性结果的主要路径的交叉极化比（XPR）的继承平均值之外，通过与主要模块类似的过程来进行信道系数的生成。

2.3.4　路径损耗与阴影模型

首先，定义一些信道路损模型中的几个常用参数，如图 2-13 所示。

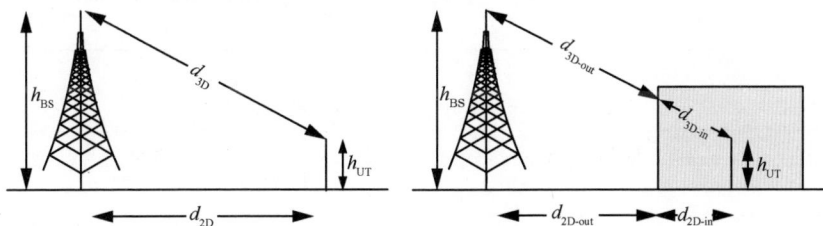

图 2-13　路损模型中的基本参数定义

图 2-13 中，$d_{3D} = d_{3D\text{-out}} + d_{3D\text{-in}} = \sqrt{(d_{2D\text{-out}} + d_{2D\text{-in}})^2 + (h_{BS} - h_{UT})^2}$。

ITU-R 定义的各个评估场景下的路损和阴影模型见表 2-8～表 2-11。

表 2-8　室内热点的路损和阴影模型

	InH_A		InH_B
LOS	$0.5\,\mathrm{GHz} \leqslant f_c \leqslant 6\,\mathrm{GHz}$ $\mathrm{PL_{InH\text{-}LOS}} = 16.9\lg(d_{3D}) + 32.8 + 20\lg(f_c)$, $\sigma_{SF} = 3\,\mathrm{dB}$, $0\,\mathrm{m} \leqslant d_{2D} \leqslant 150\,\mathrm{m}$		$0.5\,\mathrm{GHz} \leqslant f_c \leqslant 100\,\mathrm{GHz}$ $\mathrm{PL_{InH\text{-}LOS}} = 32.4 + 17.3\lg(d_{3D}) +$ $20\lg(f_c)$, $\sigma_{SF} = 3\,\mathrm{dB}$, $1\,\mathrm{m} \leqslant d_{3D} \leqslant 150\,\mathrm{m}$
	$6\,\mathrm{GHz} < f_c \leqslant 100\,\mathrm{GHz}$ $\mathrm{PL_{InH-LOS}} = 32.4 + 17.3\lg(d_{3D}) + 20\lg(f_c)$, $\sigma_{SF} = 3$, $1\,\mathrm{m} \leqslant d_{3D} \leqslant 150\,\mathrm{m}$		
NLOS	$0.5\,\mathrm{GHz} \leqslant f_c \leqslant 6\,\mathrm{GHz}$ $\mathrm{PL_{InH\text{-}NLOS}} = 43.3\lg(d_{3D}) + 11.5 + 20\lg(f_c)$, $\sigma_{SF} = 4\,\mathrm{dB}$, $0\,\mathrm{m} \leqslant d_{2D} \leqslant 150\,\mathrm{m}$		$0.5\,\mathrm{GHz} \leqslant f_c \leqslant 100\,\mathrm{GHz}$ $\mathrm{PL_{InH\text{-}NLOS}} = \max(\mathrm{PL_{InH-LOS}}, \mathrm{PL'_{InH-NLOS}})$ $\mathrm{PL'_{InH\text{-}NLOS}} = 38.3\lg(d_{3D}) + 17.30 +$ $24.9\lg(f_c)$, $\sigma_{SF} = 8.03\,\mathrm{dB}$, $1\,\mathrm{m} \leqslant d_{3D} \leqslant 150\,\mathrm{m}$ 可选: $\mathrm{PL'_{InH-NLOS}} = 32.4 + 20\lg(f_c) +$ $31.9\lg(d_{3D})$, $\sigma_{SF} = 8.29\,\mathrm{dB}$
	$6\,\mathrm{GHz} < f_c \leqslant 100\,\mathrm{GHz}$ $\mathrm{PL_{InH\text{-}NLOS}} = \max(\mathrm{PL_{InH-LOS}}, \mathrm{PL'_{InH-NLOS}})$ $\mathrm{PL'_{InH\text{-}NLOS}} = 38.3\lg(d_{3D}) + 17.30 + 24.9\lg(f_c)$, $\sigma_{SF} = 8.03\,\mathrm{dB}$, $1\,\mathrm{m} \leqslant d_{3D} \leqslant 150\,\mathrm{m}$ 可选: $\mathrm{PL'_{InH-NLOS}} = 32.4 + 20\lg(f_c) +$ $31.9\lg(d_{3D})$, $\sigma_{SF} = 8.29\,\mathrm{dB}$		
	$3\,\mathrm{m} \leqslant h_{BS} \leqslant 6\,\mathrm{m}$, $1\,\mathrm{m} \leqslant h_{UT} \leqslant 2.5\,\mathrm{m}$		
可选模型 LOS	$f_c = 28\,\mathrm{GHz}$ $\mathrm{PL_{InH-LOS}} = 14.0\lg(d_{2D}) + 61.9$, $\sigma_{SF} = 1.7\,\mathrm{dB}$		$1\,\mathrm{GHz} \leqslant f_c \leqslant 100\,\mathrm{GHz}$, $\mathrm{PL_{InH-LOS}} = 32.4 + 17.1\lg(d_{3D}) + 20\lg(f_c)$, $\sigma_{SF} = 3\,\mathrm{dB}$, $1\,\mathrm{m} \leqslant d_{3D} \leqslant 150\,\mathrm{m}$, $h_{BS} = 2.5 - 6\,\mathrm{m}$, $h_{UT} = 1 - 2.5\,\mathrm{m}$
可选模型 NLOS	$f_c = 28\,\mathrm{GHz}$ $\mathrm{PL_{InH-NLOS}} = 22\lg(d_{2D}) + 61.2$, $\sigma_{SF} = 3.3\,\mathrm{dB}$		$1\,\mathrm{GHz} \leqslant f_c \leqslant 100\,\mathrm{GHz}$, $\mathrm{PL_{InH-NLOS}} = \max(\mathrm{PL_{InH-LOS}}, \mathrm{PL'_{InH-NLOS}})$, $\sigma_{SF} = 3.2 + 3.2\lg(f_c)$ dB $\mathrm{PL'_{InH-NLOS}} = 32.1 + 26.3\lg(f_c) +$ $[23.6 + 1.0\lg(f_c)]\lg(d_{3D})$

表 2-9　城区宏小区的路损和阴影模型

	UMa_A	UMa_B
LOS	$0.5\,\mathrm{GHz} \leqslant f_c \leqslant 6\,\mathrm{GHz}$ & $6\,\mathrm{GHz} < f_c \leqslant 100\,\mathrm{GHz}$ $\mathrm{PL_{UMa-LOS}} = \begin{cases} \mathrm{PL_1}, & 10\mathrm{m} \leqslant d_{2D} \leqslant d'_{BP} \\ \mathrm{PL_2}, & d'_{BP} \leqslant d_{2D} \leqslant 5\,\mathrm{km} \end{cases}$ $\mathrm{PL_1} = 28.0 + 22\lg(d_{3D}) + 20\lg(f_c)$	$0.5\,\mathrm{GHz} \leqslant f_c \leqslant 100\,\mathrm{GHz}$ $\mathrm{PL_{UMa-LOS}} = \begin{cases} \mathrm{PL_1}, & 10\mathrm{m} \leqslant d_{2D} \leqslant d'_{BP} \\ \mathrm{PL_2}, & d'_{BP} \leqslant d_{2D} \leqslant 5\,\mathrm{km} \end{cases}$, $\mathrm{PL_1} = 28.0 + 22\lg(d_{3D}) + 20\lg(f_c)$, $\sigma_{SF} = 4\,\mathrm{dB}$ $\mathrm{PL_2} = 40\lg(d_{3D}) + 28.0 + 20\lg(f_c) -$ $9\lg((d'_{BP})^2 + (h_{BS} - h_{UT})^2)$,

（续表）

	UMa_A	UMa_B
LOS	$\sigma_{SF}=4$ dB $PL_2=40\lg(d_{3D})+28.0+20\lg(f_c)-9\lg((d'_{BP})^2+(h_{BS}-h_{UT})^2)$, $\sigma_{SF}=4$ dB	$\sigma_{SF}=4$ dB
NLOS	$0.5\,GHz \leqslant f_c \leqslant 6\,GHz$ $PL_{UMa-NLOS}=\max(PL_{UMa-LOS},PL'_{UMa-NLOS})$ $PL'_{UMa-NLOS}=161.04-7.1\lg(W)+7.5\lg(h)-(24.37-3.7(h/h_{BS})^2)\lg(h_{BS})+(43.42-3.1\lg(h_{BS}))(\lg(d_{3D})-3)+20\lg(f_c)-(3.2(\lg(17.625))^2-4.97)-0.6(h_{UT}-1.5)$, $\sigma_{SF}=6$ dB, $10m<d_{2D}<5\,000\,m$, $W=20\,m$, $h=20\,m$ $6\,GHz < f_c \leqslant 100\,GHz$ $PL_{UMa-NLOS}=\max(PL_{UMa-LOS},PL'_{UMa-NLOS})$, $10\,m \leqslant d_{2D} \leqslant 5\,km$ $PL'_{UMa-NLOS}=13.54+39.08\lg(d_{3D})+20\lg(f_c)-0.6(h_{UT}-1.5)$, $\sigma_{SF}=6$ dB 可选: $PL=32.4+20\lg(f_c)+30\lg(d_{3D})$ $\sigma_{SF}=7.8$ dB $h_{BS}=25\,m$, $1.5\,m \leqslant h_{UT} \leqslant 22.5\,m$	$0.5\,GHz \leqslant f_c \leqslant 100\,GHz$ $PL_{UMa-NLOS}=\max(PL_{UMa-LOS},PL'_{UMa-NLOS})$, $10\,m \leqslant d_{2D} \leqslant 5\,km$ $PL'_{UMa-NLOS}=13.54+39.08\lg(d_{3D})+20\lg(f_c)-0.6(h_{UT}-1.5)$, $\sigma_{SF}=6$ dB 可选: $PL=32.4+20\lg(f_c)+30\lg(d_{3D})$ $\sigma_{SF}=7.8$ dB

表 2-10　城区微小区的路损和阴影模型

	UMi_A	UMi_B
LOS	$0.5\,GHz \leqslant f_c \leqslant 6\,GHz$ $PL=22.0\lg(d_{3D})+28.0+20\lg(f_c)$, $\sigma_{SF}=3$ dB, $10\,m<d_{2D}<d'_{BP}$ [(3)] $PL=40\lg(d_{3D})+28.0+20\lg(f_c)-9\lg((d'_{BP})^2+(h_{BS}-h_{UT})^2)$, $\sigma_{SF}=3$ dB, $d'_{BP}<d_{2D}<5\,000\,m$ [(3)] $6\,GHz < f_c \leqslant 100\,GHz$ $PL_{UMi-LOS}=\begin{cases}PL_1, & 10\,m \leqslant d_{2D} \leqslant d'_{BP} \\ PL_2, & d'_{BP} \leqslant d_{2D} \leqslant 5\,km\end{cases}$ $PL_1=32.4+21\lg(d_{3D})+20\lg(f_c)$, $\sigma_{SF}=4$ dB $PL_2=32.4+40\lg(d_{3D})+20\lg(f_c)-9.5\lg((d'_{BP})^2+(h_{BS}-h_{UT})^2)$, $\sigma_{SF}=4$ dB	$0.5\,GHz \leqslant f_c \leqslant 100\,GHz$ $PL_{UMi-LOS}=\begin{cases}PL_1, & 10\,m \leqslant d_{2D} \leqslant d'_{BP} \\ PL_2, & d'_{BP} \leqslant d_{2D} \leqslant 5\,km\end{cases}$, $PL_1=32.4+21\lg(d_{3D})+20\lg(f_c)$, $\sigma_{SF}=4$ dB $PL_2=32.4+40\lg(d_{3D})+20\lg(f_c)-9.5\lg((d'_{BP})^2+(h_{BS}-h_{UT})^2)$, $\sigma_{SF}=4$ dB

（续表）

UMi_A		UMi_B
NLOS	$0.5\,\text{GHz} \leqslant f_c \leqslant 6\,\text{GHz}$ $\text{PL}_{\text{UMi-NLOS}} = \max(\text{PL}_{\text{UMi-LOS}}, \text{PL}'_{\text{UMi-NLOS}})$, $\text{PL}'_{\text{UMi-NLOS}} = 36.7\lg(d_{3D}) + 22.7 + 26\lg(f_c) -$ $0.3(h_{\text{UT}} - 1.5)$, $\sigma_{\text{SF}} = 4$ dB, $10\,\text{m} < d_{2D} < 2\,000\,\text{m}$ $6\,\text{GHz} < f_c \leqslant 100\,\text{GHz}$ $\text{PL}_{\text{UMi-NLOS}} = \max(\text{PL}_{\text{UMi-LOS}}, \text{PL}'_{\text{UMi-NLOS}})$, $\sigma_{\text{SF}} = 7.82$, $10\,\text{m} \leqslant d_{2D} \leqslant 5\,\text{km}$ $\text{PL}'_{\text{UMi-NLOS}} = 35.3\lg(d_{3D}) + 22.4 +$ $21.3\lg(f_c) - 0.3(h_{\text{UT}} - 1.5)$ $6\,\text{GHz} < f_c \leqslant 100\,\text{GHz}$ 可选： $\text{PL} = 32.4 + 20\lg(f_c) + 31.9\lg(d_{3D})$, $\sigma_{\text{SF}} = 8.2$ dB	$0.5\,\text{GHz} \leqslant f_c \leqslant 100\,\text{GHz}$ $\text{PL}_{\text{UMi-NLOS}} = \max(\text{PL}_{\text{UMi-LOS}}, \text{PL}'_{\text{UMi-NLOS}})$, $\sigma_{\text{SF}} = 7.82$ dB, $10\,\text{m} \leqslant d_{2D} \leqslant 5\,\text{km}$, $\text{PL}'_{\text{UMi-NLOS}} = 35.3\lg(d_{3D}) + 22.4 +$ $21.3\lg(f_c) - 0.3(h_{\text{UT}} - 1.5)$ 可选： $\text{PL} = 32.4 + 20\lg(f_c) + 31.9\lg(d_{3D})$, $\sigma_{\text{SF}} = 8.2$ dB
	$h_{\text{BS}} = 10\,\text{m}, 1.5\,\text{m} \leqslant h_{\text{UT}} \leqslant 22.5\,\text{m}$	

表 2-11　农村宏小区路损和阴影模型

RMa_A		RMa_B
LOS	$0.5\,\text{GHz} \leqslant f_c \leqslant 6\,\text{GHz}$, $\text{PL}_{\text{RMa-LOS}} = \begin{cases} \text{PL}_1, & 10\,\text{m} \leqslant d_{2D} \leqslant d_{\text{BP}} \\ \text{PL}_2, & d_{\text{BP}} \leqslant d_{2D} \leqslant 21\,\text{km} \end{cases}$, $\text{PL}_1 = 20\lg(40\pi d_{3D} f_c / 3) + \min(0.03h^{1.72}, 10)\lg(d_{3D}) -$ $\min(0.044h^{1.72}, 14.77) + 0.002\lg(h)d_{3D}$, $\sigma_{\text{SF}} = 4$ dB $\text{PL}_2 = \text{PL}_1(d_{\text{BP}}) + 40\lg(d_{3D} / d_{\text{BP}})$, $\sigma_{\text{SF}} = 6$ dB	$0.5\,\text{GHz} \leqslant f_c \leqslant 30\,\text{GHz}$ $\text{PL}_{\text{RMa-LOS}} = \begin{cases} \text{PL}_1, & 10\,\text{m} \leqslant d_{2D} \leqslant d_{\text{BP}} \\ \text{PL}_2, & d_{\text{BP}} \leqslant d_{2D} \leqslant 21\,\text{km} \end{cases}$, $\text{PL}_1 = 20\lg(40\pi d_{3D} f_c / 3) +$ $\min(0.03h^{1.72}, 10)\lg(d_{3D}) - \min(0.044h^{1.72},$ $14.77) + 0.002\lg(h)d_{3D}$, $\sigma_{\text{SF}} = 4$ dB $\text{PL}_2 = \text{PL}_1(d_{\text{BP}}) + 40\lg(d_{3D} / d_{\text{BP}})$, $\sigma_{\text{SF}} = 6$ dB
NLOS	$0.5\,\text{GHz} \leqslant f_c \leqslant 6\,\text{GHz}$, $\text{PL}_{\text{RMa-NLOS}} = 161.04 - 7.1\ \lg\ (W) + 7.5\ \lg\ (h) -$ $(24.37 - 3.7(h/h_{\text{BS}})^2)\ \lg\ (h_{\text{BS}}) + (43.42 - 3.1\ \lg$ $(h_{\text{BS}}))(\lg\ (d_{3D})\text{-}3) + 20\ \lg\ (f_c) - (3.2\ (\lg\ (11.75$ $h_{\text{UT}}))^2 - 4.97)$, $\sigma_{\text{SF}} = 8$ dB, $10\,\text{m} < d_{2D} < 21\,\text{km}$ 对于 LMLC, $\text{PL}_{\text{RMa-NLOS}} = \max(\text{PL}_{\text{RMa-LOS}}, \text{PL}'_{\text{RMa-NLOS}} - 12)$	$0.5\,\text{GHz} \leqslant f_c \leqslant 30\,\text{GHz}$, $\text{PL}_{\text{RMa-NLOS}} = \max(\text{PL}_{\text{RMa-LOS}}, \text{PL}'_{\text{RMa-NLOS}})$, $10\,\text{m} < d_{2D} < 21\,\text{km}$ $\text{PL}'_{\text{RMa-NLOS}} = 161.04 - 7.1\lg(W) + 7.5\lg(h) -$ $(24.37 - 3.7(h / h_{\text{BS}})^2)\lg(h_{\text{BS}}) + (43.42 -$ $3.1\lg(h_{\text{BS}}))(\lg(d_{3D}) - 3) + 20\lg(f_c) -$ $(3.2(\lg(11.75h_{\text{UT}}))^2 - 4.97)$, $\sigma_{\text{SF}} = 8$ dB 对于 LMLC $\text{PL}_{\text{RMa-NLOS}} =$ $\max(\text{PL}_{\text{RMa-LOS}}, \text{PL}'_{\text{RMa-NLOS}} - 12)$

（续表）

	RMa_A	RMa_B
NLOS	$h_{BS}=35\,m$ ， $h_{UT}=1.5\,m$ ， $W=20\,m$ ， $h=5\,m$ 应用范围： $5\,m \leqslant h \leqslant 50\,m$ ， $5\,m \leqslant W \leqslant 50\,m$ ， $10\,m \leqslant h_{BS} \leqslant 150\,m$ ， $1\,m \leqslant h_{UT} \leqslant 10\,m$	$h_{BS}=35\,m$ ， $h_{UT}=1.5\,m$ ， $W=20\,m$ ， $h=5\,m$ 应用范围： $5\,m \leqslant h \leqslant 50\,m$ ， $5\,m \leqslant W \leqslant 50\,m$ ， $10\,m \leqslant h_{BS} \leqslant 150\,m$ ， $1\,m \leqslant h_{UT} \leqslant 10\,m$ 注：RMa 的 7 GHz 以上频段的路损模型仅仅由单个的 24 GHz 频段的测量验证。

2.3.5　穿透损耗

通常在 5G 评估中，穿透损耗（以下简称穿损）主要考虑两种场景：建筑物的穿损和车的穿损。

建筑物的室内外穿损（O-to-I）建模如下：

$$PL = PL_b + PL_{tw} + PL_{in} + N(0, \sigma_P^2) \tag{2-6}$$

其中， PL_b 是基本的室外路损， PL_{tw} 是穿透额外的建筑物墙体的损耗， PL_{in} 是和建筑物内传播深度相关的损耗， σ_P 是穿损的标准偏差。

对于模型 A 的所有频率和模型 B 的 6 GHz 以上频率， PL_{tw} 描述如下：

$$PL_{tw} = PL_{npi} - 10\lg \sum_{i=1}^{N} \left(p_i \times 10^{\frac{L_{material\_i}}{-10}} \right) \tag{2-7}$$

其中， PL_{npi} 是由于非垂直入射带来的额外损耗； $L_{material\_i} = a_{material\_i} + b_{material\_i} \cdot f$ 是材料 i 的穿透损耗，其样值可以由表 2-12 给出。

p_i 是第 i 种材料的比例， $\sum_{i=1}^{N} p_i = 1$ ， N 是材料的种类数。

表 2-12　不同材料的穿损

材料	穿损/dB（ f 的单位是 GHz）
标准多窗格玻璃	$L_{glass} = 2 + 0.2f$
红外反射（IRR）玻璃	$L_{IRRglass} = 23 + 0.3f$
水泥	$L_{concrete} = 5 + 4f$
木材	$L_{wood} = 4.85 + 0.12f$

表 2-13 和表 2-14 给出穿损模型 A 和 B 的 PL_{tw} 、 PL_{in} 和 σ_P 。

表 2-13　模型 A 的穿损

	外墙穿损 PL$_{tw}$/dB	室内损耗 PL$_{in}$/dB	标准偏差 σ_P/dB
低损耗模型 > 6 GHz	$5-10\lg(0.3\times10^{-L_{glass}/10}+0.7\times10^{-L_{concrete}/10})$	$0.5d_{2D\text{-}in}$	4.4
高损耗模型 > 6 GHz	$5-10\lg(0.7\times10^{-L_{glass}/10}+0.3\times10^{-L_{concrete}/10})$	$0.5d_{2D\text{-}in}$	6.5
≤6 GHz	20（适用 UMa_A 和 UMi_A） 10（适用 RMa_A）	$0.5d_{2D\text{-}in}$	0

注 1：对于模型 A，且频率小于或等于 6 GHz，UMa_A 和 UMi_A 场景的 $d_{2D\text{-}in}$ 假设在 0 和 25 之间均匀分布，而 RMa_A 场景的 $d_{2D\text{-}in}$ 则在 0 和 10 之间均匀分布。

注 2：对于模型 A，且频率大于 6 GHz，UMa_A 和 UMi_A 场景的 $d_{2D\text{-}in}$ 是在 0 和 25 之间均匀分布的两个独立产生的随机变量中较小的一个，而对于 RMa_A，该两个均匀分布的范围为 0 到 10。

表 2-14　模型 B 的穿损

	外墙穿损 PL$_{tw}$/dB	室内损耗 PL$_{in}$/dB	标准偏差 σ_P/dB
低损耗模型	$5-10\lg(0.3\times10^{-L_{glass}/10}+0.7\times10^{-L_{concrete}/10})$	$0.5d_{2D\text{-}in}$	4.4
高损耗模型	$5-10\lg(0.7\times10^{-L_{IRRglass}/10}+0.3\times10^{-L_{concrete}/10})$	$0.5d_{2D\text{-}in}$	6.5

注：对于模型 B，且频率大于 6 GHz，UMa_B 和 UMi_B 场景的 $d_{2D\text{-}in}$ 是在 0 和 25 之间均匀分布的两个独立产生的随机变量中较小的一个，而对于 RMa_B，该两个均匀分布的范围为 0 到 10。

低损耗和高损耗模型均适用于 UMa_x 和 UMi_x。只有低损耗模型适用于 RMa_x。低损耗和高损耗的组成是一个仿真参数，应由信道模型的用户确定，并且取决于建筑物中金属涂层玻璃的使用和部署方案，预计在世界不同的地区会有所不同。此外，目前在商业建筑中使用这种高损耗玻璃似乎比在世界某些地区的住宅建筑中更占优势。

汽车的穿损可以建模如下：

$$PL = PL_b + N(\mu,\sigma_P^2) \tag{2-8}$$

其中，PL$_b$ 是基本的室外传播损耗，而 $\mu=9$，$\sigma_P=5$。对于金属车窗，可以使用 $\mu=20$。该车损模型可以适用于 0.6～60 GHz 的频率范围。

2.3.6　LOS 概率

LOS 分布的概率由表 2-15 给出。

表 2-15　LOS 分布概率

信道模型	LOS 概率
InH_x	$P_{\text{LOS}} = \begin{cases} 1 & , d_{\text{2D}} \leqslant 5\,\text{m} \\ \exp\left(-\dfrac{d_{\text{2D}}-5}{70.8}\right) & , 5\,\text{m} < d_{\text{2D}} \leqslant 49\,\text{m} \\ \exp\left(-\dfrac{d_{\text{2D}}-49}{211.7}\right) \times 0.54 & , d_{\text{2D}} > 49\,\text{m} \end{cases}$
UMa_x	室外用户： $P_{\text{LOS}} = \begin{cases} 1 & , d_{\text{2D}} \leqslant 18\,\text{m} \\ \left[\dfrac{18}{d_{\text{2D}}} + \exp\left(-\dfrac{d_{\text{2D}}}{63}\right)\left(1-\dfrac{18}{d_{\text{2D}}}\right)\right]\left(1 + C'(h_{\text{UT}})\dfrac{5}{4}\left(\dfrac{d_{\text{2D}}}{100}\right)^3 \exp\left(-\dfrac{d_{\text{2D}}}{150}\right)\right) & , d_{\text{2D}} > 18\,\text{m} \end{cases}$ 其中， $C'(h_{\text{UT}}) = \begin{cases} 0 & , h_{\text{UT}} \leqslant 13\,\text{m} \\ \left(\dfrac{h_{\text{UT}}-13}{10}\right)^{1.5} & , 13\,\text{m} < h_{\text{UT}} \leqslant 23\,\text{m} \end{cases}$ 室内用户： 在上述公式中用 $d_{\text{2D-out}}$ 代替 d_{2D}
UMi_x	室外用户： $P_{\text{LOS}} = \begin{cases} 1 & , d_{\text{2D}} \leqslant 18\,\text{m} \\ \dfrac{18}{d_{\text{2D}}} + \exp\left(-\dfrac{d_{\text{2D}}}{36}\right)\left(1-\dfrac{18}{d_{\text{2D}}}\right) & , d_{\text{2D}} > 18\,\text{m} \end{cases}$ 室内用户： 在上述公式中用 $d_{\text{2D-out}}$ 代替 d_{2D}
RMa_x	室外用户： $P_{\text{LOS}} = \begin{cases} 1 & , d_{\text{2D}} \leqslant 10\,\text{m} \\ \exp\left(-\dfrac{d_{\text{2D}}-10}{1\,000}\right) & , d_{\text{2D}} > 10\,\text{m} \end{cases}$ 室内用户： 在上述公式中用 $d_{\text{2D-out}}$ 代替 d_{2D}

2.3.7　快衰模型

　　无线信道的生成是通过图 2-14 中所示的过程来完成的。必须注意的是，几何描述涵盖了从作用于最后一个散射体后的到达角，以及从发射侧作用于第一散射体而产生的离开角，而未定义第一次和最后一次交互之间的传播。因此，该方法还可以模拟与散射介质的多个相互作用。这也表明例如多径分量的延迟不能由几何确定。在以下步骤中，以下行链路为例。对于上行链路，必须交换到达和离开参数。注意，LOS O-to-I 情况下的信道系数生成（步骤4～11）遵循与 NLOS 情况相同的方法。

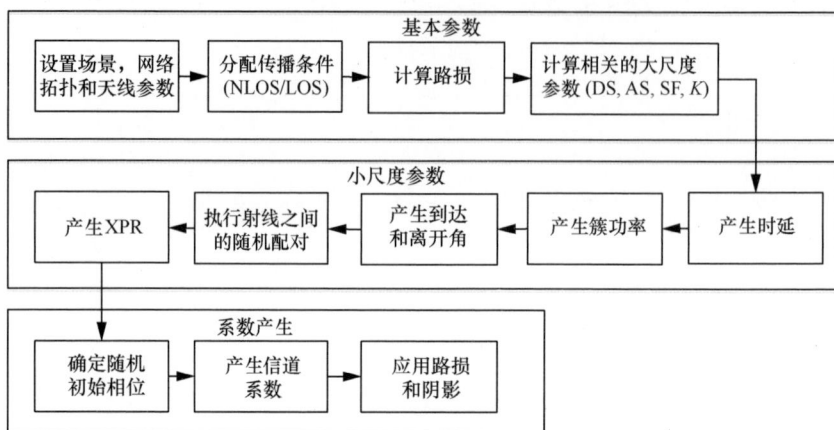

图 2-14　无线信道系数的产生过程

详细的过程描述在此就不再赘述，请参见参考文献[5]的附录。

| 2.4　小结 |

频率是 5G 移动通信系统发展的基础，没有丰富高质量的频率资源，5G 的发展就是无源之水。本章从未来移动通信业务和市场的发展需求出发，详细预测了面向2020 年的移动通信频率发展的需求，并结合国内外的最新研究，介绍了中国以及全球的 5G 候选频率情况，给出了 5G 新的候选频率的传播特性的研究思路以及最新成果，并详细介绍了 ITU 定义的 5G 信道模型。

| 参考文献 |

[1]　SABHARWAL A, SCHNITER P. In-band full-duplex wireless: challenges and opportunities[J]. IEEE Journal of Selected Areas in Communications, 2014(6): 1637-1652.

[2]　ITU-R M.2135. Guidelines for evaluation of radio interface technologies for IMT-Advanced[R]. 2014.

[3]　CJK-IMT33-004_TTA. Channel measurement on mmWave[R]. 2015.

[4]　RANGAN S, RAPPAPORT T S, ERKIP E. Millimeter-wave cellular wireless networks: potentials and challenges[J]. Proceedings of the IEEE, 2014, 102(3): 366-385.

[5]　ITU-R. Guidelines for evaluation of radio interface technologies for IMT-2020[R]. 2018.

5G 的发展需要全球统一的标准, 也需要全球各个产业和标准化组织紧密配合, 按时完成 5G 的标准制定工作。整个产业围绕 ITU-R 的 5G 时间规划, 紧锣密鼓地开展了 5G 的需求、关键技术和标准的研究和制定, 按时完成了 5G 第一个完整版本标准的制定。本章介绍 ITU-R、NGMN、IMT-2020、3GPP 等行业组织在 5G 推进方面的主要贡献。

标准化是通过统一定义发送信号的基本格式和流程，保证不同厂商开发的产品具有一致性，可有效提升不同厂商、不同网元设备间的互联互通性。在整个移动通信产业中，标准化已经成为提升产业链的顽健性和共享全球市场规模的有效手段。在整个移动通信的发展历程中，3GPP 和 ITU 成为最重要的 2 个标准组织，NGMN 也从 4G 开始成为一个运营商主导的重要产业组织。本章从 NGMN（Next Generation Mobile Network）、ITU（国际电信联盟）和 3GPP 的角度，介绍整个移动通信产业关于 5G 的未来规划。

| 3.1 5G 重要组织概述 |

简要介绍 5G 标准化相关的主要国际和国内组织，包括 ITU [1]、3GPP[2]、NGMN[3]、中国 IMT-2020 推进组[4]。

3.1.1 ITU

ITU 是联合国的一个重要专门机构，简称国际电联，总部设于瑞士日内瓦，其成员包括 193 个成员国和 700 多个部门成员及部门准成员和学术成员。国际电联是主管信息通信技术事务的联合国机构，负责分配和管理全球无线电频谱与卫星轨道资源，制定全球电信标准，向发展中国家提供电信援助，促进全球电信发展。2014 年

10 月 23 日，赵厚麟当选国际电信联盟新一任秘书长，成为国际电信联盟 150 年历史上首位中国籍秘书长，于 2015 年 1 月 1 日正式上任，任期 4 年。2018 年 11 月 1 日，赵厚麟高票成功连任下一任秘书长。

ITU 的组织结构主要分为电信标准化部门（ITU-T）、无线电通信部门（ITU-R）和电信发展部门（ITU-D）。ITU 每年召开 1 次理事会，每 4 年召开 1 次全权代表大会、世界电信标准大会和世界电信发展大会，每 2 年召开 1 次世界无线电通信大会。ITU 的简要组织结构如图 3-1 所示。

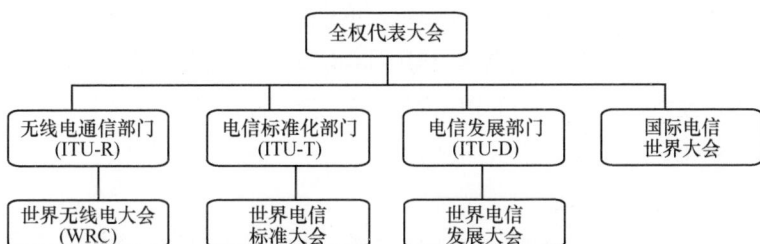

图 3-1 ITU 组织结构

以下是 ITU-T、ITU-R 和 ITU-D 主要下辖的研究组和主要研究的方向。

（1）电信标准化部门（ITU-T）

目前电信标准化部门主要活动的有 10 个研究组。

- SG2：业务提供和电信管理的运营问题；
- SG3：包括相关电信经济和政策问题在内的资费及结算原则；
- SG5：环境和气候变化；
- SG9：电视和声音传输及综合宽带有线网络；
- SG11：信令要求、协议和测试规范；
- SG12：性能、服务质量（QoS）和体验质量（QoE）；
- SG13：包括移动和下一代网络（NGN）在内的未来网络；
- SG15：光传输网络及接入网基础设施；
- SG16：多媒体编码、系统和应用；
- SG17：安全。

（2）无线电通信部门（ITU-R）

目前无线电通信部门主要活动的有 6 个研究组。

- SG1：频谱管理；

- SG3：无线电波传播；
- SG4：卫星业务；
- SG5：地面业务；
- SG6：广播业务；
- SG7：科学业务。

（3）电信发展部门（ITU-D）

电信发展部门由原来的电信发展局（BDT）和电信发展中心（CDT）合并而成。其职责是鼓励发展中国家参与国际电联的研究工作，组织召开技术研讨会，使发展中国家了解国际电联的工作，尽快应用国际电联的研究成果；鼓励国际合作，为发展中国家提供技术援助，在发展中国家建设和完善通信网。

目前 ITU-D 设立了两个研究组。

- SG1：电信发展政策和策略研究；
- SG2：电信业务、网络和 ICT 应用的发展和管理。

5G 的相关工作主要由 ITU-R SG5 的 WP5D 工作组组织和开展。

3.1.2　3GPP

3GPP 由 ETSI、TIA、TTC、ARIB、TTA 和 CCSA 共 6 个区域性标准化组织于 1998 年 12 月发起成立。3GPP 最初的工作范围是为 3G 移动通信系统制定全球适用的技术规范和技术报告，随着这一模式的成功以及 3G 的全球发展，3GPP 增加了对 3G 长期演进系统的研究和标准制定。

3GPP 的会员包括 3 类：组织伙伴、市场代表伙伴和个体会员。3GPP 的组织伙伴（OP）有 ETSI、TIA、TTC、ARIB、TTA 和 CCSA，个体成员有 300 多家公司和组织机构；此外，还有 GSM 协会、UMTS 论坛、IPv6 论坛、3G 美国（3G Americas）、全球移动通信供应商协会（The Global Mobile Suppliers Association）、TD-SCDMA 产业联盟（TDIA）、TD-SCDMA 论坛、CDMA 发展组织（CDG）等 13 个市场伙伴（MRP）。

3GPP 的组织结构中，最高的管理层是项目协调组（PCG），由 ETSI、TIA、TTC、ARIB、TTA 和 CCSA 共 6 个组织伙伴成员组成，对技术规范组（TSG）进行管理和协调。3GPP 共分为 4 个 TSG（之前为 5 个 TSG，后 CN 和 T 合并为 CT），分别为 TSG GERAN（GSM/EDGE 无线接入网）、TSG RAN（无线接入网）、TSG

SA（业务与系统）、TSG CT（核心网与终端）。每一个 TSG 下面又分为多个工作组，如负责 LTE 标准化的 TSG RAN 分为 RAN WG1（无线物理层）、RAN WG2（无线层 2 和层 3）、RAN WG3（无线网络架构和接口）、RAN WG4（射频性能）和 RAN WG5（终端一致性测试）5 个工作组。

目前 3GPP 制定的长期演进技术 LTE 已经成为事实上的全球统一的 4G 标准；面向 LTE 的后续发展，3GPP 通过不同标准演进版本，定义 4G 的后续演进技术，包括 LTE-Advanced、LTE-A-Pro；目前 3GPP 已经启动了 5G 的相关研究工作，预计 5G 的标准化工作将主要在 RAN 和 SA 两个方面的 TSG 展开。

3.1.3　NGMN

NGMN 从字面来看是指下一代移动通信网，实际上是一个移动运营商联盟。NGMN 是由七大运营商主导发起成立的，包括中国移动、NTT DoCoMo、沃达丰、Orange、Sprint、KPN，并于 2006 年正式成立法人实体，总部设在德国法兰克福。NGMN 组织成立的目标是希望通过运营商的需求牵引和联合推动来引导整个移动通信产业的发展，避免市场的分裂，降低未来的产业风险。

目前 NGMN 采用公司化的实体，但它上面有董事会总体把握方向和决策，下面有一个具体的执行委员会来组织各个项目的管理和项目的实施，各个项目实施由工作组来开展，在 NGMN 有 3 类成员，分别是有投票权的 Members、Sponsors、Advisors。

NGMN 作为以运营商主导推动新一代移动通信系统产业发展和应用的国际组织，从 2006 年成立之初的 7 家运营商，发展至今已有 20 家运营商和 30 家系统、终端、芯片、仪表制造商参加。NGMN 所倡导的使技术、标准、产品更加面向用户、市场需求，降低整个产业发展风险的新型产业发展模式，对整个通信产业已产生了深远的影响。

中国移动作为 NGMN 的创始会员和董事会成员，积极参与了 NGMN 在 IPR、技术标准推动、技术评估、产品推进、试验测试、生态环境推动等方面的工作。通过充分发挥董事会成员的影响力确保 TD-LTE 得到更广阔的发展空间，并促使其成为 NGMN 的工作重点之一，与 LTE FDD 同步开展。

3.1.4　IMT-2020 推进组

IMT-2020（5G）推进组（以下简称推进组）于 2013 年 2 月由工信部、发改委和科技部联合推动成立，是中国推动 5G 移动通信技术研究和开展国际交流与合作的重要平台。

推进组的组织架构如图 3-2 所示。

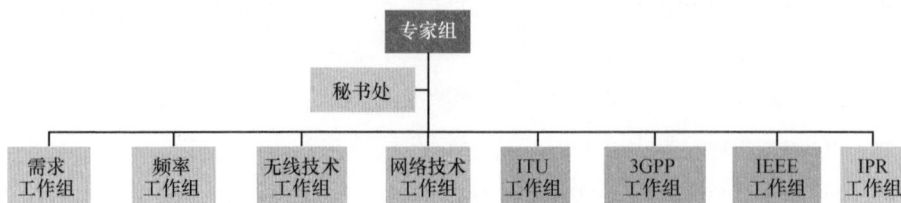

图 3-2　IMT-2020 推进组组织架构

IMT-2020 推进组由专家组指导工作，日常事务由秘书处管理，下设需求工作组、频率工作组、无线技术工作组、网络技术工作组、ITU 工作组、3GPP 工作组、IEEE 工作组、IPR 工作组，面向 5G 的研发，全面协调中国的 5G 研发工作。IMT-2020推进组先后发布了《5G 需求与愿景白皮书》《5G 无线技术架构白皮书》《5G 网络技术架构白皮书》《5G 承载需求》《5G 核心网云化部署需求与关键技术》《5G 网络安全需求与架构》《C-V2X》《5G 网络架构设计》等系列白皮书。并且，面向2020 年的商用部署，IMT-2020 推进组对外公布了未来的工作计划，如图 3-3 所示。

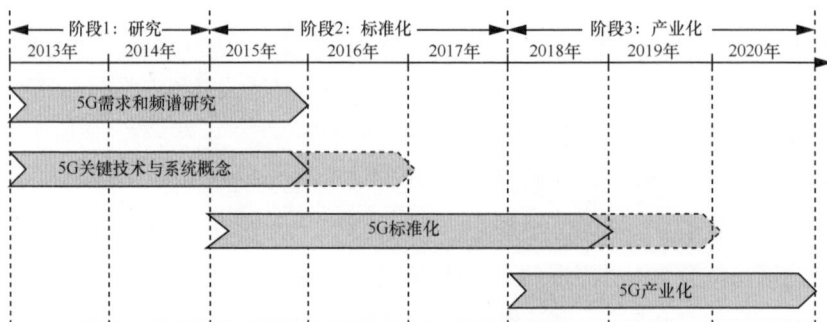

图 3-3　IMT-2020 推进组工作计划

| 3.2　5G 的推进进展 |

5G 目前已经成为全球移动通信产业关注的焦点，各个国际组织纷纷面向

5G 制定了宏伟的工作计划。在众多的国际组织中，ITU-R 是移动通信产业最权威的国际组织之一，它为全球移动通信技术的发展做出了重要贡献。纵观 4G 标准的发展历史，ITU-R 和 3GPP 是相关标准制定的最重要的 2 个组织。所以，在新一轮的标准升级换代的过程中，ITU-R 和 3GPP 将依然扮演重要的角色，但其他新兴的组织也将围绕 5G 的标准制定发挥积极作用。

从目前来看，5G 的工作也是首先围绕全球范围内的频率资源的获得与协调展开的，3GPP 则根据 ITU-R 的 5G 工作时间规划，制定相应的标准规划，并计划将最终的标准提交 ITU-R 评估和批准，争取成为 ITU 认可的 5G 全球技术标准。为了参与和影响相关标准化组织的标准制定，其他相关的组织也会针对 5G 开展相关的工作，并以各种形式向 3GPP 和 ITU-R 输出。

3.2.1　ITU 的 5G 推进进展

2012 年 7 月，ITU-R 第 13 次 WP5D 会议上启动了 IMT 未来发展愿景的研究工作，标志着 ITU 5G 工作的正式启动。ITU 在 2014 年 10 月会议上确定了 5G 时间表，5G 标准化工作分为 3 个阶段，如图 3-4 所示。

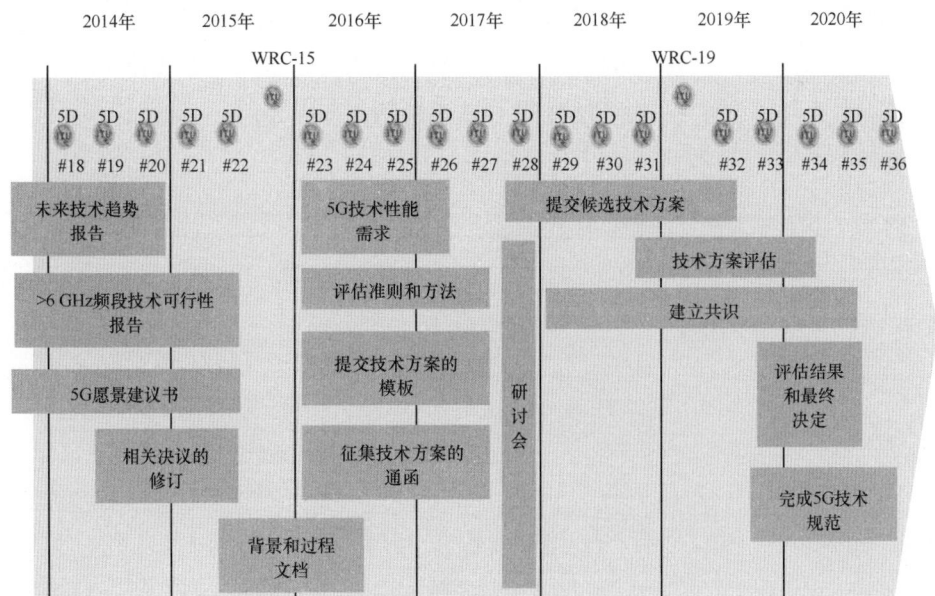

图 3-4　ITU-R 5G 时间表

- 第一阶段，2015 年年中完成 5G 愿景建议书、未来技术趋势报告、6 GHz 频段技术可行性研究报告等，其中 5G 愿景建议书将定义 5G 的主要应用场景和关键能力，指导 5G 研发。

- 第二阶段，2016—2017 年年中，完成 5G 技术需求和评估方法，同时完成未来提交技术方案的模板并发出 5G 技术征集的通函。

- 第三阶段，2017 年年底至 2020 年年底，面向全球收集候选技术，评估其是否满足技术需求，并于 2020 年年底完成 5G 技术规范。

2015 年 10 月 26—30 日，在瑞士日内瓦召开的 2015 世界无线电通信大会上，国际电联无线电通信部门（ITU-R）正式批准了 3 项有利于推进未来 5G 研究进程的决议，并正式确定了 5G 的法定名称是 "IMT-2020"。由此，IMT-2020 与 IMT-2000、IMT-Advanced 共同构成了代表移动通信发展历程的 "IMT 家族"。根据工作计划，国际电联在 2017 年开始征集 IMT-2020 技术方案，并在 2020 年完成 IMT-2020 的标准化工作。显然，ITU 已经勾画了 IMT-2020 的宏伟蓝图，下一步工作将转向技术方案的研究。

目前，IMT-2020 的愿景报告[5]已经被正式批准。根据未来的发展愿景，IMT-2020 将在大幅提升以人为中心的移动互联网业务使用体验的同时，全面支持以物为中心的物联网业务，实现人与人、人与物和物与物的智能互联。为此，ITU-R 为 5G 定义了增强移动宽带、海量物联网和低时延高可靠 3 个主要的应用场景，各个场景对应的示例业务如图 3-5 所示。

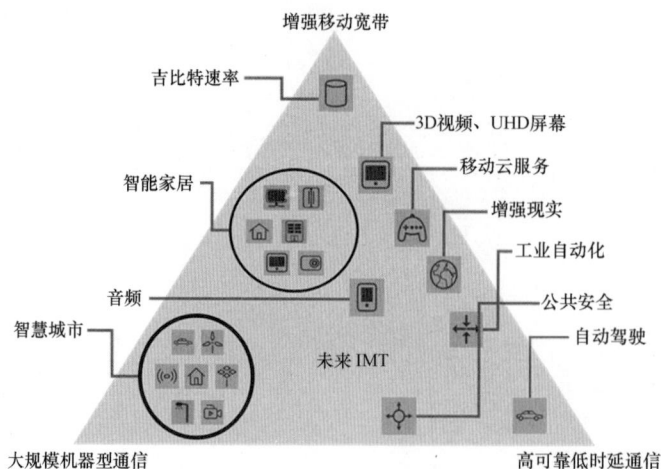

图 3-5　ITU-R 建议的 5G 典型应用场景（来源：ITU-R）

为了进一步描述各个典型应用场景下的 5G 能力特征,ITU-R 为 5G 定义了用户体验速率、连接数密度、时延、能效、峰值速率、流量密度、移动性和频谱效率 8 项能力需求指标。此外，ITU-R 的 5G 愿景报告中还呈现了两个 5G 特征图，图 3-6 的雷达图说明 5G 相比 4G 的关键能力提升；图 3-7 说明 3 个主要应用场景与八大关键能力的重要性映射关系，其中，重要性分为高、中、低 3 档。

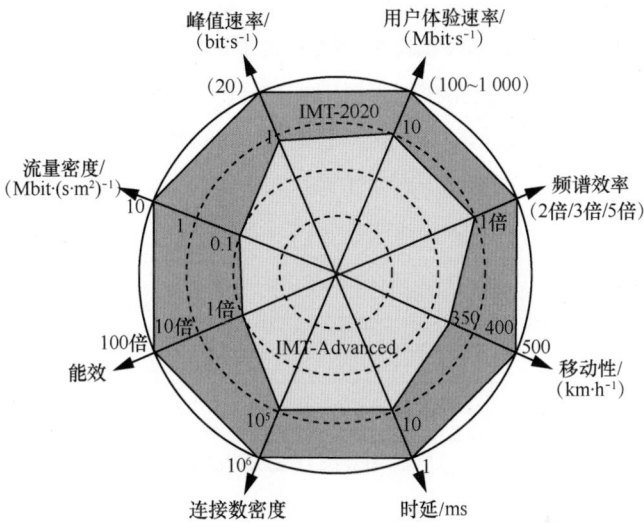

图 3-6　ITU-R 建议的 5G 特征（5G 关键能力）（来源：ITU-R）

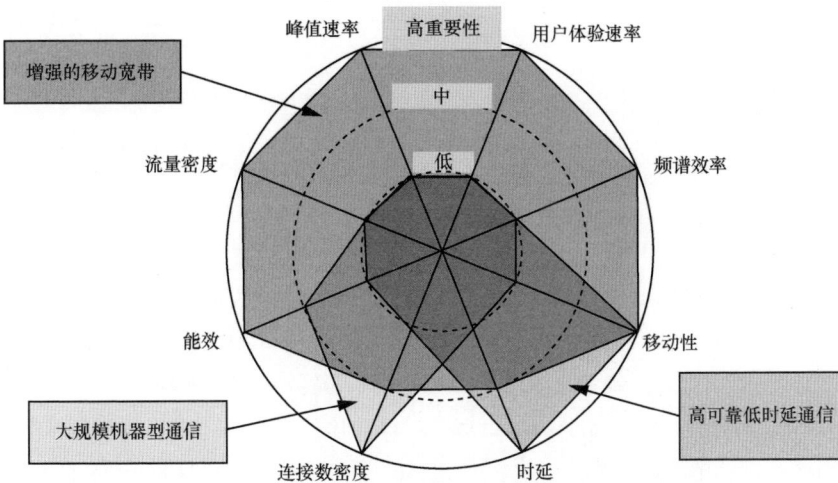

图 3-7　ITU-R 建议的 5G 特征（5G 关键能力与场景的对应）（来源：ITU-R）

　　概括说，5G 系统的能力要求主要包括：500 km/h 的移动性、1 ms 的空口时延、100 万/km² 的连接数密度、100 倍的网络能效提升、10 Mbit/(s·m²)的流量密度、100 Mbit/s～1 Gbit/s 的用户体验速率、20 Gbit/s 峰值速率和 3 倍以上的平均谱效提升。

　　目前，ITU-R 已经完成 5G 的需求报告和 5G 评估方法报告的制定，这两个报告已成为未来评估其他标准化组织提交的 5G 候选技术能否成为正式的 5G 标准的准绳。在 ITU-R 向全球发出 5G 候选技术征集的同时，全球多个国家和地区已经在 ITU-R 注册了超过 11 个 5G 评估组，包括 5GPPP、WTSC、ChEG、CEG、WWRF、TCOE、5GMF、TTA SPG33、TPCEG、ETSI 和 Egyptian 评估组，后续将围绕 5G 的候选技术，开展独立的评估工作。ITU-R 后续关于 5G 评估工作的计划如图 3-8 所示。

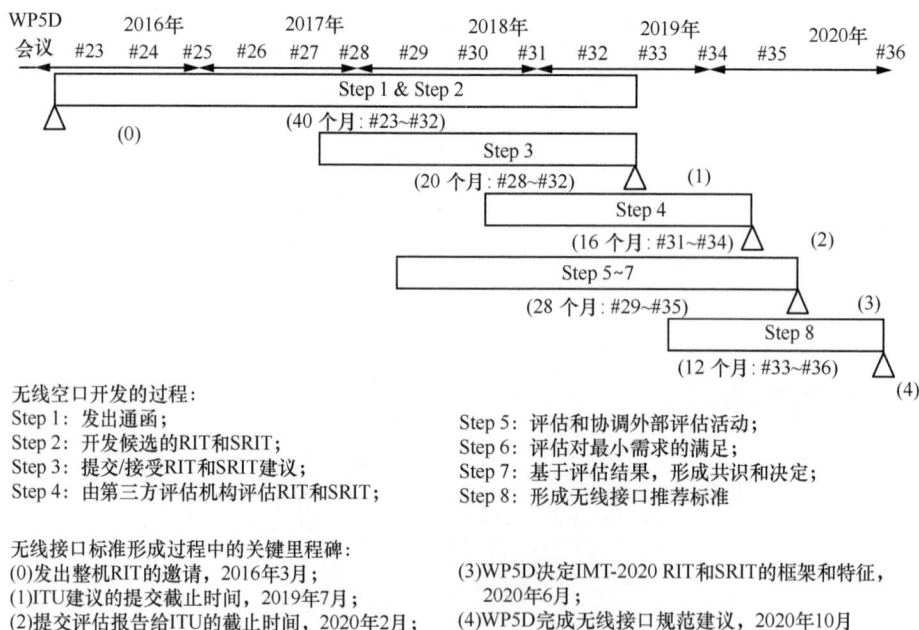

无线空口开发的过程：
Step 1：发出通函；
Step 2：开发候选的 RIT 和 SRIT；
Step 3：提交/接受 RIT 和 SRIT 建议；
Step 4：由第三方评估机构评估 RIT 和 SRIT；

Step 5：评估和协调外部评估活动；
Step 6：评估对最小需求的满足；
Step 7：基于评估结果，形成共识和决定；
Step 8：形成无线接口推荐标准

无线接口标准形成过程中的关键里程碑：
(0)发出整机 RIT 的邀请，2016年3月；
(1)ITU 建议的提交截止时间，2019年7月；
(2)提交评估报告给 ITU 的截止时间，2020年2月；

(3)WP5D 决定 IMT-2020 RIT 和 SRIT 的框架和特征，2020年6月；
(4)WP5D 完成无线接口规范建议，2020年10月

图 3-8　ITU-R 5G 空口标准形成和评估的计划

　　在整个 ITU-R 的 5G 标准制定过程中，ITU-R 将和外部标准化组织以及独立的评估组进行密切的协调与配合，共同推进 5G 标准的形成，ITU-R 和外部组织的互动如图 3-9 所示。

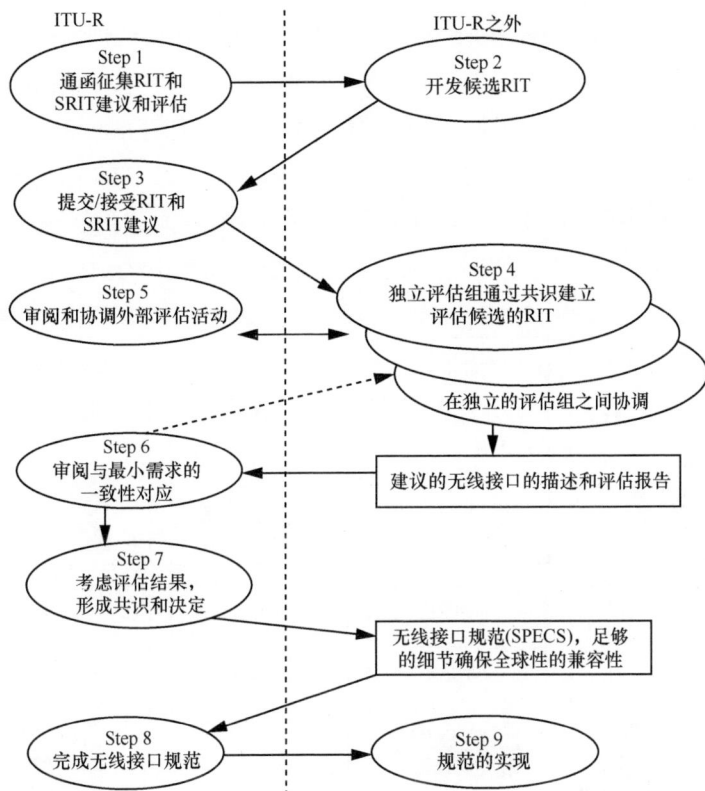

图 3-9　ITU-R 和外部组织在整个 5G 标准制定中的互动

3.2.2　NGMN 的 5G 进展

NGMN 于 2014 年 3 月启动了 5G 项目，旨在组织全球主要运营商针对 5G 的愿景、需求和主要技术趋势展开研究，形成 NGMN 5G 白皮书[6]，并于 2015 年 3 月的 NGMN 产业大会上正式发布。NGMN 5G 项目分为 WS1（Work Stream 1）愿景、WS2 需求、WS3 技术和架构以及 WS4 频谱共 4 个工作组。2014 年 9 月在北京举行的 NGMN 5G 全球研讨会上，120 余位来自全球运营商、厂商和高校的 5G 负责人及专家就 5G 需求、频谱、架构和关键技术进行了深入的研究与探讨，是 5G 白皮书正式发布前 NGMN 与业界沟通并达成共识的一次重要会议。

NGMN 白皮书从用户和业务需求的角度描绘了 2020 年及以后的 5G 愿景，提出了 5G 端到端和"以用户为中心"的能力，将为未来高度移动化和连接化的社会提供有力支持，并将为各种新兴技术和新的商业模式提供高效稳定的服务。白皮书定义了 5G 的 8 类应用场景，分别是"密集区域宽带接入""无处不在宽带接入""超高移动性""大规模物联网""超实时通信""应急通信""超高可靠性通信"和"广播通信"，如图 3-10 所示。NGMN 从用户、运营商和产业的角度提出了实时交互、实时体验、可靠性保证、无缝、安全、身份认证、隐私、增值等 5G 价值点，为 5G 网络及未来商业模式的发展方向提供了参考。

图 3-10　5G 的 8 类应用场景（来源：NGMN）

白皮书从 5G 愿景和应用场景出发，归纳了"用户体验相关的需求""系统性能需求""终端设备需求""增强业务相关的需求""新商业模式驱动的需求"和"网络部署、运营和管理需求"6 类需求，如图 3-11 所示，其中每一大类需求又包含若干具体需求。例如，"用户体验相关的需求"包括一致的用户体验、用户体验速率、时延、移动性等具体需求，"系统性能需求"包括连接数密度、流量密度、频谱效率、覆盖、资源和信令效率等具体需求。白皮书还给出了各类应用场景对应的具体需求取值。

白皮书的技术和架构部分主要给出了 3GPP LTE R12 与 5G 的性能差距分析、技术趋势、5G 候选技术和网络架构等内容。频谱部分主要阐述 5G 频谱需求和频谱管理相关的内容，强调了以授权方式进行频谱分配对运营商的重要性。

图 3-11　5G 需求分类（来源：NGMN）

　　基于白皮书研究的内容，NGMN 以联络函的形式，向 3GPP 和 ITU-R 输出了 5G 需求研究的成果，并得到了 3GPP 和 ITU-R 的积极响应，充分将运营商对未来 2020 年后的移动通信业务和市场发展的需求传递给了相关的主要标准化组织。

　　目前，NGMN 正在组织各公司开展 5G 的试验和测试工作，并且建立了 5G 样机测试组、5G IoT 测试组和 5G 预商用测试组，分别聚焦 5G 产业化的不同阶段，开展相关的 5G 样机规范和测试规范的制定，并组织产业开展相关的测试和验证，旨在推动全球 5G 产业的发展和加速。NGMN 将基于其各测试工作组的测试结果，公开发布相关的测试报告，以影响 3GPP 后续的工作方向以及产业的发展方向。NGMN 的四阶段 5G 试验计划如图 3-12 所示。图 3-12 中，Q1、Q2、Q3、Q4 分别表示第一季度、第二季度、第三季度、第四季度。

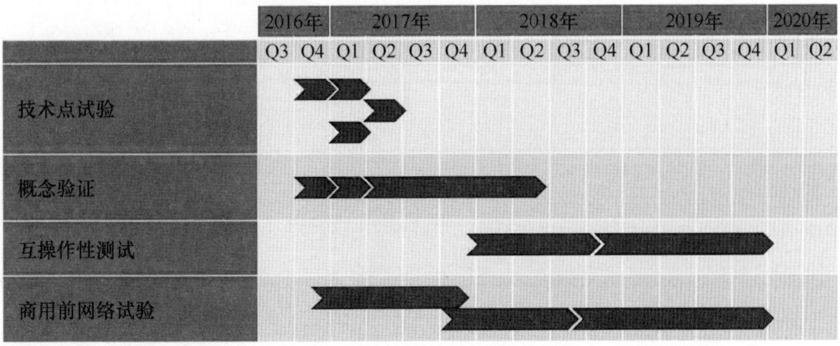

图 3-12　NGMN 的四阶段 5G 试验计划（来源：NGMN）

　　同时，NGMN 正在针对 5G 的后续发展，组织开展后续面向 5G 发展和应用的相关课题的研究，以期引导整个产业的健康发展。

3.2.3 中国 IMT-2020 推进组的 5G 进展

IMT-2020 推进组在专家组的指导下，围绕 5G 的频率、愿景与需求、无线和网络技术开展了深入的研究，并分阶段发布了最新的研究成果白皮书。

2014 年 5 月，IMT-2020（5G）推进组召开第二届 IMT-2020（5G）峰会，面向业界发布《5G 愿景与需求白皮书》[7]。白皮书中指出，面向 2020 年及未来，5G 将为用户提供光纤般的接入速率，"零"时延的使用体验，千亿台设备的连接能力，超高流量密度、超高连接数密度和超高可靠性等多场景的一致服务，业务及用户感知的智能优化，同时将为网络带来超百倍的能效提升和比特成本降低，最终实现"信息随心至，万物触手及"的总体愿景。与以往移动通信系统相比，5G 需要满足更加多样化的场景和极致的性能挑战。归纳未来移动互联网和物联网各类场景和业务需求特征，可提炼出连续广域覆盖、热点高容量、低功耗大连接和低时延高可靠 4 个 5G 主要技术场景。

IMT-2020（5G）推进组于 2015 年 2 月 11 日在北京召开了 5G 概念白皮书发布会，面向业界发布 IMT-2020（5G）推进组《5G 概念白皮书》[8]。

白皮书从移动互联网和物联网主要应用场景、业务需求及挑战出发，归纳出连续广域覆盖、热点高容量、低功耗大连接和低时延高可靠 4 个 5G 主要技术场景。同时，结合 5G 关键能力与核心技术，提出了由"标志性能力指标+一组核心关键技术"共同定义的 5G 概念。其中，标志性能力指标为"Gbit/s 用户体验速率"，一组关键技术包括大规模天线阵列、超密集组网、新型多址、全频谱接入和新型网络架构。

IMT-2020(5G)推进组于 2015 年 5 月 28—29 日在北京召开了第三届 IMT-2020（5G）峰会，IMT-2020 推进组面向业界发布《5G 无线技术架构白皮书》[9]和《5G 网络技术架构白皮书》[10]。

《5G 无线技术架构白皮书》提出，综合考虑需求、技术发展趋势以及网络平滑演进等因素，5G 空口技术路线可由 5G 新空口和 4G 演进两部分组成。其中，4G 演进将在保证后向兼容的前提下，以 LTE/LTE-Advanced 技术框架为基础，在传统移动通信频段引入增强技术，进一步提升 4G 系统的速率、容量、连接数、时延等空口性能指标，在一定程度上满足 5G 技术需求。5G 新空口由工作在 6 GHz 以下频段的低频新空口以及工作在 6 GHz 以上频段的高频新空口组成。5G 低频新空口将采用全新的空口设计，有效满足广覆盖、局部热点、大连接及高速等场景下体验速率、时延、连接数及能效等指标要求。5G 高频新空口需要考虑高频信道和射频器件的影响，针对波形、调制编码、天线技术等进行相应的优化，满足极高容量和极高用户体验速率需求。5G 低频新空口、高频新空口以及 4G 演进空口需要相互协作以满足不同应用场景的性能需求。

《5G 网络技术架构白皮书》指出，5G 网络将以全新型网络结构及 SDN/NFV 构建的平台为主要特征。基于控制转发分离和控制功能重构的技术设计新型网络架构，提高网络面向 5G 复杂场景下的整体接入性能；基于虚拟化技术按需编排网络资源，实现网络切片和灵活部署，满足端到端的业务体验和高效的网络运营需求。

2016 年 1 月 7 日，工业和信息化部在北京召开"5G 技术研发试验"启动会，运营、系统、芯片、终端、仪表、互联网等企业以及高校的 100 余位代表参加了会议。会议期间，推进组发布 5G 试验计划。

我国 5G 技术研发试验将在政府的领导下，依托国家科技重大专项，由 IMT-2020（5G）推进组负责实施。其主要目标是支撑 5G 国际标准制定，推动 5G 研发及产业发展，促进全球 5G 技术标准形成。根据总体规划，我国 5G 技术研发试验在 2016—2018 年进行，分为 5G 关键技术试验、5G 技术方案验证和 5G 系统验证 3 个阶段实施。在 5G 即将进入国际标准研究的关键时期，中国启动 5G 研发技术试验，搭建开放的研发试验平台，邀请国内外企业共同参与，从而有力推动全球 5G 统一标准的形成，促进 5G 技术研发与产业发展，为我国 2020 年启动 5G 商用奠定良好基础。IMT-2020 推进组 5G 试验计划如图 3-13 所示。

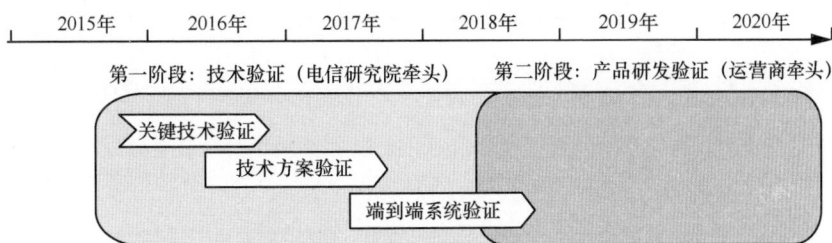

图 3-13　IMT-2020 推进组 5G 试验计划

目前，IMT-2020 推进组的 5G 技术试验已经进入第 3 个阶段，即 5G 系统验证阶段，并且在北京怀柔外场建设了全球最大的 5G 试验外场。

3.2.4　3GPP 的 5G 进展

3GPP 在 2015 年启动了有关 5G 的相关讨论。与 UMTS 和 LTE 系统不同的是，3GPP 有关新系统的讨论首次从 SA1 的新业务场景及需求开始。在 2015 年 2 月，3GPP SA1 启动了有关 5G 系统的端到端需求讨论，而在 3 月全会上，由 RAN 全会主席提出了需要制定 5G 标准化时间点的建议，如图 3-14 所示。按照建议大体规划如下。

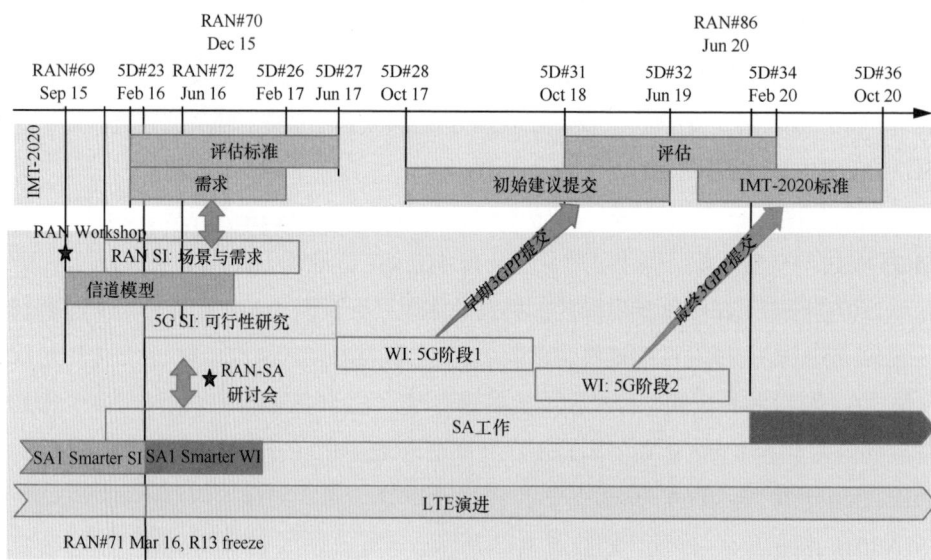

图 3-14　3GPP 的 5G 工作规划

- 在 2015 年第 4 季度举办 5G Workshop，收集产业界有关 5G 相关观点；
- 由于 5G 包含低频段与高频段（6 GHz 以上）两个部分，因此需要针对尚未完成信道模型的高频段完成相关信道制定工作；
- 在具体 5G 技术研究开始前，需要针对 5G 无线需求进行定义，并衡量现有系统在满足 5G 需求方面的缺陷；
- 3GPP 在 2017 年 12 月完成了 5G 非独立组网（NSA）标准的冻结；3GPP 的第一个 5G 独立组网（SA）标准版本已经在 2018 年 6 月完成功能性冻结，ASN.1 在 2018 年 9 月冻结，并作为 3GPP 的 5G 候选技术的早期建议提交给

ITU-R 进行评估；同时，在 2018 年年底前，3GPP 还进行了 Option 5 和 Option 7 网络架构的相关标准化，作为 R15 的 Late Drop。

- 3GPP 的第二个版本的 5G 标准将在 2020 年上半年完成，并与第一个版本一起作为最终 5G 提案提交给 ITU-R。

目前，3GPP 已经决定，面向 ITU-R 的 5G 候选技术提交，将包括基于 R14 & R15 的 LTE-Advanced 的进一步演进和 R15 & R16 中定义的新空口，满足 ITU-R 定义的 3 个典型应用场景下的所有需求。换言之，3GPP 向 ITU-R 提交的 5G 候选技术将包含演进部分和新空口（New Radio，NR）部分。

2015 年 9 月，3GPP RAN1 启动了由三星和诺基亚担任联合报告人的 6 GHz 以上频率的信道模型 SI（Study Item）的研究工作。

3GPP SA2 自 2015 年 9 月开始，启动了由中国移动和诺基亚担任联合报告人的 5G 网络架构 SI 的研究。

3GPP 自 2015 年 12 月开始，启动了由中国移动担任报告人的 5G 场景与需求 SI 的相关研究工作。

2016 年 3 月，3GPP 启动了由 NTT DoCoMo 担任报告人的 5G 新空口的可行性研究 SI，于 2017 年 6 月完成该 SI，同步启动 5G NR 的第一阶段 WI。

2017 年年底，3GPP 发布 5G NR 的 NSA 标准，支持基于 4G 网络引入 5G NR 的空口；为此，3GPP 众多合作伙伴联合发布新闻，对 5G 的发展表达支持和信心。

2018 年 6 月，3GPP 实现 5G NR SA 标准的功能性冻结；2018 年 9 月，5G R15 的 ASN.1 冻结。

在 5G NR SA 标准功能冻结之际，5G 的主要产业伙伴联合发表申明，倡导协同推进 5G 的端到端成熟，共促 5G 的成功。

| 3.3　小结 |

5G 标准化的目标是在 2020 年完成满足 ITU 定义的三大应用场景特定需求的移动通信系统解决方案。为此，全球移动通信产业为形成全球统一的技术标准，避免产业和市场分裂，共享全球产业规模，协同各个标准组织和产业组织开始了艰苦的技术研究、标准制定与外场试验等产业化推进活动，5G 商用指日可待。

| 参考文献 |

[1]   http://www.itu.imt.

[2]   http://www.3gpp.org.

[3]   http://www.ngmn.org.

[4]   中国 IMT-2020 推进组. http://www.imt-2020.org.cn.

[5]   ITU-R. IMT-2020 vision and IMT vision-framework and overall objectives of the future development of IMT for 2020 and beyond: M. 2083-0[S]. 2015.

[6]   NGMN 5G white paper[R]. 2016.

[7]   IMT-2020 (5G) PG-white paper on 5G vision and requirements[S]. 2016.

[8]   IMT-2020. PG-5G 概念白皮书[R]. 2016.

[9]   IMT-2020. PG-5G 无线技术白皮书[R]. 2016

[10] IMT-2020. PG-5G 网络技术白皮书[R]. 2016.

[11] 3GPP. Scenarios and requirements for 5G: TR36. 913[S]. 2015.

第 4 章

多天线技术的演进：3D-MIMO

天线对 5G 的重要性就好比轮胎对汽车的重要性。多天线技术的增强和演进是 5G 提升频谱效率和能力的核心基石。5G 通过把天线阵列从二维扩展到三维，可大幅提升空口的容量和效率。本章详细介绍 3D-MIMO 的基本原理、应用场景、整体设计方案和真实的性能评估。

MIMO 技术在 LTE 中得到了广泛的应用，在 LTE R8 版本中就支持了单流波束成形，R9 中进一步支持了双流波束成形，R10 又进一步支持了多点协作 MIMO 技术（CoMP），在 R13 和 R14 中重点讨论和增强的是 3D-MIMO 技术。3D-MIMO 技术被认为是 LTE-Advanced 演进和 5G 最具潜力的传输技术[1-5]，通过在基站侧配置大规模的动态可控的二维天线阵列，利用大规模天线阵列带来的巨大阵列增益和干扰抑制增益，并结合空分多址技术，使得小区平均频谱效率和边缘频谱效率得到极大的提升。

| 4.1 技术原理 |

对于传统的无源天线，天线阵子增益的实现通过在垂直方向上多个相同的偶极子的堆叠来实现，同时通过在垂直方向的多个偶极子之间增加简单的可控相位旋转来实现垂直方向上的天线下倾角调整（电调下倾角天线），进而提供每个基站灵活的覆盖范围控制。对于传统的 MIMO，由于每个天线阵子的垂直方向各偶极子通常采用固定的加权相位，实现固定的下倾角，而仅是在水平的各个阵子之间实现动态的加权，从而实现水平方向的动态 MIMO，所以通常称为 2D 的 MIMO。在现有的 TD-SCDMA 和 TD-LTE/TD-LTE-Advanced（R13 版本之前）系统中，采用的 MIMO 就属于 2D-MIMO。2D-MIMO 通过水平方向的处理，实现信号的增强和干扰的抑制，可以大幅提升无线通信系统的效率。

显而易见，只要在整个天线阵的水平和垂直方向上的不同偶极子/阵子之间进行动态可控的相位和幅度加权，就可以同时实现水平方向和垂直方向上的 MIMO（3D-MIMO），进一步提升 MIMO 可利用的空间维度，为无线通信系统频谱效率的提升提供更多一维的空间。从移动通信发展的历史来看，2D-MIMO 的研究和应用推动移动通信技术进入了一个新的空—时—频的 3D 联合处理的时代。可以预见，3D-MIMO 的研究必将推动 TD-LTE 后续演进及 5G 的发展进入一个新的空—空—时—频的 4D 联合处理的时代，为未来移动通信技术的发展描绘出了更加广阔的前景。

可以看出，相比传统的 2D-MIMO，一方面，3D-MIMO 可以在水平和垂直维度灵活调整波束方向，形成更窄、更精确的指向性波束，从而极大地提升终端接收信号能量，增强小区覆盖；另一方面，3D-MIMO 可充分利用垂直和水平维的天线自由度，同时同频服务更多的用户，极大地提升系统容量，还可通过多个小区垂直维波束方向的协调，起到降低小区间干扰的目的。

| 4.2　典型应用场景 |

3D-MIMO 的典型应用场景如图 4-1 所示，主要包括室外的宏/微覆盖、高楼覆盖和室内覆盖。

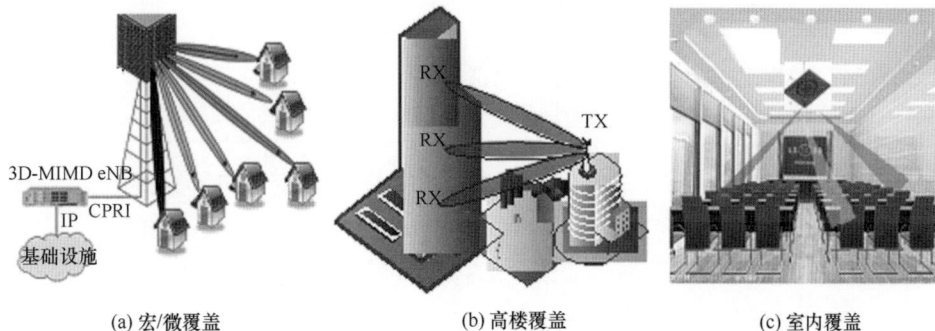

(a) 宏/微覆盖　　　　　　　　(b) 高楼覆盖　　　　　　　　(c) 室内覆盖

图 4-1　3D-MIMO 的典型应用场景

宏覆盖场景下基站覆盖面积较大，用户数量较多，在新建站址越来越难和移动数据业务增长越来越快的现状下，亟须通过 3D-MIMO 来大幅提升系统容量；微覆盖主要针对室外业务热点区域进行覆盖，比如露天集会、商圈等用户密度高的区域，微覆盖场景下虽然基站覆盖面积较小，但用户密度通常很高，同样需要 3D-MIMO 来提升系统容量。

高楼覆盖场景主要指通过位置较低的基站为附近的高层楼宇提供覆盖，在这种场景下，用户大量分布于高楼的不同楼层内，这就需要基站具备垂直大角度范围的覆盖能力，而传统的基站垂直覆盖范围通常很窄，可能需要部署多幅天线才能满足需求，3D-MIMO 能够通过三维波束很好地实现整栋楼宇的覆盖。

室内覆盖则主要针对室内业务热点区域进行覆盖，如大型赛事、演唱会、商场、体育场馆等，在这种场景下，基站通常部署在天花板或者顶部的各个角落里，用户相对基站的角度分布范围很大，传统的全向天线虽然覆盖不成问题，但是无法将能量集中，而 3D-MIMO 既能覆盖到所有用户，又能利用三维波束成形有效提升信号质量。

| 4.3　3D-MIMO 中波束成形传输方案 |

首先建立一个一般化的系统模型，考虑一个包括 N_b 个 BS 的典型的 MIMO-OFDM 系统，其中每个 BS 都使用二维阵列天线，如图 4-2 所示。假设每个天线阵列为 M_a 行 N_a 列双极化天线阵列，共包括 $N_t = 2 \cdot M_a \cdot N_a$ 个发送天线阵子[6]，每个天线阵子对应于一个独立的收发通道。假设每个子载波上同时有 M_u 个 UE 实现空分复用传输，每个用户的接收天线数为 N_r。

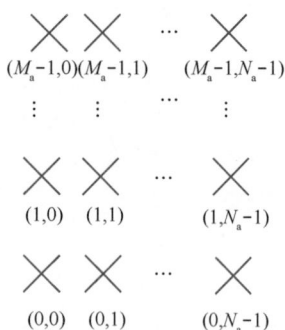

$$
\begin{array}{ccccc}
\times & \times & \cdots & \times \\
(M_a-1,0) & (M_a-1,1) & & (M_a-1,N_a-1) \\
\vdots & \vdots & \cdots & \vdots \\
\times & \times & \cdots & \times \\
(1,0) & (1,1) & & (1,N_a-1) \\
\times & \times & \cdots & \times \\
(0,0) & (0,1) & & (0,N_a-1)
\end{array}
$$

图 4-2　3D-MIMO 天线阵列模型

系统中某一时刻在该载波上由第 n（$0 \leqslant n \leqslant N_b-1$）个 BS 服务的第 m（$0 \leqslant m \leqslant M_u-1$）个 UE 接收到的信号可以表示为：

$$y_m^n = H_m^n W_m^n x_m^n + \sum_{i=0,i \neq m}^{M_u-1} H_m^n W_i^n x_i^n + \sum_{j=0,j \neq n}^{N_b-1} H_m^j W^j x^j + z_m^n \qquad (4\text{-}1)$$

其中，$H_m^n \in C^{N_r \times N_t}$ 为第 n 个 BS 和 UEm 之间的信道矩阵，$W_m^n \in C^{N_t \times S_m^n}$ 为 UEm 的预编码矩阵，$x_m^n \in C^{S_m^n \times 1}$ 为基站发给 UEm 的有用信号，$W_i^n \in C^{N_t \times S_i^n}$ 表示与 UEm 进行配对传输的 UEi 的预编码矩阵，$x_i^n \in C^{S_i^n \times 1}$ 为基站发给 UEi 的信号（小区内多用户之间的干扰），H_m^j 为第 j 个 BS 和 UEm 之间的信道矩阵，W^j 为第 j 个 BS 发送的信号使用的预编码矩阵，x^j 为第 j 个 BS 发送的干扰信号（小区间干扰），z_m^n 为均值为 0、方差为 σ_z^2 的加性复高斯噪声。

4.3.1　单用户波束成形传输方案

对于单用户传输，$M_u = 1$，因此式（4-1）中小区内多用户之间的干扰不存在，主要的干扰来自于小区间干扰和复高斯噪声。此时每个载波上的预编码矩阵可以通过 EBB（Eigenvalue Based Beamforming）技术来获得[7-8]。在传统的 TDD 系统中，智能天线就使用 EBB 技术实现了在水平维度上对用户的实时跟踪。同样在基于 3D-MIMO 的 TDD 系统中，假设基站能够通过信道估计获得实时的三维信道信息，可以使用下面的波束成形权值优化模型：

$$\max \left\| H_m^n W_m^n \right\|_2^2, \quad \text{s.t.} \quad \left\| W_m^n \right\|_2 = 1 \qquad (4\text{-}2)$$

求解上述优化模型，得到 3D-MIMO 单用户波束成形传输的 EBB 算法流程如下。

步骤 1　进行三维信道估计，估计得到每个天线阵元上的上行信道信息，根据信道互易性可得到下行信道信息。

步骤 2　对用户空间相关矩阵进行特征分解，找到最大的若干个特征值对应的特征向量即为单用户波束成形矩阵。对 UEm 和第 n 个 BS 之间的信道矩阵 H_m^n 进行 SVD 分解，得到：

$$H_m^n = U_m \begin{bmatrix} \Sigma_m & 0 \\ 0 & 0 \end{bmatrix} \begin{bmatrix} V_m^{(1)} & V_m^{(0)} \end{bmatrix}^H \qquad (4\text{-}3)$$

其中，$\Sigma_m = \text{diag}(\lambda_1, \lambda_2, \cdots, \lambda_{m_R})$ 为 H_m^n 的非零特征值的对角阵，$\lambda_1 > \lambda_2 > \cdots > \lambda_{m_R}$，它对应的特征向量分别为 $v_{m,1}$（V_m 的第一列）、$v_{m,2}$（V_m 的第二列），$\cdots$，v_{m,m_R}（V_m 的第 m_R 列）。取 $V_m^{(1)}$ 的前 S_m 列为波束成形矩阵 $W_m^n = \begin{bmatrix} v_{m,1} & v_{m,2} & \cdots & v_{m,S_m} \end{bmatrix}$，其中

S_m 为 UEm 支持的独立数据流数。

上述 3D 的波束成形权值的获得是通过对信道进行特征值分解得来的，鉴于引入大规模的二维天线阵列后，信道矩阵的维度大大增加，从而对其进行特征值分解的复杂度会非常高。下面给出了一种低复杂度的波束成形算法。

（1）对天线阵列的最后一行阵元进行水平维波束成形操作，得到最优的权值矩阵：

$$\max \left\| H_{m,H}^n W_{m,H}^n \right\|_2^2, \quad \text{s.t.} \quad \left\| W_{m,H}^n \right\|_2 = 1 \tag{4-4}$$

其中，$H_{m,H}^n$ 为 $\boldsymbol{H}_m^n$ 的一部分，对应于最后一行阵元上的信道。

（2）对天线阵列的第一列阵元进行垂直维波束成形操作，得到最优的权值矩阵：

$$\max \left\| H_{m,V}^n W_{m,V}^n \right\|_2^2, \quad \text{s.t.} \quad \left\| W_{m,V}^n \right\|_2 = 1 \tag{4-5}$$

其中，$H_{m,V}^n$ 为 $\boldsymbol{H}_m^n$ 的一部分，对应于第一列阵元上的信道。

（3）将上述两步中所得到的权值矩阵扩展成为针对二维阵列天线形式的成形权值矩阵 $\boldsymbol{W}_m^n$：

$$W_m^n = W_{m,H}^n \otimes W_{m,V}^n \tag{4-6}$$

4.3.2　多用户波束成形和联合调度

R13 之前的 LTE/LTE-Advanced 系统支持水平维度的多用户空间复用。当多个用户在水平维度上错开一定的角度时，这些用户在水平方向上的信道相关性较低，则可以使用水平多用户波束成形和干扰抑制技术同时给这些用户传输数据，从而提高系统的频谱利用率。如图 4-3 所示，UE1、UE2、UE4 在水平维度上与基站的夹角不同，所以基站可以在水平维度形成 3 个分别对准它们的波束进行服务；然而 UE2 和 UE3 在水平维度上与基站的夹角相同，那么 UE2 和 UE3 的波束会形成相互干扰，从而影响他们的服务质量。

3D-MIMO 技术进一步在垂直维度对多用户进行波束成形和干扰抑制，从而提高每个用户的有用信号信噪比、降低用户间的干扰。如图 4-4 所示，3D-MIMO 技术将 UE2 与 UE3 从垂直维度上再进行一次区分，分别形成对准它们的波束并为其提供服务。

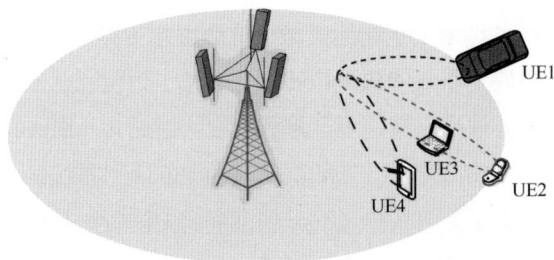

图 4-3　2D-MIMO 多用户波束成形传输示意图

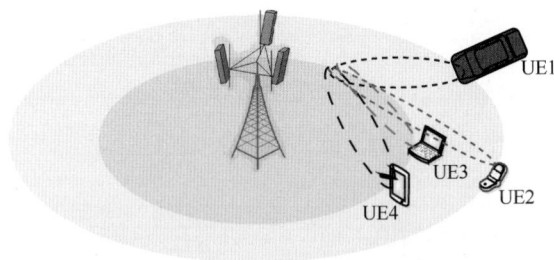

图 4-4　3D-MIMO 多用户波束成形传输示意图

从式（4-1）可以看出，相比单用户（ $M_u = 1$ ）传输，多用户（ $M_u > 1$ ）传输时除了小区间干扰和复高斯噪声，还多了小区内多个配对用户之间的干扰，多用户间的干扰删除算法是影响系统性能的关键所在。

根据式（4-1），仅讨论目标基站 **BS**n 下的多用户预编码计算，为了标识简单，在下面的讨论中忽略所有符号的上标 n 。把 M_u 个空分复用的用户作为一个用户集合，该用户集合与服务基站之间的等效信道可以表示为：

$$H = \begin{bmatrix} H_1^T & H_2^T & \cdots & H_{M_u}^T \end{bmatrix}^T \tag{4-7}$$

该用户集合的数据流为：

$$x = \begin{bmatrix} x_1^T & x_2^T & \cdots & x_{M_u}^T \end{bmatrix}^T \tag{4-8}$$

总的数据流数为：

$$S = \sum_{i=0}^{M_u-1} S_i \tag{4-9}$$

预编码矩阵可以表示为：

$$W = \begin{bmatrix} W_1 & W_2 & \cdots & W_{M_u} \end{bmatrix} \tag{4-10}$$

保证配对用户间共信道干扰删除的波束成形方案主要有非线性和线性两种：非线性预处理以脏纸编码（Dirty Paper Coding，DPC）为代表，其性能最优，但实现复杂度高。线性处理方法主要有迫零波束成形、块对角化（Block Diagonalization，BD）波束成形、多用户特征模式（Multiuser Eigenmode Transmission，MET）波束成形。这类算法的核心是，将用户 UEm 的预编码矩阵置于其他用户信道集合的零空间，以期把该用户对其他配对用户的干扰消除，即保证：

$$H_i W_m = 0 \ (i \neq m) \tag{4-11}$$

同理：

$$H_m W_i = 0 \ (i \neq m) \tag{4-12}$$

即式（4-1）中的小区内多用户干扰项为零。

（1）迫零（ZF）算法

迫零波束成形算法又称信道求逆[9-10]。如果在发送端能够完全知道信道状态信息，可以在基站进行信道求逆，也就是令预编码矩阵 W'' 为信道矩阵 H'' 的广义逆矩阵，最终的结果是预编码使信道完全对角化，即每个用户都对应一个或一组等效单输入单输出信道。一个用户的每根天线仅接收到一个信号，接收机的处理过程简单。完全对角化的条件比较严格，要求发射天线数不小于所有通信用户接收天线数之和。未进行功率归一化处理的最优预处理矩阵表示为：

$$W_m = H^H (HH^H)^{-1} \tag{4-13}$$

那么：

$$H'' W_m = HH^H (HH^H)^{-1} = I \tag{4-14}$$

在接收端有多个天线时，ZF 算法是将用户的多个天线间干扰完全消除，得到完全的对角阵。然而，多接收天线的用户可以处理自己的多天线接收信号，所以此时 ZF 算法性能受到影响。

（2）块对角化算法

MIMO 多用户系统的一种常用方法是块对角化（BD）[11-12]。BD 算法是寻找使 HW 为块对角阵的预编码矩阵 W，从而形成多个独立并行的等效单用户 MIMO 信道，各用户之间的干扰为零。块对角化实际上是信道求逆算法 ZF 的推广，区别在于：信道求逆将所有天线间的干扰消除，而块对角化仅消除多用户之间的干扰，而用户内部多个天线之间的干扰则留给接收端自己处理。实现块对角化需要两方面的条件：维数条件和信道独立性条件。为了保证有足够的零空间，此类算法会受到天线数的约束：发射天线的数目不小于所有配对用户接收天线数目之和，即：

$$N_t \geqslant M_u \cdot N_r \tag{4-15}$$

随着发射天线数目的增加，在保证单个用户的信道容量情况下，系统所能容纳的总用户数增加。另外，为了向多个用户同时发送数据，块对角化还必须避免与信道高度相关的用户进行空分复用，也就是用户配对算法和调度算法需要联合考虑。下面简要分析 3D-MIMO 的块对角化算法。

定义 M_u 个用户构成的集合中不包含用户 UEm 的其他用户的信道集合为：

$$\bar{H}_m = \begin{bmatrix} H_1^{\mathrm{T}} & \cdots & H_{m-1}^{\mathrm{T}} & H_{m+1}^{\mathrm{T}} & \cdots & H_{M_u}^{\mathrm{T}} \end{bmatrix}^{\mathrm{T}} \tag{4-16}$$

对 $\bar{H}_m$（不满秩）进行奇异值分解（Singular Value Decomposition，SVD）：

$$\bar{H}_m = \bar{U}_m \begin{bmatrix} \bar{\Sigma}_m & 0 \\ 0 & 0 \end{bmatrix} \begin{bmatrix} \bar{V}_m^{(1)}, \bar{V}_m^{(0)} \end{bmatrix}^{\mathrm{H}} \tag{4-17}$$

其中，$\bar{V}_m^{(0)}$ 表示右奇异向量（0 特征值对应的特征向量），那么有：$\bar{H}_m \bar{V}_m^{(0)} = 0$。

对于 UEm 承载的独立数据流数为 S_m，从 $\bar{V}_m^{(0)}$ 中随机取 S_m 个列向量，令 $W_m = \bar{V}_m^{(0, S_m^n)}$，未进行功率归一处理的最优预处理矩阵为：

$$W = \begin{bmatrix} W_1, W_2, \cdots, W_{M_u} \end{bmatrix} = \begin{bmatrix} \bar{V}_1^{(0, S_1^n)}, \bar{V}_2^{(0, S_2^n)}, \cdots, \bar{V}_{M_u}^{(0, S_{M_u})} \end{bmatrix} \tag{4-18}$$

此时 HW 为块对角矩阵，且满足 $H_i W_m = 0$ $(i \neq m)$。该算法可以保证将发送信号的零限对准配对的其他用户，但是并没有对有用信号进行波束成形，从而影响系统的 SINR。下面将介绍在 BD 算法基础上，同时考虑对有用信号进行波束成形的算法 BD+SVD。

（3）BD+SVD 算法

在 BD 算法中，预编码矩阵只是随机取了零空间 S_m 列，并不是最优的零空间。而 BD+SVD 算法首先对 $\bar{H}_m$ 进行 SVD 分解，取 $\bar{V}_m^{(0)}$ 作为预编码的一项，此时已经能保证干扰用户位于该用户的零限。将寻找更优化的预编码算法，在抑制小区间干扰的同时，最大化有用信号的强度。于是再对有用信号进行一次波束成形，对 $H_m \bar{V}_m^{(0)}$ 进行 SVD 分解，得到：

$$H_m \bar{V}_m^{(0)} = \tilde{U}_m \begin{bmatrix} \tilde{\Sigma}_m & 0 \\ 0 & 0 \end{bmatrix} \begin{bmatrix} \tilde{V}_m^{(1)}, \tilde{V}_m^{(0)} \end{bmatrix}^H \qquad (4-19)$$

其中，$\tilde{V}_m^{(1)}$ 取前 S_m 个右奇异向量。那么以 $\bar{V}_m^{(0)} \tilde{V}_m^{(1,S_m)}$ 为预编码矩阵的干扰消除算法，不仅能保证完全消除干扰，还能增强有用信号功率，优化系统性能。

那么最优预处理矩阵为：

$$W_m = \bar{V}_m^{(0)} \tilde{V}_m^{(1,S_m)} \qquad (4-20)$$

此算法在 BD 算法的基础上，利用多次 SVD 分解对有用信号进行增强。虽然增加了系统的复杂度，但可以增加用户的接收 SINR，有效提升系统的频谱效率。

（4）多用户特征模式传输（MET）

前述的联合发送算法（如 BD 算法）等，需要满足限制条件：配对用户的接收天线总数≤联合发送的天线总数。这个条件限制了配对的用户数，尤其是当用户接收天线数>1 时，配对用户数将受限于联合发送的天线总数。学术界提出的另一种预编码算法——多用户特征模式传输算法，将 BD 的限制条件放松为：配对用户的总数据流数≤联合发送的天线总数[13]，即：

$$N_t \geqslant \sum_{i=0}^{M_u-1} S_i \qquad (4-21)$$

当用户的数据流数<接收天线数时，该算法可提供更多的正交用户配对，较 BD+SVD 有较高的性能提升。该算法的主要步骤如下。

步骤 1　对 H_m 进行 SVD 分解：

$$H_m = U_m \begin{bmatrix} \Sigma_m & 0 \\ 0 & 0 \end{bmatrix} \begin{bmatrix} V_m^{(1)}, V_m^{(0)} \end{bmatrix}^H \qquad (4-22)$$

其中，$\Sigma_m = \mathrm{diag}(\lambda_1, \lambda_2, \cdots, \lambda_{m_R})$（其中 $\lambda_1 > \lambda_2 > \cdots > \lambda_{m_R}$）为 H_m 的非零特征值对角阵，它对应的特征向量分别为 $v_{m,1}$（V_m 的第一列）、$v_{m,2}$（V_m 的第二列），$\cdots$，v_{m,m_R}（V_m 的第 m_R 列）。取 U_m 前 S_m 个列向量的共轭转置，那么：

$$\Gamma_m = \begin{bmatrix} u_{m,1} \cdots u_{m,S_m} \end{bmatrix}^H H_m = \begin{bmatrix} \lambda_{m,1} v_{m,1} & \cdots & \lambda_{m,S_m} v_{m,S_m} \end{bmatrix}^H \qquad (4-23)$$

步骤 2　定义：

$$\bar{H}_m = \begin{bmatrix} \Gamma_1^T & \cdots & \Gamma_{m-1}^T & \Gamma_{m+1}^T & \cdots & \Gamma_M^T \end{bmatrix}^T \qquad (4-24)$$

步骤 3　对 $\bar{H}_m$ 进行 SVD 分解：

$$\bar{H}_m = \bar{U}_m \begin{bmatrix} \bar{\Sigma}_m & 0 \\ 0 & 0 \end{bmatrix} \left[\bar{V}_m^{(1)}, \bar{V}_m^{(0)} \right]^{\mathrm{H}} \tag{4-25}$$

其中，$\bar{V}_m^{(0)}$ 表示 0 奇异值对应的奇异向量。$W_m' = \bar{V}_m^{(0)}$ 已经能保证干扰用户位于该用户的零限，将寻找更优化的预编码算法，在抑制小区间干扰的同时，最大化有用信号的强度。再对有用信号进行一次波束成形，对 $\varGamma_m \bar{V}_m^{(0)}$ 进行 SVD 分解，得到：

$$\varGamma_m \bar{V}_m^{(0)} = \tilde{U}_m \begin{bmatrix} \tilde{\Sigma}_m & 0 \\ 0 & 0 \end{bmatrix} \left[\tilde{V}_m^{(1)} \quad \tilde{V}_m^{(0)} \right]^{\mathrm{H}} \tag{4-26}$$

其中，$\tilde{V}_m^{(1)}$ 取前 S_m 个右奇异向量。以 $\bar{V}_m^{(0)} \tilde{V}_m^{(1,S_m)}$ 为预编码矩阵的干扰消除算法不仅能保证完全消除干扰，还能增强有用信号功率，优化系统性能。

最优预处理矩阵为：

$$W_m = \bar{V}_m^{(0)} \tilde{V}_m^{(1,S_m)} \tag{4-27}$$

对于采用大规模天线阵列的 3D-MIMO，信道矩阵的维度将大大增加，从而对其进行特征值分解的复杂度会非常高。还需要对多用户预编码算法进行优化设计，降低计算的复杂度。

（5）多用户联合调度算法

3D-MIMO 可以通过水平维度和垂直维度空间复用更多的用户，因此有必要研究低复杂度的多用户三维联合调度方案以及单用户和多用户的自适应切换机制。由于多用户预编码算法的性能依赖于配对用户之间的相关性：用户相关性越差，用户信道状况越正交，那么预编码算法性能越好；反之，用户之间相关性越大，预编码算法在消除配对用户干扰的同时也将有用信号削弱大半，从而性能较差。所以限定配对用户之间的相关系数将大大改善多用户配对的性能。下面介绍一种简单的基于用户间信道相关性的多用户联合调度算法。

假设在某时刻，某服务小区内初始可供调度的用户集合为 U，对于某个频域调度单元，用集合 C 表示被调度到的用户，该集合初始化为 $\varnothing$（空集）。具体的调度算法如下。

步骤 1　对服务小区内所有用户采用比例公平算法计算优先级，选择优先级最高的用户 u_1 作为被调度的第一个用户：

$$u_1 = \arg\max_{i \in U} \left(\mathrm{PF\_Priority}(i) \right) \tag{4-28}$$

其中，PF_Priority(i) 表示第 i 个用户的基于正比公平算法的优先级，更新如下集合和矩阵：

- $R_1 = (\sum_{t=1}^{T} H_{1,t}^{\mathrm{H}} H_{1,t}) / T = U_1 S_1 V_1^{\mathrm{H}}$，其中，$T$ 为该频域调度单元中子载波个数，$H_{1,t}$ 表示用户 u_1 在第 t 个子载波上的下行信道矩阵；

- 对 R_1 进行 SVD 分解，得到 $R_1 = U_1 S_1 V_1^{\mathrm{H}}$，取 V_1 最大特征值对应的右奇异向量得到 $W_1 = V_1(:,1)$；

- 更新集合 $U = U - \{u_1\}$；$C = C + \{u_1\}$。

步骤 2 选择与集合 C 内用户进行配对的用户 u_j，该用户需要同时满足：在 U 集合中比例公平优先级最高，且与 C 集合中用户的相关系数小于门限 ρ。

$$\begin{cases} u_j = \arg\max_{i \in U}(\mathrm{PF\_Priority}(i)) \\ \rho_{kj} < \rho, \qquad \forall k \in C \end{cases} \tag{4-29}$$

其中，$\rho_{kj} = W_k^{\mathrm{H}} W_j$，$W_j = V_j(:,1)$，$R_j = (\sum_{t=1}^{T} H_{j,t}^{\mathrm{H}} H_{j,t}) / T = U_j S_j V_j^{\mathrm{H}}$。

如果有用户满足式（4-29）约束条件，则更新相应的集合：

- 记录该用户的主特征值对应的特征向量 $W_i = V_i(:,1)$；

- $U = U - \{u_j\}$；$C = C + \{u_j\}$。

步骤 3 如果所有用户都不满足步骤 2 中条件，或者达到最大用户数限制，则停止该调度算法。集合 C 中的用户为最终的被调度用户。

| 4.4　3D-MIMO 中的信道反馈方案 |

在 TDD 系统的上下行信道互易性不成立的情况下或在 FDD 系统中，完整信道状态信息在发送端获得需要付出极大的代价。基于码本的预编码技术能够在系统性能和反馈数据量之间取得良好的折中。在 LTE R8/R9/R10 版本中，针对 2D-MIMO 定义了 2 天线、4 天线和 8 天线的水平维度的预编码码本，在未来的 3D-MIMO 系统，由于增加了天线阵元垂直维度的预编码，因此需要增加垂直维度的预编码码本或者水平维度和垂直维度的联合预编码码本。

在基于码本的预编码技术中，码本设计和反馈问题是影响预编码技术性能和系统开销/复杂度的直接因素。在 3D-MIMO 系统中，由于天线维度的纵向扩展和天线数量的增加，预编码矩阵的维度成倍增加，因此需要相应的码本和反馈方案以支持 3D-MIMO 技术在有限反馈环境下的应用。

一般来说，可以采用的对预编码矩阵的分布进行表征和刻画的方法有以下几种。

（1）基于 DFT 矩阵的方法

这类方法下使用 DFT 矩阵提取酉阵的部分角度信息，一般要求酉阵具有恒模和角度等差的特征，酉阵的元素的角度一般限制为较规整的 8PSK 调制符号的角度。这类方法仅能刻画部分预编码矢量/矩阵的分布特征，但具有存储量小和计算简单等优势。

（2）基于 Householder 旋转的方法

通过多次 Householder 旋转，可以将矩阵进行三角化和双对角化，逐步提取矩阵相关角度信息。基于 Householder 旋转的矩阵分布表征方法具有计算复杂度低的优点，且用于码本设计时有利于码字选择的简化。

（3）基于 Givens 分解的方法

$M \times M$ 酉阵可以表示为 $M(M-1)/2$ 个 Givens 矩阵的乘积的特征：

$$V = \prod_{s=1}^{M-1} \prod_{t=s+1}^{M} G(s,t) \tag{4-30}$$

其中，$G(s,t)$ 是将单位阵的第 (s,t) 行第 (s,t) 列替换为一个 2×2 Givens 矩阵。Givens 矩阵可以写成通式：

$$G = \begin{bmatrix} \cos\theta_1 & \sin\theta_1 \\ \sin\theta_1 \cdot e^{j\theta_2} & \cos\theta_1 \cdot e^{j(\theta_2+\pi)} \end{bmatrix}, \theta_1 \in \left[0, \frac{\pi}{2}\right), \theta_2 \in [0, 2\pi) \tag{4-31}$$

码本和反馈方案设计研究可以分为以下递进式的两个阶段。

（1）单一码本和反馈方案设计

系统中存在一个确定的码本，即可用的预编码矩阵集合，存储于系统中的所有节点。在 3D-MIMO 系统中进行下行传输时，接收端（UE）根据下行信道估计获得 3D-MIMO 信道矩阵，在本地存储的码本中选择一个预编码矩阵，将其索引经上行传输反馈给发送端（基站）。

码本是可用的预编码矩阵的有限量化集合。一般来说，实测的 3D-MIMO 信道是空间相关的，而其空间相关特征与用户在小区内的具体地理位置有关，因此，单一码本的设计需要保证较大范围内的空间相关信道下的顽健性。由于 3D-MIMO 信道下预编码矩阵的维度较大，且基于 DFT 的码本设计不适用于角度扩展较大时，研究基于训练的码本设计，能有效把握复杂的信道分布特征。经典的码本设计方法如图 4-5 所示，应用于 3D-MIMO 码本设计时，其中的距离、量化误差、求质心运算和微扰运算等需要根据 3D-MIMO 预编矢量/矩阵的分布进行重新定义。

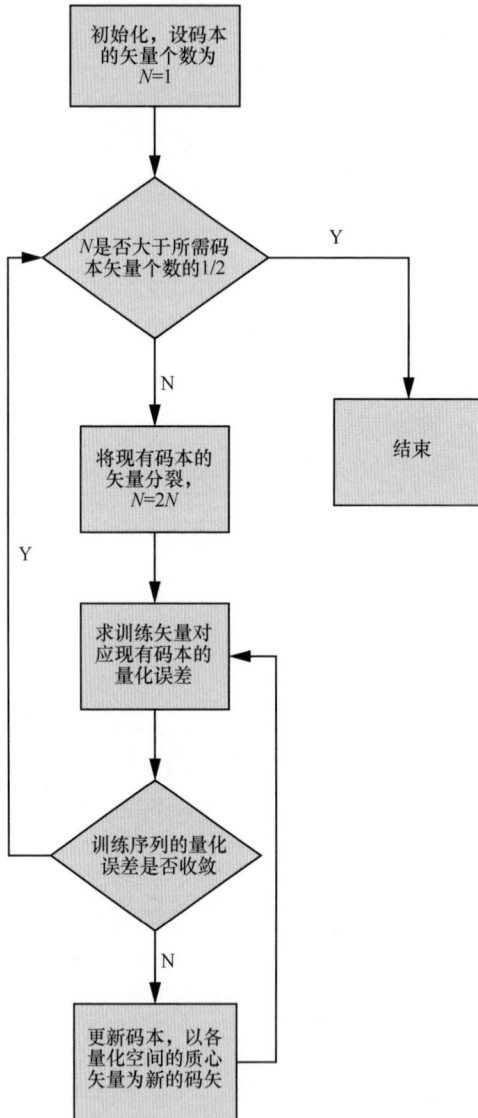

图 4-5　基于训练的 3D-MIMO 中单一码本设计流程

（2）双码本方案设计

双码本是一种将预编码码本设计问题根据时间/频率/空间等尺度分解为两部分进行解决的思路。在 3D-MIMO 系统中，3D-MIMO 信道的空间相关与用户在小区内的地理位置有关。在下行采用 OFDM 技术时，一个预编码矩阵用于所有子载波的宽带预编码技术的使用，可以进一步降低系统的反馈开销，提升信道状态信息的量化精度。因此，可以采用短时窄频和长时宽频两个维度的码本，对 3D-MIMO 信道状态信息进行不同精度的刻画。

在 3D-MIMO 系统中，在一段时间内，根据长时间宽频带上的统计结果，在所有可能的预编码矩阵中选择一个子集进行使用；每个时隙收端根据当前瞬时窄带信道状态信息在设定的子集中选择一个 3D-MIMO 预编码矩阵，反馈给发送端在下一个时隙的传输中使用。因此可以对 3D-MIMO 预编码矩阵的分布进行粗量化和细量化，分别对应长时/宽频码本和短时/窄频码本。

| 4.5　3D-MIMO 性能评估 |

通过系统级仿真从多个维度评估了 3D-MIMO 技术引入后带来的系统性能变化。首先给出了仿真评估的假设，主要包括采用的天线阵列模型、仿真评估场景、三维信道模型、系统参数配置，然后评估了 3D-MIMO 相对于 2D-MIMO 的系统性能增益，接着对不同天线阵列结构对 3D-MIMO 系统性能的影响进行了分析，最后评估了一些典型的非理想因素对 3D-MIMO 系统性能的影响。

4.5.1　仿真假设

（1）天线模型

评估中采用了 3GPP TR36.873 中定义的二维天线阵列模型[6]，天线阵元排列成 M_a 行 N_a 列双极化天线阵列，共包括 $N_t = 2 \cdot M_a \cdot N_a$ 个阵元，假设这些阵元与 P 个收发通道相连，它们之间的映射关系为：每个收发通道与一组天线阵元相连，这组阵元由同一列的 K 个相邻的同极化阵元构成，这 K 个阵元之间的相差不可调。如图 4-6 所示，对于一个由 64 个双极化阵元构成的 8 行 4 列的天线阵列，如果其与 8 个收发通道相连，每个通道分别与其中一列的 8 个同极化阵元相连，则构成传统的 8

通道 2D-MIMO 天线；如果其与 16 个收发通道相连，每个通道分别与其中一列的 4 个相邻同极化阵元相连，则构成 16 通道 3D-MIMO 天线阵列；如果其与 32 个收发通道相连，每个通道分别与其中一列的 2 个相邻同极化阵元相连，则构成 32 通道 3D-MIMO 天线阵列；如果其与 64 个收发通道相连，64 个通道与 64 个阵元之间一一对应，则构成 64 通道的 3D-MIMO 天线阵列。

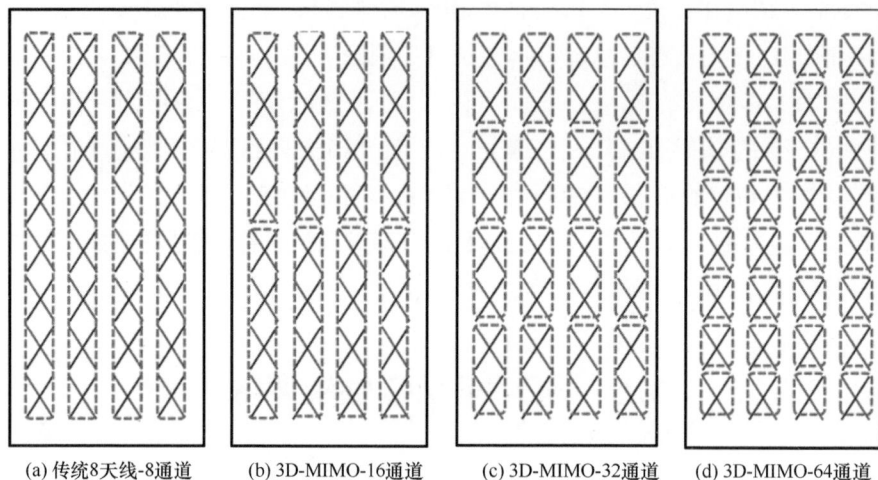

(a) 传统8天线-8通道　　(b) 3D-MIMO-16通道　　(c) 3D-MIMO-32通道　　(d) 3D-MIMO-64通道

图 4-6　收发通道与天线阵元映射关系

与图 4-6 对应的天线单元方向图的相关仿真参数见表 4-1。

表 4-1　天线模型仿真参数

参数	取值
每行的同极化阵元数	8
每列的同极化阵元数	8
水平天线阵元间隔 dH	0.5 倍波长
垂直天线阵元间隔 dV	0.8 倍波长
天线阵元垂直辐射方向图/dB	$A_{E,V}(\theta'') = -\min\left[12\left(\dfrac{\theta''-90^0}{\theta_{3\,dB}}\right)^2, SLA_V\right], \theta_{3\,dB}=65^0, SLA_V=30$
天线阵元水平辐射方向图/dB	$A_{E,H}(\varphi'') = -\min\left[12\left(\dfrac{\varphi''}{\varphi_{3\,dB}}\right)^2, A_m\right], \varphi_{3\,dB}=65^0, A_m=30$
天线阵元三维辐射方向图/dB	$A''(\theta'', \varphi'') = -\min\{-[A_{E,V}(\theta'') + A_{E,H}(\varphi'')]\}, A_m$
单个阵元的最大天线增益 GE_{max}	8 dBi

（2）仿真场景

主要描述两种典型的场景，一种是城区宏蜂窝场景（3D-UMa），另一种是城区微蜂窝场景（3D-UMi）。这两种场景的建模方法如下：在城区宏蜂窝场景中，基站高度为 25 m，站间距为 500 m；在城区微蜂窝场景中，基站高度为 10 m，站间距为 200 m。这两种场景下均采用三维用户分布模型：20% 的用户分布在室外，80% 的用户分布在室内，室内用户均匀分布于某个建筑的某个楼层，建筑物的楼层高度为 4～8 层[6]。

（3）信道模型

信道模型是评估 3D-MIMO 技术的基础，采用 3GPP TR36.873 中定义的三维信道模型[6]。该模型考虑了收发两端多径的水平到达角/离开角和垂直到达角/离开角，是专门为 3D-MIMO 技术评估而定义的。

（4）仿真参数

其他仿真参数详见表 4-2。

表 4-2　仿真参数

参数	取值
评估场景	3D-UMa，3D-UMi
业务模型	满缓存（Full Buffer）模型 FTP 模型
系统带宽	10 MHz　（50 PRB）
UE 接入准则	基于 RSRP
载频	2 GHz
终端移动速度	3 km/h
用户分布	三维用户分布
用户天线模型	全向
接收机	LMMSE-IRC
终端接收天线数	2 个接收天线，双极化（+90°/0°）
双工模式	TDD
信道状态信息反馈	PUSCH 3-0，每 5 ms 上报一次 CQI，反馈时延为 5 ms
调度算法	比例公平调度

4.5.2　3D-MIMO 与 2D-MIMO 的系统性能对比

（1）SU-MIMO

本节主要评估了在 SU-MIMO 单双流自适应的传输方式下，随着通道数的增加，3D-MIMO 系统性能的变化。具体对比了 8 通道、16 通道、32 通道和 64 通道（天线拓扑结构如前一节所述）下的评估结果，8 通道实际上就是传统的 2D-MIMO，随着通道数的增加，垂直维波束调整的灵活度也相应增加。

表 4-3 和表 4-4 分别提供了 3D-UMa 和 3D-UMi 场景下的评估结果，从评估结果可以看出：随着垂直维通道数的增加，SU-MIMO 的小区平均和边缘性能都有提升，但是提升的幅度越来越小。3D-UMa 场景下，32 通道可以带来约 10% 的小区平均增益和约 30% 的小区边缘增益；3D-UMi 场景下，32 通道可以带来约 25% 的小区平均增益和约 65% 的小区边缘增益。超过 32 通道后，通道数的增加并不能带来额外的性能增益，这主要受限于 SU-MIMO 的传输方式和系统支持的最高调制编码方式。另外，3D-UMi 场景下的 3D-MIMO 性能增益明显高于 3D-UMa 场景下的性能增益，这主要是因为 3D-UMi 场景下的垂直维用户分布范围比 3D-UMa 场景更大。

表 4-3　3D-UMa 场景下的 3D-MIMO 评估结果（SU-MIMO）

3D-UMa 场景	2D-MIMO-8 通道	3D-MIMO-16 通道	3D-MIMO-32 通道	3D-MIMO-64 通道
小区边缘频谱效率/ $(bit \cdot (s \cdot Hz)^{-1})$	0.092	0.114	0.119	0.119
小区平均频谱效率/ $(bit \cdot (s \cdot Hz)^{-1})$	2.212	2.427	2.433	2.448
小区边缘增益	0	23%	29%	30%
小区平均增益	0	10%	10%	11%

表 4-4　3D-UMi 场景下的 3D-MIMO 评估结果（SU-MIMO）

3D-UMi 场景	2D-MIMO-8 通道	3D-MIMO-16 通道	3D-MIMO-32 通道	3D-MIMO-64 通道
小区边缘频谱效率/ $(bit \cdot (s \cdot Hz)^{-1})$	0.091	0.132	0.150	0.149
小区平均频谱效率/ $(bit \cdot (s \cdot Hz)^{-1})$	2.706	3.101	3.377	3.378
小区边缘增益	0	45%	65%	63%
小区平均增益	0	15%	25%	25%

（2）MU-MIMO

本节进一步考察和评估了在 MU-MIMO（支持最大 4 用户配对）的传输方式下，随着通道数的增加，3D-MIMO 系统性能的变化。

表 4-5 提供了 3D-UMi 场景下的评估结果，可以看出：随着垂直维通道数的增加，MU-MIMO 的小区平均和边缘性能都有非常明显的提升，3D-UMi 场景下，64 通道可以带来约 92% 的小区平均增益和约 147% 的小区边缘增益。不过随着通道数的增加，性能提升幅度也越来越小，这主要受限于 MU-MIMO 支持的最大配对用户数，可以预见的是，随着通道数的增加，可支持的配对传输的用户数也随之增加，这将进一步带来可观的性能增益（在下一节会有进一步的评估）。

表 4-5　3D-UMi 场景下的 3D-MIMO 评估结果（MU-MIMO 4 用户配对）

3D-UMi 场景	2D-MIMO-8 通道	3D-MIMO-16 通道	3D-MIMO-32 通道	3D-MIMO-64 通道
小区边缘频谱效率/（bit·(s·Hz)$^{-1}$）	0.121	0.206	0.272	0.299
小区平均频谱效率/（bit·(s·Hz)$^{-1}$）	3.826	5.546	6.799	7.362
小区边缘增益	0	70%	125%	147%
小区平均增益	0	45%	78%	92%

4.5.3　不同配对用户数对 3D-MIMO 的影响

本节进一步考察和评估了在通道数固定的情况下，随着可支持配对用户数的增加，3D-MIMO 系统性能的变化。

表 4-6 提供了 3D-UMi 场景 32 通道下的评估结果，从评估结果可以看出：对于 32 通道来说，随着可支持配对用户数的增加，小区平均和边缘性能都有非常明显的提升。4 用户配对可以带来约 136% 的小区平均增益和约 77% 的小区边缘增益。

表 4-6　3D-UMi 场景 32 通道下的不同配对用户数的评估结果对比

3D-UMi 场景	2D-MIMO-32 通道（SU 单双流自适应）	3D-MIMO-32 通道（MU-2UE 配对）	3D-MIMO-32 通道（MU-4UE 配对）	3D-MIMO-32 通道（MU-8UE 配对）
小区边缘频谱效率/（bit·(s·Hz)$^{-1}$）	0.150	0.216	0.272	0.266
小区平均频谱效率/（bit·(s·Hz)$^{-1}$）	3.377	4.510	6.799	7.982

（续表）

3D-UMi 场景	2D-MIMO-32 通道 （SU 单双流自适应）	3D-MIMO-32 通道 （MU-2UE 配对）	3D-MIMO-32 通道 （MU-4UE 配对）	3D-MIMO-32 通道 （MU-8UE 配对）
小区边缘增益	0	44%	81%	77%
小区平均增益	0	34%	101%	136%

4.5.4 不同天线形态的 3D-MIMO 性能对比

本节主要分析不同的天线阵列拓扑对 3D-MIMO 系统性能的影响。主要对比 3 种天线配置，如图 4-7 所示。

- 天线配置 1：天线阵元为 8 行 4 列，连接至 4 行 4 列共 32 通道，每个通道连接至垂直的两个同极化阵元。
- 天线配置 2：天线阵元为 8 行 4 列，连接至 8 行 4 列共 64 通道，通道与阵元一一对应。
- 天线配置 3：天线阵元为 8 行 8 列，连接至 4 行 8 列共 64 通道，每个通道连接至垂直的两个同极化阵元。

可以看出，天线配置 2 与天线配置 1 相比，垂直通道数增加了一倍，天线配置 3 与天线配置 1 相比，水平通道数增加了一倍。

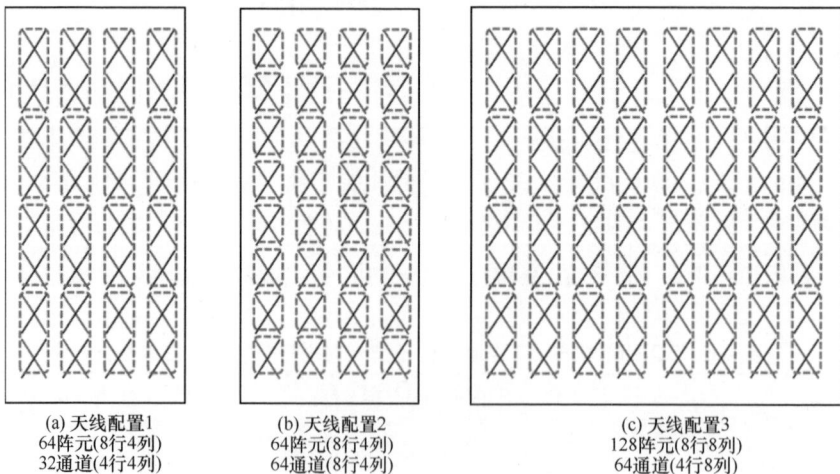

(a) 天线配置1
64阵元(8行4列)
32通道(4行4列)

(b) 天线配置2
64阵元(8行4列)
64通道(8行4列)

(c) 天线配置3
128阵元(8行8列)
64通道(4行8列)

图 4-7 不同天线形态配置

表 4-7 提供了 3D-UMi 场景下这 3 种天线配置的性能对比，传输模式采用 MU-MIMO 最大 4 用户配对传输。从评估结果可以看出：垂直维自由度的增加带来 8%的小区平均增益和 10%的小区边缘增益，水平维自由度的增加带来 12%的小区平均增益和 27%的小区边缘增益。

表 4-7　不同天线形态的 3D-MIMO 性能对比

3D-UMi 场景	天线配置 1	天线配置 2	天线配置 3
小区边缘频谱效率/（bit·(s·Hz)$^{-1}$）	0.272	0.299	0.379
小区平均频谱效率/（bit·(s·Hz)$^{-1}$）	6.799	7.362	8.213
小区边缘增益	0	10%	27%
小区平均增益	0	8%	12%

4.5.5　SRS 误差对 3D-MIMO 性能的影响

（1）SRS 误差建模方法

在 TDD 系统中，用户端发送上行 SRS，基站端接收并检测此信号来得到上行信道，利用 TDD 系统上下行信道的互易性来估计下行信道，从而进行调度和计算波束成形矩阵等。在实际系统中，由于信道估计误差使得估计出的 SRS 信道与理想信道存在着一定的偏差，本节对 SRS 信道估计误差进行建模，分析 SRS 误差对 3D-MIMO 系统性能的影响。

在通信系统中，假定有 N_T 根发送天线、N_R 根接收天线，则接收端的信号可以表示为：

$$y = Hx + n \qquad (4\text{-}32)$$

其中，H 为 $N_R \times N_T$ 维频域信道矩阵，包含大尺度衰落和发送功率，x 为 $N_T \times 1$ 维发送端信号，y 为 $N_T \times 1$ 维接收端信号，n 为干扰和噪声。

实际上，在接收端，需要通过导频进行信道估计并插值得到各个子载波和符号上的信道，可以假设信道的估计值为：

$$\tilde{H} = \alpha(H + e) \qquad (4\text{-}33)$$

其中，$\tilde{H}$ 为信道的估计值，H 为理想的信道矩阵，而实际上，在接收端并不能得到理想的无误差的 H。接收端利用已知的参考信号序列对导频进行信道估计，并插值得到各个子载波和符号上的信道。信道估计需要针对每一条收发链路独立估计，各条链路的误差也服从独立分布。可以假设导频信道的估计值为：

$$\hat{H} = \alpha(H + |H|e) \tag{4-34}$$

其中，$\hat{H}$ 为信道的估计值，H 为信道的真实值，e 为信道估计的偏差，服从均值为 0、方差为 σ^2 的复高斯分布，σ^2 与接收端 SRS 的 SINR 有关，$\sigma^2 = 1/(\text{SINR}, \times \Delta_{\text{MSE}})$。$\alpha$ 为调整因子，表示为：

$$\alpha = \frac{\text{SINR} \cdot \Delta_{\text{MSE}}}{1 + \text{SINR} \cdot \Delta_{\text{MSE}}}, \Delta_{\text{MSE}} = 7 \sim 9 \text{ dB} \tag{4-35}$$

下面将详细说明如何建模和计算基站接收到的 SRS 的 SINR：假设每个用户有两根天线，可以通过天线轮发的方式发送上行 SRS，用户每 5 ms 使用其中一根发送天线进行一次 SRS 发送，这样每 10 ms 基站端可以获得完整的上行信道。假设系统中每 5 ms 有两个 OFDMA 符号可用于上行 SRS，考虑 SRS 采用梳齿状的发送方式，这样同一个小区的用户可以分为 4 组，不同的组之间通过 TDM 和 FDM 的方式复用（另外，通过增加每个用户 SRS 的发送时间间隔，可以实现更多用户的复用），组内的用户通过循环移位因子实现码分复用。在仿真中，假设同小区中的用户之间不存在 SRS 的互相干扰，不同小区之间的用户如果在相同的符号上、相同的频域资源上发送 SRS，则存在相互干扰。SRS 的 SINR 具体计算方法如下。

信号功率为：$P_S = P_\alpha \times \text{PL}$，其中发送功率 P_{tx} 可以利用开环的上行功率控制公式得到，SRS 信道发送功率定义为：

$$P_{\text{SRS}} = \min\{P_{\text{MAX}}, 10\lg M + P_0 + \alpha \cdot \text{PL}\} \tag{4-36}$$

其中，P_{MAX} 是终端侧最大发送功率，M 为 SRS 占用的资源块个数，P_0 是系统半静态配置的标称功率，α 是高层配置的路损加权因子，在 0～1 之间取值。P_0 和 α 的几组典型值见表 4-8。

表 4-8　P_0 和 α 取值

P_0	α
−100	1.0
−106	1.0
−58	0.6
−81	0.8

干扰总功率为：$P_I = \sum_k^K \sum_m^M P_{\text{tx}\_m}{}^{(k)} \times \text{PL}_{(m)}^{(k)}$，$k$ 表示干扰基站的个数，m 表示干扰小区中使用相同时频资源发送 SRS 的用户数。

SRS 的 SINR 可以表示为：$P_S = P_S / (P_I + \sigma_n^2)$。

（2）评估结果

表 4-9 和表 4-10 提供了 3D-UMi 场景下 SRS 误差分别对 SU-MIMO 和 MU-MIMO 的性能影响，这里考虑了两种通道数：8 通道和 32 通道。

- SRS 给 MU-MIMO 造成的性能损失大于给 SU-MIMO 造成的性能损失：SRS 误差给 SU-MIMO 造成了约 4%的小区平均性能损失和约 10%的小区边缘性能损失，而 MU-MIMO 造成了约 10%的小区平均性能损失和 12%～19%的小区边缘性能损失。

- 随着通道数的增加，SRS 造成的性能损失并没有明显的增加。

表 4-9 3D-UMi 场景下 SRS 误差对 SU-MIMO 的性能影响

	SU-MIMO	2D-MIMO-8 通道	3D-MIMO-32 通道
无误差	小区边缘频谱效率/（bit·(s·Hz)$^{-1}$）	0.091	0.150
	小区平均频谱效率/（bit·(s·Hz)$^{-1}$）	2.706	3.377
有误差	小区边缘频谱效率/（bit·(s·Hz)$^{-1}$）	0.080	0.139
	小区平均频谱效率/（bit·(s·Hz)$^{-1}$）	2.587	3.271
性能损失	小区边缘损失	12%	8%
	小区平均损失	4%	3%

表 4-10 3D-UMi 场景下 SRS 误差对 MU-MIMO 的性能影响

	MU-MIMO-4 用户配对	2D-MIMO-8 通道	3D-MIMO-32 通道
无误差	小区边缘频谱效率/（bit·(s·Hz)$^{-1}$）	0.121	0.272
	小区平均频谱效率/（bit·(s·Hz)$^{-1}$）	3.826	6.799
有误差	小区边缘频谱效率/（bit·(s·Hz)$^{-1}$）	0.098	0.239
	小区平均频谱效率/（bit·(s·Hz)$^{-1}$）	3.362	6.144
性能损失	小区边缘损失	19%	12%
	小区平均损失	12%	10%

|4.6　3D-MIMO 样机测试验证|

本节首先对 3D-MIMO 可能采用的硬件架构进行简单的分类和比较，然后提供了某 3D-MIMO 天线的暗示测试方法和测试结果，最后分别在两个典型的场景（城区宏覆盖场景和高楼覆盖场景）下对 3D-MIMO 样机进行了外场性能测试，验证了 3D-MIMO 在真实的网络环境下相对于传统 2D-MIMO 技术的性能增益。

4.6.1　3D-MIMO 硬件架构

传统基站采用"BBU+RRU+天线"的分布式架构，3D-MIMO 相比传统基站采用了更多的收发通道，如果依然保持"BBU+RRU+天线"的架构，一方面，收发通道数的增加使得天线和 RRU 之间需要更多的馈线连接，这将给实际布网架站带来很大的麻烦，增加了设备安装的时间，馈线越多也越容易出错，而将天线和 RRU 集成（称为 AAS）能很好地解决这个问题，不仅省去了馈线，而且消除了因馈线带来的损耗（见表 4-11（架构 1））；另一方面，通道数的增加也增加了对 RRU 和 BBU 之间 CPRI 的带宽需求，从而增加光纤的成本。为了降低 CPRI 带宽的需求，一种思路是将 BBU 的部分功能上移（见表 4-11（架构 2）），另一种思路是进一步将 BBU、RRU 和天线都集成到一起形成一体化站型（见表 4-11（架构 3））。架构 2 虽然能降低 CPRI 带宽需求，但是 BBU 和 RRU 之间的接口需要重新定义；架构 3 直接取消了 CPRI，更高的集成度将使得未来的布网和架站更加方便快捷，但对设备的尺寸、重量和散热等方面的设计提出了更高的要求。

表 4-11　3D-MIMO 产品架构

产品架构	说明	优缺点分析
架构 1	BBU＋AAS：AAS 将 RRU 和天线集成到了一起，减少了馈线损耗	优点：减少了馈线损耗 缺点：CPRI 带宽需求较大
架构 2	BBU＋AAS（部分基带上移）：把部分基带功能上移至 AAS，降低 CPRI 带宽需求	优点：降低 CPRI 带宽需求 缺点：需要定义新接口
架构 3	一体化站型：BBU、RRU、天线完全集成在一块，省去 CPRI	优点：不需要 CPRI 缺点：对散热等构成挑战

另外，根据 3D-MIMO 的收发通道与天线阵元之间的映射关系，可以将
3D-MIMO 的手机架构分为 3 类，如图 4-8 所示。

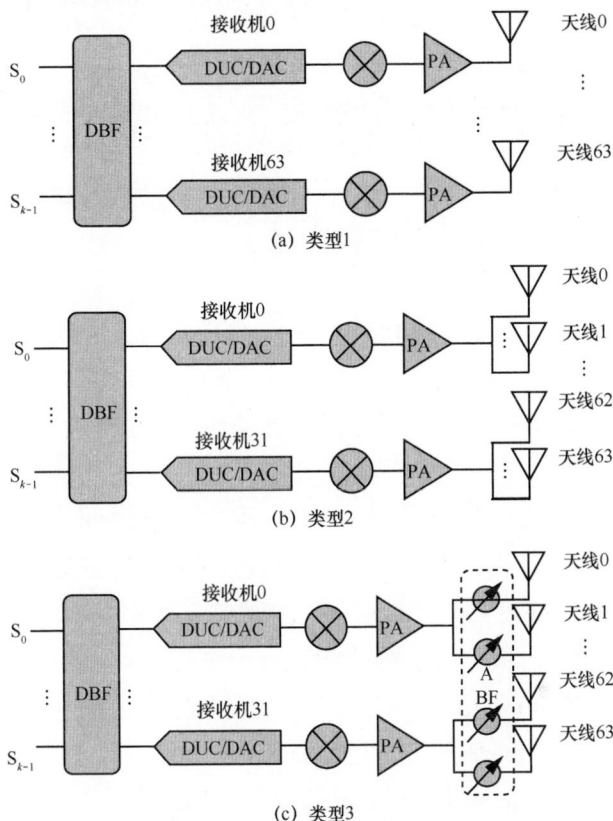

(a) 类型1

(b) 类型2

(c) 类型3

图 4-8　3D-MIMO 收发机架构类型

- 类型 1：收发通道与天线阵元之间——映射。其优点是可实现全数字域、
  用户级波束成形，灵活性高，空分复用增益大；缺点是收发通道数较多，
  成本较高，能耗较大。
- 类型 2：每个收发通道与一组天线阵元相连，组内的多个天线阵元之间采用
  固定的加权，不可调整。其优点是通过适当减少收发通道数，降低成本和能
  耗；缺点是牺牲了一部分波束成形的灵活度和空分复用增益。
- 类型 3：每个收发通道与一组天线阵元相连，组内的多个天线阵元的加权可
  以通过移相器来调整。保持了类型 2 的优点，同时为了克服类型 2 的缺点，
  希望通过低成本的移相器实现模拟域的波束成形，尽量提升波束成形的灵活

度。该类型比较适用于高频段，因为高频段的路径损耗、穿透损耗等较低频段显著增加，为了保证基站的覆盖性能，需要采用比低频段时更多的天线阵元的波束成形来实现，但同时会使得波束变窄。如果采用类型 2（一组内的多个天线阵元采用固定加权），较窄的波束无法保证全小区的覆盖，通过增加移相器来调整组内天线阵元的权值，可以实现模拟波束的方向调整，从而可以覆盖到整个小区。

4.6.2 3D-MIMO 天线暗室测试

暗室测试采用 64 天线的 3D-MIMO 样机，天线阵列为 8 行 4 列的双极化天线阵列，每个阵元连接至一个独立的收发通道，天线本身已经集成和实现了自校准网络。暗室测试的主要目的是测试和验证 3D-MIMO 天线的校准性能，观察天线暗室环境下的指定角度的波束形状。

具体的测试方法为：在天线暗室环境中，将 3D-MIMO 天线固定在暗室的转台上，在转台的对面安装有固定接收天线。通过控制转台使得天线实现水平−90°～+90°的转动和垂直−30°～+30°的转动，通过天线暗室的固定接收天线可以测量不同角度的发射增益情况，从而得到波束的形状。

相比传统的 2D-MIMO，3D-MIMO 可以实现垂直方向的波束调整，因此重点观察垂直面的波束形状，测试中采用常用的 DFT 加权方法进行波束成形，例如，第 k 个垂直阵元的加权值为 $w_k = \sqrt{1/N_v} \exp\{-2\pi jk(d_v/\lambda)\cos\theta\}$，其中 $N_v = 8$ 为一列同极化的阵元数，λ 为波长，d_v 为垂直两个阵元之间的间距，θ 为波束希望指向的垂直角度。图 4-9 为垂直波束的测试结果，可以看出，3D-MIMO 可以灵活地调整垂直维的波束朝向，同时，从波束的形状可以看出，旁瓣也能被很好地抑制，例如，当垂直波束指向 0°、15°和 30°的时候，旁瓣比主瓣增益分别低 13 dB、9～10 dB 和 6 dB。

4.6.3 城区宏覆盖场景下的外场测试

该测试采用 128 天线 64 通道的 3D-MIMO 样机，128 天线采用 8 行 8 列的双极化阵列，每列的 8 个同极化天线分为 4 组，每组的两个天线阵元连接至同一个收发通道，一组内的两个阵元之间的加权相对固定。该测试的主要测试目的是验证 3D-MIMO 在典型的城区宏覆盖场景下相对于传统天线技术的性能增益。

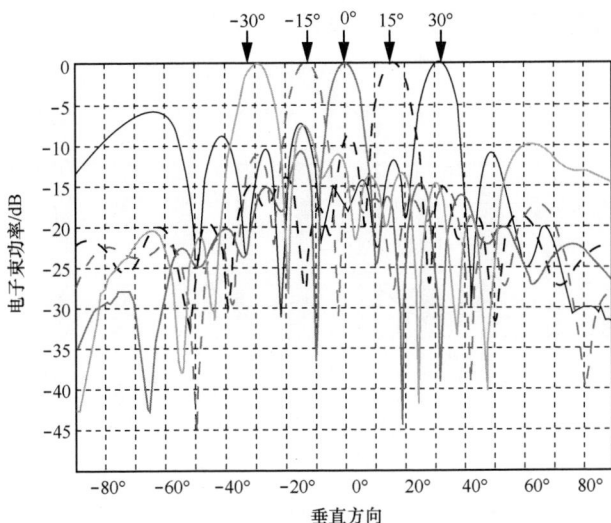

图 4-9　暗室测试结果（垂直波束方向图）

（1）测试环境介绍

本次测试选择现有 TD-LTE 网络中的某 8 天线宏基站所在站址，与该 8 天线基站相邻架设 3D-MIMO 基站设备，二者覆盖相同区域，但是二者不同时工作，周围有现网若干小区进行模拟加扰。所有测试均在某一非现网使用频段进行测试，这样可以避免对现网造成干扰。

（2）单用户测试

在该测试中，在目标覆盖区域选择若干个均匀分布的测试点，分别将测试终端放置于各测试点，分别开启传统 8 天线和 3D-MIMO 进行对比测试。

下行的测试结果如图 4-10 所示。可以看出，在较差点，3D-MIMO 相比传统 8 天线有明显的下行性能增益，在较好点，性能增益较小。这是因为较好点用户的 SINR 本身已经较高，可以支撑较高的调制编码方式，虽然 3D-MIMO 能进一步改善用户的 SINR，但无法明显提高吞吐量。

上行的测试结果如图 4-11 所示。可以看出，与下行类似，在较差点，3D-MIMO 相比传统 8 天线有明显的上行性能增益，在较好点，性能增益较小。

（3）多用户测试

在该测试中，为了验证用户均匀分布情况下的 MU-MIMO 性能增益，首先将 8 部测试终端均匀放在目标覆盖区域，分别开启传统 8 天线和 3D-MIMO 进行对比测试，下行最大 8 用户配对，上行最大 4 用户配对。

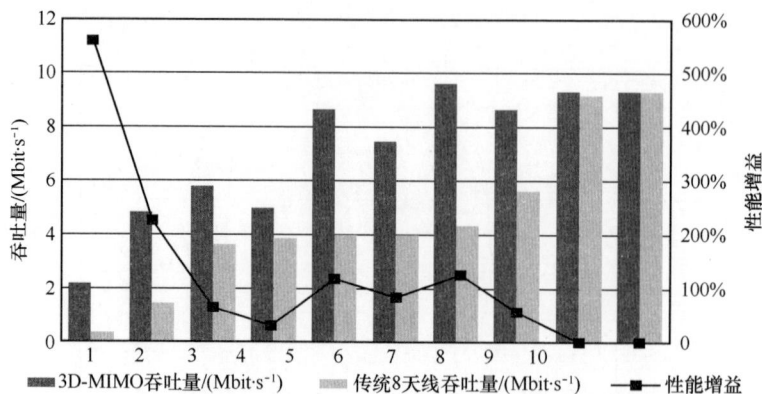

图 4-10　宏基站场景下行单用户测试结果

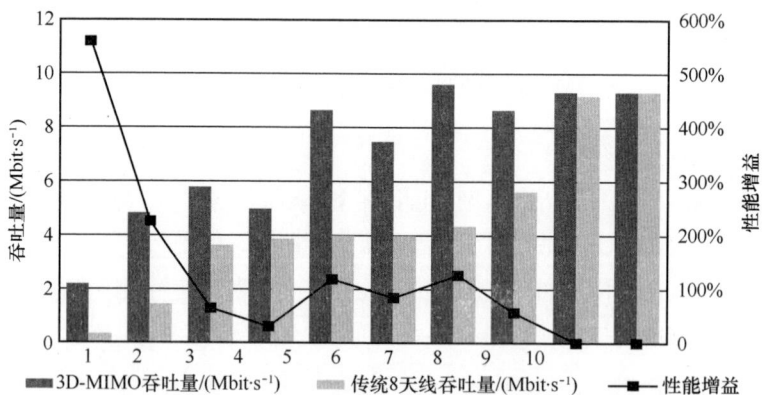

图 4-11　宏基站场景上行单用户测试结果

下行的测试结果见表 4-12。可以看出，在均匀分布的多用户配对传输的情况下，3D-MIMO 相比传统 8 天线有明显的下行性能增益，下行小区总吞吐量增益约 350%。

表 4-12　宏基站场景下行多用户测试结果（用户均匀分布）

UE	3D-MIMO 吞吐量/（Mbit·s⁻¹）	传统 8 天线吞吐量/（Mbit·s⁻¹）	性能增益
UE1	38.87	8.84	340%
UE2	37.13	7.81	375%
UE3	30.37	6.68	355%
UE4	14.97	5.02	198%

（续表）

UE	3D-MIMO 吞吐量/（Mbit·s^{-1}）	传统 8 天线吞吐量/（Mbit·s^{-1}）	性能增益
UE5	19.6	5.15	281%
UE6	23.74	2.85	733%
UE7	8.3	2.76	201%
UE8	11.69	1.96	496%
统计	184.67	41.07	350%

上行的测试结果见表 4-13。可以看出，在均匀分布的多用户配对传输的情况下，3D-MIMO 相比传统 8 天线有明显的上行性能增益，上行小区总吞吐量增益约 164%。

表 4-13　宏基站场景上行多用户测试结果（用户均匀分布）

UE	3D-MIMO 吞吐量/（Mbit·s^{-1}）	传统 8 天线吞吐量/（Mbit·s^{-1}）	性能增益
UE1	4.52	1.06	326%
UE2	4.18	4.2	0%
UE3	3.8	1	280%
UE4	2.94	0.75	292%
UE5	1.29	0.13	892%
UE6	2.93	0.31	845%
UE7	0.95	0.51	86%
UE8	1.07	0.26	312%
统计	21.68	8.22	164%

接下来，为了进一步验证用户密集分布情况下的 MU-MIMO 性能增益，将 8 部测试终端分为两组，每组的 4 个用户相邻放置，相互之间的距离约 1 m，两组之间均匀分布，然后分别开启传统 8 天线和 3D-MIMO 进行对比测试。

下行的测试结果见表 4-14。可以看出，在密集分布的多用户配对传输的情况下，3D-MIMO 相比传统 8 天线依然有明显的下行性能增益，下行小区总吞吐量增益约 126%。

表 4-14 宏基站场景下行多用户测试结果（用户密集分布）

UE	3D-MIMO 吞吐量/（Mbit·s⁻¹）	传统 8 天线吞吐量/（Mbit·s⁻¹）	性能增益
UE1	12.96	4.36	197%
UE2	14.35	5.94	142%
UE3	12.61	5.34	136%
UE4	13.89	4.73	194%
UE5	8.22	4.82	71%
UE6	8.29	4.61	80%
UE7	7.31	5.39	36%
UE8	9.65	3.48	177%
统计	87.28	38.67	126%

上行的测试结果见表 4-15。可以看出，在密集分布的多用户配对传输的情况下，3D-MIMO 相比传统 8 天线依然有明显的上行性能增益，上行小区总吞吐量增益约 169%。

表 4-15 宏基站场景上行多用户测试结果（用户密集分布）

UE	3D-MIMO 吞吐量/（Mbit·s⁻¹）	传统 8 天线吞吐量/（Mbit·s⁻¹）	性能增益
UE1	3.33	1.05	217%
UE2	1.6	0.53	202%
UE3	2.88	1.44	100%
UE4	4.78	1.16	312%
UE5	2.23	1	123%
UE6	1.99	0.46	333%
UE7	1.65	0.28	489%
UE8	3.08	2.09	47%
统计	21.54	8.01	169%

4.6.4 高覆盖场景下的外场测试

该测试同样基于 128 天线 64 通道的 3D-MIMO 样机，主要测试目的是验证 3D-MIMO 在高楼覆盖场景下相对于传统天线技术的性能增益。

（1）测试环境介绍

本次测试中，3D-MIMO 天线和传统的覆盖高楼的天线均安装在一个 32 m 高的楼顶，用于覆盖水平距离 110 m 之外的高楼，该高楼的楼高为 120 m（如图 4-12 所示）。同样的，周围有现网若干小区进行模拟加扰，所有测试均在某一非现网使用频段进行测试，以避免对现网造成干扰。

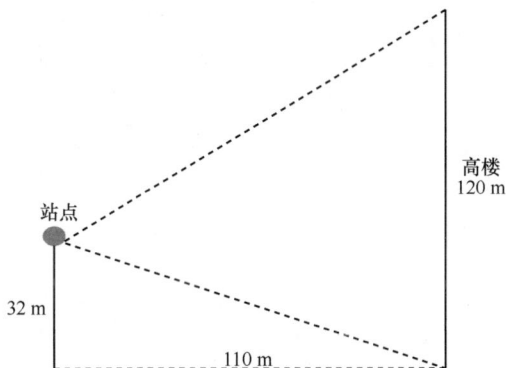

图 4-12　高楼覆盖测试场景示意图

（2）单用户测试

在该测试中，在目标覆盖区域选择若干楼层（1 层、13 层、21 层、30 层），在每个楼层选择若干个均匀分布的测试点，分别将测试终端放置于各测试点，分别使用传统的高楼覆盖方案和 3D-MIMO 进行对比测试。

下行的测试结果如图 4-13 所示。可以看出，与宏覆盖场景下类似，在较差点，3D-MIMO 相比传统方案有明显的下行性能增益，在较好点，性能增益较小。

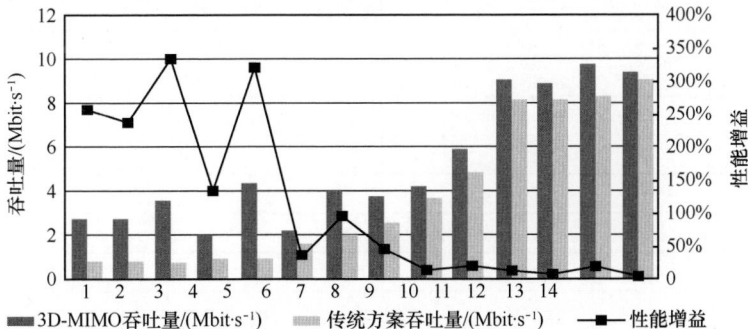

图 4-13　高楼覆盖场景下行单用户测试结果

上行的测试结果如图 4-14 所示。可以看出，与下行类似，在较差点，3D-MIMO 相比传统 8 天线有明显的上行性能增益，在较好点，性能增益较小。

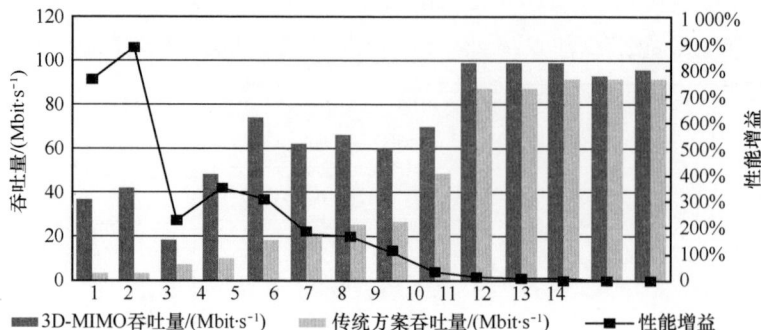

图 4-14　高楼覆盖场景上行单用户测试结果

（3）多用户测试

在该测试中，将 8 部测试终端分为 4 组，分别放置在 1 层、13 层、21 层和 30 层，为了验证用户均匀分布情况下的 MU-MIMO 性能增益，首先将每层的两个终端均匀放在该楼层中，分别使用传统的高楼覆盖方案和 3D-MIMO 进行对比测试，下行允许最大 8 用户配对，上行最大 4 用户配对。

下行的测试结果见表 4-16。可以看出，在均匀分布的多用户配对传输的情况下，3D-MIMO 相比传统高楼覆盖方案有明显的下行性能增益，下行小区总吞吐量增益约 394%。

表 4-16　高楼覆盖场景下行多用户测试结果（用户均匀分布）

UE	3D-MIMO 吞吐量/（Mbit·s⁻¹）	传统 8 天线吞吐量/（Mbit·s⁻¹）	性能增益
UE1	20.3	0.8	2 438%
UE2	28.86	10.75	168%
UE3	22.71	6.35	258%
UE4	17.87	5.65	216%
UE5	19.46	4.04	382%
UE6	23.93	3.14	662%
UE7	27.36	4.25	544%
UE8	14.27	0.43	3 219%
统计	174.76	35.41	394%

上行的测试结果见表 4-17。可以看出，在均匀分布的多用户配对传输的情况下，3D-MIMO 相比传统高楼覆盖方案有明显的上行性能增益，上行小区总吞吐量增益约 192%。

表 4-17　高楼覆盖场景上行多用户测试结果（用户均匀分布）

UE	3D-MIMO 吞吐量/（Mbit·s^{-1}）	传统 8 天线吞吐量/（Mbit·s^{-1}）	性能增益
UE1	0.85	0.16	431%
UE2	5.42	3.29	65%
UE3	2.82	0.22	1 182%
UE4	2.92	0.18	1 522%
UE5	1.2	0.72	67%
UE6	0.95	0.62	53%
UE7	5.21	1.81	188%
UE8	1.45	0.14	936%
统计	20.82	7.14	192%

为了进一步验证用户密集分布情况下的 MU-MIMO 性能增益，将每层的两个终端相邻放置，间距约 1 m，然后分别使用传统的高楼覆盖方案和 3D-MIMO 进行对比测试。

下行的测试结果见表 4-18。可以看出，在密集分布的多用户配对传输的情况下，3D-MIMO 相比传统高楼覆盖方案依然有明显的下行性能增益，下行小区总吞吐量增益约 198%。

表 4-18　高楼覆盖场景下行多用户测试结果（用户密集分布）

UE	3D-MIMO 吞吐量/（Mbit·s^{-1}）	传统 8 天线吞吐量/（Mbit·s^{-1}）	性能增益
UE1	21.47	10.49	105%
UE2	13.02	7.34	77%
UE3	16.99	3.09	450%
UE4	11.48	2.21	419%
UE5	7.03	4.88	44%
UE6	19.12	3.17	503%
UE7	5.84	1.01	478%
UE8	3.87	0.92	321%
统计	98.82	33.11	198%

上行的测试结果见表 4-19。可以看出，在密集分布的多用户配对传输的情况下，3D-MIMO 相比传统高楼覆盖方案依然有明显的上行性能增益，上行小区总吞吐量增益约 184%。

表 4-19　高楼覆盖场景上行多用户测试结果（用户密集分布）

UE	3D-MIMO 吞吐量/（Mbit·s⁻¹）	传统 8 天线吞吐量/（Mbit·s⁻¹）	性能增益
UE1	4.1	0.78	426%
UE2	4.31	2.98	45%
UE3	3.36	1.46	130%
UE4	3.42	0.34	906%
UE5	0.98	0.92	7%
UE6	0.58	0.26	123%
UE7	1.79	0.15	1 093%
UE8	1.4	0.14	900%
统计	19.94	7.03	184%

▌参考文献▐

[1] MARZETTA T L. Non-cooperative cellular wireless with unlimited numbers of base station antennas[J]. IEEE Transactions on Wireless Communications, 2010, 9(11): 3590-3600.

[2] RUSEK F, PERSSON D, LAU B K, et al. Scaling up MIMO: opportunities and challenges with very large arrays[J]. IEEE Signal Proces Mag, 2013, 30(1): 40-46.

[3] KIM Y. Full dimension MIMO (FD-MIMO): the next evolution of MIMO in LTE systems[J]. IEEE Wireless Communication, 2014, 21(2): 26-33.

[4] BJORNSON E, LARSSON E G, MARZETTA T L. Massive MIMO: 10 myths and one grand question[J]. IEEE Commun Mag, 2016(5),doi:10.1109/M com.2016.7402270.

[5] HOYDIS J, BRINK S, DEBBAH M. Massive MIMO in the UL/DL of cellular networks: how many antennas do we need[J]. IEEE J Sel Areas Commun, 2013, 31(2): 160-171.

[6] 3GPP. Technical specification group radio access network, study on 3D channel model for LTE: TR36.873 V12.0.0[S]. 2015.

[7] PAULRAJ A, GORE D A, NABAR R U, et al. An overview of MIMO communications—a key to gigabit wireless[J]. Proc of IEEE, 2004, 92(2): 198-218.

[8] LIU G, LIU X, ZHANG P. QoS oriented dynamical resource allocation for eigen beamforming MIMO OFDM[C]// IEEE VTC-Fall, Sep 25-28, 2005, Dallas, TX, USA. Piscataway: IEEE

Press, 2005: 1450-1454.

[9]　SPENCER Q H, SWINDLEHURST A L, HAARDT M. Zero-forcing methods for downlink spatial multiplexing in multiuser MIMO channels[J]. IEEE Transactions on Signal Process, 2004(52): 461-471.

[10] LIU D, MA W, SHAO S, et al. Performance analysis of TDD reciprocity calibration for massive MU-MIMO systems with ZF beamforming[J]. IEEE Communications Letters, 2016, 20(1): 113-116.

[11] RAVINDRAN N, JINDAL N. Limited feedback-based block diagonalization for the MIMO broadcast channel[J]. IEEE Journal of Selected Areas in Communications, 2008(26): 1473-1482.

[12] MOON S H, KIM J S, LEE I. Limited feedback design for block diagonalization MIMO broadcast channels with user scheduling[C]//IEEE Global Telecommunications Conference (GLOBECOM), December 5-9, 2011, Houston, Texas, USA. Piscataway: IEEE Press, 2011: 1-5.

[13] BOCCARDI F, HUANG H, TRIVELLATO M. A near-optimum precoding technique for downlink multi-user MIMO transmissions[J]. Bell Labs Technical Journal, 2009, 13(4): 79-95.

多址技术是移动通信系统支持多个用户同时得到服务的基础技术，在整个移动通信技术的迭代演进中也在不断发展和变化。5G 为了支持更大用户数的并发，特别是面向物联网应用的大连接场景下的每平方千米百万连接的需求，需要考虑通过非正交的多址方式来提升支持的用户数。本章介绍非正交多址的基本理论框架、容量以及两种常见的多址技术——MUSA 和 SCMA。

多址复用技术是多用户通信系统最为关键的技术之一，可以分为正交多址复用和非正交多址复用。传统的 TDMA、CDMA、OFDMA 属于正交/准正交多址复用技术的范畴，但其在设计之初并没有充分考虑未来 5G 的应用场景。5G 新需求需要引入新的多址接入方式。本章主要介绍面向 5G 新空口的非正交多址复用技术，包括上行复数多元码多址、稀疏码分多址和下行增强叠加编码多址，能高效支持 5G 物联网（Internet of Things，IoT）低成本海量连接与移动宽带（Mobile Broadband，MBB）接入高容量的需求。

| 5.1　5G 新型多址技术面临的挑战与设计框架 |

当 4G 商用网络的烽火在全球迅速蔓延之际，5G 研究已如火如荼地展开。一张连接人与人、人与物、物与物的网络将以"万物互联"的能力和"身临其境"的体验来拥抱数字社会的下一波浪潮，以千倍网络容量提升、千亿网络节点连接、1 ms 时延极致体验来迎接互联网思维方式下大数据和智能化的挑战。5G 时代，无线网络将为用户提供类似固网的业务体验、可靠性与安全性。相比如今的 4G 网络，5G 网络围绕更丰富的应用场景，提出了超高容量、超低时延、大连接、高可靠性等多维度的设计目标，共同构成 5G 网络吉比特速率体验的基础。

对于每一代移动通信，物理层的多址接入技术就像皇冠上的明珠，一直是划代的标志。多址接入从广义上是用户如何使用这些系统资源进行传输以及基站如何区分用户数据的方式，这里的无线传输资源包括时间、频率、空间、功率、码序列等。从 2G 到 4G，以 TDMA/FDMA、CDMA、OFDMA 等为代表的多址技术都是正交的，即用户至少在一个维度上是可区分的，比如 TDMA 在时间上用户具有独占性，即每个时间资源片只能分配给一个用户使用，FDMA 在频率上用户具有独占性，CDMA 在码域上用户具有独占性，SDMA 是在空域上用户有独占性（广义来看，多用户 MIMO 可以看作 SDMA 的一种等效实现形式），而 4G 中采用的 OFDMA 则是在二维时频资源栅格上用户具有独占性。然而当有资源以独占的方式被使用时，这种资源的使用效率就可能受限，而且系统总容纳传输用户数会直接受到该独占资源的可分片粒度限制，从而不能弹性扩展。

面对 5G 通信中提出的更高频谱效率、更大容量、更多连接以及更低时延的总体需求，5G 多址的资源利用必须更为有效，传统的 TDMA/FDMA、CDMA、OFDMA 等正交多址技术已经无法适应未来 5G 爆发式增长的容量和连接数需求。因此，在近两年的国内外 5G 研究中，资源非独占的用户多址接入方式广受关注。在这种多址接入方式下，没有一个资源维度下的用户是具有独占性的，因此在接收端必须进行多个用户信号的联合检测。得益于芯片工艺和数据处理能力的提升，接收端的多用户联合检测已成为可实施的方案。

除了放松正交性限制，引入资源非正交共享的特点外，为了更好地服务从 eMBB 到 IoT 等不同类型的业务，5G 的新型多址技术还需要具备以下几方面的能力：

- 顽健地抑制由非正交性引入的用户间干扰，有效提升上下行系统吞吐量和连接数；
- 简化系统的调度，顽健地为移动用户提供更好的服务体验；
- 支持低开销、低时延的免调度接入和传输方式以及以用户为中心的协作网络传输。

为了满足以上需求，5G 新型多址的设计将从物理层最基本的调制映射等模块出发，引入功率域和码率的混合非正交编码叠加，同时在接收端引入多用户联合检测来实现非正交数据层的译码，其统一框架如图 5-1 所示。发送端在单用户信道编码之后，进入核心的码本映射模块，包括调制映射、码域扩展和功率优化，这 3 个部分也可联合设计，获得额外编码增益；在接收端经过多用户联合检测后的软信息可输入单用户纠错编码的译码模块进行译码，也可以将信道译码的结果返回代入多用户联合检测器进行大迭代译码，进一步提升性能。

在这个通用结构图中，上下行多接入的区别在于多用户信号叠加的位置不同，下行多用户信号在经过信道前，在发送端叠加，而上行多用户信号则在经过无线信道后，在接收端叠加。

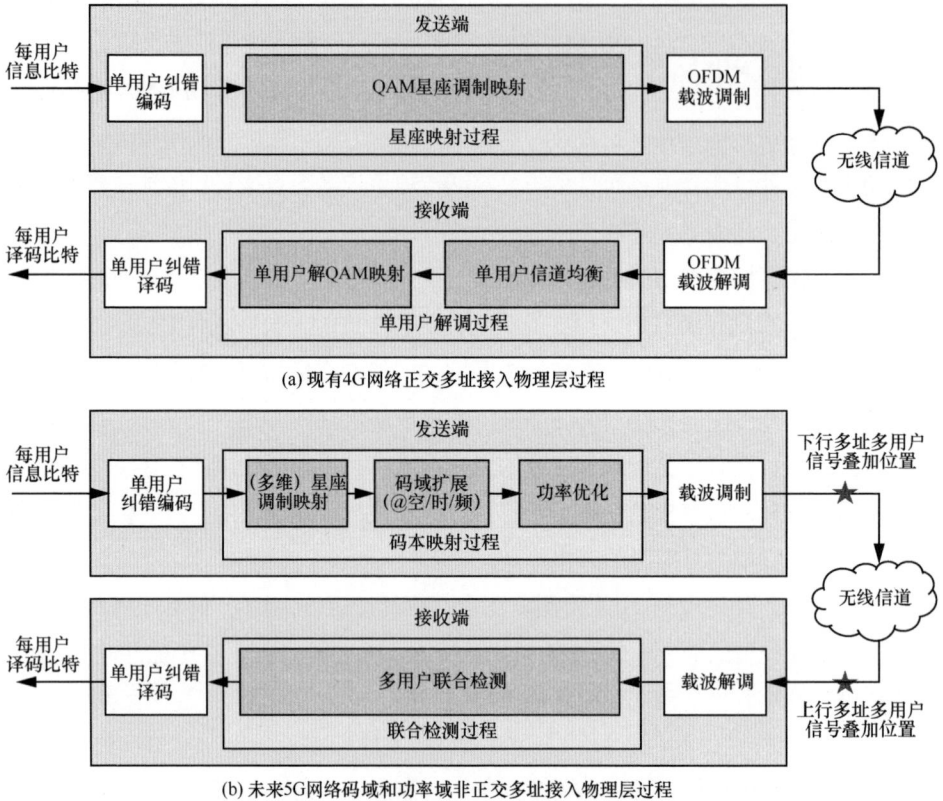

(a) 现有4G网络正交多址接入物理层过程

(b) 未来5G网络码域和功率域非正交多址接入物理层过程

图 5-1　4G 与 5G 多址接入物理层过程抽象框架

对比 OFDMA 正交多址的物理层过程，5G 新型非正交多址物理层过程引入新模块变化的动机主要有以下几个方面：

- 通过新的（多维）调制映射设计，获得编码增益和成形增益，提升接入频谱效率；
- 通过（稀疏）码域扩展，获得分集增益，增强传输顽健性，降低白化小区内或小区间数据流间的干扰（Interference Whitening）；
- 通过非正交层间的功率优化，最大化多用户叠加的容量区。

| 5.2　5G 与非正交多址 |

5.2.1　正交多址与非正交多址

正交多址复用技术中，各用户使用严格相互正交的"子通道"来通信，所谓"井水不犯河水"，解调时各用户信息之间没有相互干扰，分离用户信息较容易。相对地，非正交多址复用技术中，每个用户的信息都是在"整个通道"上传输的，解调时各用户信息之间是相互干扰的，所以分离用户信息较麻烦。

非正交多址复用技术可以用两种解调方法：第一种是每个用户都带着其他用户的干扰解调，这样实现较简单，但性能是有损的，系统是自干扰系统；第二种是使用干扰消除技术，也即多用户检测技术。下面以两用户的串行干扰消除（SIC）过程为例简单说明，多用户的 SIC 过程很容易由此推广：先解调译码出用户 A 的信息（带着用户 B 的干扰来解调 A 的信息），然后，解调用户 B 的信息时，需要先把之前解调译码出来的 A 的信息（可能需要重构）减去，再解调用户 B 的信息，这样用户 B 的信息因为可以没有干扰，性能可以有较大提升。

正交与非正交多址复用的区别，还可以从"自由度（Degree of Freedom）"的角度来论述。一段时间（T）一定带宽（W）内，可用的时频自由度数量是 $2WT$。正交多址复用技术中，每个用户只能"分配"到部分自由度；而非正交复用技术中，每个用户都使用全部自由度来承载信息。

在参考文献[1-2]等经典文献中都已经证明，虽然非正交多址中用户共用全部自由度，导致分离各用户信息时较麻烦；但也正是因为每个用户都可以使用全部自由度，理论上非正交结合先进的 SIC 技术是可以达到多用户信息容量的极限的。第 5.3 节也会进一步详细量化阐述这些结论。

进一步，同样是由于非正交多址中各用户可以共用全部自由度，也即系统设计之初就是基于各用户的信息可以混叠在一起这个基础的，这就为系统设计提供了正交接入所不具有的灵活度。正交接入方案为了保证用户信息之间的正交性，尤其在移动通信中要保证正交性，往往需要非常严格的接入流程和控制，如严格的同步、调度及资源分配等复杂过程。而非正交接入由于天然地可以允许用户信息混叠在一起，通过先进 SIC 接收机来分离，所以接入过程只需保证 SIC 接收机能正常工作即可，这往往能大为放宽同步、调度、功控等复杂过程。而且非正交接入天然地允许多个用户信息在相同的时频资源上承载信息，这又可以为系统在相同资源下容纳更多用户提供便利。而且由于非正交接入的整个接入流程可以简化，这就可以缩短接入所需要的时间，适合作为低时延接入方案。

5.2.2　5G 与非正交多址

未来 5G 场景经过抽象分为两大类，一类是移动宽带接入，另一类是物物连接进而发展为物联网。其中移动宽带接入又可分为广覆盖和高容量；而物物连接也分为两大类，一类是低数据速率，但具有海量节点，另一类是低时延高可靠。

目前可见的各种正交/准正交多址方案（ TDMA、CDMA、SC-FDMA、OFDMA ），在其设计之初并没有充分考虑未来 5G 的应用场景。5G 新需求需要引入新的多址接入方式。

从正交/非正交的对比分析看来，对于 5G 的上述 4 个需求，除了广覆盖外，非正交相对正交都有较大优势。

- 高容量需求，非正交相比于正交有容量界上的优势，尤其是下行。
- 低时延高可靠场景，非正交相比于正交有比较大的优势，尤其是低时延。
- 海量连接/低成本，非正交可以通过简单的接入过程支持更多的用户在相同时频资源上接入，因而相比于正交也有比较大的优势。

因此，非正交多址与接入是满足未来 5G 需求的重要技术。

| 5.3　非正交容量界分析 |

本节将详细分析正交/非正交多址的容量界，并从容量界的理论分析和最优系统容量的可达方法中获取 5G 系统设计的启示。

首先，上行和下行非正交多址是各有特点的，有以下主要不同特点，因而容量界需要分别分析。

- 下行（通常也可称为下行广播）：干扰和信号经过相同的无线信道；各个 UE 独立接收。

- 上行（通常也可称为上行接入）：干扰和信号经过不同的无线信道；eNB 集中接收。

其次，需要先提一下的是，由容量界还可以启发式推演到系统设计的其他方面：有些系统需求并不直接是容量，但和容量相关；从如何获得容量界的推导过程和相关结论指导相应系统设计。

下面以两用户的情况为例，对比分析正交/非正交多址两种多址技术的容量界，更多用户的情况可以很容易由此推广。其中容量界图示来自参考文献[2]。因为当用户信道接近时，非正交多址对比正交多址在容量界上增益不明显，极端的是对称信道或对等信道时，非正交多址的容量界相对正交可以认为没有增益[1-2]，因此本节将重点分析用户信道有一定差异，也即所谓"远近效应"时的正交/非正交多址的容量对比情况。

5.3.1　下行正交/非正交容量界分析

下行广播两用户示意图如图 5-2（a）所示。假设基站发射总功率是 P，给两个用户的功率分别为 P_1、P_2，即 $P=P_1+P_2$。又基站到两个用户的信道加权分别为 h_1、h_2。每个用户的复高斯噪声功率谱密度大小都设为 N_0。正交广播方式中每个用户只能分配到部分自由度，非正交广播的两个用户都使用全部自由度来承载信息。

存在"远近效应"（假设 $|h_1|<|h_2|$）时，非正交广播方式两用户的最大信息速率 R_1、R_2 满足以下约束，就可以无误地通信。这就是两个用户的容量限。

$$R_1 < \log\left(1+\frac{P_1|h_1|^2}{P_2|h_1|^2+N_0}\right)$$
$$R_2 < \log\left(1+\frac{P_2|h_2|^2}{N_0}\right)$$

（5-1）

$|h_1|<|h_2|$ 时，即用户 2 拥有更好的信道，可称为近站用户，而用户 1 则称为远站用户。近站用户 2 可以先译出远站用户 1 的数据，然后减去，再译自己的，所以 R_2 容量公式中没有干扰项。

而正交广播方式中每个用户只能分配到部分自由度，假设全部自由度为 1，用户 1 分配到 α 自由度，则用户 2 只能分配到 $1-\alpha$ 自由度。两用户的容量限如下：

$$R_1 < \alpha \cdot \log\left(1 + \frac{P_1|h_1|^2}{\alpha N_0}\right)$$

$$\text{(5-2)}$$

$$R_2 < (1-\alpha) \cdot \log\left(1 + \frac{P_2|h_2|^2}{(1-\alpha)N_0}\right)$$

图 5-2（c）中曲线假设$|h_1|<|h_2|$，即存在"远近效应"时两用户的容量限情况。具体地，远近效应体现在 $P|h_1|^2/N_0=1$，$P|h_2|^2/N_0=100$，即两者功率相差 20 dB。"实线"是非正交广播可以取得的容量限，"虚线"是正交广播可以取得的容量限。可见除了两头的两个点，非正交广播是严格优于正交广播的。

下面举 3 个具体"容量点（或称为容量对）"为例来量化说明。例如非正交的方式中，远站用户的吞吐量 R_1 取得 0.9 bit/(s·Hz)的同时，近站用户的吞吐量 R_2 仍然很可观，达到 3 bit/(s·Hz)左右，这个对应图 5-2（b）中的 A 点。如果换成正交方式，R_1 要取得 0.9 bit/(s·Hz)时，R_2 则只有 1 bit/(s·Hz)左右，对应图 5-2（b）中的 C 点，或者 R_2 要取得 3 bit/(s·Hz)时，R_1 则仅有 0.64 bit/(s·Hz)左右，对应图 5-2（b）中的 B 点。

可见，正交广播中为了保证一定公平性，让远站用户获取一定吞吐量，需要近站用户牺牲很大才行；或者如果希望保证近站用户的高吞吐量，则边缘用户吞吐量下降很大。而非正交广播则可在保证远站用户接近其最大吞吐量的情况下，近站用户仍然能获得相当高的吞吐量。总体而言，非正交的容量界相对正交的容量界有明显增益。

(a)

速率	UE2(近站)	UE1(远站)
非正交(A)	3 bit/(s·Hz)	0.9 bit/(s·Hz)
正交(B)	3 bit/(s·Hz)	0.64 bit/(s·Hz)
正交(C)	1 bit/(s·Hz)	0.9 bit/(s·Hz)

(b)

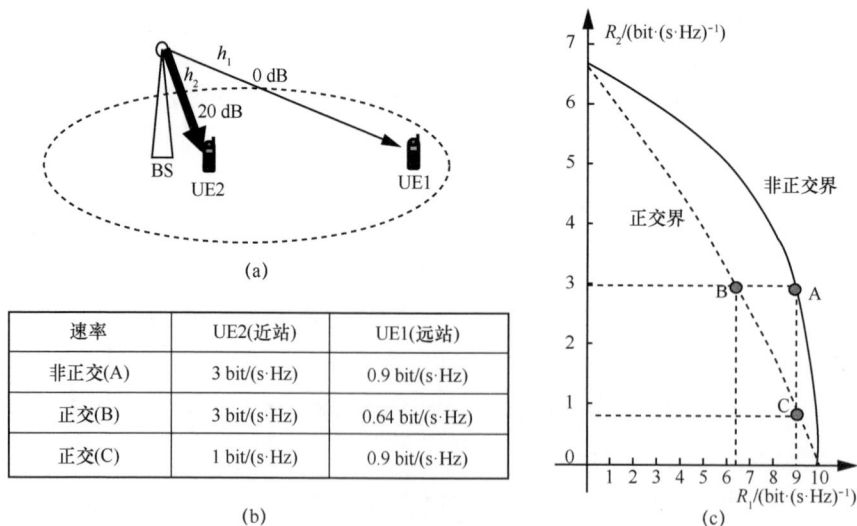

(c)

图 5-2　下行广播及容量界

直观来讲，近站用户信道增益很大，往往很容易处于高 SNR 区，这是自由度受限的情况。而非正交方式允许用户使用所有自由度，这样即使基站只分配较少功率给近站用户，近站用户也能取得较高的吞吐量。而且，由于近站用户功率小，对远站用户的干扰就小，所以又能保证远站用户的性能。相反，正交方式，为了保证远站用户有一定的吞吐量，必须分配相当大部分的自由度给他，这必然严重降低近站用户的吞吐量。

从上述的下行正交/非正交多址容量界分析看 5G 需求：5G 的下行需求是高容量。而下行非正交相比于正交在容量界有明显提升，能直接满足 5G 的需求。而非正交相比于正交容量界提升来源，用户之间信噪比差异，终端采用干扰消除（SIC）。

5.3.2　上行非正交容量界分析

上行两用户多址接入示意图如图 5-3 左上部分所示。正交接入方式中每个用户只能分配到部分自由度，非正交接入的两个用户都使用全部自由度来承载信息。

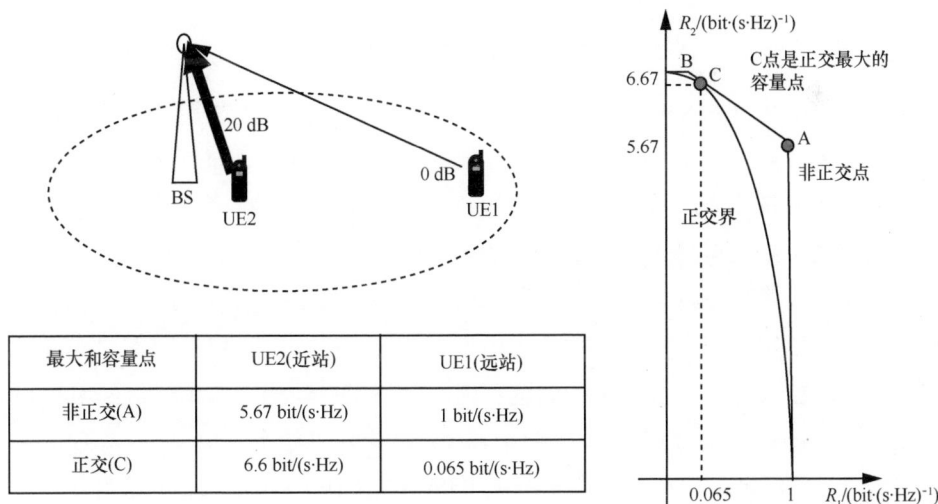

最大和容量点	UE2(近站)	UE1(远站)
非正交(A)	5.67 bit/(s·Hz)	1 bit/(s·Hz)
正交(C)	6.6 bit/(s·Hz)	0.065 bit/(s·Hz)

图 5-3　上行接入及容量界

假设两个用户到达基站的平均功率分别为 P_1、P_2，基站的复高斯噪声功率谱密度大小为 N_0。则只要这两个用户的最大信息速率 R_1、R_2 满足以下约束条件，就可以无误地通信。这就是两个用户的信息容量限。

$$R_1 < \log\left(1 + \frac{P_1}{N_0}\right)$$

$$R_2 < \log\left(1 + \frac{P_2}{N_0}\right) \tag{5-3}$$

$$R_1 + R_2 < \log\left(1 + \frac{P_1 + P_2}{N_0}\right)$$

可见，非正交接入的信息速率之和 $R_1 + R_2$（称为"和容量"）已经是最大化的了，即没有其他接入方式可以取得更大的"和容量"。

而正交接入的两个用户，每个用户只能分配到部分自由度，假设全部自由度为 1，用户 1 分配到 α 自由度，则用户 2 只能分配到 $1 - \alpha$ 自由度。则这两个用户的最大信息速率 R_1、R_2 须满足以下约束条件，就可以无误地通信。

$$R_1 < \alpha \cdot \log\left(1 + \frac{P_1}{\alpha N_0}\right)$$

$$R_2 < (1 - \alpha) \cdot \log\left(1 + \frac{P_2}{(1 - \alpha)N_0}\right) \tag{5-4}$$

图 5-3 右部分示意了存在远近效应时的容量限。这里远近效应体现在两个用户信息到达基站时的 SNR 分别为 $P_1/N_0 = 1$、$P_2/N_0 = 100$，两者功率相差 20 dB。其中外侧的 3 段折线是非正交接入可以取得的容量边界，里面弧线是正交接入可以取得的容量边界。可见正交接入的弧线和 AB 斜线只有一点接触，这点就是正交接入可以取得最大"和容量"的点。

正交接入要取得最大"和容量"，基站必须根据用户的到达功率 P_1、P_2 进行合适的自由度分配。这在对称信道场景不会有什么问题，但在存在"远近效应"时，却会引起一个较严重的问题：因为远站用户到达功率相对近站用户一般较小，所以最优自由度分配只能分配较少量的自由度给远站用户，这导致远站用户的信息吞吐量是很小的，如 R_1 只有 0.065 bit/(s·Hz)。相反地，近站用户到达功率较大，据此就能分配得到绝大部分的自由度，可以有接近其单用户容量的最大吞吐量，如 R_2 可以有接近其最大的 6.67 bit/(s·Hz) 的吞吐量。这个相当于容量图中的 C 点。所以说存在远近效应时，正交接入虽可取得最大"和容量"，但用户间是不公平的！

非正交可以取得 AB 线段上的任何一点的容量对（R_1, R_2），而 AB 线段上的任何一点都是最大"和容量"的。在此基础上，采用 A 点的容量对（R_1, R_2）就能保证最大化的公平，这时远站用户 1，可以获得其最大的吞吐量 1 bit/(s·Hz)，这个吞吐量就是其单用户吞吐量，即好像用户 2 不存在一样。而近站用户 2 也不用牺牲太多，仍然能获得接近最大化的吞吐量。

从上述的下行正交/非正交多址容量阶分析看 5G 需求：5G 的上行需求包括海量连接/低成本终端、低时延/高可靠两种。首先低时延是非正交的天然特征。而且上行非正交容量界相比于正交，在尽量保证公平性的前提下，容量界有明显增益。5G 海量连接虽然并不是直接容量需求，但强调的是公平性下的系统容量。

5.3.3　非正交容量界给 5G 多址方案的启示

综合起来阐述非正交容量界上的优势给 5G 多址方案设计的有益启示。

（1）下行非正交容量界分析的启示

首先 5G 系统的下行高容量需求和非正交容量界优势的分析相匹配。并且下行非正交容量界可达方法的分析提供了下行非正交设计的思路：只使用 SIC 就能达到非正交容量界；因为是 UE 侧进行 SIC，则要求最好使用简单的 SIC，如符号级 SIC，尽量不要使用基于纠错码译码的码块级 SIC；SIC 接收机需要有很顽健的性能；SIC 容易支持不同调制方式。

（2）上行非正交容量界分析的启示

首先非正交容量分析表面看其"和容量"相比于正交没有增益，但 5G 上行的需求是海量连接，这个并不是直接容量需求；海量连接强调的是公平性；非正交容量分析中可以看出在保证容量的前提下，非正交的公平性更好；非正交容量分析提供了上行非正交设计的思路包括：公平性与和容量都最优的点采用 SIC 即能获取，而且经典信息论文献已经证明，MMSE-SIC 对多用户信息熵无损[2]；SIC 接收机需要有很顽健的性能（如果放松一点容量的要求，则对 SIC 的顽健性有帮助）；SIC 容易支持不同调制方式。

不管上下行，干扰消除 SIC 技术都是获取非正交方案最佳性能的一种既简单又高效的方案；非正交方案设计的核心是如何设计使得 SIC 简单顽健。

| 5.4 MUSA |

MUSA（Multi-User Shared Access）是面向未来 5G 移动宽带和万物互连需求的新型多址技术。MUSA 下行增强叠加编码提供 5G 宽带移动多址接入，而 MUSA 上行复数多元码则面向低成本低功耗海量连接。

5.4.1 MUSA 下行设计及和其他方案比较

5.4.1.1 MUSA 下行

MUSA 下行方案的设计原则是通过叠加编码及其增强来引入非正交，以提升系统容量。值得一提的是，MUSA 完全依循前述非正交容量界可达方法所揭示的原则来指导设计。具体的设计原则有：UE 侧仅使用 SIC；SIC 算法要简单顽健；支持不同调制方式。前两个设计原则可以通过 MUSA 发送侧增强叠加编码并结合运用不同分集手段（如符号扩展并分散放置）来保证；第 3 个原则是 MUSA 天然可以支持的。

MUSA 具体方案如图 5-4 所示，在发射侧多个用户被分为 K 组用户（K 是大于或等于 1 的整数，每组的用户数 M_k 是大于或等于 1 的整数）。每组内多用户调制符号乘上分配的功率因子，具备一定功率的调制符号采用增强叠加编码，得到叠加后的符号。使用正交序列集合中的序列对叠加后的符号进行扩频扩展处理，得到扩展后的符号序列。累加合并扩展后的符号序列，得到合并后的符号序列，合并后的符号序列形成发射信号。

在 UE 侧，UE 进行对应的信道均衡和解扩，再根据需要进行 SIC，或者直接解调译码。

其中，增强叠加编码是 MUSA 下行的核心所在。不同于传统的叠加编码，MUSA 增强叠加编码通过简单独特的设计可以增强 UE 侧符号级 SIC 的顽健性，在更低复杂度接收机条件下增强接入性能。其基本思想是，首先将部分参与叠加的调制符号进行适当变化，再累加，使得叠加后的所有可能符号在星座图上具有格雷映射属性（即相邻星座点之间只相差 1 bit）。正因为如此，解调中心 UE 的符号可以不受边缘 UE 符号解错的影响，即增强 UE 侧符号级 SIC 的顽健性。

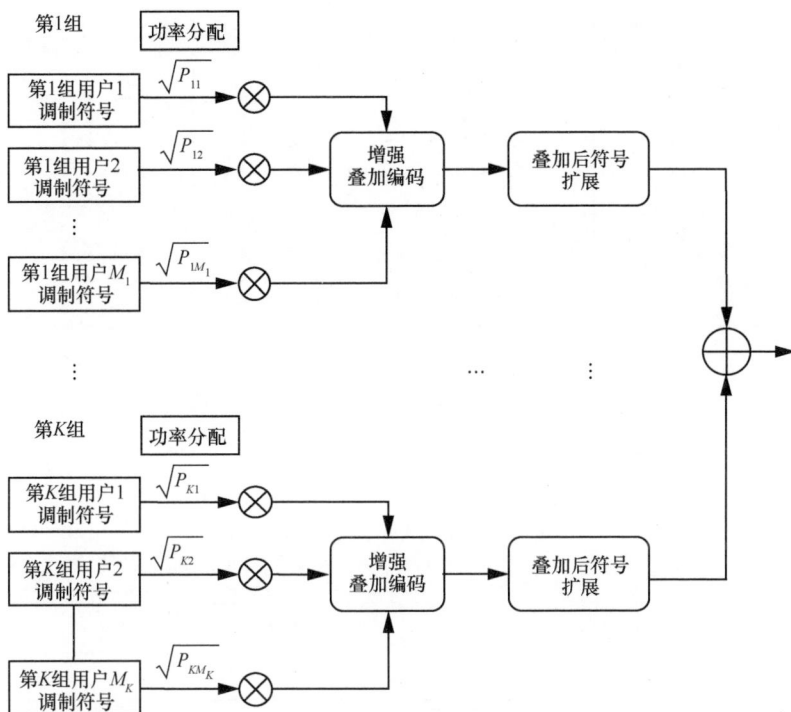

图 5-4　MUSA 下行方案框架

以两个调制符号叠加为例，第一符号为 QPSK 符号，第二符号为 16QAM 符号。先将第二符号根据第一符号做相应的翻转，如图 5-5(a)所示，第一符号为 $\sqrt{P_{11}}$ ($\sqrt{2}/2$ +j $\sqrt{2}/2$)时可以保持第二符号不变，第一符号为 $\sqrt{P_{11}}$ ($-\sqrt{2}/2$ +j $\sqrt{2}/2$)时可以将第二符号做水平翻转，第一符号为 $\sqrt{P_{11}}$ ($\sqrt{2}/2$ −j $\sqrt{2}/2$)时可以将第二符号做垂直翻转，第一符号为 $\sqrt{P_{11}}$ ($-\sqrt{2}/2$ −j $\sqrt{2}/2$)时可以将第二符号做水平翻转和垂直翻转。再叠加，叠加出来的所有可能符号在星座上具有格雷映射属性，如图 5-5(b)所示。

5.4.1.2　MUSA 增强叠加编码蒙特卡罗仿真

假设小区内有边缘 UE 和中心 UE，根据传统叠加编码方案和 MUSA 增强叠加编码方案分别仿真两个 UE 的性能。假设边缘 UE 采用 Turbo 1/2 编码，QPSK 调制，中心 UE 采用 Turbo 1/2 编码，16QAM 调制，仿真条件见表 5-1。

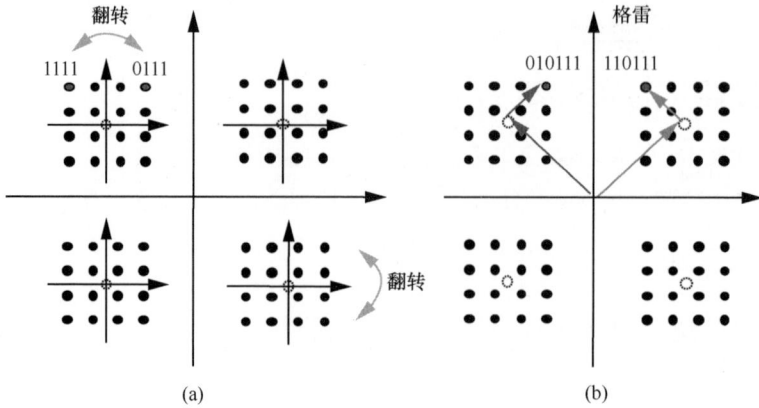

图 5-5　MUSA 增强叠加编码

表 5-1　MUSA 下行仿真参数

参数	取值	参数	取值
调制编码码率	QPSK 1/2，16QAM 1/2	功率分配	0.8∶0.2，0.52∶0.1
编码方式	Turbo	信道类型	AWGN

　　设计分配给边缘 UE 和中心 UE 的功率比为 0.8∶0.2，此时传统叠加编码方案和增强叠加编码方案的边缘 UE 性能一致，而后者的中心 UE 性能较前者有较大增益，如图 5-6(a)所示。设计分配给边缘 UE 和中心 UE 的功率比为 0.52∶0.1，此时叠加编码方案和增强叠加编码方案的中心 UE 性能一致，后者的边缘 UE 性能较前者有较大增益，如图 5-6(b)所示。

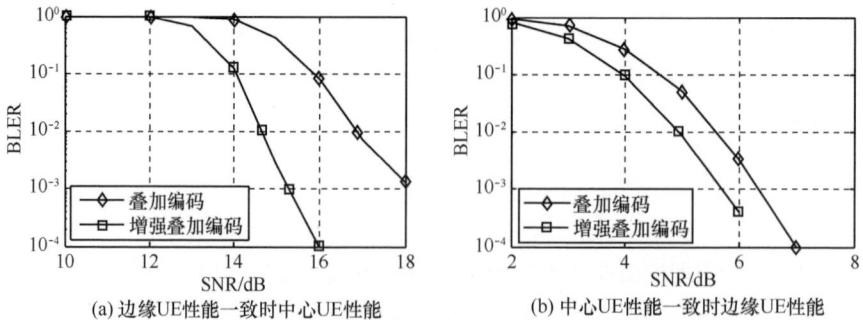

(a) 边缘UE性能一致时中心UE性能　　(b) 中心UE性能一致时边缘UE性能

图 5-6　MUSA 下行增强叠加编码与传统叠加编码性能对比

5.4.1.3　MUSA 与其他非正交下行方案对比

MUSA 下行和传统的功率域直接叠加（NOMA）比较，两者都使用了叠加编码和干扰消除技术，但 MUSA 充分考虑了非正交广播的特点，引入增强叠加编码以及增强符号可靠性的分集技术，使得 UE 侧做干扰消除更简单顽健，性能更优，系统容量更高。

5.4.2　MUSA 上行设计及和其他方案比较

5.4.2.1　5G 与 MUSA 上行接入

未来 5G 场景经过抽象分为两大类：一类是移动宽带接入，另一类是物物连接进而发展为 IoT，其中物物连接又分为两大类，一类是低数据速率，但具有海量节点，另一类是低时延高可靠。在物物连接类型中，由于连接点数量的海量，势必要求节点的成本很低，功耗很低。因此在海量节点/低速率、低成本、低功耗这些要求下，目前 4G 的系统是无法满足这个要求的。主要体现为 4G 系统设计时主要针对的是高效的数据通信，是通过严格的接入流程和控制来达到这一目的的[3]。如果非要在 4G 系统上承载上述场景，则势必造成接入节点数远远不能满足要求，信令开销不能接受，节点成本居高不下，功耗尤其是节点功耗不能数量级降低。因此有必要设计一种新的多址接入方式来满足上述需求。

上述需求映射到技术层面上，非正交和免调度这两项技术能很好地满足上述需求。因为非正交天然地和免调度结合在一起；在低传输速率下有更大的节点过载率；可以大量节省信令开销；还能使系统不需要或者减弱上行同步过程；能使节点做到想发就发，不想发就深度休眠，从而大大节约节点的能耗；还能简化节点物理层设计和流程，从而大大降低节点的成本。

MUSA 上行是一种基于复数域多元码，适合免调度接入的多用户共享接入方案，非常适合低成本、低功耗实现 5G 海量链接。

MUSA 上行原理框架如图 5-7 所示。首先，各接入用户使用易于 SIC 接收机的、具有低互相关的复数域多元码序列将其调制符号进行扩展。然后，各用户扩展后的符号可以在相同的时频资源里发送。最后，接收侧使用线性处理加上码块级 SIC 来分离各用户的信息。

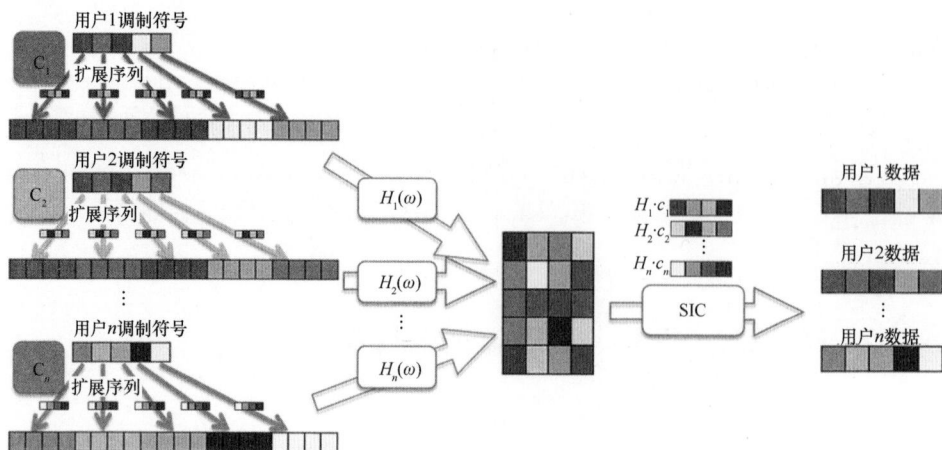

图 5-7　MUSA 上行接入方案

　　扩展序列会直接影响 MUSA 上行的性能和接收机复杂度，是 MUSA 上行的关键部分。如果像传统 DS-CDMA（如 IS-95 标准）那样使用很长的伪随机序列（PN序列），那序列之间的低相关性是比较容易保证的，而且可以为系统提供一个软容量，即允许同时接入的用户数量（也即序列数量）大于序列长度，这时系统相当于工作在过载的状态。下面把同时接入的用户数与序列长度的比值称为负载率，负载率大于 1 通常称为"过载"。

　　长 PN 序列虽然可以提供一定的软容量，即一定的过载率，但在 5G 海量链接这样的系统需求下，系统过载率往往是比较大的，在大过载率的情况下，采用长 PN序列所导致的 SIC 过程是非常复杂和低效的。

　　MUSA 上行使用特别的复数域多元码（序列）来作为扩展序列，此类序列即使很短时，如长度为 8 甚至 4 时，也能保持相对较低的互相关。例如，其中一类 MUSA复数扩展序列，其序列中每一个复数的实部/虚部取值于一个多元实数集合。甚至一种非常简单的 MUSA 扩展序列，其元素的实部/虚部取值于一个简单三元集合$\{-1,0,1\}$，也能取得相当优秀的性能。该简单序列中元素相应的星座图如图 5-8 所示。

　　正因为 MUSA 复数域多元码的优异特性，再结合先进的 SIC 接收机，MUSA可以支持相当多的用户在相同的时频资源上共享接入。值得指出的是，这些大量共享接入的用户都可以通过随机选取扩展序列，然后将其调制符号扩展到相同时频资源的方式来实现。从而 MUSA 可以让大量共享接入的用户想发就发，不发就深度睡眠，而并不需要每个接入用户先通过资源申请、调度、确认等复杂的控制过程才能接入。这个免调度过程在海量链接场景尤为重要，能极大地减轻系统的信令开销和实现难度。同时，MUSA 可以放宽甚至免除严格的上行同步过程，只需要实施简单的下行同步。最后，存在远近效应时，MUSA 还能利用不同用户到达 SNR 的差异来提高 SIC 分离用户数据的性能。即也能如传统功率域 NOMA 那样，将"远近问题"转化为"远近增益"[4]。从另一角度看，这样可以减轻甚至免除严格的闭环功控过程。所有这些为低成本低功耗实现海量链接提供坚实的基础。

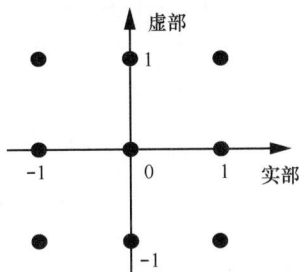

图 5-8　三元复序列元素星座图

5.4.2.2　MUSA 上行与其他非正交上行方案对比

MUSA 和传统功率域非正交接入（NOMA）比较：NOMA 不需要扩频；MUSA 上行非正交扩频即使实部和虚部都限制在 3 值（−1,0,1），也可以有足够多的低互相关码，如果放宽条件，则更多。两者都使用干扰消除技术，但 NOMA 不适合免调度场景；MUSA 适合免调度场景（利用随机性和码域维度）。NOMA 的分集增益不如 MUSA（免调度情况下）。

5.4.2.3　MUSA 上行蒙特卡罗仿真

本节仿真通过对低成本、低功耗海量连接系统的一些主要特征如免调度、免功控、高过载率等进行抽象建模，定量评估 MUSA 上行接入的性能。详细的仿真参数见表 5-2，首先每个用户的扩展序列是随机选取的，以此模拟免调度接入。用户 SNR 在 4～20 dB 平均分布这一项则是模拟在没有严格闭环功控下同时接入的用户的信道差异。而用户负载率从 100%～400%这项显示该仿真关注的是过载场景。关于负载率/过载率的定义，例如，对于长度为 L 的扩展序列，300%负载率/过载率意味着有 $3L$ 个用户在相同的时频资源上共享接入，具体地，当 $L=4$ 时，则意味着有 12 个用户在相同的时频资源上共享接入。如图 5-9 所示，即使在超过 300%的过载率的苛刻场景下，MUSA 的优异性仍能保证平均 BLER 小于 1%。

表 5-2　MUSA 上行仿真参数

参数	仿真假设
信道	AWGN
调制编码方式	QPSK+LTE Turbo 编码（码率=1/2；交织器长度 280=256（数据）+24（CRC））
扩展序列	实部/虚部取值于{−1,0,1}三元集合的伪随机复序列
扩展序列长度	4, 8, 16
用户负载率	100%～400%
用户 SNR 分布	4～20 dB
接收算法	MMSE-SIC

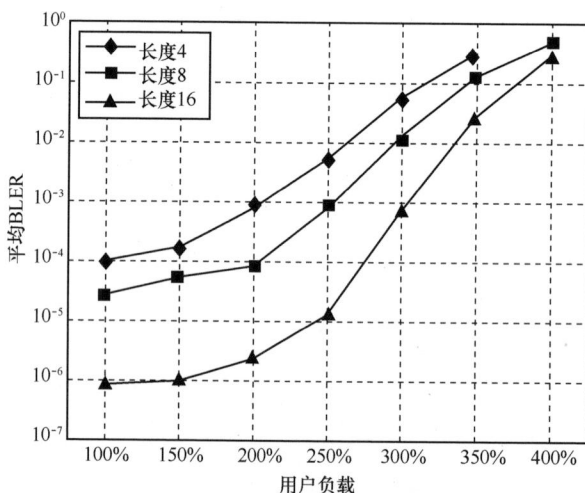

图 5-9　不同用户负载率下的 MUSA BLER

5.4.3　MUSA 应用场景与性能优势

　　MUSA 下行通过创新的增强叠加编码及叠加符号扩展技术，可提供比 4G 正交多址及功率域非正交多址（NOMA）更高容量的下行传输，并能大为简化终端的实现，降低终端能耗。因此，MUSA 下行方案可满足 5G 移动宽带高容量场景的需求。

而 MUSA 上行接入通过创新设计的复数域多元码以及基于串行干扰消除（SIC）的先进多用户检测，相较于 4G 接入技术，可以让系统在相同时频资源下支持数倍用户的接入，并且可以免除资源调度过程，简化同步、功控等过程，从而能大为简化终端的实现，降低终端的能耗，特别适合作为未来 5G 海量接入的解决方案。

|5.5 SCMA|

5.5.1 SCMA 基本概念

SCMA（Sparse Code Multiple Access，稀疏码多址接入）是在 5G 新需求推动下产生的一种能够显著提升频谱效率、极大提升同时接入系统用户数的先进的非正交多址接入技术，也是第 5.4 节中所述通用框架的一种具体实现结构。这种结构具有很好的灵活性，通过码本设计和映射实现不同维度的资源叠加使用，其原理框架如图 5-10 所示。

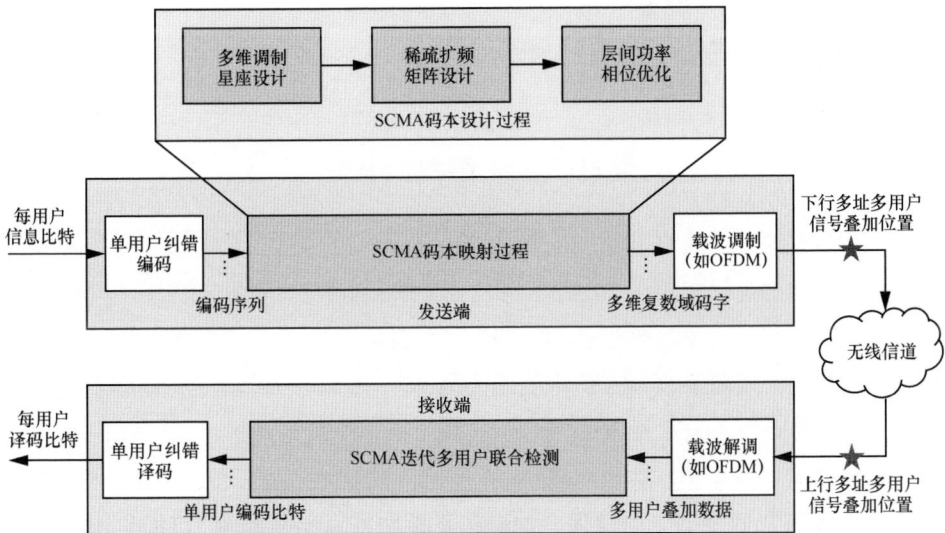

图 5-10　SCMA 物理层过程抽象框架

根据图 5-10 中的抽象物理层流程可以看到，在 SCMA 系统中，每个数据流的信息比特先经过信道编码，然后通过 SCMA 码本映射模块由编码比特直接映射为复数域多维稀疏码字。码字的映射规则由基于多维调制方法预先设计的 SCMA 码本所指定。通过 SCMA 技术，不同终端的数据层或者同一终端的多个数据层，在码域和功率域得以复用，并共享时频资源。在 SCMA 系统中，可以通过改变诸如扩展长度、码字中非零元素个数、多维调制的映射方式等参数配置，灵活地生成不同的 SCMA 码本，为不同场景的多用户接入找到最佳的物理层配置，从而为 5G 系统带来在连接数、吞吐量上的大幅提升[5]。

SCMA 发送端调制映射示意图如图 5-11 所示。可以看到，基于 SCMA 的多址接入方式有以下一些特点。

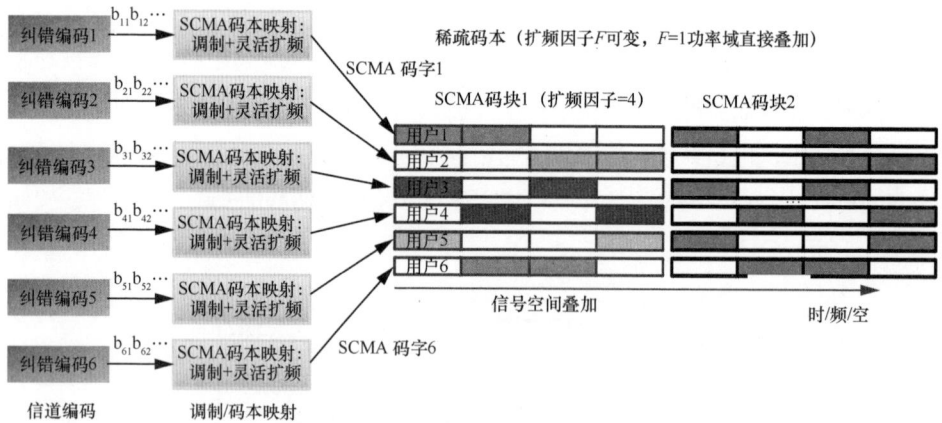

图 5-11　SCMA 调制映射发送过程

- 码域叠加（Code Domain Signal Superposition）：SCMA 传输机制允许来自多个用户的符号在同一个物理资源粒子（Resource Element，RE）上叠加，比如图 5-11 中第一个物理资源上叠加了来自用户 1、3、5 的信号。而这些信号叠加的方式则由 SCMA 码本的设计决定。

- 稀疏扩展（Sparse Spreading）：SCMA 码本具有稀疏扩展的特性，这里的扩展可以发生空、时、频等不同的维度。在下面的描述中，若无特殊说明，则默认是在频域的扩展，故也称稀疏扩频。稀疏扩频的特性可以帮助 SCMA 降低层间干扰程度，在保持较低译码复杂度的同时，承受更多的符号碰撞（线性叠加），从而可以在扩展长度为 K 的资源粒子上传输 $J > K$ 个数据流，实现过载（Overloading）传输。图中示例为 $K=4$，$J=6$，过载因子（Overloading Factor）为 150%。改变 K 或/和 J，可以灵活实现不同程度的过载传输。值得一提的是，当 $K=1$ 时，仅存在功率域叠加多址接入。

- 多维调制（Multi-Dimension Constellation）：为获得更高的频谱效率，SCMA 在稀疏扩展的基础上引入了多维调制，即引入了非零扩展位置上调制符号的联合设计。

图 5-11 中，多路数据流在信号空间叠加的过程还可以用图 5-12 所示的二分图形象地描述。图 5-12 中共有 6 个变量节点和 4 个校验节点。每个变量节点代表一个数据流，每个校验节点代表可用于传输数据的一个基本资源单元，例如 LTE 中的资源粒子（RE）。对于一个 SCMA 码本，校验节点的数目等于扩频因子长度。变量节点和校验节点之间的连线表示经 SCMA 码本映射后，该变量节点所代表的数据流会在该校验节点所代表的资源单元上发送非零的调制符号，例如数据流 x_3 在资源单元 y_1 和 y_2 上发送非零调制符号，而在资源单元 y_3 和 y_4 上不发送。当变量节点的数目超过校验节点的数目时，系统形成过载，同一个资源单元上可能会发送多个数据流的调制符号，例如资源单元 y_3 上同时发送来自数据流 x_2、x_4 和 x_6 的数据。

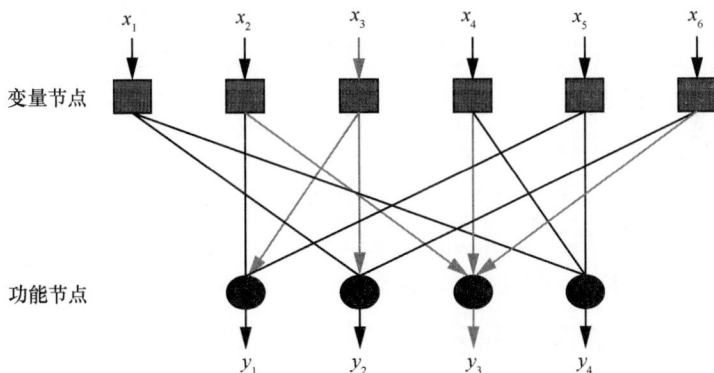

图 5-12　SCMA 稀疏扩频结构的二分图描述

5.5.2　SCMA 码本设计

如图 5-10 所示，基于 SCMA 的接入系统，其发送端实现十分简单，只需基于预先设计并存储好的 SCMA 码本进行编码比特到 SCMA 码字的映射，而决定这种系统性能的核心之一，就是 SCMA 码本设计。SCMA 的码本设计是一个多维空间的优化问题，即多维调制和稀疏扩频的联合优化问题。在实际设计中，为了降低优化设计复杂度，也可以分步或迭代进行稀疏扩频矩阵的设计和多维调制的优化。SCMA 码本结构如图 5-13 所示。这里所说的 SCMA 码本，其实是一个码本集合，它包含 J 个码本，每个对应一个数据层，其维度为 M 行 M 列，M 为此码本对应的有效调制阶数（见图 5-13 中 $M=8$）。

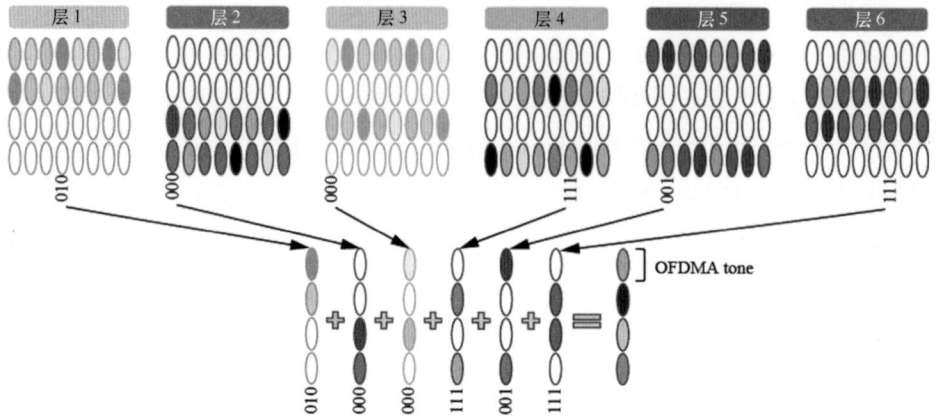

图 5-13　SCMA 码本结构示意图

低密度扩频矩阵本质定义了数据流与资源单元之间的稀疏映射关系，也可以由图 5-12 所示的二分图表示。设矩阵共行列（见图 5-12 中 $K=4$，$J=6$），每一行表示一个校验节点，每一列表示一个变量节点，元素为 1 的位置表示对应变量节点所代表的数据流会在对应校验节点所代表的资源单元上发送非零的调制符号。低密度扩频矩阵设计要综合考虑接入层数、扩频因子以及每个码字中非 0 元素的个数等因素。类似 LDPC 编码的校验矩阵设计，扩频矩阵的选择并不唯一，其结构会影响检测算法的复杂度和性能，这就使得可以根据检测算法有针对性地设计矩阵结构。一些已有的设计可以参考文献[6-8]，其中的低密度扩频序列（Low Density Signature，LDS）是 SCMA 的一种实现特例。它采用 LTE 系统中的 QAM 调制，并在非零位置上简单重复 QAM 符号。这种设计方法虽然简单，但频谱效率损失严重。因此，SCMA 稀疏码本的设计在扩频矩阵设计之上引入多维调制概念，联合优化符号调制与稀疏扩频，相比简单进行 LDS，获得额外的编码增益（Coding Gain）和成形增益（Shaping Gain），从而获得更好的链路和系统性能。

多维调制星座的设计可采用信号空间分集（Signal Space Diversity）[9]技术，在码字的非零元素间引入相关性。一种简化的设计方法是先找到具有较好性能的多维调制母星座（Mother Constellation），然后对母星座进行逐层的功率和相位优化运算来获得各数据层星座设计。母星座的设计通常遵循以下一些基本准则，如最大化任意两个星座点间的欧氏距离（Euclidian Distance）、最小积距离（Product Distance）准则以及最小化星座的最小相邻点数（Kissing Number）准则等。一种详细的设计方案可参考参考文献[6]。

此外，为降低多用户联合检测接收机的计算复杂度，限制发送端发送信号 PAPR 等问题，可以进一步对稀疏码本进行优化，以期获得性能和特定目标的折中。图 5-14 展示了一种采用降阶投影（Low Projection）后得到的压缩多维星座点设计，即在保持每一复数维星座传递信息仍为 2 bit（00，01，10，11）的前提下，在每一维上搜索的实际星座点数变成了 3（第一维上 01 与 10 在零点重合，第二维上 00 与 11 在零点重合），从而有效减小多数据流联合星座解调时的搜索空间。同时，只要在投影时保证任何一个星座点不会同时在两维上均重叠，就仍然能够在接收端解调恢复出原始信息比特，这是传统单维调制所不具备的优势。4 点码本映射到 3 点所减少的复杂度并不算太多，但随着调制阶数的升高，有效降低投影后星座点会极大降低复杂度。参考文献[6]中给了 16 点到 9 点映射码本的设计，更高阶的投影星座可同理获得。此外，图示多维星座码本设计的另一个非常值得一提的地方在于，虽然这个码本的每个码字有 2 个非零元素，但由于这种降阶投影的特殊设计，在映射到频域资源后，每个码字仅在一个频域资源粒子上传输非零符号（如 11 仅在第一个非零位置有能量，而 01 仅在第二个非零位置有能量）。这一特性带来的好处是，当使用的子载波数量等于 SCMA 码字扩展长度的时候，这样的码本可以实现零峰均比（Zero PAPR）传输，非常适合未来物联网中传输数据量很小且造价十分便宜的终端设备使用。

SCMA 低阶投影多维调制星座设计示意图如图 5-14 所示。2 bit 信息在每个非零位上仅需映射为 3 种可能的星座点，且任意 2 bit 传输时，每个码子扩展长度内仅有一个恒模的非零值。

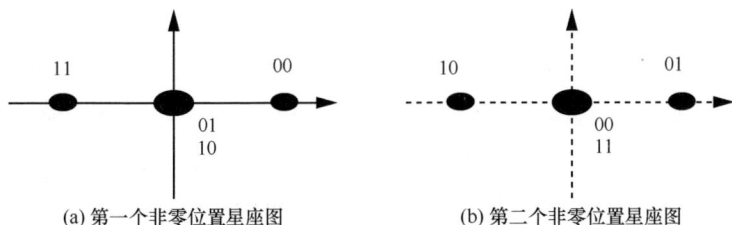

(a) 第一个非零位置星座图　　　(b) 第二个非零位置星座图

图 5-14　SCMA 低阶投影多维调制星座设计示意图

5.5.3　SCMA 低复杂度接收机设计

与正交接入相比，过载的非正交接入由于容纳了更多数据流而提升了系统整体吞吐率，但也因此增加了接收端的检测复杂度。然而，对于 SCMA 来说，过载带来的接收检测复杂度是可以承受的，并能在可控的复杂度内实现近似最大似然译码的检测性能。SCMA 译码端多用户联合检测的复杂度主要通过以下两个因素来控制：第一是利用 SCMA 码字的稀疏性，在因子图上采用消息传递算法（Message Passing Algorithm，MPA）[7]，在获得近似最大似然检测（Maximum Likelihood Detection）性能的同时有效限制复杂度；第二是在 SCMA 多维码字设计时，采用降阶投影的星座点缩减技术[6]，使得实际需要解调的星座点数远小于有效星座点数，从而大大减少算法搜索空间。具体来说，多层叠加后的星座点搜索空间为每一层可能星座点数的乘积，因此 MPA 的复杂度星座点数 M 及每个物理资源（功能节点）上叠加的符号层数直接相关。控制码字的稀疏扩频矩阵设计可以控制 M 的大小，而低阶投影星座设计则直接减小 M，共同作用可进一步降低译码复杂度。当然，除了这次通过码本设计来降低复杂度的方法，在实现中，还可以借鉴许多已有的迭代译码简化方式，这里不一一赘述。

此外，为进一步提升译码性能，消除多数据层之间的干扰，还可以将 MPA 译码与 Turbo 信道译码（或其他信道译码）相结合。具体而言，可以将 Turbo 译码输出的软信息返回给 MPA 作为联合检测的先验信息，重复多数据流（用户）联合检测和信道译码的过程，以进一步提升接收机性能，这一过程被称为 Turbo-MPA 外迭代过程。当叠加的 SCMA 层数较多、层间干扰较大时，Turbo-MPA 可以带来可观的链路性能增益[9]。

5.5.4　SCMA 应用场景与性能优势

得益于 SCMA 灵活的、高性能的码本设计以及低复杂度接收机的可实现性，SCMA 可以被应用于包括海量连接、增强吞吐量传输、多用户复用传输、基站协作传输等未来 5G 通信的各种场景。如图 5-15 所示，当应用于上行传输时，为了支持海量用户的同时接入，一般会给每个用户分配一个 SCMA 层，即一个 SCMA 码本，而在进行下行传输时，为了支持高速率用户体验，可以将多个 SCMA 码本分配给同一个用户，配合多用户间功率分配，使得多用户在功率和码子的混合维度进行复用。值得一提的是，由于引入了码域扩展，用户配对和链路自适应对精确信道信息的依赖得以减弱，因此可以更顽健地应用于反馈资源受限或用户移动的场景，在保证传输质量的前提下减小系统开销，提高用户复用灵活性。接下来，将重点介绍 SCMA 在两种 5G 新型通信场景下的应用和优势。

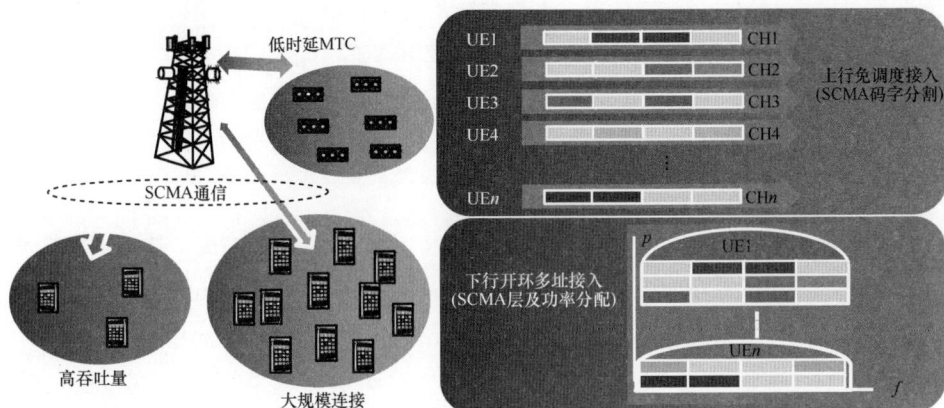

图 5-15　SCMA 应用场景举例

（1）上行免许可传输

未来 5G 通信既包括大分组的传输，也包括小分组的频繁传输，尤其当考虑机器型通信（Machine-Type Communication，MTC）业务时。对于小分组业务，尤其是那些发送时间具有随机性、待接入用户数量庞大的场景，调度开销比例严重提升，且由此产生的与基站的频繁握手过程是时延敏感业务无法忍受的，也是能量受限的终端力图避免的。因此，在 5G 标准的设计中，希望引入免许可传输模式，尤其针对大规模小分组用户场景，开辟独立的资源，让用户基于竞争的方式在这些共享的资源上接入。在这种接入方式下，系统的性能好坏取决于在给定有限资源下，同时接入用户数的能力，也就是所说的过载的能力以及当不同用户随机选择了相同的码本时，冲突碰撞下性能的顽健性。

SCMA 恰好在这两个方面都具有优势。可以设计每个用户使用一个 SCMA 层（码本）在整个竞争单元上发送其数据，接收端通过用户使用的 SCMA 码本和导频序列来区分用户并解调用户数据。SCMA 可以通过调整竞争单元的大小和数量、SCMA 扩频因子、SCMA 码本的稀疏图案、SCMA 码本大小等参数，灵活地改变系统过载水平，以平衡系统可支持用户数、用户数据分组大小、接收端检测复杂度、覆盖以及传输可靠性之间的关系。例如，较大的扩频因子以及较小的稀疏性可以获得更大的 SCMA 编码增益，因此有较好的覆盖，而较大的稀疏性可以允许更大程度的过载，使得系统连接数在检测复杂度可接受的前提下得到提升。得益于多维调制和 MPA 接收机的设计，SCMA 对抗层间干扰的能力很强，在 300%过载情况下，性能依然可以逼近没有过载的情况，即有良好的过载稳定性，从而使得系统吞吐量也提升为原来的 3 倍，这一结论也通过系统仿真得到了验证[10]。此外，即使由于用户随机选取码本出现了码本碰撞的情况，SCMA 仍然能够顽健地解调出不同用户的数据，从而有效使能这种基于竞争的传输方式。

（2）下行开环协作多点传输

超密集网络（Ultra-Dense Network，UDN）以及移动网络中的干扰管理和移动性管理是其应用所需要解决的瓶颈问题。协作多点（Coordinated Multi-Point，CoMP）传输技术被认为是解决干扰问题的有效途径。然而传统的 CoMP 都是闭环方案，依赖于精准的短期信道状态信息进行动态干扰协调波束成形（Coordinated Beamforming，CB）或动态预编码联合传输（Joint Transmission，JT）。然而，由于实际网络中信道环境复杂，且获取信道信息的时延相对信道变化速度不可忽略，精准的信道状态信息反馈几乎不可能实现，或者需要极大的代价，这就使得传统的 CoMP 方案在现有实际网络应用中作用很有限，更不能很好地适用超密集网络和移动网络。

SCMA 多址方式的提出，为多基站间的协作传输提供了一种可实现的开环 CoMP 方案，称为 SCMA-CoMP。该方案通过为协作传输点（Transmission Point，TP）分配 SCMA 码本，各 TP 使用不同的 SCMA 层，在码域和功率域实现协作多点传输，而不需要用户反馈精准的短期信道状态信息。相比传统的 CoMP 方案，由于极大地减小了对精确信道信息的依赖，SCMA-CoMP 方案的优势凸显在：可以极大地降低获取和反馈信道状态信息的开销；提升协作多点传输对信道突变和用户移动的顽健性。

如图 5-16 所示，为进一步提升超密集网络或移动网络的整体性能，还可以将 SCMA-CoMP 与 MU-SCMA 结合来增加小区边缘和小区平均吞吐量。通过 SCMA 码本在多个 TP 间的分配，一方面多个 TP 可以以协作的方式服务一个用户，另一方面，当 TP 属于多个协作集合时，该 TP 可以服务多个用户以实现用户为中心的协作多点传输。这种协作方式可以极大地简化切换操作和减少切换次数，而这正是超密集网络所面临的并且亟待解决的技术问题。参考文献[11]给出了多种协作方案的比较。系统仿真表明，相比 OFDMA，SCMA-CoMP 能够获得超过 30%的小区吞吐量和覆盖增益[12-13]。

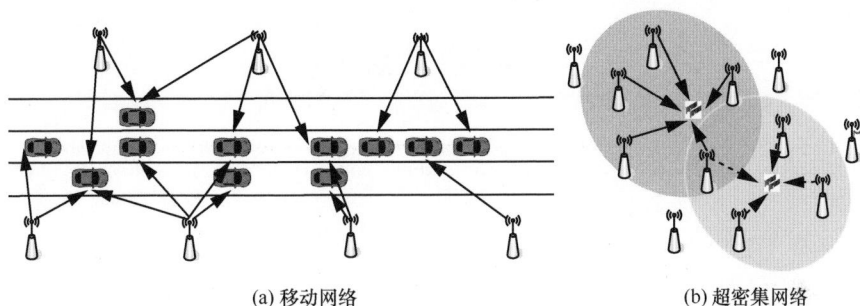

(a) 移动网络 (b) 超密集网络

图 5-16 SCMA-CoMP 结合 MU-SCMA

5.5.5 SCMA 未来研究方向

SCMA 目前已作为 5G 移动通信标准的重要候选技术[14-15]，也在外场实验网络中进行了验证[16]。为了能在未来大规模实际网络中将 SCMA 的优势发挥到最大，还有很多研究工作需要进一步优化和完善。值得研究的课题包括 SCMA 网络容量分析[17]、SCMA 码本设计的进一步优化[18-21]、接收机复杂度的进一步降低和性能进一步优化[21-24]以及如何结合大规模天线系统（Massive MIMO）[25]、用户直连（Device to Device，D2D）系统、全双工（Full Duplex）系统来应用等。此外，当 SCMA 应用于 Grant-free 传输时的导频数量受限及低复杂度用户活跃性检测等问题[26-29]也是亟待解决的问题。

|5.6 小结|

本章首先分析了 5G 场景对多址接入技术的新需求，然后结合 5G 需求和多用户信息理论两个方面，对比分析了正交与非正交多址接入方式，并从分析中启发出设计思路。经过前面的需求分析、理论启发，进一步详细介绍了 3 种面向 5G 的空口新多址技术：分别是面向 MBB 高容量的 MUSA 下行增强叠加编码、面向 5G IoT 低成本海量连接的 MUSA 上行复数多元码、稀疏码分多址 SCMA。较之于当下主流无线通信系统中的各种正交/准正交多址方案（TDMA、CDMA、SC-FDMA、OFDMA），这 3 种新多址技术则完全基于更为先进的非正交多用户信息理论。

┃ 参考文献 ┃

[1] COVER T, THOMAS J. Elements of information theory[M]. New York: John Wiley and Sons, 1991.

[2] TSE D, VISWANATH P. Fundamentals of wireless communication[M]. London: Cambridge University Press, 2005.

[3] 3GPP. Technical specification group radio access network; evolved universal terrestrial radio access (E-UTRA); physical layer procedures: TS36.213[S]. 2010.

[4] NIKOPOUR H, BALIGH H. Sparse code multiple access[C]//IEEE PIMRC, September 8-11, 2013, London, UK. Piscataway: IEEE Press, 2013.

[5] Huawei. 5G: a technology vision[R]. 2013.

[6] MAHMOUD T. SCMA codebook design[C]//IEEE VTC-Fall, September 14-17, 2014, Vancouver, Canada. Piscataway: IEEE Press, 2014.

[7] BEEK J, POPOVIC B M. Multiple access with low-density signatures[C]//IEEE GLOBECOM, November 30-December 4, 2009, Honolulu, Hawaii, USA. Piscataway: IEEE Press, 2009.

[8] HOSHYAR R, WATHAN F P, TAFAZOLLI R. Novel low-density signature for synchronous cdma systems over AWGN channel[J]. IEEE Trans Signal Processing, 2008, 56(4).

[9] BOUTROS J, VITERBO E. Signal space diversity: a power-and-bandwidth efficient diversity technique for the Rayleigh fading channel[J]. IEEE Trans Info Theory, 1998(4).

[10] AU K, ZHANG L Q, NIKOPOUR H, et al. Uplink contention based SCMA for 5G radio access[C]//IEEE GLOBECOM Workshops, December 8-12, 2014, Austin, Texas, USA. Piscataway: IEEE Press, 2014.

[11] NIKOPOUR H, YI E, BAYESTEH A, et al. SCMA for open-loop joint transmission CoMP[C]//IEEE VTC-Fall, September 6-9, 2015, Boston, USA. Piscataway: IEEE Press, 2015.

[12] WU Y, ZHANG S, CHEN Y. Iterative multiuser receiver in sparse code multiple access systems[C]//IEEE ICC, June 8-12, 2015, London, UK. Piscataway: IEEE Press, 2015.

[13] NIKOPOUR H, YI E, BAYESTEH A, et al. SCMA for downlink multiple access of 5G wireless networks[C]//IEEE GLOBECOM, December 4-8, 2016, Washington, DC, USA.

Piscataway: IEEE Press, 2014.

[14] WANG B C, WANG K, LU Z H, et al. Comparison study of non-orthogonal multiple access schemes for 5G[C]//IEEE BMSB, June 17- 19, 2015, Belgium, Ghent. Piscataway: IEEE Press, 2015.

[15] ZHANG S Q, XU X Q, LU L, et al. Sparse code multiple access: an energy efficient uplink approach for 5G wireless systems[C]//IEEE GLOBECOM, December 4-8, 2016, Washington, DC, USA. Piscataway: IEEE Press, 2014.

[16] LU L, CHEN Y, GUO W, et al. Prototype for 5G new air interface technology SCMA and performance evaluation[J]. Communications, China, 2015(12): 38-48.

[17] CHENG M, WU Y Q, CHEN Y. Capacity analysis for non-orthogonal overloading transmissions under constellation constraints[C]//IEEE WCSP, October 15-17, 2015, Nanjing, China. Piscataway: IEEE Press, 2015.

[18] HAN Y X, ZHANG S H, ZHOU W Y, et al. Enabling SCMA long codewords with a parallel SCMA coding scheme[C]//IEEE WCSP, October 15-17, 2015, Nanjing, China. Piscataway: IEEE Press, 2015.

[19] YU L S, LEI X F, FAN P Z, et al. An optimized design of SCMA codebook based on star-QAM signaling constellations[C]//IEEE WCSP, October 15-17, 2015, Nanjing, China. Piscataway: IEEE Press, 2015.

[20] BAO J C, MA Z, ALHAJI M, et al. Spherical codes for SCMA codebook[C]//IEEE VTC-Spring, May 15-18, 2016, Nanjing, China. Piscataway: IEEE Press, 2016.

[21] ZHANG S T, XIAO B C, XIAO K X, et al. Design and analysis of irregular sparse code multiple access[C]//IEEE WCSP, October 15-17, 2015, Nanjing, China. Piscataway: IEEE Press, 2015.

[22] XIAO B C, XIAO K X, ZHANG S T, et al. Iterative detection and decoding for SCMA systems with LDPC codes[C]//IEEE WCSP, October 15-17, 2015, Nanjing, China. Piscataway: IEEE Press, 2015.

[23] WEI D C, HAN Y X, ZHANG S H, et al. Weighted message passing algorithm for SCMA[C]//IEEE WCSP, October 15-17, 2015, Nanjing, China. Piscataway: IEEE Press, 2015.

[24] MU H, MA Z, FAN P, et al. A fixed low complexity message pass algorithm detector for up-link SCMA system[J]. IEEE Wireless Communications Letters, 2015, 4(6).

[25] LIU T T, LI X M, QIU L. Capacity for downlink massive MIMO MU-SCMA system[C]// IEEE WCSP, October 15-17, 2015, Nanjing, China. Piscataway: IEEE Press, 2015.

[26] LI Y, LEI X F, FAN P Z, et al. An SCMA-based uplink inter-cell interference cancellation technique for 5G wireless systems[C]//IEEE WCSP, October 15-17, 2015, Nanjing, China. Piscataway: IEEE Press, 2015.

[27] WANG B C, DAI L L, YUAN Y F, et al. Compressive sensing based multi-user detection for uplink grant-free non-orthogonal multiple access[C]//IEEE VTC-Fall, September 6-9, 2015, Boston, USA. Piscataway: IEEE Press, 2015.

[28] BAYESTEH A, YI E, NIKOPOUR H, et al. Blind detection of SCMA for uplink grant-free multiple-access[C]//2014 11th International Symposium on Wireless Communications Systems (ISWCS), August 26-29, 2014, Barcelona, Spain. Piscataway: IEEE Press, 2014: 853-857.

[29] WANG Y F, ZHOU S D, XIAO L M, et al. Sparse Bayesian learning based user detection and channel estimation for SCMA uplink systems[C]//IEEE WCSP, October 15-17, 2015, Nanjing, China. Piscataway: IEEE Press, 2015.

全双工技术因其同时收发特性可以大幅提升系统的传输效率，成为 5G 的候选技术之一。当然，同时收发特性也给系统设计和技术实现带来新的挑战，特别是需要解决接收机和发射机在同样的频率上同时工作所带来的自干扰问题。本章介绍全双工的基本原理、自干扰抑制方案以及实际效果，最后介绍全双工组网面临的挑战。

传统的移动通信系统大都采用半双工的传输方式进行数据传输，如频分双工（FDD）或时分双工（TDD），通过频率和时间来隔离收发信道，可以大大简化通信系统的设计。为了进一步提升传输的效率，全双工技术在 5G 的研究阶段得到了充分的重视。全双工技术通过在同样的时频资源上进行同时的信号接收和发送，通过先进的干扰消除技术，有望解决自身的发送信号对接收信号的干扰，从而带来大幅度的传输效率提升。本章详细介绍全双工技术的原理、自干扰消除技术及样机验证以及在蜂窝系统中应用面临的挑战。

6.1 无线全双工简介

无线信号传播的路径损耗很大，一个无线通信节点的接收信号功率与其发射信号功率相比通常非常微弱，例如，小蜂窝基站中发射信号与接收信号的功率差典型可达 90～120 dB。因此，接收和发送通常采用 FDD 或 TDD 的方式隔离，即上行和下行传输需要使用隔离度足够大的两个信道。无线全双工通过在本地接收机中对本地设备自己发射的信号进行有效抑制，允许一个无线通信节点使用同一信道同时进行发射和接收，因此，理论上频谱效率可提升一倍。

从设备层面来看，全双工的核心是本地设备自己发射的同时同频信号（即自干扰）如何在本地接收机中进行有效的抑制。目前，已形成天线域、模拟域和数字域的联合自干扰抑制技术路线，20 MHz 带宽信号的自干扰抑制能力超过 110 dB。受自干扰抑制能力的限制，无线全双工较容易实现的应用包括：路损较小且对自干扰抑制要求较低的场景（如 WLAN、D2D 等）、收发隔离较容易实现的场景（如全双工中继等）。

全双工应用于蜂窝通信系统则面临更多的收发互干扰问题。在图 6-1 所示的全双工蜂窝通信系统中，宏基站（M1 和 M2）和微基站（P1 和 P2）支持全双工通信，用户设备（UE1～UE7）可以支持或不支持全双工，除了全双工设备自身存在的同一节点内的收发自干扰，还存在节点之间的收发互干扰，例如，小区内距离较近的 UE 之间的收发互干扰（UE5 上行发送对 UE6 的下行接收造成干扰）、相邻小区边缘距离较近的 UE 之间的收发互干扰（UE3 上行发送对 UE7 的下行接收造成干扰）、相邻基站之间的收发互干扰、HetNet 中宏基站和微基站之间的收发互干扰（微基站 P1 下行发送对宏基站 M2 上行接收的干扰、宏基站 M2 下行发送对微基站 P2 上行接收的干扰）。

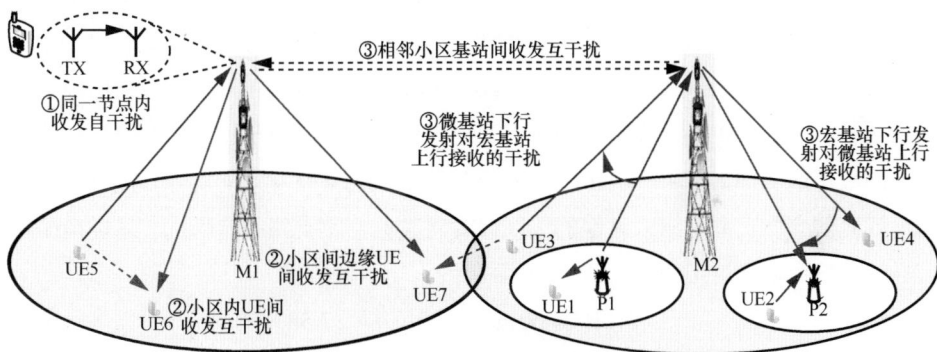

图 6-1　全双工蜂窝通信系统中的各类收发干扰

|6.2　全双工自干扰抑制 |

如前所述，实现无线全双工首先需要在本地接收机中对来自本地发射机的自干扰信号进行有效抑制，为此，首先分析构成自干扰信号的不同分量，然后针对这些分量的特点，介绍相应的自干扰抑制方法，最后通过全双工自干扰抵消原型系统对各类方法的性能进行验证。

6.2.1 全双工自干扰抑制原理

在全双工设备中，本地发射的信号进入本地接收机成为自干扰信号主要有两个途径：一是通过收发隔离器件的泄漏、天线回波反射、发射天线与接收天线之间的空间直达路径等进入本地接收机，这一途径形成自干扰信号中的主干扰分量；二是经无线信道环境多径反射后重新进入本地接收机，由此形成自干扰信号中的多径反射自干扰分量。

全双工设备中发射机和接收机可以通过环形器等同频收发隔离器件共用相同的天线，也可以通过分别使用不同的天线来获得一定的空间隔离。在图 6-2 所示的 2×2 全双工 MIMO 系统中，发射支路（TX1 和 TX2）通过环形器分别与接收支路（RX1 和 RX2）共用同一天线，其中环形器是单向传输器件，即信号只能沿着端口 1-2-3 的顺序传输，在相反的方向则形成隔离，其反向隔离度的典型值为 15～25 dB。同时，实际的天线并不能把全部的发射信号功率都转化为辐射功率，总是有少部分的发射信号功率会由天线直接反射回来，其中天线反射信号的功率由天线的回波损耗或电压驻波比（VSWR）决定，商用天线的 VSWR 典型值在 1.2:1～2.5:1，对应的天线回波反射功率为−20～−10 dBc。另外，每个发射支路发射的信号，还会通过空间（或其他介质）耦合进入其他的天线成为对其他接收支路的自干扰，这类自干扰信号的功率可以通过自由空间路损模型估计：

$$L(\text{dB}) = 20\lg f + 20\lg d - 27.55 \qquad (6\text{-}1)$$

其中，频率 f 和距离 d 的单位分别是 GHz 和 m，如 2.4 GHz 频段相距 0.1 m 的两个天线之间的直达路径自干扰功率约为−20 dBc。

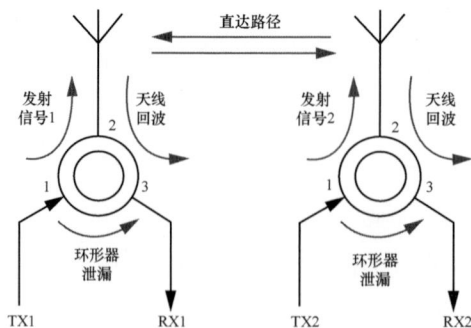

图 6-2　主干扰分量示意图

因此由环形器泄漏、天线回波反射、收发天线之间的空间耦合等构成的主干扰分量的功率典型在 $-30\sim-10$ dBc 量级，且这些自干扰分量经历的传输路径通常较短，时延的典型值在 10 ns 以内。另外，由于这类自干扰分量的功率和时延是由环形器、天线等无源器件的电特性决定的，而无源器件的电特性变化范围很小且缓慢，因此对特定的全双工设备这类自干扰分量的时延、幅度和相位等是相对固定的。相比之下，多径反射自干扰分量是由信道环境决定的，因此具有时变、功率较低、时延分布宽的特点。

全双工自干扰抑制的主要技术手段是对自干扰进行抵消，其基本思想就是在接收端重建自干扰信号，用来抵消接收信号中的自干扰，从而达到自干扰抑制的目的，自干扰信号可以在数字域、模拟域和天线域进行重建和抵消，如图 6-3 所示。模拟域自干扰信号重建所使用的参考信号通常来自于发射端功放（PA）之后的信号，可重建由环形器泄漏、天线回波反射、收发天线信号耦合等构成的主干扰分量，在接收端前端进行自干扰抵消。数字域自干扰重建所使用的参考信号是发射端的数字基带或数字中频信号，基于数字参考重建的自干扰信号可直接用于在数字域对接收信号进行自干扰抵消，也可以通过 DAC 变换为模拟信号后在模拟域对接收信号进行自干扰抵消，其中，若在射频对接收信号进行自干扰抵消，可通过 DAC 变换为基带或低中频信号后进行上变频，或者通过射频 DAC 直接变换到射频。由于数字信号处理的灵活性，此类方法对时变的、时延分布较宽的自干扰如多径反射自干扰分量等具有简单有效的优势，但是，数字参考信号未包含非线性、相位噪声、ADC/DAC 噪声、I/Q 不平衡等收发通道非理想因素造成的失真，即使在自干扰重建中进行一定的补偿，基于数字参考重建的自干扰抵消方法的性能仍受限于上述因素。

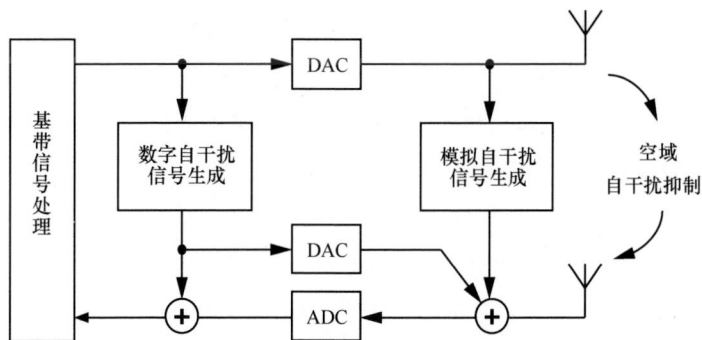

图 6-3　全双工自干扰抑制原理

6.2.2　基于数字参考重建的自干扰抵消

首先忽略收发通道的非线性、相位噪声等非理想因素，在数字域重建自干扰信号并简化为数字参考信号，经过自干扰信道的线性过程如下：

$$\hat{y}_{si}(t) = x_{Tx}(t) * \hat{h}_{si}(t) \qquad (6\text{-}2)$$

其中，$x_{Tx}(t)$ 为来自发射端的数字参考信号，$\hat{h}_{si}(t)$ 为自干扰信道估计。实际系统中还需要将收发通道的 I/Q 不平衡同时考虑进去，即有：

$$\hat{y}_{si}(t) = x_{Tx}(t) * \hat{h}_{si}(t) + x_{Tx}(-t) * \hat{g}_{si}(t) \qquad (6\text{-}3)$$

其中，$\hat{g}_{si}(t)$ 即反映了收发通道的 I/Q 不平衡[1]。为了获得自干扰信道的估计，通常在全双工通信中周期插入一段半双工时隙，即在此时隙内通信对端不发射信号，这样本地接收机仅接收到本地发射机产生的自干扰信号，从而利用此时隙内接收的自干扰信号通过最小均方误差（MMSE）等算法来获得自干扰信道的估计。

当本地接收机和发射机共用本振时，相位噪声对数字域重建自干扰信号的影响较小[2]，由于全双工本身就是收发使用同一载频，共用本振的要求通常可以满足，因此可以忽略数字域重建自干扰信号中相位噪声的影响。同时，收发通道非线性中的主要成分是三阶互调分量，也可以在接收端进行估计和补偿[3]，因此，最终限制基于数字参考重建的自干扰抵消方法性能的是 ADC/DAC 的动态范围。

如前所述，基于数字参考重建的自干扰信号可直接用在数字域对接收信号进行自干扰抵消，也可以通过 DAC 变换为模拟信号后在模拟域对接收信号进行自干扰抵消。显然，数字域抵消时不可能抵消超过接收机 ADC 动态范围的自干扰信号，反映 ADC 动态范围的典型参数是 SINAD（信号与噪声及失真比），现有工程水平上其典型值通常不超过 60～70 dB。对数字域重建的自干扰信号经 DAC 变换为模拟信号后在模拟域抵消的情况，自干扰抵消的性能则不可能超过 DAC 的噪底，反映 DAC 噪底的典型参数是 SFDR（无杂散动态范围），现有工程水平上其典型值通常不低于-80～-70 dBc。不难看出，如果基于数字参考重建同时在模拟域和数字域进行自干扰抵消，总的自干扰抵消性能并不是累加的，而是不超过某一上限[4]，该上限主要受限于 DAC 的噪底。总体来看，由于 ADC/DAC 动态范围的限制，而收发通道的非线性、相位噪声等失真的影响较难完全避免，当前基于数字参考重建的自干扰抵消方法可获得的自干扰抵消典型值为 50～60 dB。

6.2.3　基于模拟参考重建的自干扰抵消

如前所述，由环形器泄漏、天线回波反射、收发天线之间空间耦合等构成的主干扰分量功率很强，仅比本地发射信号功率低 10～30 dB，而来自通信对端的有用信号，在蜂窝系统中其接收功率通常比本地发射信号的功率低 80～140 dB，因此，必须在接收机前端对自干扰信号进行有效抑制，才能避免其阻塞对有用信号的接收。基于模拟参考重建的自干扰抵消是应对这一挑战的有效方法。模拟域自干扰信号重建所使用的参考信号通常来自于发射端功放（PA）之后的信号（即射频参考信号），由于发射通道的所有失真（如发射机噪声和 PA 的非线性等），都已经计入射频参考信号，因此，只要自干扰重建及抵消采用无源电路，基于模拟参考重建的自干扰抵消就不会引入新的噪声，不受发射通道不理想因素的限制。

无源模拟自干扰重构及抵消电路的基本结构如图 6-4 所示，射频参考信号经过功分器进入多个由模拟延迟线、衰减器和移相器构成的支路，通过调节每个支路的时延、幅度和相位，分别与环形器泄漏、天线回波反射、收发天线之间空间耦合等主干扰分量相应的时延、幅度和相位相匹配，从而获得重建的射频自干扰信号。通常模拟延迟线由固定长度的传输线来实现，其中，单位传输线的延迟由传输线等效电容 C 和等效电感 L 决定：

$$T_d = \sqrt{LC} \tag{6-4}$$

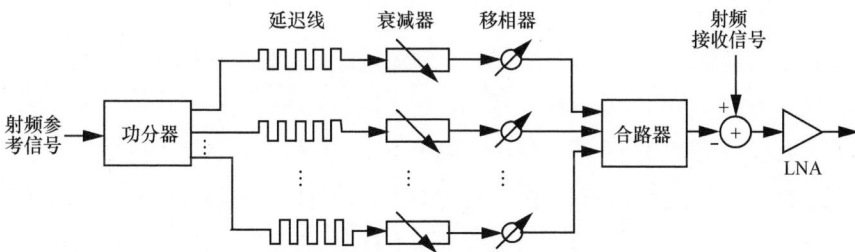

图 6-4　无源模拟自干扰重构及抵消电路的基本结构

例如，50 Ω 射频同轴电缆的典型值为 4～5 ns/m，常用印制电路板微带线的典型值为 5～8 ns/m。衰减器和移相器是常用的无源射频器件，可以在一定范围内手动或数控调节。如前所述，主干扰分量的功率和时延是由环形器、天线等无源器件的电特性决定的，其幅度和相位变化范围很小且变化缓慢。因此，通常只需对衰减器和移相器的参数进行适当的初始设置后，以较长周期定期进行微调校正即可。

如前所述，接收信号中的自干扰信号除主干扰分量外还包括多径反射自干扰分量，另外，对于宽带信号，环形器泄漏、天线回波反射、收发天线之间空间耦合的频域响应都不是平坦的，这等效为除了主干扰分量外在较宽的时延扩展范围内还存在很多较小功率的干扰分量（以下称为宽带多径自干扰分量）。为了进一步提高自干扰抵消的性能，可以采用图 6-5 所示的基于模拟参考重建的两级自干扰抵消方案。该方案可以在抵消主干扰分量的同时，进一步抵消宽带多径自干扰分量及近区多径反射自干扰分量（典型时延扩展在数十纳秒范围内）。

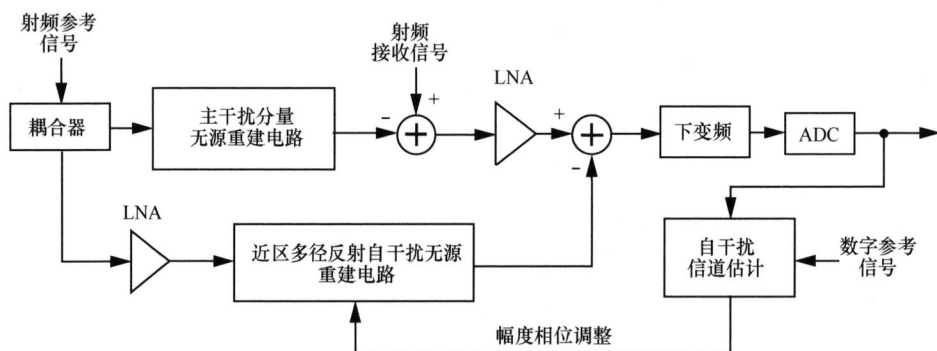

图 6-5　基于模拟参考重建的两级自干扰抵消

如图 6-5 所示，第一级自干扰抵消在 LNA 之前，采用图 6-4 所示无源模拟自干扰重构及抵消电路抑制环形器泄漏、天线回波反射、收发天线之间空间耦合等最强功率的主干扰分量；然后在 LNA 之后，对近区多径反射自干扰分量及宽带多径自干扰分量进行第二级自干扰抵消，第二级自干扰抵消所用的自干扰信号由近区多径反射自干扰无源重建电路重建，该重建电路可采用模拟 FIR 滤波器的结构，即由多个等长的抽头延迟线构成，每个抽头对应的支路均可由衰减器和移相器调节幅度和相位，每个抽头延迟线的长度等于接收信号采样时间间隔，这样，就可以在数字域获得自干扰信道的估计，并换算为每个抽头衰减器和移相器的幅度和相位值，从而可以动态跟踪近区多径反射自干扰的变化。

6.2.4　天线域自干扰抑制

对于接收和发送共用相同天线的情况，天线域自干扰抑制主要依靠环形器等同频收发隔离器件；对于接收和发送使用不同天线的情况，最直接的天线域自干扰抑制方法是采用高隔离度的收发天线，例如，采用交叉极化方式可以使收发天线之间的隔离度达到 30～40 dB，对于某些特殊的应用（如全双工中继），由于接收和发送信号的来波方向不同，因此可以采用旁瓣抑制好的不同波束方向的天线，从而获得收发天线之间较高的隔离度。

采用额外的天线可以实现天线域的自干扰抵消。例如，图 6-6(a)中两个发射天线与同一接收天线的距离相差半个波长，发射信号经同相功分器后经两个发射天线发射，这样两个发射天线到达接收天线的信号正好幅度相同、相位相反，因此相互抵消。类似地，也可以采用两个与同一发射天线相距半个波长的接收天线，从而使得两个接收天线接收的信号中的自干扰信号正好幅度相同、相位相反，经过同相合路器合并后相互抵消，如图 6-6(b)所示。

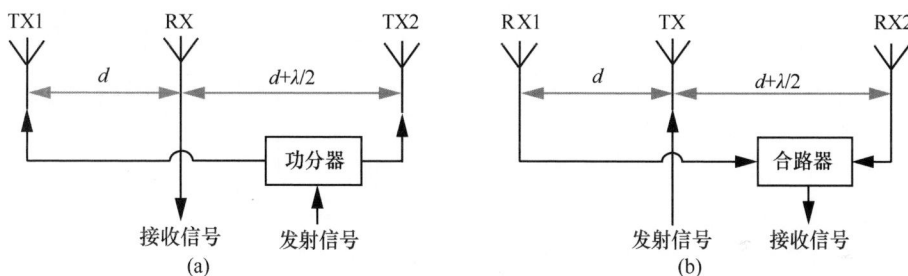

图 6-6　天线域的自干扰抵消

实际上，如果采用反相功分器和反向合路器，图 6-6 中发射（或接收）天线对与接收（或发射）天线等距排列，也能起到自干扰相互抵消的效果。图 6-7 给出了一种更适合 MIMO 全双工系统的天线域自干扰抵消方案。如图 6-7(a)所示，发射天线和接收天线均成对部署，并且按同一对称轴对称分布。每个发射天线对发射一路来自同相功分器的等幅同相信号，每个接收天线对接收的信号经反相合路器合并为一路接收信号，或者每个发射天线对发射一路来自反相功分器的等幅反相信号，每个接收天线对接收的信号经同相合路器合并为一路接收信号，如图 6-7(b)所示。

由于每个天线对的两个天线均对称放置在对称轴的两侧，从任意一发射天线对的两个发射天线到任一接收天线对的两个接收天线的传播路径也是对称的，即图 6-7(b)中发射天线 TX1 到接收天线 RX1 的路径 1 与发射天线 TX2 到接收天线 RX2 的路径 2 长度相等，发射天线 TX1 到接收天线 RX2 的路径 3 与发射天线 TX2 到接收天线 RX1 的路径 4 长度也相等。这样，由发射天线 TX1 发射经路径 1 到达接收天线 RX1 的信号，与由发射天线 TX2 发射经路径 2 到达接收天线 RX2 的信号等幅同相，因此经反相合路器后相互抵消，同样地，由发射天线 TX1 发射经路径 3 到达接收天线 RX2 的信号，与由发射天线 TX2 发射经路径 4 到达接收天线 RX1 的信号经反相合路器后也相互抵消。因此，进入任意一接收天线对的来自各个发射天线对的自干扰信号，经反相合路器均相互抵消！

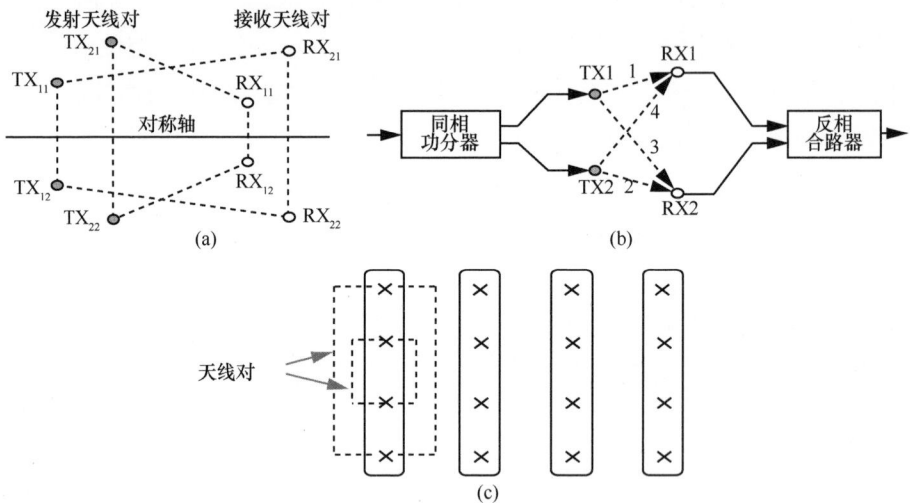

图 6-7　基于轴对称天线对的天线域自干扰抵消

该天线域自干扰抵消方案可以直接在目前蜂窝系统中广泛应用的交叉极化平板天线中应用，如图 6-7(c)所示，该平板天线包括多列天线，每列天线包括多个 45°交叉极化天线对（偶极振子），每个交叉极化天线对通常相距 1～1.2 个波长，接收和发射分别使用两个极化方向的天线，如果将每个中心轴两侧等距的同一极化方向的两个天线视为一个天线对并应用该天线域自干扰抵消方案，则可以获得非常高的收发隔离度，因为不但受益于极化隔离，而且还能获得额外的天线域自干扰抵消增益。

6.2.5　全双工自干扰抵消的实测性能

基于参考文献[1]中的全双工自干扰抵消原型，对上述全双工自干扰抵消方法的实际性能进行介绍。该全双工自干扰抵消原型支持 2×2 MIMO 全双工，每一对接收/

发射通道通过环形器共用一根天线，总共使用两个相距 15 cm 的天线，采用 1 024 点 FFT 的 OFDM 信号，工作在 2.4 GHz 频段，每个发射通道 PA 的平均输出功率为 27 dBm，该原型实现了模拟域射频自干扰抵消和数字域自干扰抵消，由于是 2×2 MIMO 全双工，因此每个接收通道都需要同时重建并抵消两个发射通道产生的自干扰信号。

因采用 OFDM 信号，该原型的数字域自干扰重建及抵消均在频域实现，数字自干扰重建中考虑了 I/Q 不平衡的影响，并采用收发通道共用本振的方式降低了相位噪声的影响，暂未对收发通道的非线性进行补偿。该原型的模拟域抵消采用了图 6-5 所示的基于模拟参考重建的两级自干扰抵消方案，其中，每个接收通道的第一级自干扰抵消电路采用同轴连接的无源射频组件实现，使用 3 个模拟延迟支路分别重建环形器泄漏、天线回波反射以及另外一路发射信号经天线耦合产生的自干扰信号；第二级自干扰抵消的自干扰重建采用 PCB 电路实现，每个自干扰重建支路包括 8 个等长的模拟抽头延迟线（使用低损耗的射频同轴线实现），每个模拟抽头延迟线提供约 12 ns 的时延，使用 7 位数控衰减器和 6 位数控移相器来调节每个抽头信号的幅度和相位。

图 6-8 给出了该原型模拟与数字域自干扰抵消的实测性能（信号带宽 20 MHz）。如前所述，每个接收通道的自干扰信号来自两个发射通道的发射信号，其中一个对应收发共用天线的情况，另外一个对应收发采用不同天线的情况，为了更清晰地反映这两种自干扰源的抵消性能，测量中分别关闭其中一路发射信号，得到图 6-8(a)和图 6-8(b)所示的收发共用天线和收发采用不同天线的自干扰抵消性能。如图 6-8(a)所示，尽管环形器采用了 20 dB 反向隔离度，但由于天线回波反射较大，接收信号的功率比发射信号仅低约 14 dB，模拟域的第一级自干扰抵消可提供约 40 dB 的自干扰抵消能力，而模拟域的第二级自干扰抵消进一步提供约 18 dB 的自干扰抵消能力，这样相比发射信号，总的自干扰抑制达到 72 dB。在图 6-8(b) 中，收发天线 15 cm 的距离提供了约 24 dB 的空间隔离，模拟域的第一级自干扰抵消可提供约 32 dB 的自干扰抵消能力，而模拟域的第二级自干扰抵消进一步提供约 18 dB 的自干扰抵消能力，即相比发射信号功率，总的自干扰抑制达到 74 dB。经上述模拟域自干扰抵消后的接收信号，进一步在频域进行数字自干扰抵消，在没有对收发通道进行非线性补偿的情况下，该原型实测的数字域自干扰抵消达到约 50 dB，这样该原型总的自干扰抵消性能达到 122 dB 左右。如果在数字自干扰重建和抵消中

补偿收发通道的非线性，还可以增加 $10\sim15$ dB 的自干扰抑制性能[3]，从而使系统总的自干扰抵消性能突破 130 dB。

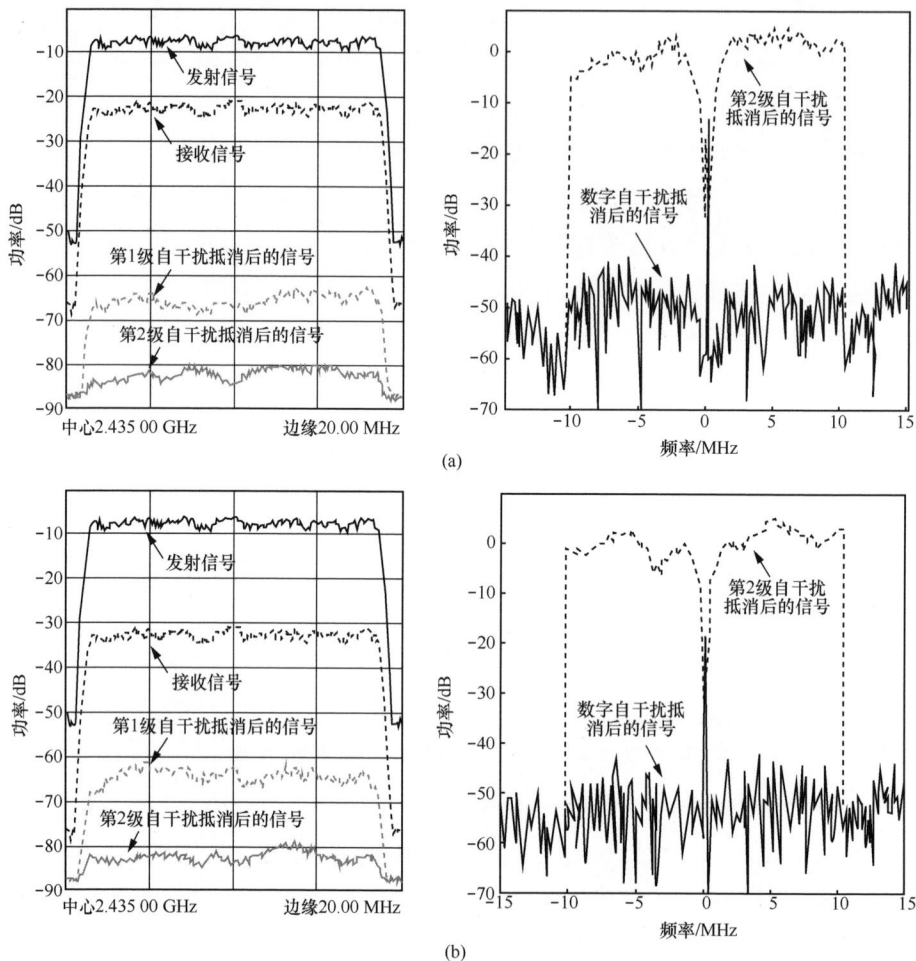

图 6-8 模拟与数字域自干扰抵消实测性能

|6.3 全双工在蜂窝系统中面临的挑战 |

在蜂窝通信系统中，全双工应用于基站设备即可支持上下行全双工传输，而并不要求 UE 必须支持全双工，因此是最简单直接的全双工方式。但是，基站对自干扰抵消的性能要求很高，微基站至少需要 100 dB 的自干扰抑制能力，而宏基站对自干扰抵消性能的要求超过 130 dB。结合天线域、模拟域和数字域的自干扰抑制技术，基本可以满足这一要求。但是，除了全双工设备的自干扰，全双工蜂窝通信系统中还面临 UE 之间的收发互干扰、相邻基站之间的收发互干扰、HetNet 中宏基站和微基站之间的收发互干扰等新的干扰问题。

UE 间的收发互干扰主要通过基站的调度来避免，即当多个 UE 相距较近时，总是被调度为同方向传输，避免其中某些 UE 上行而另外一些 UE 下行传输。全双工 OFDMA 系统如图 6-9 所示，UE1～UE3 相距较近，在某个传输时隙基站调度它们要么只进行上行传输，要么只进行下行接收，同样相距较近的 UE4 和 UE5 也是如此。同时由于这两组 UE 相距较远，若基站在该时隙进行全双工传输，则可以调度 UE1～UE3 下行接收而调度 UE4 和 UE5 进行上行发送，反之亦然。UE6 与 UE1～UE3 距离适中，仍存在收发互干扰但干扰功率较低，UE1～UE3 在该时隙进行上行发送时，基站仍可在该时隙调度 UE6 进行下行接收，但为 UE1～UE3 与 UE6 分配相互正交的频域资源（不同的子载波资源块），因而可以避免 UE1～UE3 上行发送对 UE6 下行接收的干扰。

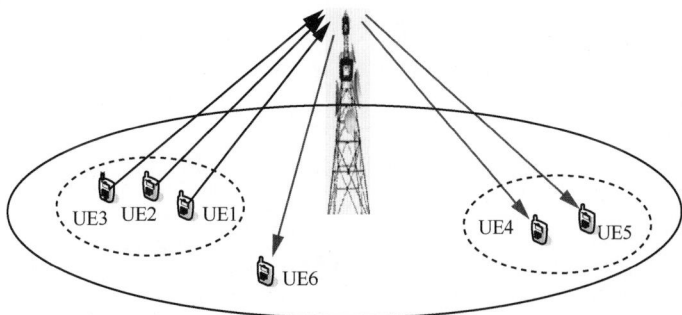

图 6-9　全双工传输调度

对于相邻基站之间的收发互干扰，由于基站之间相距较远且基站之间视距传播信号主要来自各自天线的旁瓣，因此全双工基站上行接收信号中包含的由其他相邻基站下行发射信号产生的同频干扰功率，远低于由本地下行发射信号产生的自干扰，通常只需在数字域对由其他相邻基站下行发射信号产生的同频干扰进行抵消。随着多个基站间的协作或联合传输技术（如 CoMP、DAS、C-RAN 等）在移动蜂窝通信中的广泛应用，相邻基站之间可以交换或共享数字基带发射信号，从而使相邻基站之间收发互干扰的抵消成为可能。除了直接进行干扰抵消，采用干扰避免的方式更简单易行，例如，将小区的中心区域作为全双工区域，而边缘区域作为半双工区域，由于基站接收的位于小区中心区域的 UE 的上行信号功率较强，因此受相邻基站下行发送的干扰影响较小，因而可以调度小区中心区域的 UE 进行全双工传输；反之，小区边缘区域受相邻基站下行发送的干扰影响较大，因此仍按半双工方式进行传输。

对于 HetNet 中宏微基站间的收发互干扰，一种可行的抑制方法是在宏基站进行接收和发射波束的干扰对零。具体来说，通常宏基站可以配置较大数量的发射和接收天线，而微基站受复杂度的限制天线数较小，这样，宏基站可以将接收波束的零波束对准来自微基站的发射信号，从而有效降低其上行接收信号中微基站发射信号产生的干扰；同时，宏基站通过发射预编码，将发射波束的零波束对准微基站，从而有效降低微基站上行接收信号中宏基站发射信号产生的干扰。

| 6.4　小结 |

尽管全双工在自干扰抑制方面仍面临高隔离度、小型化等工程技术挑战，在蜂窝系统中应用还涉及全双工体制下的网络架构、与 FDD/TDD 半双工体制共存和演进等问题。但总体来看，全双工最大限度地提升了网络和设备收发设计的自由度，可消除 FDD 和 TDD 差异性，具备潜在的频谱效率提升能力，适合频谱紧缺和碎片化的多种通信场景，有望在小蜂窝、低功率低速移动场景下率先使用。

| 参考文献 |

[1]　SABHARWAL A, SCHNITER P. In-band full-duplex wireless: challenges and opportunities[J]. IEEE Journal of Selected Areas in Communications, 2014(6): 1637-1652.

[2]　CHOI J, JAIN M. Achieving single channel, full duplex wireless communication[C]//ACM MobiCom, September 20-24, 2010, Chicago, IL, USA. New York: ACM Press, 2010.

[3]　BHARADIA D, MCMILIN E, KATTI S. Full duplex radios[C]//ACM SIGCOMM, August 12-16, 2013, Hong Kong, China. New York: ACM Press, 2013.

[4]　BHARADIA D, KATTI S. Full duplex MIMO radios[C]//NSDI, May 4, 2014, Oakland, CA, USA. New York: ACM Press, 2014.

[5]　CHEN T, LIU S. A multi-stage self-interference canceller for full-duplex wireless

communications[C]//IEEE GLOBECOM, December 6, 2015, San Diego, CA, USA. Piscataway: IEEE Press, 2015.

[6] SABHARWAL A, PATEL G. Understanding the impact of phase noise on active cancellation in wireless full-duplex[C]//ASILOMAR 2012, March 2, 2012, Pacific Grove, CA, USA. Piscataway: IEEE Press, 2012.

[7] KORPI D, CHOI Y S, HUUSARI T, et al. Adaptive nonlinear digital self-interference cancellation for mobile inband full-duplex radio: algorithms and RF measurements[C]//IEEE GLOBECOM, December 6, 2015, San Diego, CA, USA. Piscataway: IEEE Press, 2015.

第 7 章
编码与链路自适应

相比有线通信系统，移动通信系统面临的最大挑战就是信道的快速变化和干扰，这就需要高可靠的系统设计来对抗信道变化和干扰带来的影响。编码和链路自适应就是应对移动信道快速变化和干扰的有效手段。本章介绍 5G 链路自适应的技术发展需求和趋势以及一些常见的编码和 HARQ 技术。

编码和链路自适应是移动通信系统中保证传输可靠性和提升传输效率的有效手段之一。结合 5G 的实际应用需求以及链路自适应的发展趋势，详细阐述了解决未来 5G 典型的小分组业务传输效率的小数据分组编码和分组编码技术，以及如何在复杂、动态快速变化的环境下保证用户体验 QoS 的软 HARQ（Hybrid Automatic Repeat Request）技术。

| 7.1 5G 链路自适应的新需求和新趋势 |

链路自适应技术向来都是无线通信系统物理层的关键技术之一，而且它与编码调制技术是密不可分的[1]。从无线通信的发展历程来看，一个好的链路自适应方案可以为无线链路提供更大的数据吞吐量、更好的传输质量、更低的传输时延和能耗。从 2G 系统的卷积编码到 3G 和 4G 系统的 Turbo 编码，从简单的可变码率的速率匹配到高级的自适应编码调制。在 4G 移动通信系统里，自适应编码调制的基本原理是根据无线信道变化选择合适的调制编码方案[2]。接收侧进行信道测量得到信道状态信息并反馈给发送侧。发送侧根据系统资源和接收侧反馈的信道状态信息进行调度，选择最合适的下行链路调制编码方式，优化系统吞吐量。不断演进发展的链路自适应技术为无线链路的顽健性和传输效率提供了有效保证。

5G 通信系统的成熟与发展总的来说离不开两个方面的驱动。一个方面是需求驱动，即某个需求导致了各种 5G 的应用场景，围绕各种 5G 的应用场景，选择一些已有的技术要素，构成一个完整的技术解决方案；另一个方面是技术驱动，即某个较革命性的技术导致了特定的应用场景，围绕这个核心技术，再选择一些附加技术要素，最后构成一个技术方案。所以，5G 的链路自适应技术致力于服务各种 5G 的应用场景和解决某些传统关键技术的潜在问题。

满足更加丰富的应用场景需求是未来 5G 系统的一个重要特点[3]，一些场景需要系统支持巨量设备的信息交互，比如机器型通信、物联网、大型体育赛事、热点街区等；一些场景需要系统提供极高的数据吞吐量，比如超高清视频传输、云存储和虚拟现实等；一些场景更加注重传输的可靠性和时延，比如车联网、多人在线游戏、高清视频会议等；还有一些场景则对移动性的要求更高，比如在高速铁路和飞机等交通工具上使用移动互联网。

场景的复杂化，对链路自适应也提出了各种差异化的需求[4]：比如，在 MTC 场景下需要聚焦短码编码的性能；在高清视频传输时，就需要关注高吞吐量的自适应编码调制技术；在车联网下需要研究降低译码时延、反馈时延和重传时延的新技术。

面对 5G 的核心需求，传统链路自适应技术已经无法满足，而新的链路自适应技术可以显著地提高系统容量、减少传输时延、提高传输可靠性、增加用户的接入数目。新型编码调制与链路自适应技术将满足未来 5G 系统面对巨量设备的信息交互、超密集小区的部署、超可靠和实时通信等新的复杂多样化的需求[3-4]。

5G 链路自适应的特点和趋势是终端更加自主。首先，传统的基站的链路自适应部分工作会放到终端来完成，如终端参与信道测量、数据调度等；其次，终端可以基于自身情况，如业务需求、干扰情况、信道情况、接收解调情况更加自主地选择合适的链路自适应策略。

在传统的移动通信系统中，测量导频的密度比较低，解调导频的密度比较高，数据的密度则更高，导致信道测量或者干扰测量的精度存在较大差异。如果用解调导频和数据辅助信道测量，可显著提高信道测量的精度。目前 LTE 系统中，测量参考信号一般都是周期性的，在一个周期内传统的 CQI 无法及时反映突发干扰情况，而在这个周期内解调参考信息和数据则经常出现，可以通过解调参考信号和数据更加及时地反映突发干扰情况。因此，新测量研究是必要的，但这个课题有待进一步研究。

围绕着 5G 链路自适应的特点和趋势，着重介绍小数据分组编码、物理层分组编码、软 HARQ 3 个技术点及其仿真分析，这些自适应技术适用于 5G 的各种场景或者用于增强 5G 的物理层关键技术。

|7.2 小数据分组编码 |

随着物联网等新应用的大量涌现，大量用户的小数据分组通信业务变得越来越重要。小数据分组通常是指单个 TB 块的长度为几十到几百比特的数据。因此需要重点关注中短码长（几十到几百比特）的编码性能，尤其是在低码率下的中短码长的性能。

7.2.1 低码率的 TBCC

目前 LTE 的咬尾卷积码（Tail Biting CC，TBCC）的母码码率为 1/3，通过循环重复可以得到更低的码率；如果码率低于 1/3 的 TBCC 作为母码，则可以得到更多的编码增益。

图 7-1 所示的仿真给出了小数据分组的信息分组长度分别为 80 bit、100 bit 和 120 bit 时，采用 1/8 码率的 TBCC 母码（生成多项为 {153,111,165,173,135,135,147,137}，与 LTE 所用的 1/3 码率的 TBCC 母码（生成多项式为 {133,171,165}）进行 AWGN 信道下传输码率为 1/8 时的性能比较结果。其中 LTE TBCC 通过循环重复的方式获得 1/8 码率的传输码字。

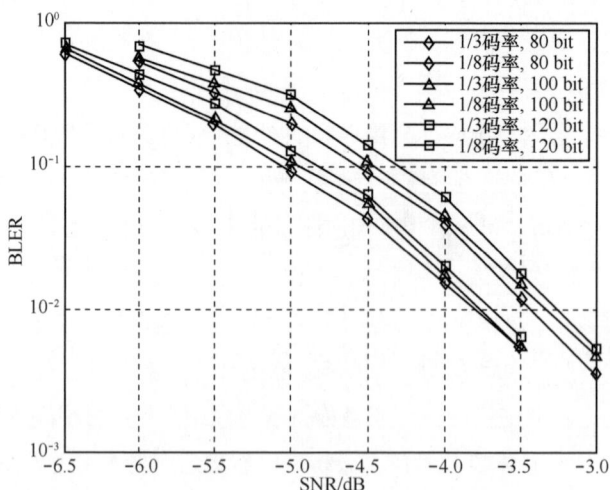

图 7-1 信息位长为 80～120 bit 时的仿真结果

从图 7-1 中可以看出，当信息分组不同时，1/8 码率母码相对 1/3 码率母码的性能优势大约为 0.5 dB（BLER=0.1 处）。

进一步降低短码的母码码率，是否可以获得更大的编码增益呢？图 7-2 给出了在 AWGN 信道下，信息长度为 40 bit、目标码率为 1/16 时，仿真该 1/16 码率的母码与 1/8 码率母码重复以及 1/3 码率母码重复的性能对比情况。其中 TBCC 1/3 码率和 1/8 码率的母码都通过循环重复得到 1/16 码率的传输码字。

从图 7-2 中可以看出，1/16 码率的母码相对 1/8 码率的母码重复编码的性能差异小于 0.1 dB。可见，更低码率的 TBCC 性能没有显著提升。考虑到更低的码率会带来更高的编译码复杂度，因此 1/8 的 TBCC 更适合作为中短码长的编码方案。进一步的研究和仿真可以参考参考文献[5]。

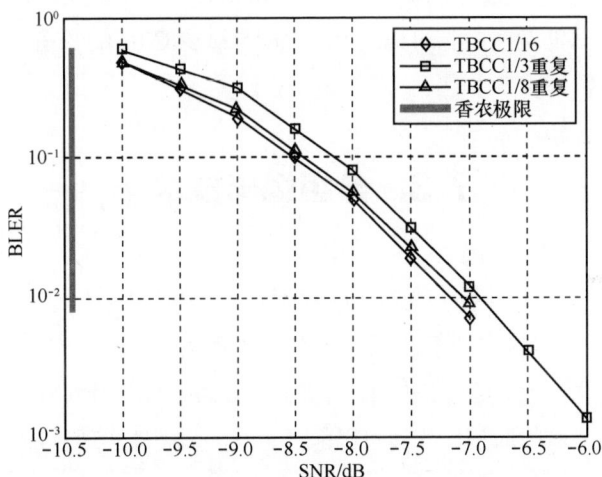

图 7-2 信息位长为 40 bit 时 3 种方案的仿真性能对比

7.2.2 结合码空间检测的差错校验方法

为了保证数据传输的正确性，通常要对传输块添加循环冗余码（CRC）编码，在 LTE 的业务信道中传输块（TB）的 CRC 的长度为 24 bit。对于小数据分组来说，会带来较大的冗余率，从而降低无线信道的传输效率。举例来说，一个长度为 24 bit 的 TB 添加 24 bit 的 TB CRC 后，冗余率达到了 50%，再经过信道编码后实际的冗余率还会进一步提高；即使是长度为 208 bit 的 TB，添加了 24 bit 的 CRC 后，冗余率也至少有 10.3%。

如何降低小数据分组的冗余率，提高传输效率？一个容易想到的方法是减小 CRC 的长度，例如将数据分组的 TB CRC 从 24 bit 减小为 8 bit。然而，这种方法的缺陷是非常明显的：减小 CRC 的长度会造成误检率的上升。例如 8 bit 的 CRC 误检率接近 4%，较高误检率无法满足实际系统的需求。

为了解决这个问题，可以考虑对译码器输出的码字进行分析，译码器可以判断译码的码字是否在码空间，码空间检测可以进一步提升差错检测的效率。例如，对低密度奇偶校验码译码器输出的硬判决码字，先检测是否与校验矩阵的各行内积为零，然后再进行 CRC 校验；对于 Turbo 码或卷积码也可以比较相邻的两次译码迭代后输出的码字是否具有一致性。通过这种联合信道译码的差错校验方法可以大大降低小数据分组的 CRC 长度（例如，只需 4~8 bit 的 CRC）。所以，结合 CRC 检测和码空间检测在保证检测性能的基础上可以明显减少 CRC 的开销，从而提升小数据分组传输效率。

| 7.3　分组编码技术 |

在 5G 时代的超密集网络（UDN）等场景，小编码块和大传输块将成为趋势，小的编码块可以保证足够低的时延和足够快的处理速度，大的传输块保证可以承载足够多的传输数据。而分组编码技术一方面可以改善首次传输和重复传输的性能，另一方面可以明显减少时延，同时可以保证足够低的硬件实现复杂度，因此具有非常大的应用。

在数字通信系统中，源数据分组往往都比较大，所以一般都会进行码块分割，将源数据分组成若干个比较小的纠错编码块进行传输。主要原因如下：

- 源数据分组一般比较大，设计一个长度比较大的信道编码块，纠错编码的编码和译码复杂度都会非常高；
- 纠错编码块比较长，接收时延和译码时延都比较大；
- 源数据分组的长度一般是变化不定的（或某个范围内），设计一个支持不同码长和码率的纠错码比较复杂。

在传统数据分组中，码块分割后的每个纠错编码块之间不存在关联，只要有一个纠错码块出错，整个传输块都可能接收失败。整个数据分组的误分组率（BLER）

和每个纠错编码块的误码率（BCER）之间存在如下关系：

$$BLER = 1 - (1 - BCER)^n \approx n \times BCER \qquad (7-1)$$

其中，n 为数据分组中纠错编码块的数目。可以看出，如果系统传输的数据分组比较大或者数据量比较大，进行码块分割后得到的纠错编码块数就会比较多。如果数据分组的整体误分组率 BLER 要求在较低工作点时，就要求纠错编码块的误码率 BCER 工作点更低。这会导致系统需要付出较大的信噪比，特别是在信道条件比较差的情况下系统效率将受到很明显的限制。

区别于不同传输块之间的网络编码[6]或者不同用户之间的网络编码[7-8]，需要解决的问题是单个用户的一个传输块的传输性能。本章提出的分组编码方案是在传统数据分组的基础上添加一个分组编码处理，即在所有纠错编码块之间添加一个异或（奇偶校验）编码分组，这样操作的目的在于将所有的纠错码块之间建立异或关系，以提高整个数据分组的传输性能。需要指出的是，分组编码还可以支持更加复杂的处理方式，不局限于异或关系。

7.3.1 技术方案

本数据分组编码方案的具体实施步骤如图 7-3 所示，分为：源数据分组进行码块分割 a 块子数据块；对每个子数据块添加码块的 CRC 序列；对每个子数据块进行纠错编码；数据分组编码（奇偶校验编码）得到 1 个校验数据分组；速率匹配得到发送的数据分组 Y。相比于传统数据分组的编码过程，分组编码方案添加了数据分组编码以及速率匹配 2 个环节，这样可以增加各个纠错编码块之间的关联。

具体数据分组编码过程如图 7-4 所示，总共有 a 块纠错编码块(C_0、C_1、$\cdots$、C_{a-1})，经过数据分组编码得到 1 块校验数据分组。具体分组编码过程：将所有纠错编码块的第 j 个比特构成长度为 a bit 的序列 S_j，对该序列 S_j 进行奇偶校验编码得到 1 bit 的第 j 个校验序列 P_j，将序列 S_j 和校验序列 P_j 串联起来得到第 j 个奇偶校验编码序列 $T_j=[S_j, P_j]$，其中 $j=1, 2, \cdots, n$，n 是纠错编码块的比特长度。将所有校验序列 P_j ($j=1,2,\cdots,n$) 顺序组合起来得到 1 块校验数据分组 C_a，即 $C_a=C_0 \oplus C_1$、$\cdots$、$C_{a-2} \oplus C_{a-1}$。合并原始 a 个纠错编码块和数据分组编码得到校验数据分组，进而得到需要发送的数据分组 Y。

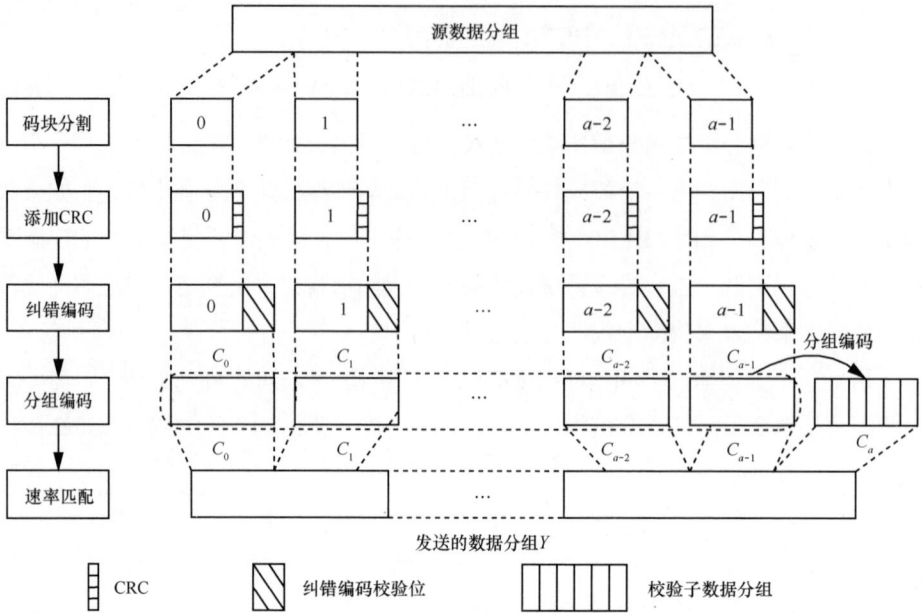

图 7-3　数据分组编码流程

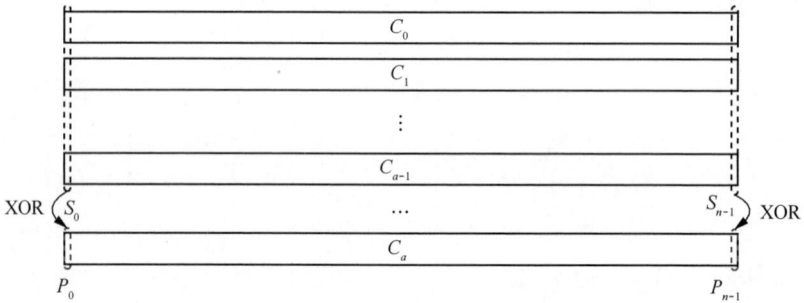

图 7-4　分组编码方法（奇偶校验编码）

7.3.2　复杂度分析

发送端的硬件结构如图 7-5 所示，其中在虚线框内的是相对于传统数据分组增加的硬件模块：奇偶校验编码模块和缓存器。奇偶校验编码模块主要用于计算数据分组中所有纠错编码块的异或结果，可以采用并行结构或者串行结构，硬件实现简单；缓存器的大小和纠错编码块长度相同。

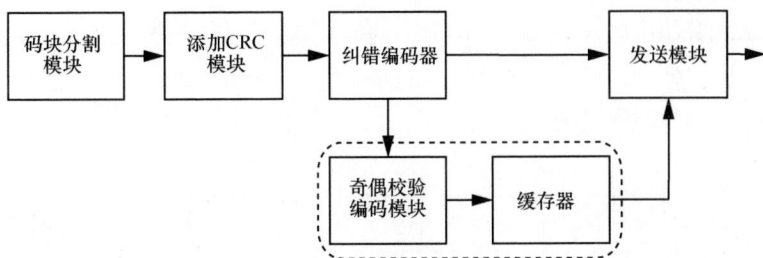

图 7-5　数据分组编码发送端硬件结构

接收端的结构如图 7-6 所示，其中在虚线框内的是相对于传统数据分组增加的硬件模块：LLR 缓存器和奇偶校验码译码模块。其中，LLR 缓存器主要缓存纠错编码译码出错的 LLR 信息；奇偶校验码译码模块主要采用 min-sum 算法来实现，译码简单。通过奇偶校验码译码后，再进行纠错编码译码。

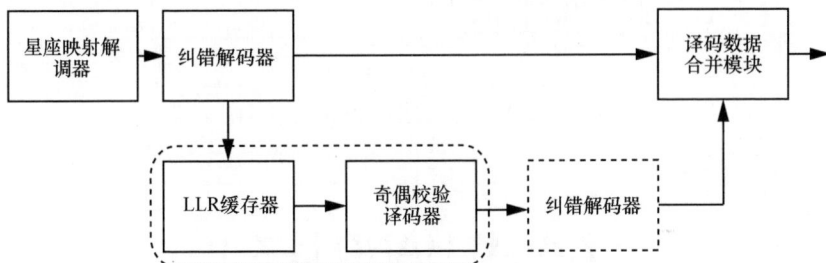

图 7-6　数据分组编码接收端硬件结构

由上述分析可知，相对于传统数据分组，发送端数据分组编码模块和接收端数据分组译码模块所增加的复杂度都很低。所提出的分组编码方案将一个较长的纠错码块分割成若干个较短的纠错码块，然后进行数据分组编码，降低了纠错码的译码复杂度和时延，从而可以降低成本并提高系统数据吞吐量。

7.3.3　仿真分析

纠错编码采用 Turbo 编码方法，仿真结果如图 7-7 所示。仿真过程中，Turbo 码的码率为 1/2，码长为 672 bit，每个 Turbo 码块中有效信息长度为 328 bit，CRC 序列长度为 8 bit，仿真信道为 AWGN，数据分组中包含 10 块 Turbo 码或 50 块 Turbo 码。从仿真结果中可以看出，相对于传统数据分组（没有进行分组编码），在 BLER=0.1

时，如果数据分组中包含 10 块 Turbo 码，同等频谱效率条件下性能有约 0.4 dB 的增益，而如果数据分组中包含 50 块 Turbo 码，性能有约 0.7 dB 的增益。进一步的研究和仿真可以参考参考文献[9]。

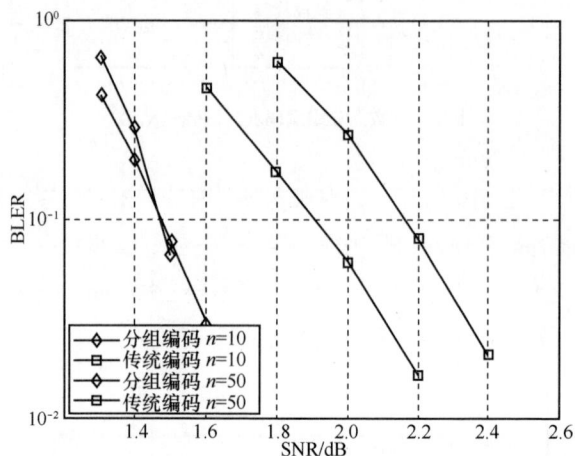

图 7-7　基于 Turbo 码分组编码的性能仿真

|7.4　软 HARQ 技术 |

　　在未来 5G 系统中，车联网导致的信道快变、业务数据突发导致的干扰突发、频繁的小区切换导致的大量双链接、先进接收机的大量使用等情况将大量出现，外环链路自适应（OLLA）将无法锁定目标 QoS，从而导致信道质量指示信息（CQI）出现失配的严重问题。例如：OLLA 根据统计首传分组的 ACK 或者 NACK 的数量来实现外环链路自适应，这种方法是半静态的（需要几十到几百 ms），在上述场景下无法有效工作。这里提出的软 HARQ 技术可以帮助终端快速锁定目标的 BLER，从而有效解决传统链路自适应技术中 CQI 的不准确和不快速问题，有效地提高系统的吞吐量。总之，软 HARQ 技术可以改善 CQI 不准确的问题。

　　参考文献[10]省略了 CRC 而 ACK/NACK 只需要根据译码器的可靠性信息获得。参考文献[11]给出一种分段 HARQ，一个分组被分成多个段，一段有一个 ACK/NACK反馈信息。参考文献[12]给出了一种基于可靠性 HARQ 机制，基于可靠性的 HARQ

允许接收侧发送软可靠性信息，量化一个错误接收分组的质量，并且可以依靠这个可靠性信息发送侧修改重传格式。参考文献[13]给出了一种回溯重传的递增冗余方法，介绍了一种向量量化的信道质量反馈新方法。

软 HARQ 本质上是 CSI 反馈的一种实现方式。在传统 HARQ 中，数据分组被正确接收时接收侧反馈 ACK，否则接收侧反馈 NACK，因此发送侧无法从中获得更多的链路信息。在软 HARQ 中，通过增加少量的 ACK/NACK 反馈比特，接收侧反馈 ACK/NACK 时还可以附带其他信息，包括后验 CSI、当前 SINR 与目标 SINR 差异[14]、接收码块的差错图样、误码块率等级、功率等级信息、调度信息或者干扰资源信息等更丰富的链路信息，帮助发送侧更好地实现 HARQ 重传。总之，软 HARQ 在有限的信令开销以及实现复杂度下实现了链路自适应。同时，相对于传统的 CSI 反馈，软 HARQ 可以更快、更及时地反馈信道状态信息。

7.4.1　软 HARQ 方案

7.4.1.1　技术方案

以 MTC 场景为例，介绍一个软 HARQ 方案实例。

在 MTC 中，终端发送功率很小且所处环境阴影和衰落比较大，大量长度较小的短分组是突发传输的。为了节省发射功率，信道状态信息的反馈往往受到限制。因此需要找到一个好的编码调制和 HARQ 传输方案，软 HARQ 是一个好的方向。

图 7-8 是软 HARQ 传输的一个方案，可用于 MTC 覆盖增强。发送侧在多个子帧连续重复发送一个数据分组，累计发送 N_i 次后暂停发送。接收侧在接收完 N_i 个重复分组后对先前所接收的全部数据进行合并处理。如果接收侧正确接收该传输块，则发送正确接收确认信息 ACK；发送侧收到 ACK 后该分组结束发送。如果接收侧无法正确接收，则发送错误接收确认信息 NACK；发送侧收到 NACK 后重复前述过程，直至接收侧正确接收该传输块。

上述软 HARQ 传输方案中，如果 ACK/NACK 采用传统的 1 bit 反馈，则是传统的 HARQ 传输方案。如图 7-9 所示，软 HARQ 方案通过增加 ACK/NACK 反馈比特，可以指定每次 HARQ 传输的数据分组重复次数 N_i（或者其他参数如码率等），从而优化总的重复次数 NTotRepTim 和 HARQ 传输次数 MHarqTras，节省系统资源，

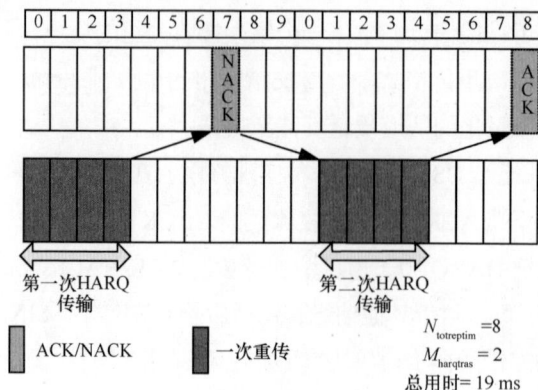

图 7-8 软 HARQ 传输方案

降低时延。作为具体实现的例子，可以使用 2 个反馈比特，用于指示正确接收和非正确接收，以及下一次 HARQ 传输的重复次数 N_i。比如，00 用于指示 ACK，以及下一次 HARQ 传输的重复次数 N_i 为当前重复次数等级；01 用于指示 ACK，以及下一次 HARQ 传输的重复次数 N_i 为上一个重复次数等级，即降低重复次数；10 用于指示 NACK，以及下一次 HARQ 传输的重复次数 N_i 为当前重复次数等级；11 用于指示 NACK，以及下一次 HARQ 传输的重复次数 N_i 为下一个重复次数等级，即增加重复次数。N_i 可以使用传统的方法，如基于导频的预测方法；或者使用新的方法，如基于接收数据软信息的预测方法得到。表 7-1 是 2 bit 软 HARQ 定义的一个例子。

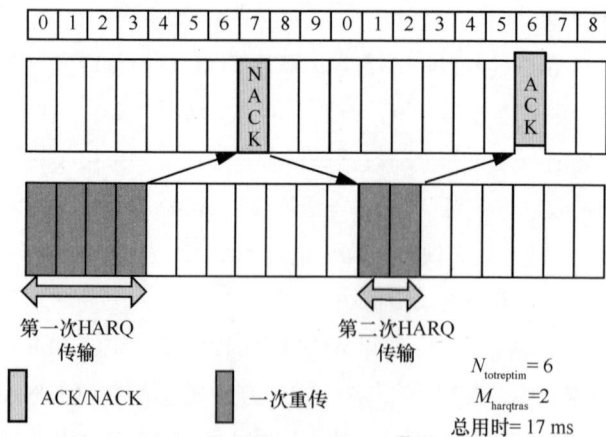

图 7-9 增加反馈比特的软 HARQ 传输方案

表 7-1　2 bit 软 HARQ 的比特定义

软 HARQ 比特	定义	N_i
00	ACK，使用当前重复次数等级	4
01	NACK1，使用当前重复次数等级	4
10	NACK2，使用上一重复次数等级	2
11	NACK3，使用下一重复次数等级	6

7.4.1.2　MTC 下的软 HARQ 方案仿真分析

表 7-2 和表 7-3 分别给出了 SNR = −17 dB 和 SNR = −20 dB 时，传统 HARQ 和软 HARQ 的链路仿真结果。仿真的假设前提是 EPA 信道，UE 速度为 0.54 km/h，理想信道估计。其中，Delay = NTotRepTim +7×(MHARQTras−1)+4 (ms)，是发送侧开始发送一个传输块到接收 ACK 的时延。

作为基线方案，传统 HARQ 方案中，每次 HARQ 传输的重复传输次数 N_i 保持不变且等于 N_0。而软 HARQ 方案中，N_i 是通过接收侧反馈的。当接收侧无法正确接收传输块时，接收侧发送 NACK 信息指示下次 HARQ 传输的重复传输次数。NACK 信息包括 3 个等级，即 NACK1/NACK2/NACK3，分别对应重复次数 $N\_1/N\_2/N\_3$。需要说明的是，在软 HARQ 方案的仿真中，首次 HARQ 传输的重复次数是接收侧在发送 ACK 时反馈的。事实上，对于慢变信道，不需要额外的反馈比特，只需要根据前一个传输块总的重复次数确定下一个传输块的首传重复次数即可。因此本节的软 HARQ 方案相当于 2 bit 软 HARQ 反馈。

表 7-2　EPA 信道下仿真结果（SNR=−17 dB）

仿真例序号	传统 HARQ (N_0)/软 HARQ ($N\_1/N\_2/N\_3$)	NTotRepTim	Delay
1	传统 HARQ (5)	9.49	19.79
2	软 HARQ (5/10/20)	9.50	16.65
3	传统 HARQ (10)	12.80	18.76
4	软 HARQ (5/10/20)	9.50	16.65

表 7-3　EPA 信道下仿真结果（SNR=−20 dB）

仿真例序号	方案 1(N_0)/软 HARQ (N_1/N_2/N_3)	NTotRepTim	Delay
1	传统 HARQ (5)	16.31	36.13
2	软 HARQ (5/10/20)	16.36	26.24
3	传统 HARQ (10)	19.02	29.32
4	软 HARQ (5/10/20)	16.36	26.24

表 7-2 中，仿真例 2 相对于仿真例 1，NTotRepTim 增加了 0.11%，而 Delay 减小了 15.87%；仿真例 4 相对于仿真例 3，NTotRepTim 减小了 25.78%，即容量增加了 25.78%，而 Delay 减小了 11.25%。表 7-3 中，仿真例 2 相对于仿真例 1，NTotRepTim 增加了 0.31%，而 Delay 减小了 27.37%；仿真例 4 相对于仿真例 3，NTotRepTim 减小了 13.99%，而 Delay 减小了 10.50%。可见，相对于固定重复次数的方案，通过软 HARQ 反馈重复次数，可以有效降低传输时延或者节约系统资源，从而实现自适应编码调制。进一步的研究和仿真可以参考文献[15-16]。

7.4.1.3　其他应用

D2D 通信是 5G 的一个主要应用场景之一，可以明显提高每比特能量效率，为运营商提供新的商业机会。研究了单播 D2D 的链路自适应机制，分析了传统的混合自动重传（HARQ）和信道状态信息（CSI）反馈的必要性。建议在 D2D 中使用软 HARQ 确认信息作为反馈信息。与传统的硬 HARQ 确认信息和 CSI 反馈的链路自适应比较，这个机制具有明显的优势，可以简化单播 D2D 链路自适应的实现复杂度和减少反馈开销，且仿真结果表明该方案与传统方案具有相当的性能，却不需要传统的测量导频和信道状态信息的反馈。

大规模机器型通信（MTC）是 5G 的一个主要应用场景，以满足未来的物联网需求。在这种场景下，大量的 MTC 终端将出现在现有的网络中，不同的 MTC 终端将有不同的需求，传统的硬 HARQ 确认信息和 CSI 反馈的链路自适应将无法满足各种各样的业务需求和终端类型，而软 HARQ 技术可以解决这些问题。软 HARQ 技术定义基于需求的软 HARQ 信息的含义，而软 HARQ 的含义可以基于上述需求的 KPI 来重新定义。这种重新定义可以是半静态的，也可以是动态调整的。

具体地，如果超可靠通信的 MTC 终端使用了软 HARQ 技术，终端可以给基站提供调度参考指示信息，这个调度参考指示信息需要保证预测的目标 BLER 足够低，或者发送端直到接收到盲检测的 ACK 确认信息才终止该通信进程。如果时延敏感的 MTC 终端使用了软 HARQ 技术，终端同样可以给基站提供调度参考指示信息，这个调度参考指示信息需要保证首传和第一次重传的预测的目标 BLER 足够低，而且该信息可以从相对首传的资源比较大的资源候选集合中指示一个资源。如果时延不敏感的 MTC 终端使用了软 HARQ 技术，终端同样可以给基站提供调度参考指示信息，这个调度参考指示信息可以从相对首传的资源比较小的资源候选集合中指示一个资源。另外，MTC 终端还可以根据信道的大尺度衰落和首传资源大小做出资源候选集合的合适选择，这种选择同样可以是静态的、半静态的或者动态的。

7.4.2　基于分组编码的软 HARQ 方案

在传统的移动通信系统中，数据译码后产生了 1 bit 的 ACK/NACK，无法充分利用数据解调带来的信道自适应信息，用于重传自适应的反馈严重受限，所以重传缺乏足够的自适应。而基于分组编码的软 HARQ 技术，一方面可以通过拓展反馈量来增加重传的效率，另一方面，分组编码可以建立码块之间的相关性，从而带来更多的编码增益。在假设首传目标 BLER=0.1 的条件下，ACK/NACK 反馈量可以从 1 bit 增加到 2 bit，则传统的硬的 HARQ 确认信息变成软的 HARQ 确认信息，此时可以使用 HARQ 的软确认信息来确定重传的传输块，这种方法可以普遍地增加 5%～10% 的系统容量，如果首传目标 BLER 更高，则增益更大。总之，基于分组编码的软 HARQ 技术可以较明显地增强 HARQ 的性能。

本节将介绍一个基于分组编码的软 HARQ 方案的例子，如图 7-10 所示。

首先，基站接收终端发送的传输块的误分组率等级指示信息和传统 CQI；然后，该基站根据所述传输块的误分组率等级指示信息确定用于重传的传输块。其中，若误分组率或者误码块率低于一个门限值如 $P_0=0.1$，基站还对构成首传的传输块的 K_0 个数据分组进行系统码的分组编码，得到 M_0 个冗余分组，此时用于重传的传输块就是所述 M_0 个冗余分组；若误分组率或者误码块率高于一个门限值，不进行分组编码，用于重传的传输块仍然是首传的传输块；其中，K_0 和 M_0 都是正整数，P_0 是 0 和 1 之间的实数。最后，该基站确定重传传输块的编码调制方式 MCS，并利用确定的所述编码调制方式对数据信息进行编码调制得到处理后数据，发送所述处理后数据至所述终端。

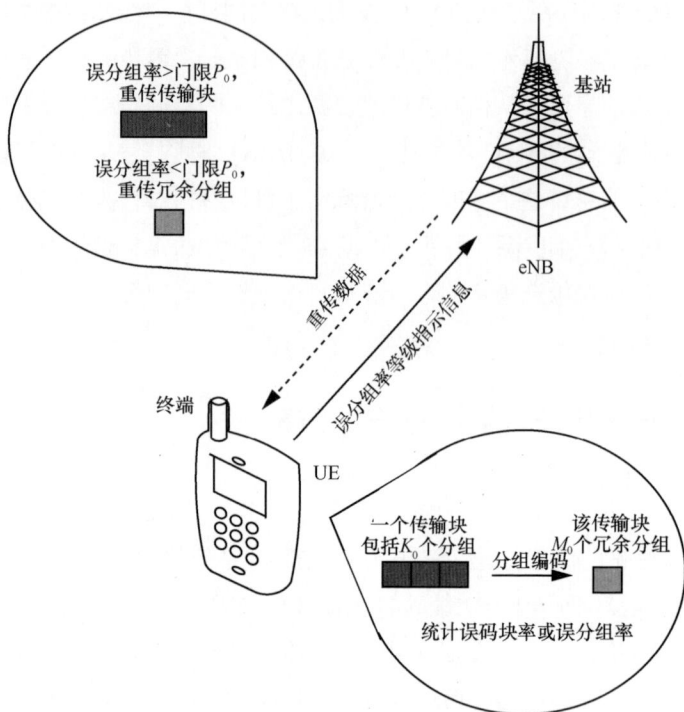

图 7-10　基于分组编码的软 HARQ 传输方案

对于传统的 HARQ 技术，用于重传的传输块和首传的传输块是相同的。基于分组编码的软 HARQ 方案允许重传的传输块与首传的传输块不同，当分组丢失率低于某个门限时，重传的传输块可以是首传传输块分组编码产生的冗余分组（校验分组）；当分组丢失率高于该门限时，仍然采用传统 HARQ 的方法，用于重传的传输块仍然是首传的传输块。采用这个方法，如果 CQI 没有失配，则只需要重传少量的冗余分组，而不需要重传首传的传输块，可以大大减少重传的数据量，大大提高重传的效率，可以提高 7%～10%的系统容量。

|7.5　小结|

本章着重介绍了小数据分组编码、分组编码技术和软 HARQ 技术，这些技术实例都符合 5G 链路自适应的终端自主的特点，可以挖掘链路自适应的潜力，不仅可以满足各种各样的 5G 的需求，而且可以提高整个系统的容量和频谱效率，并减少时延。另外，还介绍了 5G 链路自适应的需求和应用场景以及预期可以解决的技术问题。

│ 参考文献 │

[1]　SESIA S, TOUFUK I, BAKER M. LTE: The UMTS long term evolution from theory to practice[M]. [S.l.]: Wiley Publishing, 2009.

[2]　3GPP. Evolved universal terrestrial radio access(E-UTRA);physical layer procedure(Release 8): TS36.213[S]. 2016.

[3]　METIS. Requirement analysis and design approaches for 5G air interface revision 1.0: D2.1[S]. 2013-08-30.

[4]　徐俊. 5G 的链路增强技术介绍[J]. 中兴通讯技术（简讯），2015(12).

[5]　许进，徐俊. IMT-2020_TECH_NCM_14012：新型调制编码研究进展[J]. 中兴通讯技术（简讯），2014(6).

[6]　MANSSOUR J, OSSEIRAN A, SLIMANE S B. A unicast retransmission scheme based on network coding[J]. IEEE Transactions on Vehicular Technology, 2012, 61(2):871-876.

[7]　JOLFAEI K, MARTIN S, MATTFELDT J. A new efficient selective repeat protocol for point-to-multipoint[J]. IEEE Transactions on Vehicular Technology, 1993(2):1113-1117.

[8]　LI J. Compressed multicast retransmission in LTE-A eMBMS[C]//Vehicular Technology Conference (VTC 2010-Spring), May 16-19, 2010, Taipei, Taiwan, China. Piscataway: IEEE Press, 2010:1-5.

[9]　徐俊，许进. IMT-2020_TECH_NCM_14024, 物理层数据分组编码[J]. 中兴通讯技术（简讯），2014(12).

[10]　FRICKE J, HOEHER P. Reliability-based retransmission criteria for hybrid ARQ[J]. IEEE Transactions on Communication, 2009, 57(8):2181-2184.

[11]　SHI T, CAO L. Combining techniques and segment selective repeat on Turbo coded hybrid ARQ[C]//IEEE WCNC 2004, March 21-25, 2004, Atlanta, Georgia, USA. Piscataway: IEEE Press, 2004.

[12]　TRIPATHI V. Reliability-based type II hybrid ARQ schemes[C]//IEEE International Conference on Communications (ICC '03), May 11-15, 2003, Anchorage, Alasaka, USA. Piscataway: IEEE Press, 2003: 2899- 2903.

[13]　POPOVSKI P. Delayed channel state information: incremental redundancy with backtrack retransmission[C]//2014 IEEE International Conference on Communications, July 27-29, 2016,

Chengdu, China. Piscataway: IEEE Press, 2014: 2045-2051.

[14] ZTE. Evaluation results of CSI enhancements for NAICS: R1-142220[S]. 2014.

[15] 许进, 徐俊. IMT-2020_TECH_LLHR_14013, 低时延高可靠 HARQ[J]. 中兴通讯技术（简讯）, 2014(11).

[16] 徐俊, 许进. IMT-2020_TECH_NCM_14025, Soft HARQ[J]. 中兴通讯技术（简讯）, 2014(12).

5G 的重要应用场景之一就是垂直行业，所以 5G 需要适应垂直行业千差万别的业务需求，需要网络结构足够灵活和可扩展，以实现按需的网络部署。本章从 5G 网络的架构需求出发，详细介绍现有网络架构存在的问题和面临的挑战，讨论 5G 网络架构设计的原则、目标和基本特征，最后简单介绍 5G 网络架构的使能技术 SDN 和 NFV。

随着移动互联网和物联网业务的快速发展，新的应用场景和需求不断涌现，现有的 4G 网络逐渐面临挑战，新一代移动通信技术的研发已经提上日程。每一代移动通信技术都有以多址方式为核心的鲜明的无线空口技术特征，同时，也有以网络架构为特征的网络逻辑功能组合。本章着眼于面向 5G 系统的网络架构演进，在介绍现有网络架构面临的挑战的基础上，指出了 5G 网络架构的总体需求、设计理念与目标，提出了未来 5G 网络架构的初步设想，并给出了网络架构参考设计的一个示例，然后介绍了未来网络两大关键技术 NFV 与 SDN。

| 8.1 5G 网络架构需求 |

在 IMT-2020 需求白皮书[1]中，对有可能影响 5G 网络架构的需求和挑战进行了充分的分析，主要包括以下几个方面。

（1）具备灵活可扩展的网络架构，以适应用户和业务的多样化需求

由于移动互联网和物联网的不断发展，未来 5G 用户和业务需求呈现多样化特点，如何提供灵活可扩展的网络架构，以满足多层次多维度的 5G 需求，是面向未来的网络架构研究的一个重要需求。

（2）支持网络对用户行为和业务内容的智能感知，并进行智能优化

面向 5G，基于用户行为和业务内容的智能感知基础上的传输优化，是提供优质网络服务的一个重要途径，也是 5G 网络架构必须具备的一个关键能力。

（3）支持多样化的数据路由与分发，降低业务时延，支持多种回传机制，提高传输效率

面向未来的各种垂直行业，在业务时延、业务可靠性与效率等方面提出了新的需求，这要求网络架构在数据路由、业务分发、回传机制等方面具备足够的灵活性。

（4）具备更强的设备连接能力，应对海量物联网设备的接入

物联网应用是未来 5G 的一个重要场景，针对海量物联网设备的接入，需要针对性地设计提供更强的设备连接能力，以应对海量连接的挑战。

（5）支持多样化的低成本网络节点，可灵活密集部署，降低建设和运维成本

未来 5G 对超密集网络部署的引入，在提高网络性能的同时，给网络部署和运营都带来很大的挑战。5G 网络架构必须能够降低部署的复杂度和成本。

（6）降低多制式共存、网络升级以及新功能引入等带来的复杂度

2G/3G/4G 以及 Wi-Fi 客观上已经共存，5G 时代预计依然会存在多网的长期共存。多网共存所要求的网络互操作、多网协作与深度融合，将是必然需求。5G 网络架构需要能够有效应对多制式共存、网络升级以及新功能的引入必然带来的网络运营维护复杂度，构造自治的网络运行机制。

| 8.2　现有网络存在的问题 |

8.2.1　网络架构发展历程与内在逻辑

首先，要从网络架构演进历程分析切入，寻找架构发展的内在逻辑和发展趋势，在此基础上，分析目前的网络架构的局限性以及其能否满足未来 5G 的多样化需求，审视其面临的挑战。

从 2G、3G 到 4G，从网络架构的角度，可以观察到几个典型的发展趋势，从而一窥网络架构发展的内在逻辑。

（1）IP 化

无论从业务、承载还是从传输交换层面，都是从只支持电路域业务到走向全 IP，并趋向于只需支持 IP。

（2）扁平化与分布式

从网络拓扑来看，以 LTE 为代表的无线接入网已经实现了完全的扁平化与分布式架构，而核心网在进入分组域时代后，依然保留着集中控制的特点。

（3）控制与承载的分离

为了更高效地处理控制信令与用户数据，控制与承载分离在 LTE 系统中得到了继承和强化。以 3GPP R12 中的无线双连接为代表的新技术，甚至已经开始实现在不同基站分别执行 RRC 控制面和用户数据面的功能。

（4）多网的融合

2G/3G/4G 以及 Wi-Fi 客观上已经共存，5G 时代预计依然将会存在多网的长期共存。多网共存所要求的网络互操作、多网协作与深度融合，将是必然需求。

8.2.2 现网架构导致的现实挑战

从 LTE 网络部署与应用的角度，可以观察到现有网络架构面临的挑战和存在的问题正在逐步暴露，这为后续的网络架构演进提供了思考的空间，主要包括以下几个方面。

（1）新的网络瓶颈出现

随着互联网业务流量的爆炸性增长，以集中化为特征的核心网网关与回传链路逐渐成为数据路由与转发的瓶颈，核心网络与传输网络面临的数据洪流压力也越来越大。同时，分层组网、异构网络、小小区、密集化部署在提供巨大的无线容量的同时，也导致了移动性、资源协作、网络管理方面的诸多问题。此外，在业务建立和处理时延方面，虚拟现实、增强显示、车联网等新兴业务都对端到端时延提出了更加严格的需求。基于现有的 LTE 网络以后向兼容的方式来满足这些需求，具备极大的挑战，新的网络架构很可能是一种更优的选择。

（2）多网共存导致的互操作复杂与低效

当前，多张网络的融合，主要集中在核心网层面，由此导致多网之间互操作复杂、松耦合协作、缺乏无线资源整合手段等问题，新的深度融合机制迫在眉睫。并且，随着多网的长期共存、深度融合以及终端能力的日益强大，多网络协同服务、多连接多流传输将成为未来终端与网络之间的基本通信方式，而当前的网络架构在这方面存在着巨大的局限性，亟须新的网络架构来支撑。

（3）盲管道

以用户优质体验和网络高效运行为核心的运营评估体系要求智能管道作为网络建设的发展方向，但当前的网络尤其是无线网络却缺乏智能灵活且能提供差分服务和精细经营所必需的能力，亟须突破盲管道这一瓶颈。而对用户、业务、内容的智能感知和智能处理（如资源的分配、数据的分发与汇聚等），构造智能无线网络，已经成为对无线网络构造智能管道的必然要求，新型网络架构将提供构造智能无线网络的机会。

（4）超密集组网与超高移动性支持

流量需求暴涨，而无线容量日益枯竭。此外，可用的无线电频段逐渐走向高频，但其在同等条件下的覆盖范围不断缩小，小小区（超）密集组网成为普遍的技术选择。但同时，飞机、高铁等新型应用场景也要求更大范围的覆盖与更高移动性的支持。因此，覆盖与容量的联合考虑、密集甚至超密集组网所面临的有效性和规模性也需要新的网络拓扑结构。

（5）移动互联网业务带来的新场景和新需求

4G 网络虽然主要是瞄准分组业务制定的，但移动互联网新业务层出不穷，已经远远超出 10 年前设计 LTE 时的一些设想，LTE 的局限性也日益暴露，如大量终端的瞬时连接冲击、非连续性小数据分组的低传输效率，以飞机与高铁为代表的更高移动速度的场景的支持不力等。

（6）物联网业务的多样化需求

移动通信技术正在日益深刻地进入众多垂直行业，如电网、制造、环境、医疗等，这些垂直行业对通信速度、时延、连接能力、成本、功耗、业务质量等的各种需求高度离散和多样化，而现有的网络架构由于历史局限性，而对此考虑不足，导致诸如时延、功耗、并发连接数等问题几乎无法解决。

通过前面的分析，LTE 的网络架构虽然符合无线移动系统整体演进的内在逻辑，也在一定程度上满足了现网的需求，但其固有的一些局限性已经不能满足未来 5G 网络的多样化需求，亟须面向 5G 的新场景的完备分析的基础上，提出能够满足 5G 需求和符合网络架构整体演进逻辑的 5G 架构设计。

| 8.3 5G 网络架构特征 |

8.3.1 5G 网络架构设计原则

基于上述挑战与需求，我们提出了一些基本原则，用以指导 5G 网络架构的设计。

（1）有利于降低时延

可触式互联网等应用对 5G 网络传输时延提出了很高的要求，由前面分析可知，目前的网络架构很难满足如此高的时延要求，因此如何降低传输时延，以满足时延敏感度较高的应用的需求，是架构设计需要考虑的一个重要原则。

（2）有利于增强业务与内容的智能感知和处理

如前面的分析可知，基于用户行为和业务内容的智能感知基础上的传输优化，是 5G 网络提供优质服务的一个重要途径，也是架构设计需要重点考虑的原则之一。

（3）有利于促进多网融合运行

如前面的分析可知，多网共存预计在 5G 也将是长期存在的，5G 网络架构需要将有利于促进多网融合，作为设计的一个重要原则，以提高网络效率、降低多网运维成本。

（4）有利于构造高容量低成本的灵活网络

如前面所述，5G 必然面临高网络容量的挑战，如何在保证高容量的前提下构造满足需求的低成本的灵活网络，是架构设计需要考虑的重要原则之一。

8.3.2 5G 网络架构设计目标

以 IMT-2020 需求为基础，并结合"智能管道"的设计目标，对未来网络架构提出了一些基本的设计目标，用以指导具体的技术选择：

- 超越管道，实现更智能更具价值的无线网络；
- "零时延"，本地业务靠近处理，远端数据优化路由，实现"零等待"；
- 海纳百川，足够的扩展性支持多网融合，如未来 4G/5G/Wi-Fi 的共存与融合；
- 即插即用，支持多样化的低成本网络节点，可灵活密集部署；

- 一致体验，依托更加强大与可信的智能终端，用户体验无差异、无感知；
- IT 化，通用架构和虚拟技术支撑网元功能实体与软硬件平台。

8.3.3　5G 网络架构设计

基于上述 5G 需求、设计原则与设计目标，提出了关于 5G 网络架构的初步设想。

5G 网络架构通过增强协作控制、优化业务数据分发管理，支持多网融合与多连接，支撑灵活动态的网络功能和拓扑分布，促进网络能力开放，从而进一步提升网络灵活性、数据转发性能以及用户体验和业务的有效结合。5G 网络架构会向更扁平、基于控制和转发进一步分离、可以按照业务需求灵活动态组网的方向演进。运营商将可针对不同的业务、用户的需求，快速、灵活、按需地实现不同质量业务需求的组网，网络整体的效率进一步提升。

5G 网络架构示例如图 8-1 所示，主要设计理念如下。

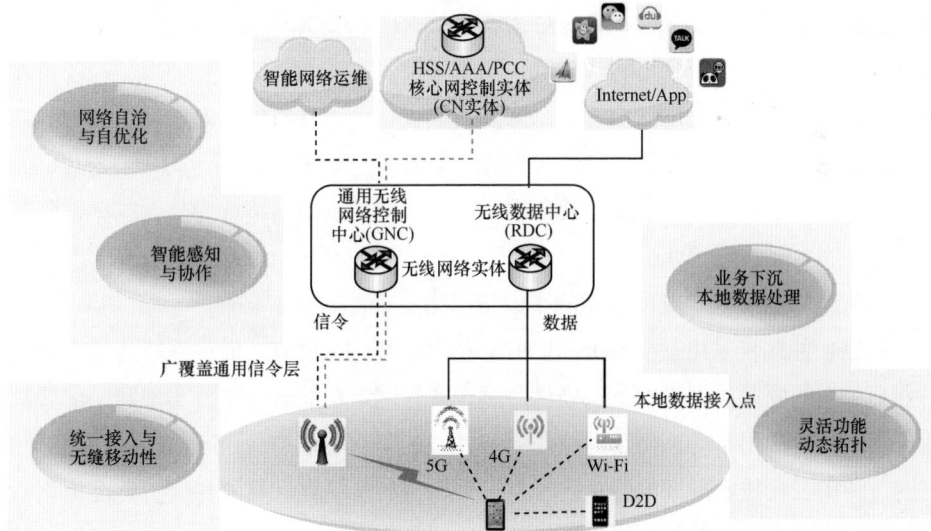

图 8-1　5G 网络架构示例

（1）业务下沉与业务数据本地化处理

在逻辑功能上，基于核心网与无线网的功能重构，促使核心网专注于用户签约与策略管理以及集中控制，而其用户面与业务承载功能继续下沉，业务承载的管理与业务数据的路由和分发部署在更靠近用户的接入网，从而构建更加优化的业务通道，使得业务的路由通道更加简化，避免业务瓶颈，降低集中传输的负荷。同时，基于对数据和业务内容的精细化感知，接入网不仅可以在本地生成、映射、缓存、分发数据，还可实现业务的本地就近智能分发和推送。

（2）用户与业务内容的智能感知

以智能管道为目标，通过引入更精细化的业务与用户区分机制，根据业务场景、用户能力、用户偏好及网络能力等，自适应配置空口技术、系统参数等，实现端到端的精细而多样化的网络连接、业务和内容区分与处理。5G 网络架构将能支持基于对业务与用户的预测、分析、响应和处理能力，实现自适应的空口接入与管理、端到端的精细而多样化的业务和内容区分与处理，提供更精准、更完备的用户个性化、定制化的资源配置和网络服务，以满足多样化的用户及业务需求，并确保一致的、高质量的用户体验。

（3）支持多网融合与多连接传输

在可见的时间内，4G/5G/Wi-Fi 等多种网络将长期共存，因此，5G 网络架构必须支持多种网络的深度融合，实现对于多种无线技术/资源的统一和协调管理，并基于承载与信令分离，信令与制式解耦，实现与接入方式无关的统一的控制，使得无线资源的利用达到最大化。同时，未来的终端也将普遍具备多制式多无线的同时连接和传输能力。在多维度业务接纳与控制的基础上，5G 网络将基于时延容忍度、分组丢失敏感度以及不同的 App、业务提供商，支持精确的网络选择与无线传输路径与方式，实现最佳资源匹配。

（4）基于软化和虚拟化技术的平台型网络

网络功能逐步采用基于 SDN 和 NFV 的平台技术来实现，促进网络的集中控制与业务数据的分发。网络设备软硬件解耦、实现网络功能软件化，实现网络部署及业务引入的灵活化和动态化及网络功能与性能的可动态重构、可编程与定制化能力。同时，利用云化技术形成电信基础设备云平台，实现网络计算和存储资源虚拟化，构造集中化、自动化与开放化的网络架构。

（5）基于 IT 的网络节点支持灵活的网络拓扑与功能分布

通用 IT 技术平台取代现有的专用网络设备节点，核心网节点与无线基站等硬件实现全面 IT 化。各个功能单元和协议接口进一步向通用化、模块化、分层化，基于开放的接口和模块化的功能，可以支持灵活的网络拓扑与功能分布、多种形态网络设备的即插即用、在线功能升级和重配以及动态重构。通过提供通用的网络接口和标准化、格式化的参数，开放网络能力，构建有序开放的网络和业务运营的生态环境，为业务开发和业务提供构造出透明化、可定制的基础设施服务平台。

（6）网络自治与自优化

网络除了需要高速、低时延的网络性能，也需要应对未来多样化的需求和网络成本压力，需要网络具备架构灵活性和低成本运营能力，即要求未来网络架构和功能需要灵活定制，网络部署和调整需要自动化、智能化。为了向用户提供高质量的移动通信服务，并能提供可定制网络，一方面基于设备的通用性和易配置管理能够实现全局规划配置自动化、建设成本大幅降低的优点，更好地支持网络的灵活自治，即网络设备的即插即用能力；另一方面，需要网络能够通过自动优化，对网络参数进行快速有效的调整，以达到优化资源配置、适配用户和业务需求的目的，即需要网络具备更先进的自我管理与智能优化能力；两者的结合能够进一步地节约人力成本，实现低成本、自动化的精准运维。

|8.4　NFV 与 SDN|

8.4.1　NFV 技术介绍

传统电信网络存在的问题使一些运营商意识到想要轻盈转身,必须向互联网提供商学习，从根本上改变电信网络的部署和运维方式。2012 年 10 月，AT&T、英国电信、德国电信等运营商在欧洲电信标准协会（ETSI）成立了 NFV ISG 组织，该组织致力于推动"网络功能虚拟化（Network Function Virtualization，NFV）"，发布了 NFV 白皮书，提出了 NFV 的目标和行动计划。NFV 技术的研究和应用将对未来 5G 网络的发展产生深远影响。

8.4.1.1　NFV 概念

NFV 简单理解就是把电信设备从目前的专用平台迁移到通用的 COTS 服务器上，以改变当前电信网络过度依赖专有设备的问题。在 NFV 的方法中，各种网元变成了独立的应用，可以灵活部署在基于标准的服务器、存储、交换机构建的统一平台上，从而实现软硬件解耦，每个应用可以通过快速增加/减少虚拟资源来达到快速缩容/扩容的目的。

NFV 定义了一个通用平台，支持各种网络的虚拟化。NFV 的架构如图 8-2 所示。按 NFV 架构，网络分为 3 层：基础设施层、虚拟网络层和运营支撑层。

- 基础设施层（NFV Infrastructure，NFVI）是一个硬件资源池，包括计算、存储和网络资源。基础设施层可分布在多个地理上分散的数据中心，通过高速通信网连接起来。NFVI 需要通过虚拟化技术（Hypervisor）将基础设施层抽象为虚拟资源（虚拟计算资源、虚拟存储资源和虚拟网络资源），以提供给租户使用。
- 虚拟网络层由虚拟网元及其之间的连接构成，虚拟网元所需资源分解为虚拟计算/存储/网络资源，并由 NFVI 负责分配和提供，虚拟网元的管理仍然采用现有的 NMS 及 EMS 进行管理。
- 运营支撑层，即 OSS/BSS，是运营商的运维和管理系统。

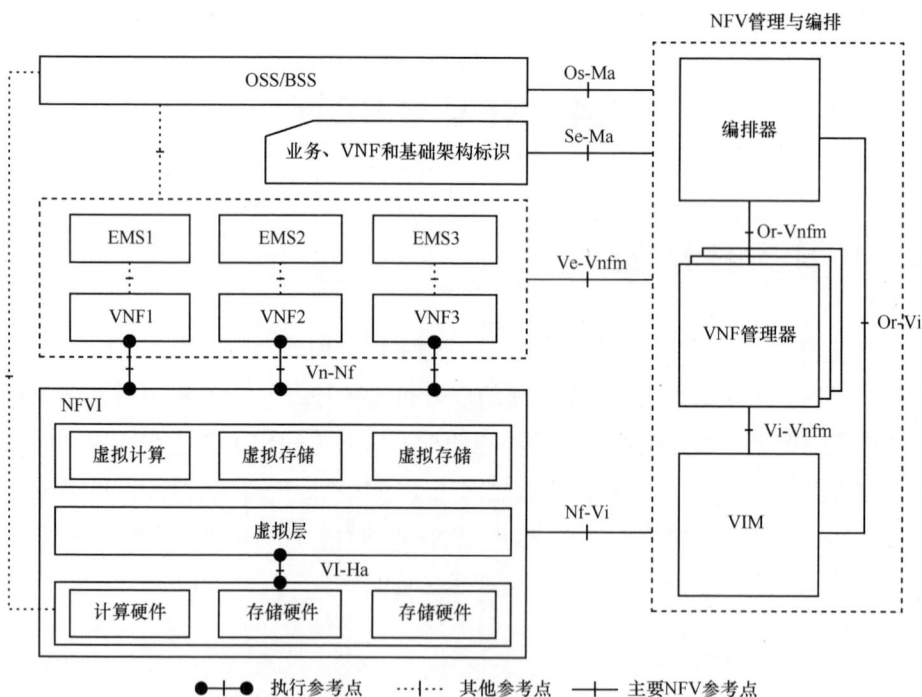

图 8-2 NFV 架构

NFV 网络从横向看，分为业务网络域和管理编排域。业务网络域就是目前各电信业务网络；管理编排域简称 MANO，负责整个 NFVI 资源的编排和管理，负责业务网络和 NFVI 资源的映射和关联，负责业务网络中 VNF 的生命周期管理等。

在图 8-2 中，编排器（Orchestrator）负责接受 OSS/BSS 或网络管理员的网络服务（Network Service）请求。网络服务请求由网络服务描述符描述，包括该网络服务所需的各虚拟网元的描述符、虚拟链路描述符（Virtual Link Descriptor，VLD）、虚拟网元转发图描述符（VNF Forwarding Graph Descriptor）、所需监控的参数、扩容/缩容策略等。虚拟网元描述符描述虚拟网元的信息，包括：虚拟网元的软件版本信息、虚拟网元的资源需求（如 CPU、存储空间等）、其他虚拟网元相关信息（如监控参数、扩容/缩容策略等）。VLD 描述 VNF 互联时的链路需求，如链路的 QoS、时延、带宽等信息。VNF 转发图描述符描述业务流向需求，如所经过的虚拟网元及其顺序等。

VNF 管理器（VNF Manager）负责虚拟网元的生命周期管理，包括为虚拟网元申请硬件资源，虚拟网元的实例化、虚拟网元状态信息的收集、虚拟网元的动态扩容/缩容、虚拟网元故障处理、虚拟网元实例的终止等。VNF 管理器与 VIM（Virtualized Infrastructure Management，虚拟架构管理器）的接口，负责管理 VNF 的硬件资源并收集底层硬件故障信息。

VIM 管理硬件资源的分配、回收以及收集硬件资源的性能、故障等信息。硬件资源包括计算、存储、网络资源。VIM 通过与 Hypervisor（即虚拟化层）间的接口对硬件资源进行管理。Hypervisor 负责将硬件资源映射为虚拟资源，以虚拟机的形式为租户提供服务。Hypervisor 可以运行在裸机上或者宿主操作系统（Host OS）上。Hypervisor 使得运行在 VM（虚拟机）上的租户应用程序感觉像是运行在一台独立的硬件计算机上。Hypervisor 管理每台通用服务器的资源，并将资源状态上报给 VIM。当 VNF 管理器或编排器为 VNF 请求硬件资源时，VIM 从有空闲的硬件资源的 Hypervisor 中为 VNF 分配资源，并负责为 VNF 启动 VM。

根据 NFV 的技术原理，一个业务网络可分解为一组虚拟网元（VNF）和虚拟链路（VL）。编排器或 VNF 管理器负责为 VNF 分配硬件资源、启动 VM，并为 VNF 加载软件，从而将 VNF 实例化。同时，编排器或 VNF 管理器还为网络服务配置虚拟链路，从而为业务网络中各 VNF 的通信提供网络连接。

8.4.1.2　NFV 的发展历程和标准化现状

与 NFV 相关的标准组织主要是 NFV ISG，它负责制定 NFV 的架构，并将负责定义 NFV 架构中的接口数据结构。除了 NFV ISG 之外，一些公司又成立了 Open NFV（OPNFV），主要负责 NFV 平台软件的公开源代码设计，用于为 NFV 架构提供平台以加速 NFV 商用化进程。

（1）NFV ISG

NFV ISG 在 2012 年 10 月成立，2014 年 11 月已经完成了第一阶段工作。在第一阶段，NFV 制定了网络功能虚拟化的需求、用例，定义了 NFV 的架构等，共发布了 18 项标准，其中包括 TSC（Technical Steering Committee）定义的 4 个总体标准：Use Cases、Architecture Framework、Terminology for Main Concepts in NFV、Virtualization Requirements 和 MANO 组定义的 Management and Orchestration 等。

同时，NFV 还启动了概念验证（Proof of Concept）项目，用于验证 NFV 技术的可行性。概念验证的目的是建立行业信心、提升 NFV 的知名度，协助建立公开多样化的 NFV 生态圈。NFV ISG 一共有 31 个概念验证项目，目前已完成 10 个概念验证项目，还有 21 个概念验证项目正在进行中。其中，已完成的与 4G EPC 相关的概念验证项目包括：PoC#5, E2E vEPC Orchestration in a multi-vendor open NFVI environment、PoC#11, Multi-Vendor on-boarding of vIMS on a cloud management framework、PoC#23, E2E orchestration of virtualized LTE core-network functions and SDN-based dynamic service chaining of VNFs using VNF FG。

2014 年年底开始，NFV-ISG 启动了第二阶段工作，目标是针对第一阶段定义的用例、需求和架构，详细定义各接口所需的参数。NFV ISG 第二阶段的工作组架构如图 8-3 所示。

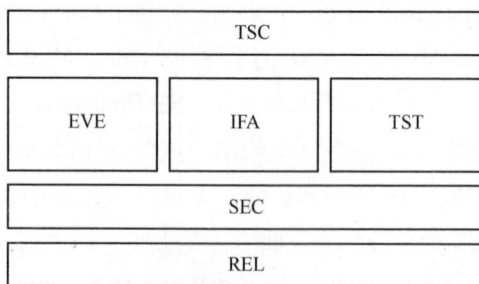

图 8-3　NFV ISG 第二阶段的工作组架构

其中，TSC（Technical Steering Committee，技术指导委员会）负责整个 NFV ISG 的工作，具有技术的最终决策权。

EVE（Evolution and Ecosystem，演进和生态圈）工作组的目标是研究新用例和相关技术、NFV 新技术以及研究 NFV 与其他技术的关系，包括 NFV 协议与工业标准间的缺口分析、与研究机构及学术机构间的合作等。EVE 工作组目前有 5 个工作项目。

IFA（Interface and Architecture，接口和架构）工作组的目标是定义细化的接口信息模型和信息流程以支持互操作、细化架构和接口、与其他标准组织合作等。IFA 工作组目前有 12 个工作项目。

TST（Testing, Implementation and Open Source，测试、实现和开源）工作组的目标是维护和完善概念验证架构、扩展测试用例、制定测试规范、展示 NFV 方案等。TST 工作组目前有 3 个工作项目。

SEC（Security，安全）工作组的目标是分析所有其他工作组的工作项目潜在的安全隐患、分析虚拟环境下的安全隐患及其派生的安全需求、研究 NFV 环境所需的安全增强等。SEC 工作组目前有 5 个工作项目。

REL（Reliability, Availability and Assurance，可靠性、可用性和保障性）工作组的目标是虚拟环境下的可靠性和可用性研究、研究 NFV 架构下提高可靠性和可用性所需的增强等。REL 工作组目前有 4 个工作项目。

（2）Open NFV（OPNFV）

Open NFV 是电信级 NFV 的开源平台组织，成立于 2014 年 10 月，目标是开发一套可用于构建 NFV 功能的开源平台，以加速新产品和新业务的推出。OPNFV 将鼓励领先用户的参与，从而验证 OPNFV 能满足用户社区的需求，参与可用于 OPNFV 平台的其他开源项目以保障其性能、互操作性满足 OPNFV 需求，建立 OPNFV 方案的生态圈，并将 OPNFV 做成 NFV 优先选择的开放参考平台。

OPNFV 的初始工作范围包括：提供 NFV 基础架构（NFVI）、VIM 和 API 到其他 NFV 功能实体（如 VNF、MANO）间的接口（即实现 Nf-Vi、Or-Vi、Vi-Vnfm、Vn-Nf、VI-Ha 接口功能），如图 8-4 所示。

8.4.1.3　NFV 在 5G 移动网络中的作用

NFV 技术主导的软硬件解耦、硬件资源虚拟化、调度和管理平台化的特点，正好符合 5G 网络架构的技术特征，其在 5G 移动网络构建中具体可带来如下收益。

（1）硬件设施 IT 化，降低设备成本

传统电信设备一直采用 A 厂商专用硬件平台+A 厂商定制软件的方式开发和部

署，硬件和软件严格绑定。由于电信设备要求的功能强大、性能高、可靠性高，经过多年的优胜劣汰，只有少数几家设备商具备强大的硬件和软件研发能力，能够提供快速服务及响应，满足运营商成本及运维需求。运营商选购设备的选择空间并不大，且不同设备采用不同平台，各有各的特点和优势，硬件设备及软件无法兼容，导致设备之间的竞争不充分，设备价格昂贵。而 NFV 技术则克服了上述缺陷，通过 NFV 技术实现了软件和硬件的分离，传统专用电信设备系统演变成 IT 商用服务器及运行在基于商用服务器的虚拟化电信应用。

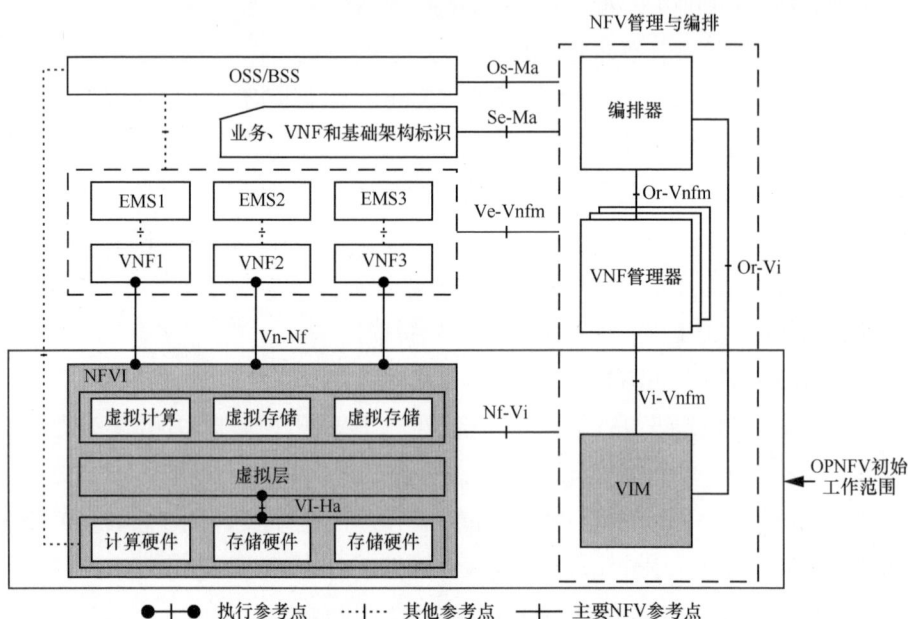

图 8-4　OPNFV 的初始工作范围

　　而 IT 商用服务器市场规模远大于电信设备，设备厂商多、竞争充分，单位计算能力成本远低于电信设备。Gartner 数据显示，与 2013 年同期相比，惠普、IBM、富士通等一些大的服务器厂商 2014 年第一季度的服务器市场份额进一步下降，而"其他"厂商的份额却在扩大。通过 Open Compute Project，更多的硬件设计正变得可用，更多的服务器厂商正在崛起，可以想象，如同当年标准化部件的 PC 推出大幅度降低了家用机的价格，COTS 设备价格未来将继续下降。而传统设备厂商硬件和软件设计交织在一起，研发周期长、更新换代慢，难以随时跟踪计算机业的最新科技成果。有数据表明，COTS 设备成本下降速度为电信设备的 2～3 倍。

（2）硬件资源通用化，降低 TCO

专有硬件设备的扩容通常需要经过数月的备货期和安装期，如果运营商采购的是专有硬件的传统设备，他们在购买时需要按照预期的业务增长率为多种设备提前购买各种单板。如果预期的业务增长率与实际情况不一致，有可能会出现部分设备已经不得不再次扩容，而部分设备的负荷率很小却占用了大量的机房有限空间和能耗。另外，运营商还需要购买专有硬件的多种备件，以备设备出现故障时的不时之需。

采用 NFV 技术对电信网元进行网元功能虚拟化，使得基于 NFV 的虚拟化电信网元（VNF）表现为虚拟化软件平台上的软件应用，不同类型的虚拟化电信网元可以共享硬件资源，通过虚拟化平台架构（VNFI）中的管理软件 Hypervisor 屏蔽实际的服务器、存储阵列、网络连接的硬件和拓扑结构。Hypervisor 管理软件运行在基础物理服务器和操作系统之间，可允许多个操作系统和应用共享不同类型的基础物理服务器，实现硬件资源的通用化。当数据中心中的商用服务器启动时，该管理软件加载所有虚拟机客户端的操作系统，并分配给每一台虚拟机适量的内存、CPU、网络和磁盘等硬件资源，协调着这些硬件资源的访问，同时在各个虚拟机之间施加防护，避免出现硬件资源不能访问等异常情况。综上所述，NFV 技术能屏蔽不同硬件平台的差异，并通过对硬件资源的实时调度，实现硬件资源的动态分配与硬件资源共享。

通过虚拟平台硬件归一化，能够简化设备种类，减少备品备件的储备和冗余；虚拟化对资源进行细粒度分配，提高资源使用率，计算密度可以大为提升，大幅减少机房数量，大幅降低能耗。虚拟基础架构通过对服务器资源进行分区，使一台服务器上可以同时运行多个虚拟机（包含操作系统、应用程序和各种配置），从而节约了软硬件成本。通过将工作负载分配给不同的虚拟机，多项工作负载便可在同一系统中运行，并且彼此相互隔离，互不影响。此功能能够在许多方面节约大量硬件成本，其中包括以下几个方面。

- 减少用来支持计算需求的服务器数量。电信运营商必须为每个传统设备关键节点/单板准备专用的备份设备，以确保系统的可靠性。通过网络虚拟化技术可以整合服务器和提高利用率，能够显著减少所需的服务器数量。
- 降低硬件支持成本。通过减少硬件设备的类型和数量，企业就可以降低为获得更多的技术支持而所需的花费。

- 降低数据中心的供电和制冷成本。通过降低数据中心中服务器的数量，可以显著降低供电和制冷成本。同时，还可以避免花费高额的数据中心升级和扩展费用来满足当前的数据中心对供电和制冷日益增长的要求。

- 降低网络和存储基础架构的成本。由于在同一台物理服务器上运行的虚拟机可以共享网络和存储连接，因此利用虚拟基础架构来整合服务器可以减少所需的网络和存储端口数。这样便可降低 SAN 及网络交换机、电缆和管理的成本。

（3）功能软件化，业务部署灵活

运营商基于 NFV 技术在多个地域建设网络基础设施硬件资源和虚拟化平台，可为企业/增值业务提供商提供 IaaS/PaaS 服务。运营商可以根据业务规划在网络基础设施平台上部署加载一个或多个运营商的网络应用。基于 NFV 的自动扩容/缩容机制，运营商可按照不同物理区域以及用户群的流动特性灵活部署电信应用，业务规模能够快速方便地伸缩，具有最大的灵活和可扩展性。例如电信应用具备动态适应业务流量的能力，白天在 CBD 区域自动加载更大流量的业务应用，晚间则对 CBD 区域的部分应用缩容，而在住宅区扩容电信应用，增加业务应用的处理能力。例如，某个地区有大量物联网应用需求，运营商可以在该地区的网络设施平台上为海量的物联网设备单独部署虚拟网元，以便完成与物联网设备的快速交互，节省物联网终端的能耗。

（4）业务组件化，促进网络能力开放和增值业务创新

运营商可以利用网络功能组件开放网络的资源，供增值应用调用，从而驱动网络开放和业务创新；维护产业链各方利益，孵化新的利润增长点。

例如，针对某些应用要求获得用户的特定信息，而用户又有隐私保护需求的应用场景（如车队调度、老人儿童监控等增值业务），运营商可以提供功能组件，实施用户授权过程，并屏蔽用户标识，防止外泄给应用。用户行为数据是 5G 网络中具有重要价值的信息，运营商可以选择、收集网络中大量用户行为数据，进行合理的建模分析，提取关键要素，进而产生社会价值和盈利能力。例如，通过小区用户驻留的数据和客户资料，分析某个热点地区的活跃人群特征和用户群信息，将这些信息以组件方式封装后提供给增值应用，从而实现精准营销。

（5）部署自动化，加速业务的开通周期

NFV 虚拟化技术使软硬件解耦，软件组件化，可以促进业务功能复用，业务软

件快速安装和测试、升级。因而 NFV 技术大大缩小业务创新周期，包括提升测试与集成效率，降低开发成本；软件的快速安装取代新的硬件部署。

NFV 提供的编排器可以实现网络服务生命周期管理、网元生命周期管理，更促进了网络服务的快速自动化部署，管理效率可以得到极大提升。

图 8-5 是传统建网模式与虚拟化建网模式业务部署周期的一个比较示例，从中看出业务部署周期从数月缩短为数天，提升了市场反应能力；网络资源提供周期从数周变化为数分钟，充分提升了网络的弹性。部署传统设备，运营商的大量精力放在网络规划、设备软硬件测试、选型更新上，部署虚拟化平台后，运营商的工作重点很大程度上转移到业务创新、增加盈利点上，业务的 TTM 时间从数月缩短到十几天甚至更短。

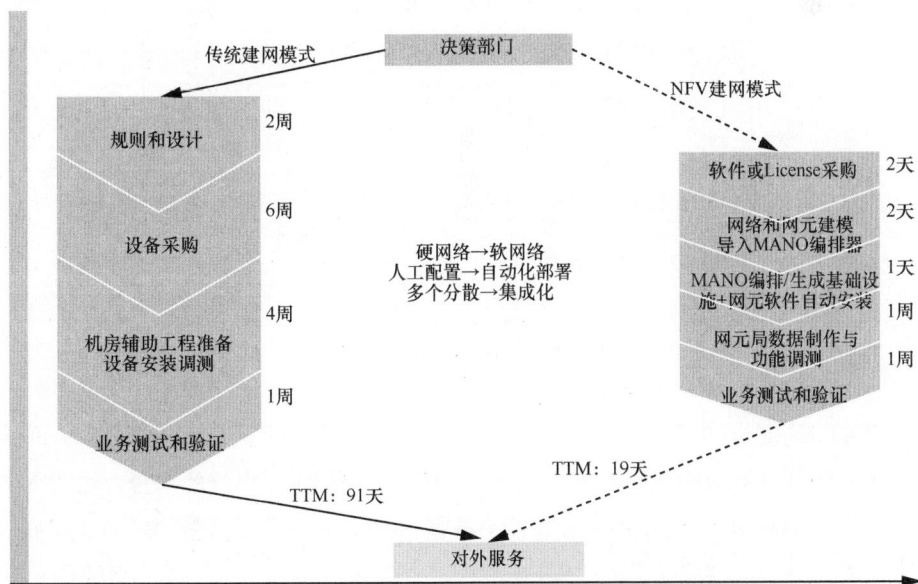

图 8-5 传统建网模式与虚拟化建网模式业务部署周期对比

8.4.2 SDN 技术介绍

8.4.2.1 SDN 概念

2006 年，SDN 诞生于美国 GENI 项目资助的斯坦福大学 Clean Slate 课题，斯坦福大学以 Nick McKeown 教授为首的研究团队提出了 OpenFlow 的概念，用于校园网络的试验创新。基于 OpenFlow 为网络带来的可编程的特性，Nick McKeown 教授和他的团队进一步提出了 SDN（Software Defined Networking，软件定义网络）的概念。2009 年，SDN 概念入围 Technology Review 年度十大前沿技术，自此获得了学术界和工业界的广泛认可和大力支持。SDN 架构的逻辑视图如图 8-6 所示。

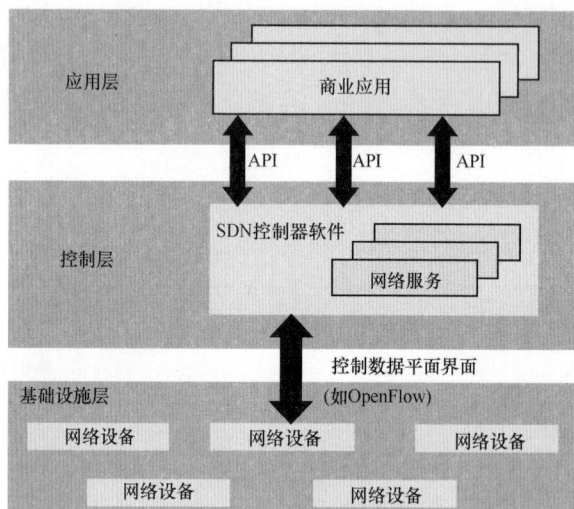

图 8-6　SDN 架构的逻辑视图

SDN 的核心技术 OpenFlow 通过将网络设备控制面与转发面分离开来，从而实现了网络流量的灵活控制，为核心网络及应用的创新提供了良好的平台，如图 8-7 所示。如果将网络中所有的网络设备视为被管理的资源，那么参考操作系统的原理，可以抽象出一个网络操作系统（Network OS）的概念——这个网络操作系统一方面抽象了底层网络设备的具体细节，同时还为上层应用提供了统一的管理视图和编程接口。这样，基于网络操作系统这个平台，用户可以开发各种应用程序，通过软件来定义逻辑上的网络拓扑，以满足对网络资源的不同需求，而无需关心底层网络的物理拓扑结构。

8.4.2.2　SDN 的发展历程和标准化现状

图 8-8 是 SDN 发展历程的大事记图示。

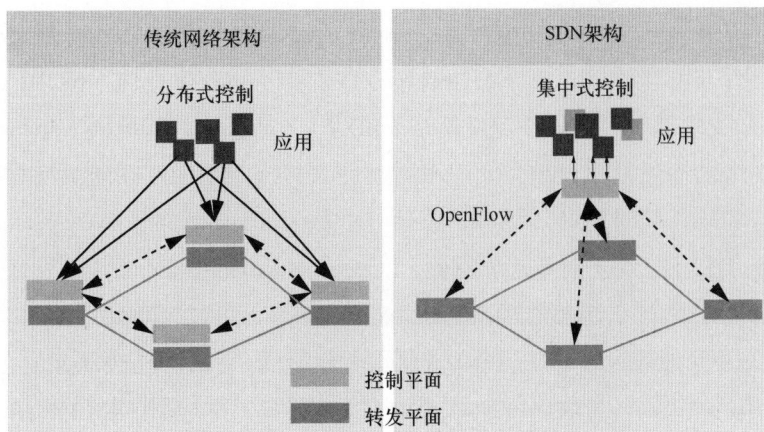

图 8-7　SDN 控制接口标准化

图 8-8　SDN 发展历程大事记

2009 年 12 月，OpenFlow 规范发布了具有里程碑意义的可用于商业化产品的 1.0 版本。如 OpenFlow 在 Wireshark 抓取分组分析工具上的支持插件、OpenFlow 的调试工具（liboftrace）、OpenFlow 虚拟计算机仿真（OpenFlow VMS）等。OpenFlow 规范已经经历了 1.1、1.2、1.3 及 1.4 等版本。OpenFlow 1.5 标准已经在 ONF 内部审阅，2015 年年初获得批准发布。

2011 年 3 月，在 Nick Mckeown 教授等人的推动下，开放网络基金会（ONF）成立，主要致力于推动 SDN 架构、技术的规范和发展工作。ONF 成员有 96 家，其中创建该组织的核心会员有 7 家，分别是 Google、Facebook、NTT、Verizon、德国电信、微软、雅虎。

2011 年 4 月，美国印第安纳大学、Internet2 联盟与斯坦福大学 Clean Slate

项目宣布联手开展网络开发与部署行动计划（NDDI），旨在共同创建一个新的网络平台与配套软件，以革命性的新方式支持全球科学研究。NDDI 利用了 OpenFlow 技术提供的"软件定义网络（SDN）"功能，并将提供一个可创建多个虚拟网络的通用基础设施，允许网络研究人员应用新的互联网协议与架构进行测试与实验，同时帮助领域科学家通过全球合作促进研究。

2011 年 12 月，第一届开放网络峰会（Open Networking Summit）在北京召开，此次峰会邀请了国内外在 SDN 方面先行的企业介绍其在 SDN 方面的成功案例；同时世界顶级互联网、通信网络与 IT 设备集成商公司探讨了如何实现在全球数据中心部署基于 SDN 的硬件和软件，为 OpenFlow 和 SDN 在学术界和工业界做了很好的介绍和推广。

2012 年 4 月，ONF 发布了 SDN 白皮书《Software Defined Networking：The New Norm for Networks》，其中的 SDN 三层模型获得了业界广泛认同。

2012 年 SDN 完成了从实验技术向网络部署的重大跨越：覆盖美国上百所高校的 INTERNET2 部署 SDN；德国电信等运营商开始开发和部署 SDN；成功推出 SDN 商用产品新兴的创业公司在资本市场上备受瞩目，Big Switch 两轮融资超过 3 800 万美元。

2012 年 4 月，谷歌宣布其主干网络已经全面运行在 OpenFlow 上，并且通过 10 Gbit/s 网络链接分布在全球各地的 12 个数据中心，使广域线路的利用率从 30% 提升到接近饱和，从而证明了 OpenFlow 不再仅仅是停留在学术界的一个研究模型，而是已经完全具备了可以在产品环境中应用的技术成熟度。

2012 年 7 月，SDN 先驱者、开源政策网络虚拟化私人控股企业 Nicira 以 12.6 亿美元被 VMware 收购。Nicira 是一家颠覆数据中心的创业公司，它基于开源技术 OpenFlow 创建了网络虚拟平台（NVP）。OpenFlow 是 Nicira 联合创始人 Martin Casado 在美国斯坦福大学攻读博士学位期间创建的开源项目，Martin Casado 的两位斯坦福大学教授 Nick McKeown 和 Scott Shenker 同时也成为了 Nicira 的创始人。VMware 的收购将 Casado 十几年来所从事的技术研发全部变成了现实——把网络软件从硬件服务器中剥离出来，也是 SDN 走向市场的第一步。

2012 年，国家"863"计划项目"未来网络体系结构和创新环境"获得科技部批准。它是一个符合 SDN 思想的项目，由清华大学牵头负责，清华大学、中国科学院计算技术研究所、北京邮电大学、东南大学、北京大学等分别负责各课题，提出了未来网络体系结构创新环境（Future Internet innovation Environment，FINE）。基于 FINE 体系结构，将支撑各种新型网络体系结构和 IPv6 新协议的研究试验。

2012 年年底，AT&T、英国电信（BT）、德国电信、法国电信（Orange）、意大利电信、西班牙电信公司和 Verizon 联合发起成立了网络功能虚拟化产业联盟（Network Functions Virtualization，NFV），旨在将 SDN 的理念引入电信业。由 52 家网络运营商、电信设备供应商、IT 设备供应商以及技术供应商组建。

2013 年 4 月，思科和 IBM 联合微软、Big Switch、博科、思杰、戴尔、爱立信、富士通、英特尔、瞻博网络、NEC、惠普、红帽和 VMware 等发起成立了 OpenDaylight，与 Linux 基金会合作，开发 SDN 控制器、南向/北向 API 等软件，旨在打破大厂商对网络硬件的垄断，驱动网络技术创新力，使网络管理更容易、更廉价。这个组织中只有 SDN 的供应商，没有 SDN 的用户——互联网或者运营商。OpenDaylight 项目的范围包括 SDN 控制器、API 专有扩展等，并宣布要推出工业级的开源 SDN 控制器。

2013 年 4 月底，中国首个大型 SDN 会议——中国 SDN 大会在京召开，三大运营商作为主角。中国电信主导提出在现有网络（NGN）中引入 SDN 的需求和架构研究，已于 2014 年 2 月成功立项 S-NICE 标准，S-NICE 是在智能管道中使用 SDN 技术的一种智能管道应用的特定形式。中国移动则提出了 "SDN 在 WLAN 上的应用" 等课题。

2013 年 5 月，ONF 组织成立 WMWG（Wireless Mobile Workgroup）子项目组，正式启动移动网络的 SDN 化研究，该子项目组分为 Mobile Packet Core、Microwave、Enterprise 3 个子组，目前基本完成 4G 网络的 SDN 化架构设计。

可以看到，SDN 在短短的几年内已为 IT 界广泛接受并逐步被引入电信行业。

8.4.3　SDN 在 5G 移动网络中的作用

SDN 控制与转发相分离的特性，为 5G 网络架构带来了极大的好处。具体作用体现如下。

8.4.3.1　网关设备的 SDN 化

网关设备的 SDN 化可以给网络带来很多有益的变化，具体如下。

（1）提升转发性能

现有架构体系中，网关控制面和转发面合一，在一套设备中既要实现控制面信令处理又要进行业务报文转发，控制信令处理和报文转发对器件的要求不同，控制信令处理更多考量器件的逻辑处理能力，而报文转发更多考验器件的转发能力，因此两者合一时，硬件选择和业务流程设计往往顾此失彼，如图 8-9 所示。

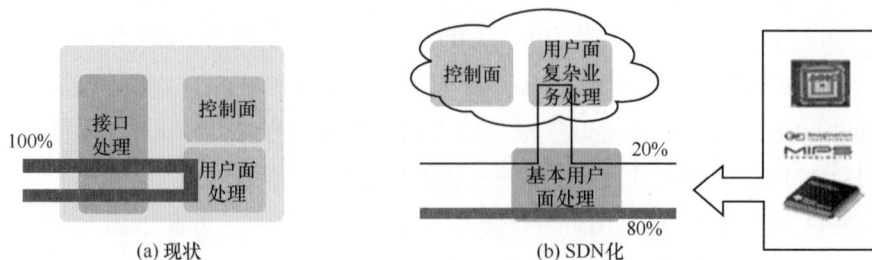

图 8-9　GW SDN 化提升转发性能

　　网关设备 SDN 化后，将控制面与用户面分离，用户面处理分解成基本处理和复杂业务处理，基础处理由 SDN 控制器通过下发流表至转发节点，由转发节点直接转发。这样仅有约 20%（根据实际现场历史统计数据所得）报文需要转交云端复杂业务处理，80%的报文可由 SDN 转发层直接转发，可大大提升转发层效率。

　　另外 SDN 转发面节点可以采用 ASIC、DSP、MIPS 等其他架构的芯片设计，在确保吞吐量的同时，可以大大降低器件的成本。

　　（2）提升网络可靠性

　　在现有网络中，网关设备的选择功能是由 SGSN/MME 完成的，网关设备和基站之间需要建立点到点的 GTP 隧道连接。一般网关设备采用负荷分担的方式进行容灾，当其中一个网关设备出现故障时，故障依赖于 SGSN/MME 检测，并由 SGSN/MME 重新为其选择其他网关替代服务，新网关设备与基站之间的隧道连接需要重新建立，整个过程需要较长的时间，而且仅能做到冷备份，如图 8-10 所示。

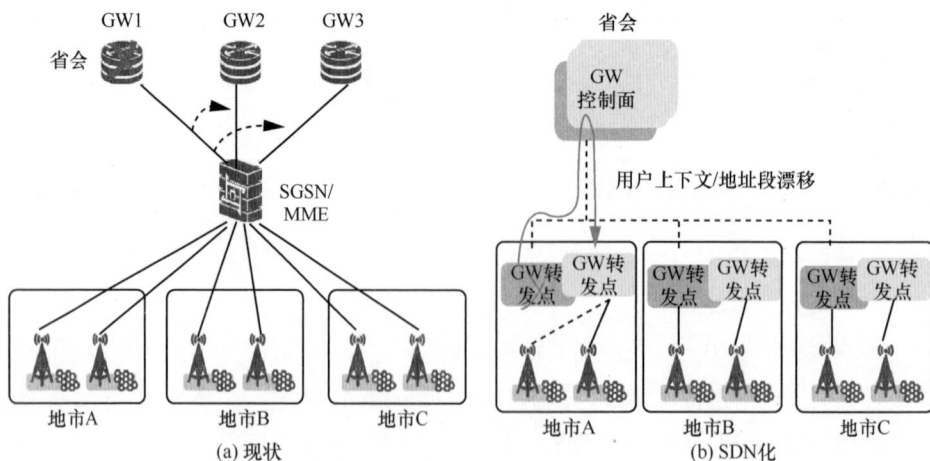

图 8-10　GW SDN 化提升网络可靠性

SDN 技术引入，使网关控制面和数据面进一步分离，集中部署的控制面可通过 $N+M$ 的动态热备份模式，确保 100%可靠。转发节点发生故障时，由网关设备控制面通过 SDN 控制器北向接口，动态调整传输网络拓扑路由，协调邻近转发节点以替代故障节点，原故障设备的业务地址和用户上下文，复制到新的转发节点，从而实现转发设备的热容灾功能。相比传统网关冷备份，故障自愈的时延短，基站不感知故障，无业务损失。

（3）促进网络扁平化部署

为了解决移动网络中终端移动性问题，网络中需要部署网关设备作为移动锚点，但网关设备部署太高，不利于快速分流；GW 靠近无线部署，又因为节点太多，不利于移动性，两者不能兼顾。

网关转发与控制分离，网关设备控制面集中部署，以充分发挥移动锚点作用，从而减少移动过程中的切换。同时可以使转发点下沉与无线侧网元合一部署，这样便于流量快速转发，使网络更加扁平化，如图 8-11 所示。

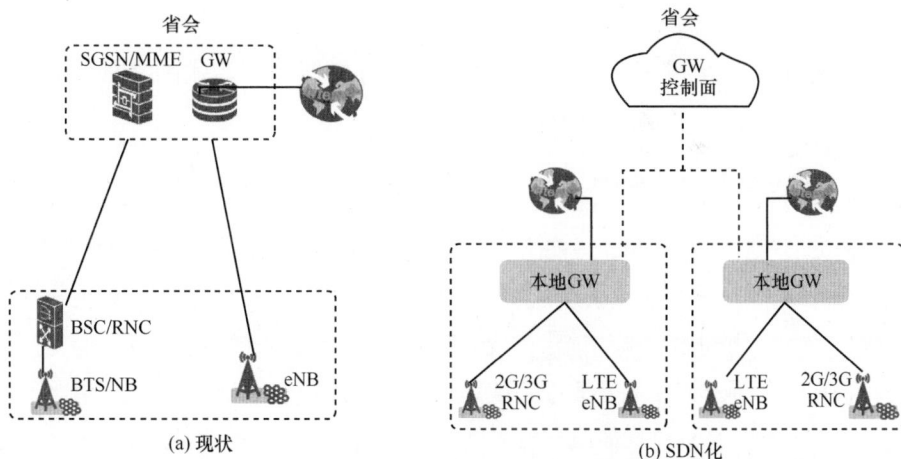

图 8-11　GW SDN 化促进扁平化组网

（4）提升业务创新能力

目前分组域网络类似封闭式网络架构，新业务通常叠加在网关设备中实现或者需要网关新增功能模块来匹配外置业务，这样导致新业务部署通常依赖于网关设备厂商实现，很多新业务都依赖于设备厂商实现，开发周期长，难以控制，如图 8-12 所示。

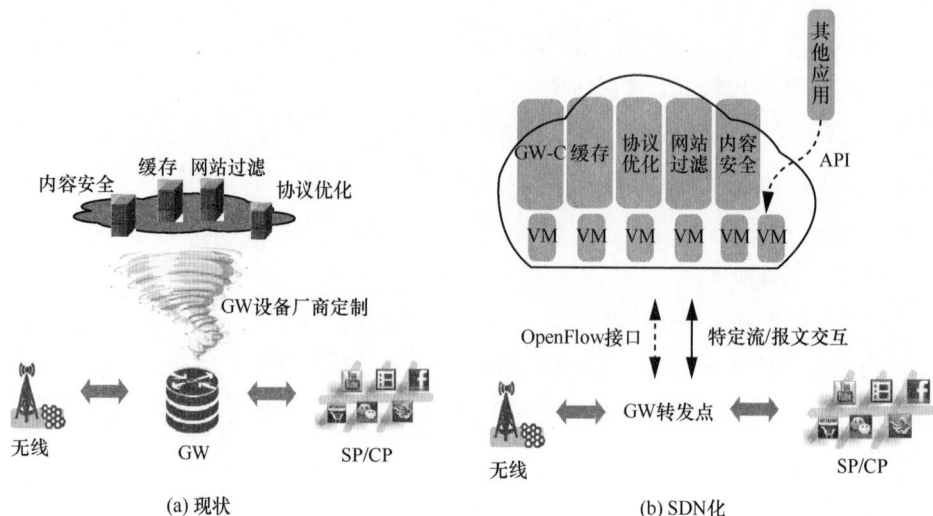

图 8-12　GW SDN 化促进业务创新

网关控制和数据面分离，使转发点只做基本数据报文转发，控制面和新业务基于 x86 的虚拟化平台实现，方便新业务的集成。

另外，SDN 可以提供开放的 API 更利于第三方新业务对网络拓扑和业务流的路由控制，极大地提升了业务创新的能力。

8.4.3.2　业务链的灵活编排

在移动网络中，GW 和业务网络之间存在着一些业务增值服务器，如协议优化、流量清洗、缓存（Cache）、业务加速等。这些增值服务器通过静态配置的方式串在网络中，想要对其进行增减和前后位置的调整都很麻烦，不够灵活，而且因为拓扑架构的静态化，很多业务流不管要不要用到相关增值服务，都会从这些增值服务器上通过，这也增加了这些增值服务器的负担。引入基于 SDN 的业务链编排技术，可以有效解决这个难题。

如图 8-13 所示，通过 SDN 控制器，可以灵活动态地配置业务流所走的路径，通过 OpenFlow 接口下发到各个转发点。在进行流量调度时，首先对流量进行分类，根据分类结果决定业务流的路径。转发点依据定义好的路径转发给下一个服务节点。以后的服务节点也只需要根据路径信息决定下一个服务节点，不需要重新对流进行分类。采用动态业务链可以使运营商更灵活快速地部署新业务，为运营商提供了开发新业务的灵活模式。

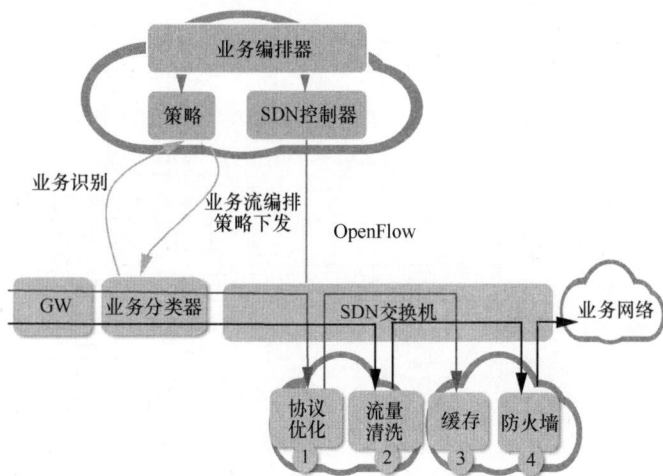

图 8-13 基于 SDN 的业务链编排

8.4.3.3 网络服务自动化编排

NFV 网络架构中，通过网络编排器实现虚拟网元的生命周期管理工作，通过网络编排器创建完虚拟网元后，一个个独立的虚拟网元还无法组成一个可以对外服务的网络，一般需要将若干个相关的虚拟网元按照一定的逻辑组织起来才能对外提供完整的服务。如一个 EPC 网络中需要包含 MME、SAE GW 和 HSS。SDN 因为提供了通过 SDN 控制器灵活创建和改变网络拓扑的能力。通过网络编排器操控 SDN 控制器就能很方便地将一个个独立的虚拟化网元组织成需要的网络服务，如图 8-14 所示。

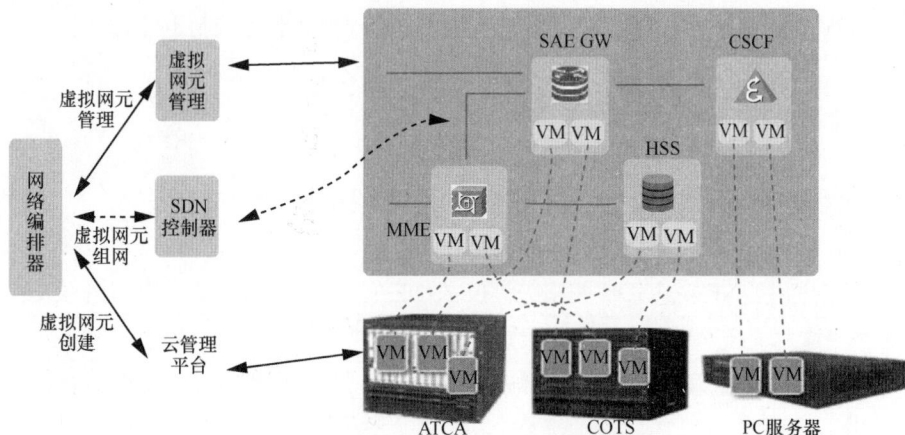

图 8-14 基于 SDN 的 NFV 网络服务编排

8.4.4 NFV 和 SDN 的关系

NFV 和 SDN 是两个互相独立的概念，但两者在应用时又可以互相补充，如图 8-15 所示。

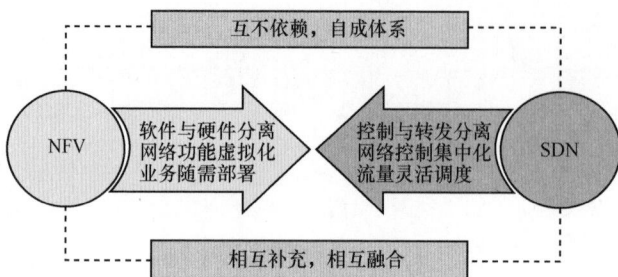

图 8-15　NFV 和 SDN 的关系

NFV 突出的是软硬件互相分离，通过虚拟化技术实现硬件资源的最大化共享和业务组件的按需部署和调度，主要是为了降低网络建设成本和运维成本，降低运营商 TCO。SDN 突出的是网络的控制与转发分离，通过集中的控制面产生路由策略并指导转发面进行路由转发，从而使网络拓扑和业务路由调度能够更动态、更灵活。此外，SDN 控制器提供的开放的北向接口，使第三方软件也可以很方便地进行网络流量的灵活调度，更利于业务创新。

将两者相结合，采用 SDN 实现电信网络的业务控制逻辑与报文转发相分离，采用 NFV 虚拟化技术和架构来构建电信网络中的一个个业务控制组件,使电信网络不但可以按照不同客户需求进行自适应定制，根据不同网络状态进行自适应调整，还可以根据不同用户和业务特征，进行自适应增值，如图 8-16 所示。

8.4.5 基于 NFV 和 SDN 的 5G 网络架构展望

前文介绍了 NFV 和 SDN 两项关键技术及它们在 5G 网络中的作用和相互关系。那么采用这两项技术后的 5G 网络架构是怎么样的呢？

展望 5G 网络总体架构，按照功能定位的不同，如图 8-17 所示，大致可以分为以下 3 类域：

- 软件定义的网络转发域；

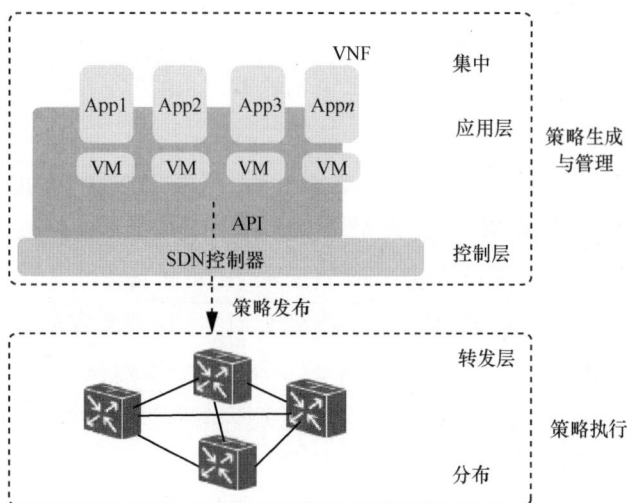

图 8-16　NFV 和 SDN 的结合

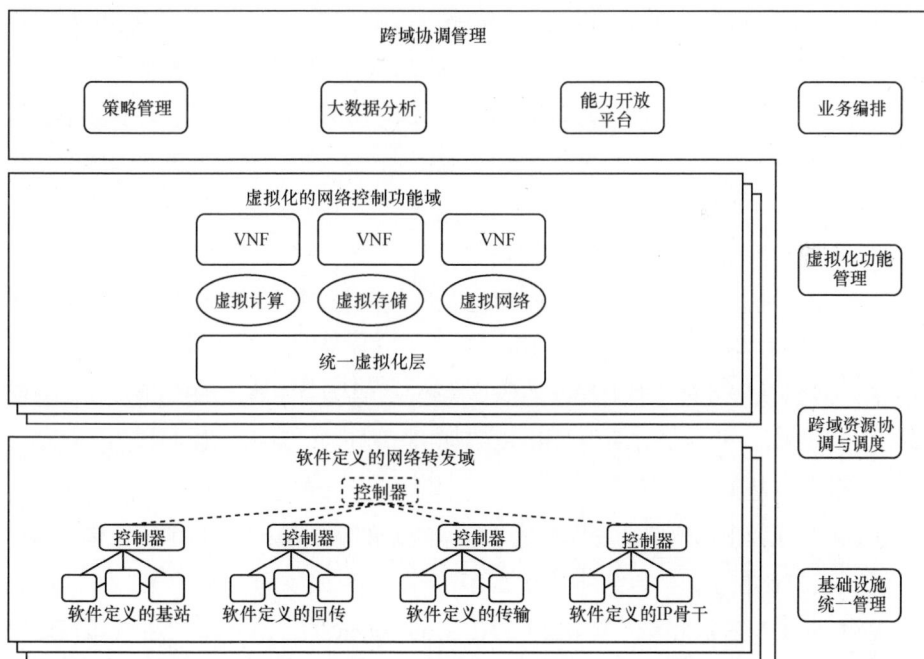

图 8-17　5G 网络架构展望

- 虚拟化的网络控制功能域；
- 跨域协调管理。

（1）软件定义的网络转发域

网络转发域的主要处理任务就是负责对终端用户的报文进行处理和转发。5G 网络转发域需要解决大容量、转发拓扑灵活多变的需求。

4G EPC 网络的转发面在标准定义之初并没有采用 SDN 架构，但近来部分厂商已经开发出了 SDN 化的 SGW 和 PGW 早期版本，ONF 组织也正在试图对 EPC 网络 SDN 化进行规范化。随着 ONF SDN 协议标准的不断完善，产业界 OpenFlow 转发器件的逐渐成熟，可以预见到 5G 网络标准化时，网络转发面的 SDN 化将成为基本特征。届时，5G 网络转发面的 SDN 化不仅会应用在网关节点上，基站、回传（Backhaul）、IP 骨干（Backbone）以及底层光传输都有可能采用 SDN 架构，对外提供 OpenFlow 或类似的可编程控制接口。最终，所有支持开放可编程控制接口的节点组成一个软件定义的网络转发域，在统一控制之下随时动态地配置、管理和优化以及自适应来匹配不断变化的需求。

软件定义的网络转发域可以受一个集中的控制器统一控制，也可以是分层、分级由多个控制器控制。在统一控制模式下，控制器具有完整的全网视图，控制能力最强，但可靠性和可扩展性会成为瓶颈。在分层、分级的控制方式下，管理范围被按照一定规则细分，有利于简化管理逻辑，但控制器与控制器之间的接口标准化会成为难题。

（2）虚拟化的网络控制功能域

网络控制功能域一方面负责完成移动终端的接入控制和移动管理，另一方面还要负责对转发域进行转发控制。

网络控制功能处理本身对硬件的依赖性较弱，但在可扩展性和部署灵活性方面都有较高的要求，一般适宜采用通用化的硬件资源处理。因此，5G 网络的控制功能都应该采用 NFV 架构。

ETSI 组织为电信网络功能虚拟化制定了统一的系统架构，但目前虚拟化的管理对象定义仍然比较大，与传统网元对象几乎一一对应。为了进一步优化网络组织效率，VNF 进一步细分为多个 VNFC（VNF Component）后，不同 VNF 应该可以共享 VNFC。通过管理域的业务编排功能对细分后的功能组件灵活编排，就能减少功能冗余、优化业务路径。

（3）跨域协调管理

管理域在引入 NFV 和 SDN 后，被赋予更多的功能职责。除了传统的 FCAPS

（Fault，Configuration，Accounting，Performance，Security）五大能力之外，还有新的七大功能，具体如下。

- 基础设施统一管理：主要是指对转发域和控制域资源的部署、配置及监控管理。
- 跨域资源协调与调度：主要是指根据负载情况或一定的策略将资源需求映射到各个域中。
- 虚拟化功能管理：主要是指虚拟化功能组件的生命周期管理。
- 业务编排：主要是指将业务需求转化为功能、功能组件及拓扑组织。
- 能力开放平台：能力开放平台为 5G 网络外部客户提供统一的开放接口，包括统一门户和标准化的能力操作接口。
- 大数据分析：大数据分析系统采集网络中的各种数据，包括用户数据、业务数据和网络运行数据等，对数据进行挖掘分析，最终输出有利于指导网络优化方向、故障定位以及运营策略方面的报告。
- 策略管理：策略管理不仅包含了用户业务策略，还包括网络资源调度策略、网络可靠性保护策略等。

总结来说，软件定义的转发域主要是 SDN 技术特征，而虚拟化的网络控制功能域是 NFV 技术特征，两者通过一个统一的管理域来实现资源的集成管理。未来 SDN 和 NFV 将融合得更紧密。比如，SDN 控制层可以采用 NFV 的方式实现，NFV 中所用的虚拟网络可以通过 SDN 控制器管理。SDN 和 NFV 都将在 5G 网络中发挥关键作用。

| 8.5　小结 |

从网络的逻辑功能和架构角度，面向 5G 的网络架构设计，需要重点考虑的技术需求有以下几个方面。

- 业务下沉与本地化：以降低业务时延，减少回传网络传输要求。
- 多网融合与多连接：研究 5G 多网共存情况下，如何采用多连接等技术提高网络效率和资源利用率，降低部署和运维成本。
- 网络容量与效率优化：以满足海量连接、数据洪流的需求以及减少网络开销。
- IT 化与虚拟化：通用 IT 技术平台取代现有的专用网络设备节点，采用基于 SDN 和 NFV 技术促进网络的集中控制与分布转发，实现网络计算和存储资源虚拟化及网络功能与性能的可动态重构与定制化能力。

　　此外，特别地，从无线接入网的角度，未来的接入网需要更加灵活与智能，主要包括：密集灵活部署、业务和内容感知、低成本以及用户体验一致性等。

　　综上所述，从现有网络架构面临的挑战切入，分析了 5G 网络架构的总体需求、设计理念与目标，给出了未来 5G 网络架构参考设计的一个示例，指出了需要深入思考的逻辑与趋势分析的开放性问题以及需要重点考虑的技术需求，以实现网络设计更好的权衡与折中，满足 5G 网络需求，最后介绍了未来网络两大关键技术 NFV 与 SDN。

｜ 参考文献 ｜

[1]　IMT-2020(5G)PG-white paper on 5G vision and requirements_V1.0[S]. 2015.

[2]　Network function virtualization (NFV) management and orchestration: GS NFV-MAN 001 V0.3.14[S]. 2014.

[3]　OPNFV: a open platform to accelerate NFV[S]. 2016.

第 9 章

用户无感知的移动性管理

移动通信系统面临的挑战之一就是用户的移动性,蜂窝系统通过小区间的切换来保证用户在移动过程中的业务连续性。所以,移动性管理的性能直接影响用户的业务感知和体验。本章从 5G 的移动性特点和场景出发,探讨移动性管理的技术方案,力图构造一个用户无感知的移动性管理技术框架。

在移动通信网络中，移动性是指用户在网络覆盖范围内的移动过程中，网络能持续提供通信服务的能力。这就要求网络能够提供保证业务连续性以及通信质量的服务，使得用户的通信和对业务的访问可以不受其位置变化的影响，不受接入技术变化的影响，从而实现无缝隙通信。移动性管理就是通过对移动终端位置信息、安全性以及业务连续性方面的管理，努力使终端与网络的联系状态达到最佳，进而为各种网络服务的应用提供保证。

考虑到移动系统中用户能够随意改变其位置信息的特性，移动性管理已被广泛认为是无线接入网络和移动业务最重要和最具挑战性的问题之一。以往的移动通信系统中，都提供了相应的移动性解决方案，通过把用户从一个小区切换到另一个小区来保持其移动过程中通信的连续性。这些方案在设计之初能够为用户提供较好的移动性体验，然而在下一代移动通信系统中，随着用户能力的进一步增强，比如移动速率的大幅提高、移动空间向更多维度扩张、可用频谱的进一步扩展以及移动通信业务的多样化和业务通信质量要求的不断提高，现有的移动性解决方案已经不能很好地满足用户的需求，因此，有必要针对下一代移动通信系统的特点和需求，设计面向未来的移动性管理方案。

9.1 5G 移动性的特点和需求

前文详细描述了未来移动通信系统发展的愿景和需求，尽管具体的移动通信技术还在研究阶段，但可以达成共识的是，5G 移动通信系统将不会是采用某种特定接入技术的单一网络，而是将采用不同接入方式的不同类型网络融合起来的异构无线网络，从而满足未来终端业务的多样性需求。

图 9-1 简单描述了用户在未来移动通信的异构网中移动的场景。随着移动通信可用频谱的进一步扩展，在不同频谱上将采用不同的无线接入技术，以更好地适应该频段上的信道传输特性，比如现有的移动通信系统通常工作在厘米波频段，在这个频段频谱资源较为稀缺，但信号传输范围广，小区半径较大，可以提供连续性的广域无缝覆盖；而毫米波频段上可利用的频谱范围宽，信息容量大，但其传输范围很小而且信号穿透能力差，更多地用于热点来提供超高容量，但无法保证覆盖以及业务传输的连续性；介于二者之间的分米波频段，能够在一定范围内提供连续覆盖，但在连续覆盖区域的边界仍然需要切换到其他网络。此外，除了这些公众的移动通信网，未来移动通信异构网还包括无线个域网（如蓝牙）、无线局域网（如 Wi-Fi）在内的其他无线网络。

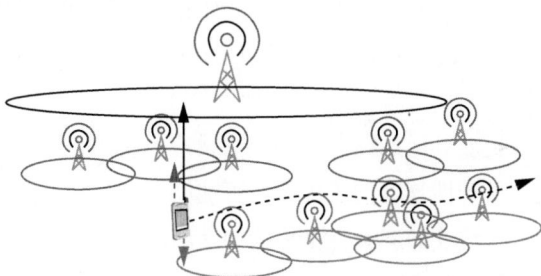

图 9-1　未来移动通信系统移动性

在这样的异构网络中，网络和移动终端不仅需要支持在某种特定的无线接入网络内部的移动性，比如广域网小区之间的切换，还需要支持不同无线接入网络之间的移动性，比如广域网与热点小区之间、广域网与无线局域网之间的切换。尽管无线接入方式不同，但为了更好地实现多网络的融合和互联互通，未来移动通信系统应该提供独立于无线接入技术的统一的移动性管理，不论用户位置如何改变，都能确保业务和通信质量的连续性。在此基础上，5G 移动性解决方案的设计应当满足如下目标。

（1）低时延

移动性的低时延主要体现在用户位置信息的快速追踪和更新以及用户切换过

程中的中断时延避免。具体来说，移动用户在注册到网络中后，网络需要管理该用户的位置信息以便在有业务到来时，能够快速准确地发起寻呼，这就要求用户能够在移动过程中快速地识别小区并进行小区重选，并且在其注册位置发生变化的时候及时更新其位置信息。另一方面，当移动用户在连接态从一个小区进入另一个小区，网络需要发起切换流程以保证业务的连续性，而在该切换过程中网络确定目标小区和完成用户信息及数据的转发，这些都有可能带来数据的中断，如何减少切换带来的中断时延是 5G 移动性研究的重点。

（2）高可靠性

5G 的总体愿景中强调无论何时何地都高于 100 Mbit/s 的用户体验速率，从移动性的角度来看，这就要求用户服务小区的改变不能带来明显的传输速率的下降。由于任何移动性管理流程的失败都需要用户重新建立和网络的连接进而恢复数据的传输，因此，在快速完成切换流程的同时还需要保证切换流程的准确和高可靠性，尽可能地避免由于切换失败带来的用户服务质量的下降，与此同时，设计快速准确的链路检测和恢复机制，使得用户能够及时发现移动性带来的链路质量下降，从而尽快恢复连接以减少对业务传输的影响。

（3）低功耗

未来的 5G 将是更加环保的绿色移动通信系统，在移动性管理上同样需要考虑这一特点。一方面，移动性管理的流程将会更加简化，在减少信令开销的同时能够降低用户和网络用于维持业务连续性带来的功率消耗；另一方面，考虑到 5G 中可能出现的动态小区的概念，需要在小区动态开启的情况下依然实现业务的连续性，在确保移动性性能的同时进一步提高整体网络的能耗效率；此外，针对某些特定的业务（比如电池续航的物联网终端）或者在某些特定的条件下，可以引入低功耗状态，通过简化终端在移动过程中对网络信号的追踪来进一步降低终端的功率消耗。

（4）灵活性

随着移动互联网和物联网的爆炸式增长，未来 5G 业务也将呈现出前所未有的多样性，不同的业务对移动性有着不同程度的需求。如物联网中的智能家居、智能公众服务业务中，用户终端大都是固定放置在某一位置，或者在某一小范围（比如家庭范围）内移动，它们和网络的连接也相对固定和稳定，这样，对这些终端可以进行更为简单的移动性管理，比如更小范围的寻呼区域以及更少的位置信息更新；相反地，对于车联网这样的高速移动终端，则需要提供低时延高可靠的移动性保证。此外，还有一些特殊的场景（比如中继），在这些场景下可以根据其特点来设计更为有效的移动性解决方案。因此，移动性管理可以根据业务和场景的不同特性和需求进行灵活的定制，在保障终端用户移动性的同时实现移动通信系统整体性能的提升。

| 9.2　5G 网络中移动性的场景分析 |

由于 5G 的网络架构引入了"云"的概念，根据移动性管理和控制功能在"云"中的分布情况，5G 的移动性研究可以考虑以下 3 个主要场景，如图 9-2 所示。图 9-2 中的各网络实体以 LTE 为参照作为示例，根据 5G 网络架构的部署可以更换为相应的 5G 网络实体。

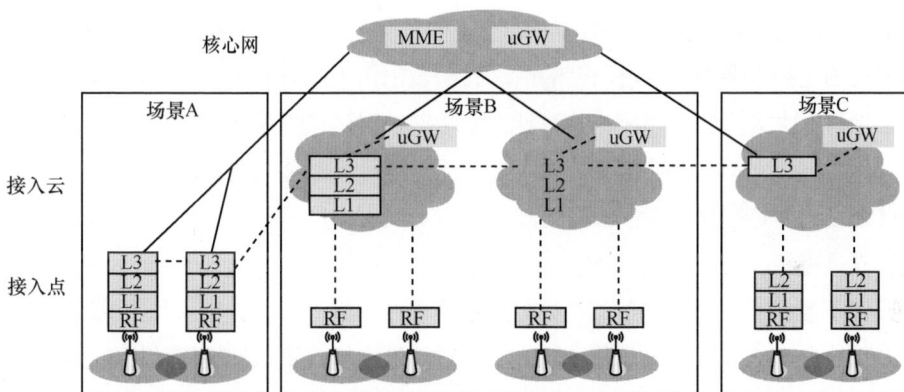

图 9-2　5G 的移动性场景

（1）场景 A：分布式的移动性场景

在这一场景中，每个接入点相当于传统意义上的基站，具有完全的移动性控制和管理功能，在用户移动过程中，该接入点控制所有移动性相关的指令，包括测量配置、切换判决以及切换命令的发起。两个接入点之间通过回传链路相连接，该回传链路可以由有线（比如电缆、光纤）来承载，也可以是无线回传链路，但共同的特点是在两个接入点之间的信令和数据传递存在回传时延，在传统的切换过程中数据的转发会带来切换中断时延的增加。尽管 5G 的回传链路可以采用光纤来实现超高速率的传输，但接入点的接收信号处理、存储和转发仍然需要一定的时间，回传时延是这一场景区别于其他场景的最大特点，也是影响移动性时延性能的重要因素。

值得强调的是，这种分布式场景是传统移动通信系统研究的主要场景，也是 5G 移动性研究最为基本的场景，即便 5G 网络架构中的"云"概念消除了接入点之间的回传链路，当移动终端在两个隶属于不同"云"的接入点之间移动，或者在不同接入网络之间移动时，仍然需要通过回传链路进行移动性管理，因此，如何在分布式场景下满足 5G 移动性的各项需求将是以 5G 移动性管理最为重要的研究课题。

（2）场景 B：集中式的移动性场景

相对于分布式的移动性场景，场景 B 中在无线接入部分引入了"云"的概念，也就是所有的移动性控制和管理功能都集中放置在"云"端，而接入点可以认为是分布式天线只用作数据的物理层传输。由于所有的接入点都直接连接到"云"端进行集中控制，那么只要用户接入某一个接入点，该用户相关的上下文以及数据也都被"云"内其他的接入点共享，在终端接入点发生变化时也不再需要重新获取用户的上下文以及转发存储的数据，从而避免了回传链路带来的回传时延。尽管接入点和云端的连接也会带来一定程度的前端时延，但由于此时的接入点不需要进行基带处理，可以大大降低前端传输的时延，通常前端时延可以被忽略。

随着 5G 网络架构中各种"云"的引入，这种场景将会是 5G 移动性研究的一个典型场景，特别是在超密集网络部署中，有利于彻底消除移动性带来切换中断时延，并且有利于终端建立多连接来保证高可靠的移动性。

（3）场景 C：介于分布式和集中式的移动性场景

介于分布式和集中式的移动性场景之间，这一场景中依然把移动性管理和控制功能放到"云"端，但在接入点保留了数据链路层的功能。这种场景中的"云"端类似于 3G 系统中的无线网络控制节点，对云内所有的终端进行移动性管理，但数据调度、自动重传响应等功能仍然由每个接入点独自完成，这种场景利用本地的数据链路控制减少了底层控制信令前端链路上的传输，而"云"端的集中式移动性管理又避免了回传链路带来的切换中断时延，有助于提高移动性的性能。

总而言之，由于 5G 网络架构的多样性，5G 的移动性研究也需要考虑多种可能的移动性场景，根据每种场景的特性来设计更为合理的移动性解决方案。

9.3 移动性解决方案

根据终端用户连接小区数目的多少，可以通过单连接或者多连接的方式来实现用户的移动性管理。单连接的移动性，也就是传统移动通信系统中普遍采用的硬切换方式，用户从一个小区移动到另一个小区的过程中，通过把用户信令和数据连接转移到新的目标小区来实现用户业务的连续性，其中会不可避免地出现业务的中断，这也是通常所说的硬切换。多连接的移动性，是指终端用户同时连接到多个小区，也叫作软切换，这样当用户远离其中某一个小区时，可以通过其他小区保持业务的连续性，从而实现零时延高可靠的移动性管理。本章集中讨论单连接的移动性管理。

9.3.1　备选的移动性方案

根据切换发起的网络实体，单连接的移动性通常有网络控制切换和终端自动控制切换两种方式。传统的移动通信系统中，如 3G 和 LTE，大多以网络控制切换为主要切换方式，如图 9-3（a）所示，也即切换的判决和发起都由网络侧来负责；对应的，终端自动控制的切换方式则由终端自己进行切换判决并发起切换流程，如图9-3（b）所示。

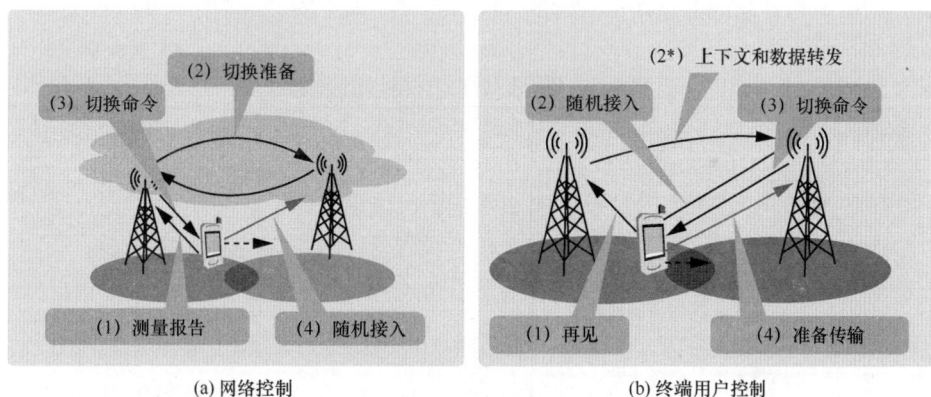

(a) 网络控制　　　　　　　　(b) 终端用户控制

图 9-3　单连接移动性解决方案

具体来讲，网络控制的切换流程包含了测量报告的触发、切换准备、资源调度、切换命令下发和目标小区接入等几个关键步骤。首先，当终端和网络建立连接后，终端用户根据服务小区（这里称作源基站）的测量配置测量信道并上报测量结果；源基站基于终端的测量报告，结合基站本地配置的切换策略综合考虑进行切换判决，并在决定切换时选择目标小区并发起切换请求；当目标小区接受了源基站的切换请求后，源基站向用户发送切换命令，用户在收到切换命令后中断与源小区的服务而转向目标小区进行随机接入请求进而建立和目标小区的连接。整个切换流程都在网络的控制和监督下进行，终端侧只需要按照网络的信令指示执行切换，无需参与切换决策过程。

终端自动控制切换流程中，由于切换的判决和发起都由终端用户自主完成，终端可以在第一时间检测到信道质量的下降并及时发起切换请求，而不再需要发送测量报告。通常情况下，目标小区接收到终端用户的切换请求后会向源小区索取用户的上下文和存储数据，从而继续该终端的业务传输，由于终端用户已经中断了和源小区的连接，这样的上下文索取流程带来了双倍的回传时延，大大增加了切换的中断时延。因此，这里的终端自动控制切换流程考虑在终端用户离开源小区之前发送了再见的信息，源小区接收到该信息就立即发送用户的上下文并转发存储的数据，这里用户的上下文和数据转发以便用户在成功接入目标小区之后能尽快继续数据业务的传输。

9.3.2　移动性的关键指标

在单连接的移动性管理中，最为关键的目标是如何最小化切换带来的中断时延。为了更为详细地描述切换时延的性能，定义了如下的关键指标，见表 9-1。

表 9-1　5G 移动性的关键性能指标

关键指标	开始	停止	定义
上行业务中断时延	终端接收到网络的切换命令（网络控制切换）；或终端发送再见消息给源基站（终端用户控制切换）	终端开始向目标基站传输上行用户面数据	在切换过程中终端用户与网络之间上行数据业务传输的中断时长
下行业务中断时延	终端接收到网络的切换命令（网络控制切换）；或终端发送再见消息给源小区（终端用户控制切换）	终端从目标基站接收到下行用户面数据	在切换过程中终端用户与网络之间下行数据业务传输的中断时长
切换响应时间	服务基站的信道开始衰落（包含测量时间）	终端接收到网络的切换命令（网络控制切换）；或终端成功发送再见消息（终端用户控制切换）	从信道开始衰落到真正发起切换流程所需要的时间（包含测量时间）
数据分组转发时间	源基站发送切换命令（网络控制切换）；或源基站收到再见消息（终端用户控制切换）	源基站停止从网关接收下行数据，也就是路径转换过程完成	网络将终端的用户面数据从源基站传输到目标基站所需时间
总切换时延	终端发送测量报告触发切换（网络控制切换）；或终端发送再见消息（终端用户控制切换）	切换完成，也就是目标基站收到最后一个转发数据分组	整个切换流程所需时间

9.3.3　影响移动性的关键技术

不论是网络控制的切换方式还是终端自动控制的切换方式，单连接的移动性大多需要完成以下步骤：终端用户在源小区的测量和测量报告，终端用户断开与源小区的连接与目标小区进行同步，终端用户获取目标小区的系统信息，终端用户随机接入目标小区，切换过程中的链路失败检测、恢复与重建以及回传链路的传输。本节将详细讨论这些步骤在 5G 系统中对移动性的影响，并提出可能的解决方案。

9.3.3.1　用户测量和测量报告

移动终端需要持续监测无线链路的质量来触发切换流程，然而受制于无线信道快速衰落的影响，单一的、非连续的测量结果样本并不能准确地反映无线链路的质量，如果以此为切换判决参考，会导致切换失败以及乒乓切换等不必要的切换，因此需要在物理层和高层都有相关的测量过滤机制，以保证切换过程中测量报告的稳定性，相应的，终端获取稳定的测量报告需要的时间就是测量时间，这决定了终端在切换过程中的反应时间。测量时间越短，终端生成测量报告的时间就越短，切换过程触发得就越快，切换反应时间也越短；反之，切换反应时间越长，特别是在移动终端用户高速移动的情况下，比如典型的高铁 500 km/h 的环境下，用户在每一个小区驻留的时间很短，这样长的切换反应时间会使得用户在获取稳定的测量报告之前就已经离开了该小区，从而无法及时地触发切换流程造成业务的中断，因此，合理的测量时间是保证切换正常触发的重要条件。

另一方面，尽管网络可以通过一定方式（如设置过滤机制的参数）来调整测量结果的平均时间，但由于无线信道快速衰落的影响，在一定的传输频段上，测量间隔的设置对于测量结果并没有太大的影响。如图 9-4 所示，不论信道测量的间隔设置为多大，都需要至少 100 ms 左右才能使得信道质量的标准方差小于 1 dB。然而，增加空间分集可以一定程度地减少信道质量趋于稳定的时间，在 5G 系统中可以考虑通过超大规模天线来有效减少信道测量的时间，从而使得终端用户能够快速准确地检测到信道的衰落，从而加速切换反应的时间。

在测量报告方面，对于网络控制的切换方法而言，终端的测量报告是必须上报的，源基站可以配置周期性或者事件触发的测量配置来触发用户的测量报告，再根据终端的测量报告选择切换的目标小区，从而进行切换准备过程。但是对于终端自动控制的切换方法而言，测量报告是可选的，由于是终端自行选择目标小区，无需把测量报告上报给网络，终端可以测量后用于自身的链路管理或干扰消除等。因此，对于终端自动控制切换方法来说，终端无需向网络上报测量报告，这在一定程度上也节省了空口的高层信令开销，节约了一部分空口资源，减轻了网络接受分析测量报告的负荷。

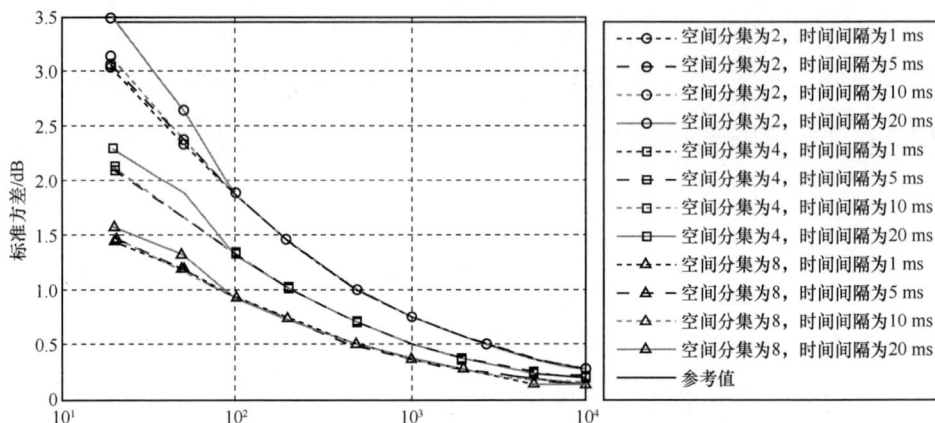

图 9-4　测量时间与测量间隔以及空间分集的关系

　　此外，网络控制的切换方式中，终端用户在得到稳定的测量结果后需要发送给网络，网络在目标小区接受了切换请求后，才会向终端用户发起切换请求。相比于终端自动控制的切换方式中，用户得到测量结果后不需要触发测量报告，而是自主选择到信号质量最好的目标小区直接进行接入，网络控制的切换方式会带来较大的切换响应时间，也就是增加了测量报告传输、源小区和目标小区交互以及切换命令传输的时间，然而，由于终端用户在这些过程中始终保持和源小区的业务传输，因此对上下行的业务中断时延并没有影响。

9.3.3.2　下行同步

　　传统的 3G 和 LTE 网络中各个小区经常是不同步的，在切换过程中，终端在接收到网络的切换命令之后，需要先进行目标小区的下行同步，以便进行后续的随机接入过程。由于 5G 系统是一个异构系统，尽管广域网的各小区依然会是非同步，但对于超密集的热点地区，连续的热点小区之间可以认为是彼此同步的，在这种场景下，当终端用户进行切换时就不再需要和目标小区重新进行同步，而可以利用源小区的同步信息直接进行接入，如图 9-5 所示，这样就可以节省用户在切换过程中与目标小区下行同步的时间，为减少切换中断时延创造有利的条件。

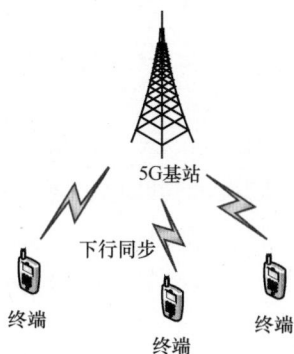

图 9-5　下行同步示例

9.3.3.3　随机接入

移动通信系统中的随机接入过程可以分为基于竞争的随机接入和基于非竞争的随机接入过程。终端用户在初始接入网络以及在没有可用的调度请求资源时，需要通过竞争来获取网络的上行发送许可，但有竞争就存在碰撞的可能，会产生接入的失败而影响接入性能。在切换过程中，为了确保业务以及通信质量的连续性，需要避免随机接入带来的切换失败，因此更希望采用基于非竞争的随机接入方式。

基于网络控制的切换方法中，由于源小区与目标小区的切换准备过程发生在终端用户在目标小区发起随机接入之前，源基站可以在切换准备过程中请求目标基站预留随机接入资源（比如随机接入序列），然后通过切换命令通知给终端用户。终端用户在接收到该切换命令后，就可以通过预留的随机接入资源以非竞争的方式接入目标小区，从而避免了碰撞，确保了切换的成功。另外，随机接入流程还用于上行的同步，目标小区在切换准备过程中把该小区的时间提前量发送给源小区进而传递给终端用户，用户就可以利用该信息来调整上行发送的时间，从而实现和目标小区的上行同步。在 5G 系统中，考虑到热点小区之间有很好的时间同步，在随机接入过程中也不再需要目标小区的时间提前量信息，因此可以进一步地简化甚至不再需要随机接入过程，也即目标小区在切换准备过程中直接为终端用户预留用于上行数据传输的资源，并通过源小区发送给用户，用户在中断与源小区的业务传输后，可以直接在目标小区相应的预留资源上发送上行数据，从而跳过随机接入流程最小化切换的中断时延。

在终端自动控制的切换方式中，由于终端用户负责评估链路质量并自主的选择目标小区进行切换，用户在目标小区发起随机接入过程之前并没有机会请求目标小区为此预留随机接入的资源，这样，终端只能采用基于竞争的随机接入方式向目标小区发送切换请求，相比于非竞争的随机接入面临更大的切换失败的风险。此外，对于 5G 系统内能够保持时间同步的小区间的切换，依然可以考虑简化这种基于竞争的随机接入流程，比如将用户的上行数据和随机接入序列同时发送等方案，但由于"竞争"的特性，终端用户仍然不可避免地需要这种随机接入过程来接入目标小区。

9.3.3.4 系统信息获取

系统信息获取是指终端用户读取网络的广播信息，从而获取接入层和非接入层的系统消息，不论是在空闲态还是连接态，用户都需要执行这一操作以保持系统消息的实时性，比如当终端开机首次选择网络和进行小区重选时、异系统切换时、重新返回无线网络覆盖区域时、系统消息改变时以及终端已经读取的系统消息有效期限已到时，都会进行系统消息获取的过程，如图 9-6 所示。

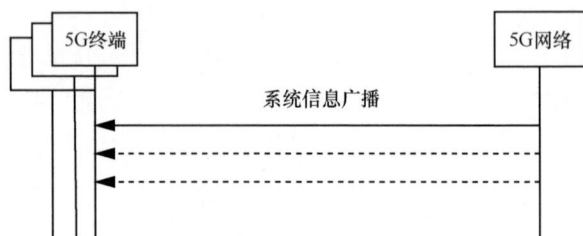

图 9-6　系统信息获取流程

在现有的网络控制切换方式中，终端在中断与源小区的连接并完成和目标小区的同步之后，一般不需要立即重新获取系统信息。目标小区可以把与接入相关的必要的系统消息通过切换准备过程和切换命令发送给终端用户，比如目标小区的随机接入资源配置信息，这样终端能够立即进行随机接入过程，尽快建立与目标小区的连接，以恢复业务的传输，并在成功接入目标小区之后再进一步读取目标小区其他的系统消息。因此，在切换过程中是否需要获取系统消息以及获取什么系统消息，取决于终端用户怎样接入目标小区。在 5G 系统中，如果终端用户通过随机接入方式接入目标小区，那么用户可以等切换完成再获取系统信息；而如果终端用户没有经过随机接入，而是直接在预留的上行资源上直接发送上行数据，那么终端用户至少需要读取目标小区的系统帧号以准确地定位预留的上行资源，这样系统信息读取所需要的时间也会增加切换的中断时延。在 5G 系统的切换过程中，应当综合考虑随机接入和系统信息读取的优化，以最大限度地减小切换时延。

如果终端用户是以自动控制的切换方式接入目标小区的，由于没有切换准备过程，终端接入目标小区之前没有收到过任何目标小区的信息，因此只能通过读取目标小区的系统信息来获取接入目标小区的相关配置和参数，其中至少包括随机接入配置信息，而系统消息的读取会对切换的中断时延带来一些不利的影响。

为了解决这一问题，在 5G 系统的移动性研究中，可以考虑让源小区定期地广播邻小区的部分系统信息，这样终端在读取源小区系统信息的同时，就可以同时获取目标小区的部分系统信息，从而避免了在切换过程中的系统信息读取带来的切换时延；但另一方面，这种广播方式会带来更大的系统信息的开销，并且在目标小区系统信息发生变化时不能及时在源小区得到更新，终端根据在源小区收到的已经过期的系统信息接入目标小区，也会造成接入的失败进而影响切换的性能。另外，考虑到 5G 异构系统内终端通常需要同时支持多种接入方式，可以根据终端的能力允许部分能力较强的 5G 终端在源小区进行业务传输的同时读取邻小区的系统信息以备未来切换使用，从而避免在切换过程中获取系统信息带来的业务中断，达到降低切换中断时延的目的，如图 9-7 所示。

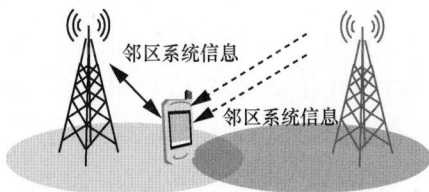

图 9-7 同时获取邻区系统信息

9.3.3.5 切换失败检测及重建

当无线链路在切换过程中出现质量下降以至切换过程中断，就会导致切换失败。如果出现切换失败、无线链路失败、完整性保护失败、无线重配置失败等情况，终端将会触发无线连接重建过程，该过程旨在重建终端与网络之间的无线连接，包括信令承载操作的恢复以及安全的重新激活，仅当相关小区是具有终端上下文的小区时，连接重建才会成功。如果网络不认可重建，或者接入层的接入层安全性没有被激活，终端就会直接转到空闲状态。为了满足 5G 移动性低时延高可靠性的需求，移动性的设计必须考虑如何避免切换失败以及在切换失败时如何尽快地重建与网络的连接来恢复数据业务的传输。

在网络控制的切换方式中，从终端用户接收到切换命令开始，如果能成功地完成目标小区内的随机接入就认为切换成功。由于这期间切换的成功与否取决于目标小区内的随机接入过程，在 5G 系统内可以考虑通过非竞争随机接入以及在随机序列重传来保证随机接入过程的顺利完成。在没有随机接入过程的情况下，终端用户通过直接在预留的上行资源上发送上行数据来接入目标小区，在链路质量下降的情况下可以考虑降低数据传输的调制编码方式以及同步的自动重传等方式来确保成功接入，从而避免切换的失败。

在终端自动控制的切换方式下，从终端用户向目标小区发送切换请求开始，或者向源小区发送再见消息开始，如果终端能够成功地收到来自目标小区的切换许可，即可认为切换成功。在这一过程中，终端用户需要完成在目标小区内的随机接入过程，目标小区也需要等待来自源小区的用户上下文，并决定是否接纳该用户的切换请求，而且由于上下文的传输带来的回传时延延迟了目标小区切换许可信息的发送，终端需要等待较长时间，从而增加了信道变化的可能性。因此，在这种方式下，切换的成功不仅取决于随机接入过程中的链路质量，还取决于目标小区的接纳控制方案，确保高可靠的切换性能将面临更大的挑战。

由于任何系统都不能保证 100%的切换成功率，因此要求在切换失败时终端用户能够及时地检测到切换失败并且尽快地发起无线链路重建请求。在 5G 系统中可以考虑在终端等待切换响应的过程中，提前建立备份链路来应对切换失败的发生，从而减少由于链路重建带来的切换中断时延的增加；或者提前把用户的上下文转发到多个目标小区，以提高用户重建过程成功率。

9.3.3.6 信息安全

用户数据的私密性安全保护也是 5G 的重要课题之一。在未来的 5G 系统中，仍然需要支持网络与用户之间的双向鉴权和双向认证。在终端接入系统后，网络侧需要为用户创建安全上下文，用于保护用户与网络之间的通信过程，为整个系统的运行提供安全保障。在网络控制的切换过程中，用户的安全性保护是一致且连续的，从切换命令到终端向目标小区发送用户数据，所有的消息和数据都可以经过加密或完整性保护。因此，用户在切换完成之后仍然是网络信任和控制的终端，无需额外的鉴权认证过程。

如果终端采用的是自动控制切换方式，则会给信息安全带来一定的挑战，比如目标小区需要对接入的终端进行相应的认证，以确保该终端是一个合法的用户，并且通过自主移动性的方法移动到本小区，从而进一步确认该用户的安全上下文，以继续安全密钥的配对以及后续的加密和完整性保护流程。

9.3.3.7　回传网络传输

在分布式的移动场景下，不论是网络控制还是终端自主控制的切换方式，源小区都需要将用户的上下文以及存储数据，转发给目标小区以继续业务的传输，回传链路带来的时延也会对切换性能带来比较大的影响。

具体来说，对于网络控制的切换流程，在切换准备过程中源小区和目标小区需要交互切换请求和切换确认的信息，其中包括用户上下文的信息以及目标小区接入相关信息的传递。由于这一握手过程发生在终端用户收到来自源小区的切换命令之前，也就是说终端在源小区业务传输并未中断，因此回传链路的时延虽然增加了用户的切换响应时延，但并没有增加切换的中断时延；只要切换流程能够及时地发起，这里的回传时延对于用户上行业务传输并没有影响。此外，当终端用户成功接入目标小区之后，目标小区会向核心网请求转换用户面的路径，也就是停止向源小区发送数据而是转向目标小区，这时，源小区也需要把已经从核心网收到的存储在本地的下行数据发送给目标小区，这里用户面路径的转换同样依赖于回传网络的传输，回传网络的时延越大，目标小区就需要更长的时间才能继续下行数据业务的传输，因而影响了下行业务的中断时延。即便采用的是终端自主控制的切换方式，终端的上下文仍然需要从源小区传输到目标小区，同样依赖于回传网络的传输。

在未来的 5G 系统中，尽管可以通过更大容量的光纤来承载回传链路，但回传链路的时延不仅仅依赖于传输的媒介，还依赖于回传链路两端对信号的处理速度，这与系统负荷、连接数量以及处理时间等多种因素都息息相关。另外，回传链路的性能很大程度取决于运营商的部署，比如是集中式还是分布式、是在远端还是近端进行信号处理等，这些都决定了回传链路的时延特性并不是一成不变的，即使在某些特定场景下可以实现小于 1 ms 的超低的回传时延，在其他场景下依然会产生长达几毫秒的回传时延，相比于 5G 系统小于 1 ms 的空口时延指标，回传时延将对移动性产生较大的影响，特别是终端控制的切换方式中，回传时延将直接影响切换中断时延的性能以及用户的移动性体验。因此，如何降低或者减少回传时延对移动性性能的影响，以便在目标小区内快速地恢复业务的传输，将是 5G 移动性设计的重要课题。

9.3.4 观察和分析

通过对网络控制和终端自动控制切换方式在不同关键技术上的对比，不难看出，网络控制的切换方法能够通过预先的切换准备过程，更好地保证切换的成功率和有效性，彻底消除随机接入过程，从而降低切换带来的中断时延。最为重要的是，网络控制的方式能最大限度地确保运营商对网络移动方案的控制权。因此，在很长时间内包括未来的 5G 系统都将会是最基本的移动性解决方案。此外，终端自主控制的接入方式能够有效地降低终端的时延，在 5G 系统中，可以根据网络小区部署的特点和特殊性，允许实现局部区域的终端自动控制移动性解决方案，适当地把移动性决策权下发到终端，以达到减轻网络负担和提高切换效率、完善切换性能的目的。当网络同时支持两种切换方式时，需要考虑如何避免两种切换方式的冲突，以确保在网络和用户侧执行唯一的切换操作，这些都将是 5G 移动性研究的重要方向。

| 9.4　小结 |

本章从 5G 系统的总体愿景和需求出发，确定了 5G 移动性研究的方向和目标并给出 3 种可能的移动性场景。在此基础上，通过对网络控制切换方式和终端自动控制切换方式的比较，进一步结合 5G 系统的特点分析了这些移动性的关键技术对这两种切换方式的影响，包括用户测量和测量报告、下行同步、随机接入、系统信息获取、切换失败检测及无线链路重建、信息安全以及回传网络传输等方面，并对可能的设计思路以及面临的问题进行了分析和讨论。

第 10 章

以用户为中心的自治网络

5G 系统设计的终极目标是最大限度地满足用户的业务需求，所以系统的整体设计应该以用户为中心来开展。同时，运维成本的降低也是 5G 发展的重要需求，所以 5G 网络的自治是 5G 技术发展的重要方向。本章从 5G 网络以用户为中心和自治的需求出发，探讨基于用户大数据的网络优化、更多维度的 QCI 设计等技术。

为了更好地满足未来移动互联网和物联网多样化的用户和业务需求，5G 系统除了继续提供更高的数据速率和更低的时延，还将把用户体验作为关键的提升目标。一方面，智能适配业务和用户的需求，提供多场景一致的体验，实现网随人动；另一方面，在尽可能满足用户需求的同时，进一步降低运营商的网络部署和运维成本。本章首先讨论未来多样化的用户和业务需求以及已有网络满足这些需求时的差距所在，并引出以用户为中心的理念，然后围绕该理念，系统地介绍了为了满足这些需求开展的相关研究及进展，最后对后续工作进行了展望。

| 10.1 以用户为中心的自治网络需求 |

移动互联网和物联网是未来移动通信发展的两大主要驱动力。移动互联网为用户提供增强现实、虚拟现实、超高清（3D）视频、移动云等更加身临其境的极致业务体验。而移动医疗、车联网、智能家居、工业控制、环境监测等物联网应用将扩展移动通信的服务范围，从人与人通信延伸到物与物、人与物智能互联。

移动互联网应用的主要需求包括 Gbit/s 的数据速率、毫秒级的时延、超高的流量密度、超高的连接数密度以及高铁、快速路等高速移动场景下的业务性能保障。而物联网由于行业应用非常丰富，业务的需求/特点也不尽相同，比较主要的包括大量设备连接、超低时延、低成本、低功耗等。另一方面，用户在高速移动、大量用户聚集等特殊场景中的业务体验也应该得到保障。

LTE 系统为了适配业务的需求，引入了 QCI（QoS Class Indicator）机制，核心网根据用户发起业务的情况定义对应的 QCI，并指示给无线网，无线侧则根据该指示给用户进行无线资源的调度与分配。而此机制还不能很好地满足上述多样化的用户和业务需求。

- 目前标准化中只定义了 9 种 QCI，颗粒度还比较粗，不能很好地适配丰富多彩的业务需求。因此，5G 需要设计更细致的、更多维度的 QCI。

- 现有的无线网对用户和业务是透明、无感知的，无线资源的调度与分配都是根据核心网侧的 QCI 来进行的。因此，未来无线网络应该具备对用户和业务以及终端情况（如功耗、处理速度等信息）的智能感知与适配能力。

- 目前的通信系统也没有对用户的行为习惯与爱好进行针对性的优化，因此，5G 系统应该考虑用户的移动性习惯（工作日早晚乘坐固定的地铁线路通勤）、爱好使用的业务与时段等信息，并进行相应的优化。

- 对于体育场馆、高铁等大量用户密集聚集、高速移动等特殊场景，已有网络不能很好地保障大量用户的在线游戏、实时图片分享、视频上传等业务需求。因此，5G 要确保用户在多场景下的一致性体验，实现网随人动，使用户感知不到小区边缘的性能下降，始终感觉自己在网络的中心。

另一方面，针对传统网络中部署和运维耗资巨大的问题，LTE 系统引入了 SON 等多项自动网络配置及优化技术，包括 PCI 自优化、邻小区自配置、最小化路测、移动负载均衡、移动顽健性增强、网络节能等各个方面的内容。但是 LTE 针对网络配置及优化的自动化操作属于单点技术，仍然是对现有网络的修补，并未从根本上改变传统网络中网络配置僵化，很难适配未来网络中用户业务多样性的需求，需要从根本上改变思路，将技术的关注点集中在用户业务上，做到网络配置、优化、运营以用户为中心。

如上所述，为了更好地满足未来移动互联网和物联网多样化的用户和业务需求，5G 系统能更智能地适配业务和用户的需求，考虑用户的行为习惯与爱好以及终端的功耗等信息，确保用户在多场景下的一致性体验。为了实现这些目标与愿景，将在下面的技术方向上展开分析：

- 基于大数据的用户行为感知与优化；
- 多维度 QCI 设计；
- 用户和业务的智能感知与优化；
- 特殊场景的性能保障与提升。

| 10.2   潜在技术方向 |

10.2.1   基于大数据的用户行为感知与优化

10.2.1.1   用户大数据获取

目前获取用户大数据的方法主要有 3 类：基站和核心网采集，存储在核心网；基站和核心网采集，存储在基站；终端采集，存储在终端。这 3 类方法的影响见表 10-1。

表 10-1   用户大数据获取方法及影响

方案	对网络影响	对终端影响	用户隐私保护	空口开销	X2 开销	S1 开销
基站和核心网采集，存储在核心网	大	小	中	小	小	大
基站和核心网采集，存储在基站	中	小	差	小	大	中
终端采集，存储在终端	小	大	好	大	小	小

10.2.1.2   基于用户大数据的优化

移动网络中存在大量均有固定行为习惯的用户，大量用户可能具有固定的出行路线和固定的出行时间，某些用户经常性地从固定车站上车，乘坐高铁、地铁等路线固定的交通工具，并在固定的车站下车。

如图 10-1 所示，用户经常性地使用小区 1～小区 5。在 UE 移动过程中 eNB 和 UE 之间需要频繁进行信令交互，导致信令开销较大、较长的传输中断时间或低吞吐量期、过多的 PDCCH 调度次数（PDCCH 资源消耗）和较高的 UE 耗电量等问题。5G 可以通过对用户行为的搜集、统计和分析，对 UE 即将使用的小区进行预先配置。

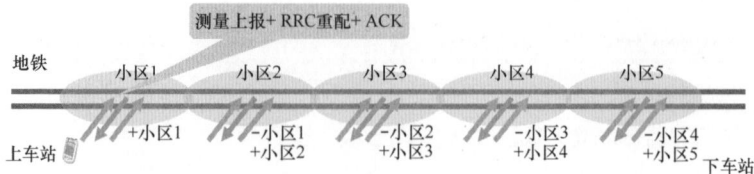

图 10-1   现有网络下的小区配置方式

网络对用户行为的搜集、统计和分析方法可以分为集中式和分布式两种。

- 集中式需要网络侧增加独立的用户信息搜集、统计和分析模块。该模块连接多个 eNB，每个 eNB 将搜集到的用户信息传输到所述模块，该模块负责对用户信息进行全面搜集，并进行统计和分析。如图 10-1 所示，该模块经过统计和分析可以得出某用户经常性地按次序经过小区 1～小区 5。统计方式包括该模块对某小区的使用次数进行计数等。该模块会将该统计结果通知相关 eNB，例如 eNB1 和 eNB5。该模块也可以对某一陌生用户的行为做出合理的预判，例如，当用户乘坐高铁等交通工具时，其运行路线固定，因此，网络可以对乘坐高铁的用户即将到达的小区做出预判。预判的依据可以包括用户此时所处的小区，或者之前经过的一系列服务小区等。

- 分布式是通过 eNB 之间交互 UE 的切换历史信息或者小区配置的历史信息。eNB 会记录下用户使用的小区，并且当用户发生小区变更时，源 eNB 会把该 UE 的切换历史信息或者小区使用的历史信息传递给目标 eNB。如图 10-1 所示，当 UE 从小区 1 变更到小区 2 时，eNB1 将把小区 1 曾作为服务小区的历史信息通知 eNB2，eNB2 保留该信息。当用户移动到小区 5 时，eNB5 搜集到的信息为：该 UE 的服务小区历史信息为小区 1～小区 5，此时，eNB5 对该用户的行为信息进行统计和分析，若该用户经常出现小区 1～小区 5 的服务小区，则可以得出某用户经常性地按次序经过小区 1～小区 5。eNB5 会将该统计结果通知 eNB1，或者通知小区 1～小区 4 的全部小区。进一步，对于高铁场景，如果网络侧在用户从小区 1 运行到小区 3 时判断出该用户正在乘坐高铁，eNB3 可以将预判结果通知 eNB4、eNB5 等。

通过以上对用户行为的分析可以对小区进行预配置。例如，eNB 通过 RRC 专用信令对 UE 进行小区预配置。如图 10-2 所示，当 eNB1 得到了某个 UE 经常性地经过小区 1～小区 5 的统计结果后，并且当小区 1 再次服务该 UE 时，小区 1 所属的 eNB1 将把小区 1～小区 5 的小区配置全部发送给 UE，UE 收到这些小区配置后保留这些小区配置。

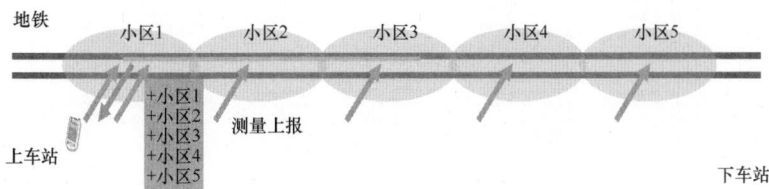

图 10-2　小区预配置

下面以小区管理场景和小区切换场景为例进行分析。

（1）小区管理场景

UE 在通过小区 1～小区 5 时，主小区始终未改变，小区 0、小区 1～小区 5 均作为 UE 的辅小区，此时，所述小区配置信息为 RRC 连接重配消息中与辅小区相关的配置信息。当 UE 选择小区 1 作为服务小区时（或者当 UE 进入小区 0 所属的 eNB0 时），小区 1 所属的 eNB1 将小区 1～小区 5 的小区配置信息全部传给 UE（小区 0 所属的 eNB0 将小区 1～小区 5 的小区配置信息全部传给 UE），UE 反馈 ACK/NACK 信息给 eNB。此后，随着 UE 的移动，当 UE 触发测量上报时，UE 自动开始使用小区 2 的小区配置，对于之前使用过的小区 1 的配置，UE 可以选择删除或者继续保留。当 eNB 收到 UE 上报的测量上报消息时，网络侧开始使用小区 0+小区 2 对 UE 进行数据传输。

（2）小区切换场景

UE 在通过小区 1～小区 5 时发生小区切换。此时，所述小区配置信息为 RRC 连接重配消息中与小区切换相关的配置信息。当 UE 选择小区 1 作为服务小区时（或者当 UE 进入小区 0 所属的 eNB0 时），小区 1 所属的 eNB1 将小区 1～小区 5 的小区配置信息全部传给 UE（小区 0 所属的 eNB0 将小区 1～小区 5 的小区配置信息全部传给 UE），UE 反馈 ACK/NACK 信息给 eNB。此后，随着 UE 的移动，当 UE 触发测量上报时，UE 对小区 2 进行随机接入过程，并接入小区 2，对于之前使用过的小区 1 的配置，UE 可以选择删除或者继续保留。当 eNB1 收到 UE 上报的测量上报消息时，eNB1 将 UE 上下文信息传递给 eNB2，并同时将传输完成的数据传递给 eNB2，当 UE 接入 eNB2 之后，eNB2 开始对该 UE 进行数据传输。

或者，eNB 可以通过广播或者多播方式对 UE 进行小区预配置。如图 10-3 所示，如果存在大量用户的行为一致，如大量用户都在同一车站上车，并在同一车站下车，网络侧可以通过广播或者多播方式对相应的 UE 进行小区预配置。

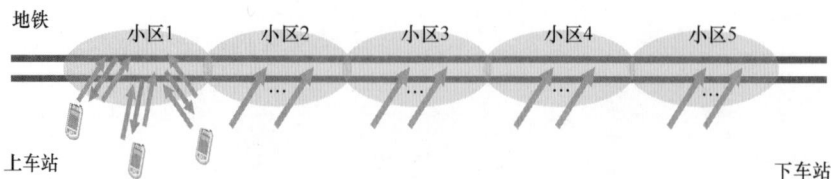

图 10-3　小区预配置（大量用户行为方式一致）

下面以小区管理场景和小区切换场景为例进行分析。

（1）小区管理场景（以广播方式为例）

UE 在通过小区 1～小区 5 时，主小区始终未改变，小区 0、小区 1～小区 5 均作为 UE 的辅小区，此时，所述小区配置信息为 RRC 连接重配消息中与辅小区相关的配置信息。eNB0 的广播消息中包含小区 1～小区 5 的小区配置信息。当 UE 进入小区 0 所属的 eNB0 时，UE 从 eNB0 的广播中读取小区 1～小区 5 的小区配置信息。此后，随着 UE 的移动，当 UE 触发测量上报时，UE 自动开始使用小区 2 的小区配置，对于之前使用过的小区 1 的配置，UE 可以选择删除或者继续保留。当 eNB 收到 UE 上报的测量上报消息时，网络侧开始使用小区 0+小区 2 对 UE 进行数据传输。

（2）小区切换场景（以多播方式为例）

UE 在通过小区 1～小区 5 时发生小区切换。此时，所述小区配置信息为 RRC 连接重配消息中与小区切换相关的配置信息。eNB0 预先已经对具有相同路线的 UE 进行了编组，当有一定数量的相同编组的 UE 进入小区 0 所属的 eNB0 时，eNB0 将以多播方式将小区 1～小区 5 的小区配置信息发送给这些 UE，UE 反馈 ACK/NACK 信息给 eNB。此后，随着 UE 的移动，当 UE 触发测量上报时，UE 对小区 2 进行随机接入过程，并接入小区 2，对于之前使用过的小区 1 的配置，UE 可以选择删除或者继续保留。当 eNB1 收到 UE 上报的测量上报消息时，eNB1 将 UE 上下文信息传递给 eNB2，并同时将为传输完成的数据传递给 eNB2，当 UE 接入 eNB2 之后，eNB2 开始对该 UE 进行数据传输。

对于常用的小区配置，UE 可以自行保留哪些为常用小区，或者在网络为 UE 进行小区配置时指示 UE 哪些为常用小区，即指示 UE 哪些小区配置在使用完毕或暂不使用时需要继续保留。例如，当用户由小区 5 方向乘车至小区 1 时，网络侧不需要再一次为 UE 配置同样的小区，UE 可以自行使用保留的小区配置。这样，可以进一步减少网络侧的信令开销。

通过以上方式可有效降低 UE 的传输中断时间/低吞吐量时间，减少 PDCCH 调度次数，降低信令开销，同时降低 UE 耗电量。

10.2.2　多维度 QCI 设计

LTE 系统通过端到端的 QoS 管理以及差异化服务策略来满足业务的 QoS 需求，

LTE 系统中端到端的 QoS 管理是分层次、分区域的 QoS 体系结构，即上层的 QoS 要求分解为下层的 QoS 属性，下层为上层提供承载业务。如图 10-4 所示，端到端的承载业务可以沿着端到端的路径划分成不同的网络段业务。端到端承载业务可以分成 EPS 承载业务与外部承载业务两部分。LTE 系统中 QoS 控制的基本粒度是承载，即相同承载上的所有流量将获得相同的 QoS 保障，不同类型的承载提供不同的 QoS 保障。

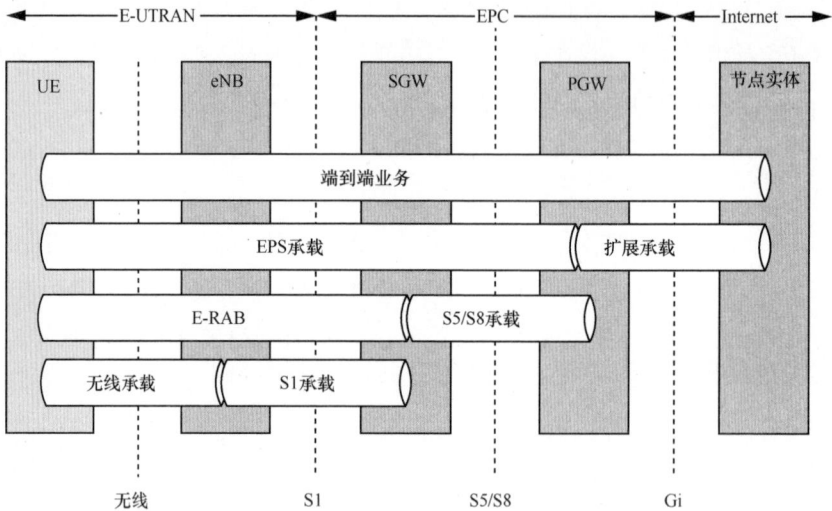

图 10-4　EPS 承载业务架构

　　为了实现无线网络对于业务和业务的感知，基于现有 QCI 实现机制进行扩展，设计了新的 QoS 参数传递机制，即通过引入分层比特映射的概念，将用户业务信息由核心网传到接入网，传输的内容包括：业务提供商、所使用的 App、业务类型以及相应 QoS 等。为了构建完整的 QoS 参数机制，通过多级架构方式，标识用户的 QoS 需求，如图 10-5 所示。例如 32 bit 表示整体 QoS 参数，前 8 bit 对应业务提供商，再下来 8 bit 对应 App，随后的 8 bit 对应业务类型，最后的 8 bit 对应 QoS 参数，接入网了解到这些信息后能够做到非常精细地调度以及控制。

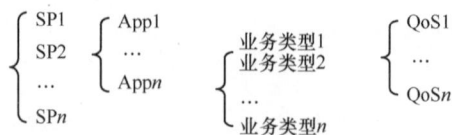

图 10-5　分级 QoS 构建

10.2.3　用户和业务的智能感知与优化

目前，终端在有业务进行时，在蜂窝网络和 WLAN 中的行为，如数据发送、移动性管理等基本都是受网络侧控制的，这样很多用户或者终端的信息，如发起的业务、功耗、CPU 占用等，都不能很好地考虑进去。而随着终端能力的增强，终端对自身能力、发起业务的认知以及对所需的网络资源也更了解，因此终端可以在通信过程中扮演更主动、更重要的角色。例如，目前在 3GPP R12 中已经引入了设备间直接（D2D）通信的机制。可以预测，到了 5G 阶段终端相对于网络的角色越趋近于对等。

另一方面，业界普遍认为 5G 阶段将面临 5G、WLAN、LTE 演进等多网共存的局面，那么终端如何在多网并存的环境中工作将是其中的重要一环。当终端在有 5G、WLAN、LTE 演进等多网覆盖的环境中工作时，由于自身的功耗、CPU 负载等状态、发起的业务类型（尤其是将来还可能允许用户 DIY 业务，就是网络侧未知的新的业务类型）、所处的位置以及每个网络当前的负荷等状态不同，适合为之服务的网络也会有所区别。

为了实现无线网络对用户、业务以及终端情况的智能适配，接入侧需要首先需要获取相关的信息，然后再做相应的无线资源或功能的配置与优化。由终端根据自身的状态和业务需求等信息，向网络侧申请所需通信资源，并由网络侧反馈资源满足情况或者网络选择建议，然后终端再选择合适的网络的方法，使得终端能找到最优的网络为之服务。

初步来看，根据终端或用户对发起业务和自身状况的了解程度以及终端本身的智能程度，至少有下面两种相关信息的上报或获取方式。

（1）UE 直接向基站上报业务类型、要求或终端状态信息，基站根据接收到的信息做相应的优化。下面举几个典型的例子。

当前发起的业务是微信业务，基站可根据这种频繁、小分组的业务特性，采取基于竞争而非传统调度的接入机制，或者分配专用的接入信道资源，从而降低信令开销，减少对其他业务的影响。

当前发起的业务有超低的时延要求，如 3 ms 端到端时延，则无线侧可以考虑对此业务做低时延的优化处理，如本地转发或者采用 D2D 等新的通信方式，满足此用户或业务的低时延需求。

如当前终端已进入节电状态，则可向基站汇报此信息，无线侧可在后续给 UE 配置更长的休眠周期、更长的测量间隔等帮助终端更加节电地工作。

（2）UE 向基站要求给自己进行个性化的功能配置。

目前的系统中，何时对 UE 配置某项功能都是由网络侧控制的，一般来说，网络侧在认为需要的时候（可能需要结合终端上报的辅助信息）会对 UE 通过配置的方式开启某项功能，如通过给 UE 配置测量的 WLAN 的 SSID，则隐性地开启了 WLAN 协作的功能；给 UE 配置进行聚合的载波，则打开了载波聚合的功能。这个功能配置是根据终端的最大能力来做的，对终端或业务本身的情况和需求考虑得不是很到位。例如，网络侧根据业务高吞吐量的需求给 UE 配置载波聚合，而实际上 UE 进入了需要节电的状态，不希望使用载波聚合。

因此，未来 UE 可以根据自身的状态和业务需求等信息，向网络侧申请希望配置的功能，或者动态上报自身的能力信息，使得基站根据此能力信息进行功能的配置，辅助侧给 UE 做功能配置，使得终端更多地参与到通信过程中来，更好地满足终端和用户的需求。

10.2.4 特殊场景的性能保障与提升

为了应对地铁、体育场馆大量用户密集聚集的场景中，保障大量用户在线游戏、实时图片分享、视频上传等业务需求，一方面采用 3D-MIMO 等更高频谱效率的新技术，另一方面采用超密集部署的组网方式。这些在其他章节中有详细介绍。

对于高铁、快速路等高速移动的场景，则可以考虑移动中继、D2D 等新型通信模式，一方面可以减少用户跟蜂窝系统的切换、重选等直接交互，降低信令开销；另一方面还能提升数据速率、降低时延，提升用户的业务体验。

D2D 是 3GPP 标准化的热点，也是未来 5G 的一大潜在技术。目前的 D2D 标准化主要集中在有网络覆盖的设备发现和没有网络覆盖的公共安全应用中的点对多点直接通信。

在现有的 D2D 设备发现机制中，凡是接收到发现信号强度高于一定门限值的终端，都可认为可以与源终端进行 D2D 通信。这种发现机制对于静止不动或步行等准静态的应用场景问题不大，但当终端间相对速度较高，如高铁和快速路上，仅依靠信号强度信息，可能会发现不适合直接通信的其他终端，如相向行驶的两个终端，即使帮助它们建立起 D2D 通信的连接，也会由于距离的原因很快断开，从而给网络带来不必要的资源分配等开销。

因此，在高铁和快速路等高速移动的场景，需要根据终端的移动方向、移动速度、发起业务等信息来帮助终端进行直接通信的设备发现，使得终端能够高效地进行设备间直接通信、享受到高速的数据业务，并节约网络的开销。

终端 UE1 在设备发现过程中发送自己的移动方向和移动速度，该速度可以是范围，也可以是具体的数值。对于移动方向的确定，可以借助 GPS 信息，也可以采用基站定位机制。UE2 接收到上述信息后，检查自己的移动方向、移动速度以及接收到的 D2D 发现信号的衰减情况，如果与源终端同方向移动，或与源终端的运动方向夹角小于一定的角度 A，且与源终端速度相当，或接收到的 D2D 发现信号在一定强度 S 上保持了一段时间 P，则可认为 UE2 具备与 UE1 进行 D2D 通信的条件。符合 D2D 通信条件的终端 UE2 向基站请求与 UE1 进行直接通信的资源，其中可携带自身的移动方向、移动速度、位置信息等，基站给 UE1 和 UE2 分配通信资源，之后两终端进行直接数据通信。或者，UE2 反馈自己的上述信息给 UE1，经 UE1 确认后与 UE1 在系统分配的资源上进行直接通信。再或者，如果之前基站在系统消息中广播过 D2D 通信的资源，则 UE2 直接在此广播资源上接收 UE1 发送的 D2D 的数据信息。

对于正在进行 D2D 通信的终端 UE1 和 UE2，如果其中之一 UE1 发生切换，则由于进行 D2D 通信的资源是源小区分配的，在 UE1 切换之后无法继续使用源小区的资源与 UE2 进行 D2D 通信，因此必须中断 D2D 通信过程。而在高铁和快速路等移动路线相对固定的高速移动场景，如果两个终端的移动方向一致、移动速度相当，则可持续地进行 D2D 通信。

当正在进行 D2D 通信的终端 UE1 和 UE2 中的某个终端，如 UE1 发生切换时，源基站在发给目标基站的切换请求命令中，携带 UE1 正在进行 D2D 通信的指示信息，可以包括 D2D 通信所需的资源、UE1 和 UE2 的移动速度、移动方向、位置等信息，目标基站与源基站协调切换后目标基站分配给 D2D 通信的资源，以确保在目标小区的 D2D 通信不干扰附近终端的蜂窝通信，目标基站在 RRC 连接重配置命令中告知 UE1 在新小区中进行 D2D 通信的资源信息，UE1 把新的资源信息告知给正在与之进行 D2D 通信的 UE2，UE1 和 UE2 采用新的资源进行 D2D 通信。

通过以上考虑 D2D 通信资源、移动速度、方向等信息的切换增强机制，提升切换过程的效率，尤其适合快速路和高铁等终端高速移动且移动方向较确定的场景。

| 10.3　小结 |

本章从大数据的用户行为感知与优化、多维度 QCI 设计、用户和业务的智能感知与优化、特殊场景的性能保障与提升 4 个方面介绍了 5G 以用户为中心网络的主要解决方案，并对具体场景和需求进行了分析和研究。新技术的引入可以更好地满足未来移动互联网和物联网多样化的用户和业务需求，继续提供更高的数据速率和更低的时延，同时智能适配业务和用户的需求以提升用户体验，提供多场景一致性的体验，实现网随人动。

第 11 章

毫米波系统的设计与验证

为了实现峰值速率的量级提升，5G 需要寻找连续的大带宽来满足 10 Gbit/s 以上峰值速率的传输需求。毫米波无疑是实现连续大带宽的最佳选择，它可以提供数百兆赫兹的传输带宽。本章通过毫米波的传播特性、原型系统设计和测试验证来论证毫米波的技术可行性。

　　5G 系统将会大幅提升系统容量以及用户数据速率。三星在 5G 愿景中，提出了"1 Gbit/s Anywhere"的概念，即：无论用户身处何地，将享受到至少 1 Gbit/s 的数据速率。对于处于高速移动或步行/静止状态的用户，数据速率将将分别高达 5 Gbit/s 和 50 Gbit/s。为了实现如此之高的无线数据传输速率，使用高频包括毫米波频段的大量带宽资源，将变得十分必要。但由于较高的传播路径损耗以及高性价比器件缺乏，传统观点认为毫米波仅适用于无线通信中的室外点对点无线回传和中继链路以及室内短距的高速无线多媒体应用。而毫米波频段丰富的频谱资源，正是移动通信的发展所急需的。但将毫米波应用于移动通信系统，必须满足两个条件：信号有足够大的覆盖以及对移动性的良好支持（特别是非视距传播环境）。

　　本章将介绍如何将毫米波频段应用于移动通信。首先，澄清了对费叶思公式（Friis Equation）的一个通常的误解；然后总结了在美国和韩国进行的毫米波信道测量的结果及其带来的启示；提出了一种新型的复合波束成形方案，这种方案能够充分利用模拟域和数字域波束成形的各自优点，使用链路级和系统级仿真对方案加以验证；最后，详细介绍了毫米波波束成形原型系统以及室内和室外环境的实验结果。

| 11.1　毫米波信道传播特性：理论和实际测量结果 |

　　业内对于将毫米波用于蜂窝移动通信系统一直存在顾虑。这些顾虑包括电波传播损耗，如穿透损耗、降雨损耗以及植被损耗。尽管这些损耗的具体程度分别依赖于建筑物的材质、降雨强度以及植被的厚度，但它们的影响确实存在。然而对于高频传播特性最常见的误解，就是其传播损耗要远高于低频（甚至在自由空间的传播）。基于这些原因，毫米波长期以来被认为并不适用于远距离通信，包括蜂窝移动通信系统。

为了澄清这一误解，首先来看一下费叶思公式[1]：

$$P_r = P_t + G_t + G_r + 20\log\left(\frac{c}{4\pi Rf}\right) \text{（dBm）} \tag{11-1}$$

其中，P_r 是无阻挡自由空间的接收功率，P_t 是发射功率，G_t 和 G_r 分别是发射和接收天线的增益，R 是发射机与接收机之间的距离，f 是载频，c 是光速。从费叶思公式可以看到，在理想的全向发射（$G_t=1$）和全向接收（$G_r=1$）条件下，接收信号功率与载频的平方成反比。

在实际应用中，天线增益（G_t 或 G_r）大于 1 的天线或天线阵列被用于发射机和接收机。在给定天线孔径的条件下，天线增益与载频的平方成正比。这也就是说，高频段的发射和接收天线，能够通过相对较窄的方向性波束，以更集中的能量进行发射和接收，而高频段的这一点优势通常并没有被足够地认识到。为了验证这一点，在微波暗室中分别测量了使用 3 GHz 和 30 GHz 频段的天线传播损耗，如图 11-1 所示。

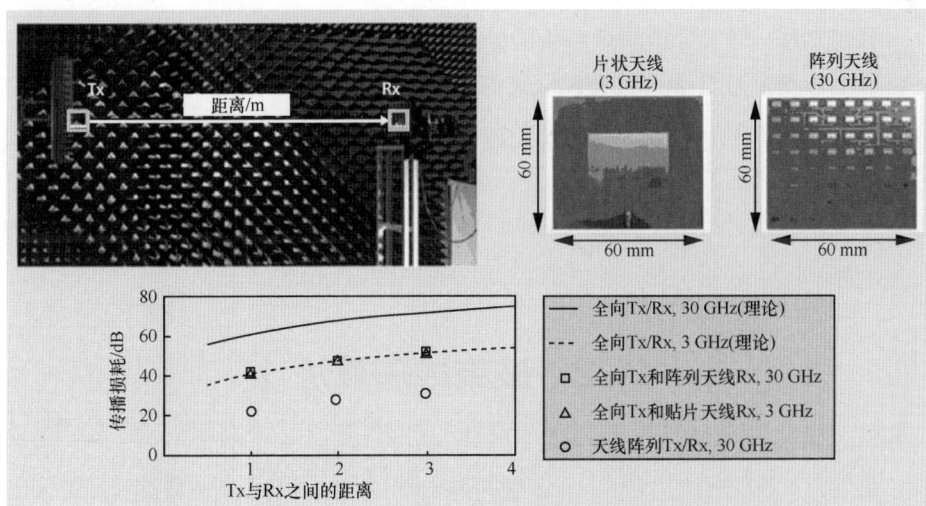

图 11-1　实测验证费叶思公式预测的传播损耗

为了这一测量试验，分别设计了具有相同物理尺寸的 3 GHz 的片状天线和 30 GHz 的阵列天线，并将它们放入微波暗室中。正如费叶思公式及以上讨论所预测的那样，图 11-1 显示，当具有相同物理尺寸的片状天线和阵列天线用于接收端时，总体传播损耗将独立于载频。并且，当 30 GHz 的阵列天线同时应用于发射端和接收端时，测得的接收功率将比 3 GHz 片状天线高 20 dB。

最近的研究结果也包括将高频段应用于室外蜂窝移动通信[2-6]。参考文献[2-3]分别报告了在美国德州大学奥斯汀分校的校园环境中所进行的 28 GHz 和 38 GHz 室外信道测量的结果。另一项针对 28 GHz 的郊区环境的信道测量在位于韩国水原的三星园区进行[4,7]。另外，城区密集环境的信道测量在美国纽约曼哈顿进行[5-6]。基于对各测量地点的电波管理法规以及许可频段上可获得的足够带宽等因素的综合考虑，所有上述信道测量都针对 28 GHz 和 38 GHz，而不包括 60 GHz 和 E 波段。

这些研究结果显示，毫米波频段的关键传播特性包括路损因子，可与在其他典型蜂窝移动通信频段使用波束成形时所测得的结果相比较。比如，当传输距离为 200~300 m 时，测得的路损因子区间在非视距与视距条件下分别为 3.2~4.58 和 1.68~2.3，这些结果与在其他传统移动通信频段所测得的结果相似。读者可能已经注意到，路损因子小于 2 的情况在测量中经常能被观测到，这是由于在街道或隧道视距传播环境中反射路径与直射路径相叠加的缘故。

目前，为了建立全面的毫米波信道传播统计模型，更加细致深入的信道测量正在韩国、美国及其他国家和地区展开[2-6]。这些测量结果显示，毫米波频段将有极大潜力成为新一代蜂窝移动通信系统的候选频段。在毫米波用于移动通信的可行性被证实之后，下一步的计划是开发出能够最有效利用毫米波丰富频谱资源的核心使能技术，并且证明其商用可行性。接下来，将介绍作为核心使能技术的毫米波波束成形技术、原型机开发及其试验性能。

| 11.2　波束成形算法 |

正如在本章前面所提到的，一个能将发射或接收信号在空间上对准特定方向的波束成形算法将是工作在毫米波频段的移动通信系统的关键使能技术。毫米波频段的波长较短，在较小的面积上可以集成大量的天线阵元用以形成方向性波束，为信号的发送和接收带来较大的天线阵列增益。

　　根据阵列天线的结构，各阵元天线上的权重赋值可以在数字域或模拟域。数字域波束成形在基带进行，每一路射频链路所对应的基带调制信号乘上权重系数；而模拟域波束成形通常在射频进行，复数值的权重系数通过控制移相器和（或）可变增益放大器来控制射频信号。以 OFDM 信号为例，数字域波束成形是在发射端 IFFT 之前或者接收端 FFT 之后的每个子载波上（即频率域中）进行的，而模拟域波束成形是在发射端 IFFT 之后或者接收端 FFT 之前（即时域中）进行的。

　　总的来说，数字域波束成形提供了更高的自由度，也具有更好的性能。但由于每一路射频链路上都需要 FFT/IFFT、数模转换器（DAC）和模数转换器（ADC），其复杂度和成本也相应较高。而另一方面，模拟域波束成形是相对简单有效的方式，其灵活性与性能与数字域波束成形相比较低。而如果考虑性能与复杂度的折中，则促生了复合波束成形的天线阵列结构。这一结构对于毫米波频段的大规模天线阵列而言，是非常实用有效的。

　　图 11-2 描绘的是使用复合波束成形的发射机和接收机结构。在这一结构中，由模拟域波束成形（移相器）所形成的细窄波束将使发射和接收的能量更加集中，用来补偿毫米波频段的路径损耗，而数字域波束成形将有助于实现先进多天线技术(比如基于多波束 MIMO 的空间复用)。

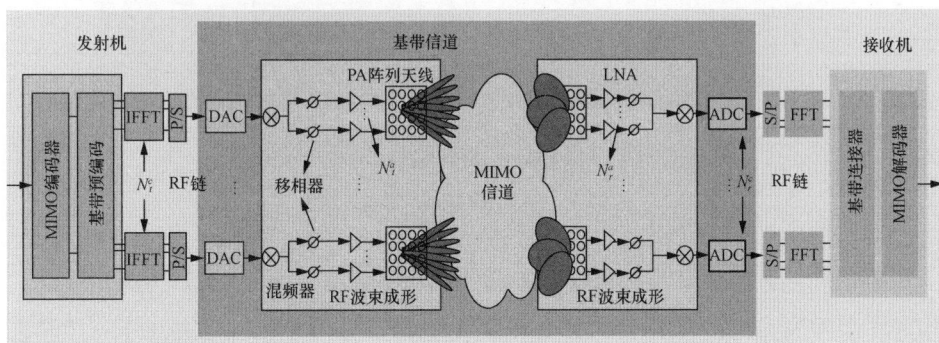

图 11-2　基于复合波束成形的天线阵列结构

　　参考文献[8]给出了在毫米波频段使用复合波束成形的仿真性能，包括在使用不同数目的发射/接收天线和射频链路条件下的链路级和系统级性能。在基站侧使用 16 根天线和 4 路射频链路，在移动台侧使用 8 根天线和单路射频链路。

参考文献[8]显示在 28 GHz 的 500 MHz 带宽上使用复合波束成形,能够带来显著的性能提升，包括相对于常规空间复用的 8 dB 性能增益以及 8 Gbit/s 的平均扇区吞吐量。

|11.3 毫米波波束成形原型系统 |

本节介绍在三星中央研究院开发的毫米波波束成形原型系统的结构、关键参数以及性能。开发这一原型系统的主要目的是验证毫米波用于移动通信所能够达到的覆盖范围以及非视距条件下的移动性。整套原型系统包括射频单元、阵列天线、基带调制解调器以及系统诊断监视器，如图 11-3 所示。

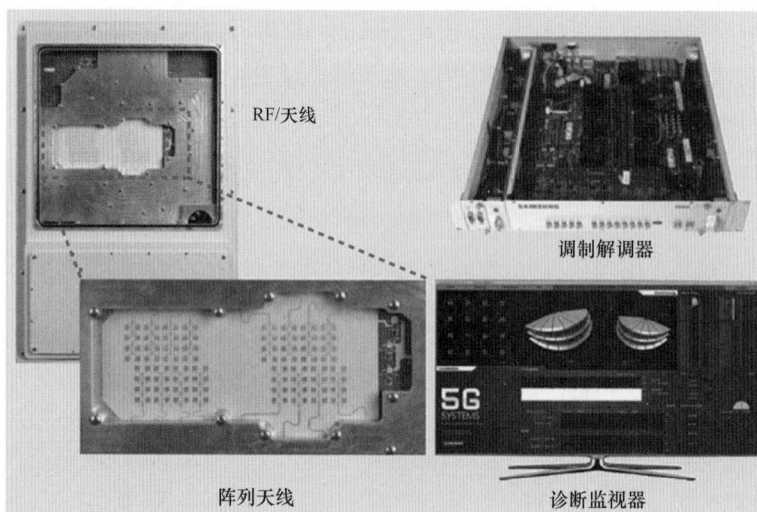

RF/天线

调制解调器

阵列天线

诊断监视器

图 11-3　毫米波波束成形原型系统

发射和接收天线阵列分别有两条通路，每条通路上的 32 个天线阵元构成了均匀平面阵列（8 个垂直列，4 个水平行），分布面积为 60 mm×30 mm。能够设计如此密集的天线阵列得益于载频 27.925 GHz 上非常短的波长。发射和接收天线阵列分别设计了两条通路，以支持多种多天线技术方案，包括空间复用与空间分集。阵列天线与射频链路（包括移相器、混频器和相关射频电路）相连接。移相器能够通过控制被送到各天线的信号的相位以形成所期望的波束形状。因此，如果将移相器设定为特定值，发射和接收天线阵列能够形成在水平面（方位角）和垂直面（仰角）分别具有期望角度的波束形状。

为了降低系统的硬件复杂度，8 个天线阵元被编为一个子阵列，与一条射频链路相连。因此 32 阵元天线阵列总共只需 4 条，而不是 32 条射频链路。尽管射频链路数目的减少将削弱在期望方向上的天线增益（除了天线轴线方向）和波束扫描范围，并将增加旁瓣强度，但仍可达到整体波束成形的要求。采用上述结构的天线阵列在天线轴线方向上的半峰宽度（Full Width at Half Maximum，FWHM）在水平面上大约为 10°，在垂直面上大约为 20°，波束成形的增益约为 18 dBi。通过预先定义好的一系列波束方向（如可以通过预先定义好的码本），在自适应波束成形中所要求的反馈开销（比如信道信息）将得以显著减少。这一系列定义好的波束将覆盖目标服务区域，每个波束具有自己独立的 ID。利用这些波束 ID，接收机将最适合的波束信息反馈给发射机，发射机用来控制移相器的成形权重（相位）。表 11-1 列出了原型系统的关键参数。

表 11-1　毫米波波束成形原型系统的关键参数

系统参数	取值
载频	27.925 GHz
带宽/FFT 点数	520 MHz / 4 096
子载波间隔	244.14 kHz
循环前缀长度	OFDM 符号长度的 0.18 倍
调制、编码（数据速率）	QPSK, LDPC 1/2（264 Mbit/s） 16QAM, LDPC 1/2（528 Mbit/s）
最大发射功率	31 dBm（9 dB 回退），1.26 W
阵列天线结构（每通道）	8×4（32 阵元天线）均匀平面阵列
阵列增益	18 dBi
半峰宽度（FWHM）	10°（水平面）/20°（垂直面）
波束扫描范围	±30°（水平面）
等效全向辐射功率（EIRP）	最大 49 dBm（标称值 41 dBm）
自适应波束搜索与转换时间	45 ms

图 11-3 中的基带处理单元使用现成的商用信号处理器，其中包括 Xilinx

Virtex-6 现场可编程门阵列（FPGA）和转换速率高达 1 G 采样样本/s 的数模转换器（ADC）和模数转换器（DAC）。调制解调器模拟前端的模拟信号接口与射频/天线输入（输出）口相连，用来发射（接收）复数值的模拟基带信号。另外，基带单元被连接到系统诊断监视器（Diagnostic Monitor）用来可视化系统工作状态并收集系统数据（包括数据吞吐量、误分组率、发射/接收波束 ID、接收信号星座图和信号强度）。

开发了两套如上所述的毫米波波束成形原型系统，用来模拟基站和移动台，在室内和室外环境分别进行试验。以下行链路为例，基站周期性地在预先定义的波束方向上发送用于波束测量的信号序列，移动台同样也在预先定义的波束方向上对不同的发射/接收波束对进行信号强度测试，并选择最佳的发射/接收波束对用于数据传输。被确定的基站发射波束 ID 被反馈给基站端，用于接下来的下行数据传输，直至下一次被更新。通过这种方式，基站和移动台可以迅速建立起无线通信链路，甚至能在高速移动的条件下自适应地保持链路。上行链路的建立，也通过类似的方式，只不过基站和移动台的角色被互换。开发的毫米波波束成形原型系统可在 45 ms 内搜索并确定最佳发射/接收波束对。

| 11.4   原型系统的试验结果 |

在 2013 年年初，使用前面介绍的毫米波波束成形原型系统在位于韩国水原的三星电子总部的园区进行了一系列室内和室外的测试试验[9-10]。

11.4.1   室外试验

如图 11-4 所示，在室外测试中，首先考虑视距传输场景。在 1.7 km 的距离上，实现了 264 Mbit/s、几乎无差错的数据传输（误块率低于 10^{-6}，数据块长度为 672 bit），此时的发射功率余量尚有 10 dB。如果没有频谱使用许可的限制，相信这一原型系统可以实现更远距离的传输。

此外，还在典型的室外视距和非视距场景中进行了试验。如图 11-5 所示，在测试环境中，由于有高大建筑物的存在，电波的反射、衍射和穿透等情况都存在。

图 11-4　毫米波波束成形原型系统的室外覆盖测试（视距）

图 11-5　毫米波波束成形原型系统的室外覆盖测试（视距与非视距）

　　如图 11-5 所示，即使在相隔 200 m 的非视距传播环境中，利用周围建筑物的反射信号能量，仍然能获得令人满意的接收性能。另一方面，在测试中也发现了有些地点的信号覆盖很差（即存在所谓的覆盖空洞（Coverage Hole）），这就使得覆盖增强措施（如小区优化、小区间协作、中继和转发）变得十分必要。

11.4.2 室外对室内的穿透

一个在实际的蜂窝移动通信中非常重要的场景是，室外基站对室内移动台的覆盖，即电波对建筑物的穿透。图 11-6 显示了在距离室外基站 150 m 之外的位于室内不同地点的移动台所接收到信号强度及其所对应的链路质量，被电波穿透的建筑物材质主要为有色玻璃。在通常情况下，较低频段甚至 6 GHz 以下的蜂窝移动通信频段电波穿透这种建筑物时，也会遇到较大的损耗。然而在室内大部分位置获得了室外基站 28 GHz 信号的良好覆盖（除了室内相对于电波入射点远端的位置）。室内 10%~20%的误块率性能可以通过一系列的差错控制措施，比如常规的纠错码、复合自适应重传（HARQ）和自适应调制编码技术来加以改善。而剩下的覆盖空洞，即接收信号强度很弱的区域，需要借助其他一些手段（如转发器、室内基站）加以改善信号覆盖强度。

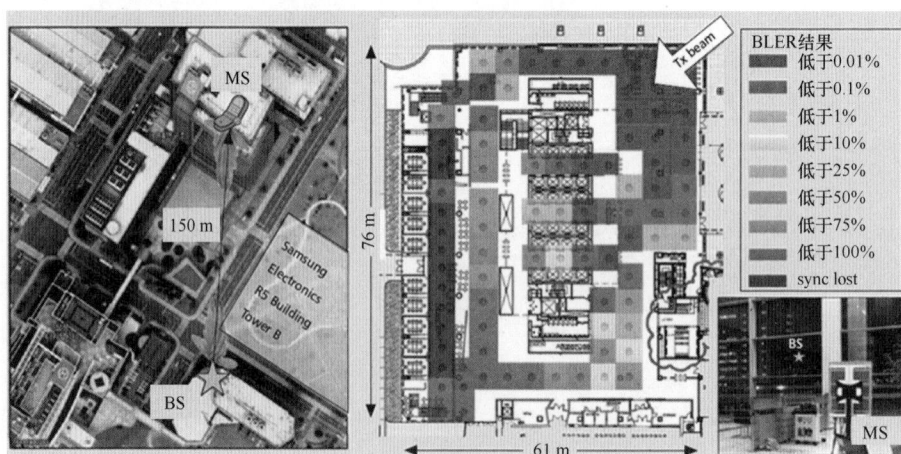

图 11-6　毫米波波束成形原型系统的室外对室内穿透测试

11.4.3 室外移动

移动性测试是在非视距条件下进行的，移动速率为 8 km/h，移动方向为任意，如图 11-6 所示。由于在收发两端都采用了快速自适应波束成形算法，获得了非常令人鼓舞的性能，分别实现了 264 Mbit/s 速率条件下的无差错数据传输，以及 528 Mbit/s 速率条件下的误块率低于 1%的数据传输。原型系统由于采用了自适应联合波束搜索与转换算法，可以支持比 8 km/h 更高的移动速度，验证结果将在试验完成后发布。

11.4.4　室内多用户

如图 11-7 所示，在室内试验中，把系统带宽提高到了 800 MHz，见表 11-2，成功实现了多用户 MIMO 传输[11]。由基站所发送的两条独立数据流分别被位于同一室内但不同位置的两个移动台接收，每条数据流的数据速率分别为 1.244 Gbit/s，因此基站发送出的总数据速率接近 2.5 Gbit/s。为了实现多用户 MIMO 传输，不但使用了能使能量聚焦的细窄波束成形，而且优化了基带信号处理来提升信号的接收性能。

图 11-7　毫米波波束成形原型系统的室内多用户 MIMO 试验

表 11-2　毫米波波束成形原型系统的室内试验参数

系统参数	取值
载频	27.925 GHz
带宽	800 MHz
最大发射功率	37 dBm
半峰宽度（FWHM）	10°
MIMO 配置	2×2 MIMO

| 11.5　小结 |

本章介绍了如何将毫米波频段应用于移动通信。首先，澄清了对费叶思公式的一个通常的误解；然后总结了在美国和韩国进行的毫米波信道测量的结果及其带来的启示；提出了一种新型的复合波束成形方案，这种方案能够充分利用模拟域和数字域波束成形的各自优点，使用链路级和系统级仿真对方案加以验证；最后，详细介绍了毫米波波束成形原型系统以及室内和室外环境的实验结果。

｜ 参考文献 ｜

[1] FRIIS H T. A note on a simple transmission formula[J]. Proceedings of IRE, 1946, 34(5): 254-256.

[2] KHAN F, PI Z. mmWave mobile broadband (MMB): unleashing the 3–300 GHz spectrum[C]//IEEE Sarnoff Symp, May 3-4, 2011, Nassau Inn, Princeton, NJ, USA. Piscataway: IEEE Press, 2011:1-6.

[3] MURDOCK J. A 38 GHz cellular outage study for an urban outdoor campus environment[C]// Wireless Commun Network Conf, Apr 4, 2012, Paris, France. Piscataway: IEEE Press, 2012:3085-3590.

[4] RAPPAPORT T. Broadband millimeter-wave propagation measurements and models using adaptive-beam antennas for outdoor urban cellular communications[J]. IEEE Transactions on Antennas and Propagation, 2013, 61(4):1850-1859.

[5] Korea. Further information on technical feasibility of IMT in the bands above 6 GHz: ITU-R WP5D[S].2016.

[6] ZHAO H. 28 GHz millimeter wave cellular communication measurements for reflection and penetration loss in and around buildings in New York City[C]// IEEE ICC '13, June 9-13, 2013, Budapest, Hungary. Piscataway: IEEE Press, 2013: 516-567.

[7] AZAR Y. 28 GHz propagation measurements for outdoor cellular communications using steerable beam antennas in New York City[C]//IEEE ICC '13, June 9-13, 2013, Budapest, Hungary. Piscataway: IEEE Press, 2013: 5143-5147.

[8] Samsung.Technologies for Rel-12 and onwards: RWS-120021[S].2012.

[9] KIM T. Tens of Gbit/s support with mmWave beamforming systems for next generation communications[C]// IEEE GLOBECOM '13, December 9-13, 2013, Atlanta, GA, USA. Piscataway: IEEE Press, 2013: 3790-3795.

[10] ROH W. Performances and feasibility of mmWave beamforming systems in cellular environments[C]// IEEE ICC '13, June 9-13, 2013, Budapest, Hungary. Invited Talk.

[11] ROH W. Millimeter-wave beamforming as an enabling technology for 5G cellular communications: theoretical feasibility and prototype results[J]. IEEE Communications Magazine, 2014, 52(2): 106-113.

第 12 章

超密集网络及小区虚拟化

5G 的典型应用场景之一就是高流量的热点场景,为了满足该场景的超高流量密度需求,网络的部署需要考虑通过部署更密集小区的形式来成倍提升网络容量。本章从超密集组网的应用场景和需求出发,揭示该场景所面临的干扰等挑战,最后探讨 5G 小区虚拟化的相关支撑技术。

随着智能手机等移动终端的逐步普及，在过去的 10 年中移动通信的业务量经历了爆炸式的增长。目前业界普遍认为，随着超高清视频、虚拟现实等新应用的出现及普及，未来移动通信的业务量将以指数方式增长，在一些热点地区将超过 1 000 倍[1-6]。为了满足这一需求，5G 移动通信系统（简称 5G 系统）提出了极具挑战的 1 000 倍容量提升的目标。密集部署传输节点，减少小区半径，获得更大的小区分裂增益被公认为达到这一目标的关键手段之一[1-6]。与此同时，终端及传输节点的密集化将使得干扰及移动性问题变得更加突出，严重影响用户的体验。

本章首先从整体上介绍 5G 超密集网络（Ultra Dense Network，UDN）的含义、场景及面临的挑战，然后简要回顾 LTE 系统以小区为中心的网络结构及其解决干扰和移动性问题的方式，接下来介绍 5G 系统以用户为中心的虚拟化技术以及它在解决移动性及干扰问题方面的优势，最后讨论 5G 小区虚拟化的重要支撑技术。

| 12.1　超密集网络概述 |

随着智能手机等移动终端的逐步普及，在过去的 10 年中移动通信的业务量经历了爆炸式的增长，移动通信的业务量将以指数方式增长，为了满足这一需求，5G 系统提出了极具挑战的 1 000 倍容量提升的目标。移动通信的发展历史表明，小区分裂、更大的带宽、更高的频谱效率是系统容量提升的三大支柱，业界有名的容量立方图形象地说明了这一发展规律，如图 12-1 所示。在 5G 系统中，仍将依托这三大支柱来实现容量增长的目标。

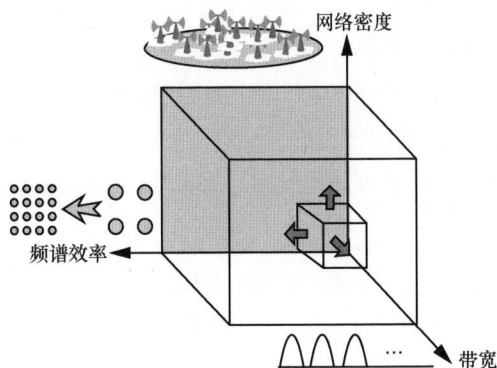

图 12-1　容量立方图

随着小区分裂技术的发展，低功率传输节点（Transmission Point，TP）被灵活、稀疏地部署在宏小区（Macro Cell）覆盖区域之内，形成了由宏小区和小小区（Small Cell）组成的多层异构网络（Heterogeneous Network，HetNet）。HetNet 不仅可以在保证覆盖的同时提高小区分裂的灵活性及系统容量，分担宏小区的业务压力，还可以扩大宏小区的覆盖范围。在 4G 系统研究的末期，为了进一步提高系统容量，3GPP 提出了小小区增强技术[7-8]，对高密度部署小小区时出现的问题展开了初步的研究。

超密集网络（UDN）正是在这一背景下被提出的，它可以看作小小区增强技术的进一步演进。在 UDN 中，TP 密度将进一步提高，TP 的覆盖范围进一步缩小，每个 TP 可能同时只服务一个或很少的几个用户。超密集部署拉近了 TP 与终端的距离，使得它们的发射功率大大降低，且变得非常接近，上、下行链路的差别也因此越来越小。除了节点数量的增加以外，传输节点种类的密集化也是 5G 网络发展的一个趋势。因此，广义的超密集网络可能由工作在不同频带（2 GHz、毫米波），使用不同类型频谱资源（授权、非授权频谱），或者采用不同无线传输技术（Wi-Fi、LTE、WCDMA）的传输节点组成。此外，随着设备直通（Device to Device，D2D）技术的发展，甚至终端本身也可以作为传输节点。

超密集网络还包括终端侧的密集化。机器型通信（Machine Type Communication，MTC）的引入、移动用户数量的持续增长以及可穿戴设备的流行，都将极大地增加终端设备的数量和种类，导致更大的信令开销及更复杂的干扰环境。

5G UDN 的研究是场景驱动的，要求仿真建模尽可能反映客观物理现实。计算机处理能力的提升使得这一研究方法成为可能。另一方面，现实生活中的场景数量巨大，很多场景相似度很高，待解决的问题及使用的关键技术类似。因此，为了提高研究效率，需要根据研究的需要，对本质上相似的场景进行抽象、概括。根据业务特点、干扰情况及传播环境，IMT-2020 归纳了六大类典型的 UDN 场景，如图 12-2 所示，即密集住宅区或街区、办公室、购物中心/火车站/机场、体育场/集会、公寓、地铁。下面简要介绍这些场景的特点及面临的问题。

（1）场景一：密集住宅区或街区

该场景同时存在室内静止状态及室外游牧状态的用户，终端密度较高。这个场景中的业务类型丰富多样，包括视频业务、FTP 业务、网页、实时游戏等，需要针对混合业务进行研究。

在高密度部署传输节点的情况下，系统的边缘效应（包括干扰及移动性问题）将变得更加突出。如何有效地解决边缘效应问题，让不同位置的终端有相同的、高质量的通信体验是需要在这一场景中重点研究的问题之一。

图 12-2　典型的 UDN 场景

传输节点的部署、管理及维护是这个场景面临的另一个挑战。无线自回传技术使传输节点的无规划部署成为可能，极大地降低了网络的投资和运营成本。无线自回传链路的容量增强是一个需要重点研究的问题。另一个思路是利用街道两旁的室内传输节点为室内、室外终端提供服务。这一方案可以充分利用室内现有的回传链路（通常为非理想回传链路），降低部署成本。图 12-3 为室内传输节点覆盖室外终端的可行性评估。当 RSRP 接入门限为−105 dBm 时，室内 TP 能够覆盖室外 23 m 的范围，可以满足密集街区的覆盖要求。

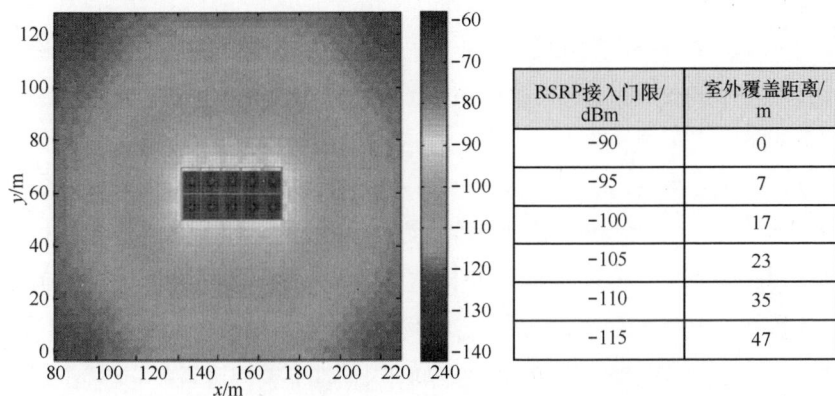

RSRP接入门限/dBm	室外覆盖距离/m
−90	0
−95	7
−100	17
−105	23
−110	35
−115	47

图 12-3　室内覆盖室外距离（TP 发射功率 20 dBm，载频 3.5 GHz）

此外，在使用无线自回传部署传输节点时，除了接入链路之间的干扰，还需要考虑回传链路之间以及回传链路与接入链路之间的干扰。因此，如何识别不同特征的干扰并实现有效的干扰管理及控制也是这一场景需要解决的关键问题。

（2）场景二：办公室

办公室为室内中等用户密度场景，终端主要处于静止状态，以 FTP 类业务或视频通信类业务为主。

这一场景通过室内高密度部署的低功率传输节点提供高容量的数据传输服务。办公室场景的范围有限，有条件部署理想回传链路，且成本可以接受。因此，这个场景可以在理想回传链路的假设条件下展开研究，有可能达到 UDN 的容量上限。

密集部署使每个传输节点服务的终端数降低。各个传输节点处于中、低负载状态，进而产生上、下行业务量的较大波动[9]。为了在上、下行业务量波动时充分利用资源，该场景有可能使用动态上、下行资源分配技术。因此，除了同方向干扰以外，还可能出现上、下行链路之间的干扰。

（3）场景三：购物中心/火车站/机场

购物中心/火车站/机场是室内的高用户密度场景，终端主要处于游牧状态。这一场景的业务类型也非常丰富，需要针对混合业务进行研究。

在该场景中，低功率传输节点密集地部署在室内，用于提供高容量的数据传输服务。与此同时，为了实现较好的室内广域覆盖，在低功率 TP 的基础上可以部署室内高功率传输节点，形成多层室内异构网络。该场景也有条件为传输节点提供较好的回传链路，可以基于理想回传链路展开研究。

这个场景只需要考虑接入链路的干扰问题，包括传输节点间的干扰及室内广域覆盖小区与小小区之间的干扰。此外，基于内容感知的移动性增强也是需要在这个场景中研究的一个关键问题。

（4）场景四：体育场/集会

体育场/集会为室外高用户密度场景，终端主要处于静止状态，低功率传输节点有可能使用定向天线，无线信号的传播以直射径为主。这一场景以视频业务及大量、突发的小数据分组业务为主，而且上行负载较重，业务量甚至有可能超过下行。

该场景多位于室外空旷区域，因此，如何灵活地部署传输节点是一个关键问题。这一场景应基于非理想回传链路展开研究，也可考虑使用无线自回传链路扩展服务区域以及实现传输节点间的快速协作。

除了干扰以外，上行业务风暴及核心网的信令压力问题也需要在该场景中重点研究。

（5）场景五：公寓

公寓为室内低用户密度场景，终端以静止状态为主。这一场景的业务类型比较丰富，需要针对混合业务进行研究。

在该场景中，传输节点被部署在各个公寓内，通过室内非理想回传链路（如 ADSL）连接到核心网。室外宏基站可通过无线自回传链路控制室内传输节点的工作过程，实现快速协作。

公寓场景可能存在室外基站与室内传输节点间的干扰，室内传输节点间的干扰。与场景二类似，每个传输节点的负载较低，有可能使用上、下行资源动态分配技术，进而产生上、下行链路间的干扰问题。然而，由于存在建筑物的隔离，该场景中的干扰强度通常会低于其他场景。此外，如何根据各种无线接入技术的特点，在不同无线接入技术间实现业务分流也是该场景需要考虑的问题。

（6）场景六：地铁

地铁属于一种特殊场景。在这一场景中，用户通常以极高的密度分布在车厢内，并且处于高速移动状态。该场景的业务类型多种多样，需要针对混合业务进行研究。

该场景可以在车厢内密集部署低功率传输节点提供高速数据服务。另外，也可以考虑在地铁沿线部署泄漏电缆，利用沿线的外部宏基站为车厢内用户提供服务。

高速移动问题是需要在该场景中重点关注的。

12.2 LTE 系统的小区结构及分析

为了满足更高数据速率、更低时延以及更大容量的需求，3GPP（3rd Generation Partnership Project）于 2004 年 11 月开始讨论 4G 移动通信系统的 LTE（Long Term Evolution）标准。为了降低时延，减少成本，LTE 采用了更加扁平化的设计理念，取消了 3G 系统中的无线网络控制器（Radio Network Controller，RNC）实体，将 RNC 的一部分控制功能下放到 eNB，一部分功能上提到核心网。LTE 的网络结构如图 12-4 所示，其中，eNB 之间通过 X2 接口交互信息，eNB 与核心网之间通过 S1 接口连接。

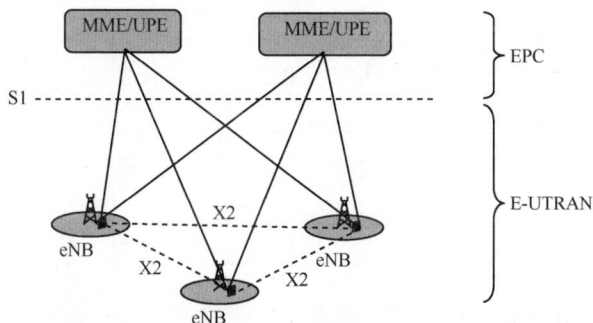

图 12-4　LTE 整体结构

LTE 使用硬切换代替了 3G 时代广泛使用的软切换技术。LTE R8 和 R9 这两个阶段主要关注同构网络中宏小区的覆盖问题，以小区为中心为用户分配资源，小区边缘与小区中心的性能差异很大（可达 4~5 倍）。这个阶段主要使用干扰随机化、功率控制以及基于频域的 ICIC（Inter-Cell Interference Coordination）技术解决小区间干扰问题。

LTE 支持静态或半静态频域 ICIC 技术。静态 ICIC 在网络规划时完成资源的协同配置，且几乎不发现改变。这种方式减少了 X2 接口上的信令开销，甚至不要求基站之间有 X2 接口连接，降低了部署成本。静态 ICIC 不能根据网络环境（如用户分布、小区负载）的变化自适应地调整资源配置，性能将受到一定限制。

半静态 ICIC 要求 eNB 之间交互协作信令，在网络环境变化时具有比静态 ICIC 更好的性能。对于下行，eNB 通过 X2 接口交互 RNTP（Relative Narrowband Transmit Power）。eNB 使用该信令通知相邻 eNB，它在频域每个资源块上的发射功率是否将超过预先配置的门限。在接收到该信令之后，相邻 eNB 可以将边缘用户调度在该 eNB 发射功率较低的频域资源块上，避免边缘用户受到强干扰的影响。对于上行，eNB 通过 X2 接口交互 OI(Overload Indicator)和 HII(High Interference Indicator) 两个信令。eNB 通过 OI 指示相邻 eNB 其在各个频域资源块上受到的干扰情况，有高、中、低 3 种取值。HII 用于 eNB 通知相邻 eNB，各个资源块上是否将产生强干扰，相邻 eNB 可将自己的边缘用户调度在非强干扰的资源块上。

为了进一步提高网络容量，LTE R10（或称为 LTE-Advanced）开始开展对异构网络（HetNet）的研究。在 HetNet 中，稀疏的低功率传输节点被灵活地部署在宏小区覆盖范围内的热点或盲点区域，形成多个小小区（主要指开放用户组（Open Subscriker Group，OSG）小区），用于分担宏基站的负荷，提供更高的数据速率或弥补覆盖空洞，如图 12-5 所示。其中，低功率传输节点可以是 Pico eNB、RRH（Remote Radio Head）或中继节点（Relay Node）等形式。这种部署方式不需要复杂的网络规划，对站址选择的限制较低，可以有效地降低小小区的部署成本。

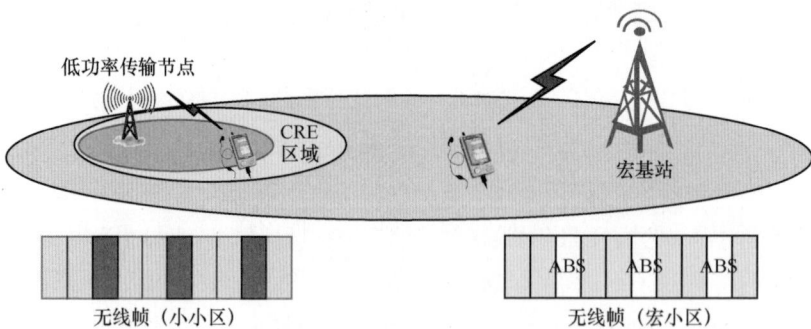

图 12-5 异构网示意图

虽然在 LTE R10 和 R11 阶段，异构网中小小区的密度不高，小小区之间的干扰不严重，但干扰情况却要比同构网更加复杂：除了宏小区之间的干扰，还包括宏小区与小小区之间的干扰。首先，为了提高频谱利用率，LTE R10 异构网的频率复用因子通常为 1，即宏小区和小小区使用相同的载频，且宏基站的发射功率要远远高于低速率传输节点。其次，低功率传输节点会使用切换偏移值扩大小小区的服务范围（Cell Range Expansion，CRE），如图 12-5 所示，进而进一步扩大分裂增益。这时候，虽然在小小区的边缘宏小区的信号强度高于小小区，用户仍然会切换到小小区。因此，宏基站将对小小区边缘用户产生强烈的干扰，如图 12-6 所示。

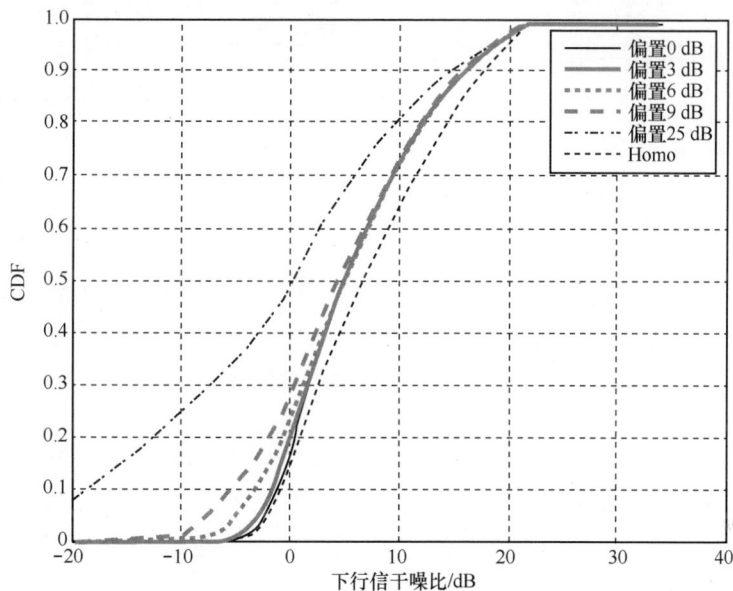

图 12-6　不同小小区扩展条件下的下行信干噪比

基于频域的 ICIC 技术已不能很好地解决异构网络中的干扰问题。尤其是对于时频位置固定的同步信号（PSS/SSS）、广播信道（PBCH）、小区专有的参考信号（CRS）、控制信道（PDCCH/PCFICH/PHICH），频域 ICIC 无法解决宏基站对小小区产生的强干扰。为此，LTE-Advanced 分别在 R10 和 R11 引入了基于时域的小区间干扰协作（Enhanced ICIC，eICIC）技术和终端侧的干扰消除（Further Enhanced ICIC，feICIC）技术。eICIC 的原理如图 12-5 所示，宏基站通过在某些子帧（Almost Blank Subframe，ABS 子帧）上不发送信号或降低信号的发射功率来减少对小小区的干扰。

LTE R10 还提出了基于载波聚合的干扰控制方案，用于解决控制信道的干扰问题。如图 12-7 所示，控制信道在主载波上发送，利用跨载波调度机制实现对辅载波上数据信道的调度和资源分配。由于宏小区和小小区分别使用不同载波作为主载波，因此避免了宏小区与小小区控制信道之间的干扰。

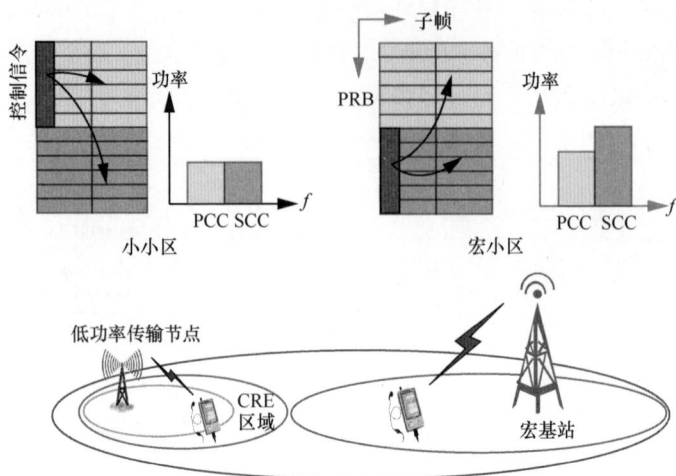

图 12-7　基于载波聚合的干扰控制技术

此外，LTE R11 还引入了协作多点（Coordinated Multi Point，CoMP）传输和接收技术[19]，试图进一步解决异构网中的干扰和移动性问题。在使用 CoMP 技术之后，若干传输节点（宏基站和/或低功率传输节点）可以在相同时频资源上联合发送（Joint Transmission，JT）或联合接收（Joint Reception，JR）信号，或者动态地选择某个传输节点为终端提供服务（Dynamic Point Selection，DPS），又或者在多个传输节点间进行协作调度或协作波束成形（Coordinated Scheduling and Coordinated Beamforming，CS/CB）。为了达到好的协作效果，LTE R11 的 CoMP 技术通常对网络有较高的要求。比如，宏基站和低功率传输节点需来自同一个设备厂商，通过理想回传链路连接在一起，且要达到较好的同步状态。这些要求极大地增加了异构网的部署成本，限制了 CoMP 技术在实际系统中的广泛应用。

LTE R10 和 R11 仍然主要通过硬切换支持移动性。但硬切换在异构网中存在的问题也逐渐引起工业界和学术界的关注[10-11]。在 R11 阶段，3GPP 开始着手评估硬切换机制在异构网中的性能，并提出了各种可能的改进措施[12]。虽然这些基于硬切换的改进方案并不能从根本上解决异构网频繁切换过程中数据中断以及用户体验下降的问题，但由于这个阶段小小区的密度不同，经过优化的硬切换方案被认为基本可以满足要求。不过，在网络密集化程度逐渐提高的情况下，需要有更先进的方案来解决异构网中的移动性问题。基于载波聚合的干扰控制技术如图 12-7 所示。

LTE R12 开始着手解决低功率节点密集部署时存在的节能、小小区间干扰以及移动性问题[7-8]。针对节能及小小区间干扰问题，3GPP 提出了小小区开/关（即 Small Cell On/Off）及小小区发现增强技术。根据开/关的转换速度，小小区开/关技术可以分为慢速开关（Long Term On/Off）方案、半静态开关（Semi-Static On/Off）方案、动态开关（Dynamic On/Off）方案以及基于新载波类型（New Carrier Type，NCT）的开关方案。慢速开关方案在 3GPP RAN3 展开研究，主要用于节能，开关的转换周期通常为几个小时或几天。对于半静态开关方案，开/关的转换速度通常为几秒或几百毫秒，经过一些优化之后可以达到几十毫秒。使用半静态开/关方案之后，传输节点可以根据业务量的变化、终端的达到/离开、数据分组的传输情况决定是否打开或关闭小小区。对于动态开关方案，小小区的开/关转换速度可以达到子帧级。该技术使得传输节点可以根据干扰协作的需要对小小区进行开/关。基于新载波类型的开关方案主要应用在非后向兼容的新载波上，待引入新载波类型后可以考虑该方案。

为了进一步解决密集部署条件下异构网中的移动性问题，LTE R12 引入了双连接（Dual Connectivity，DC）技术。该技术允许终端的控制面与宏基站连接，用户面同时与宏基站和低功率传输节点连接。这样，当终端在小小区之间转换时，可以始终保持与宏基站的连接，保证控制面连接及数据传输不中断。虽然双连接解决了小小区间转换时的中断问题，但并不能达到"一致用户体验"这一目标。比如，宏小区提供的吞吐量通常远低于小小区。在小小区转换的过程中，用户由宏小区提供服务，物理层吞吐量将大幅下降。虽然在和新的小小区建议连接后，物理层恢复了较高的吞吐量，但由于 TCP 的慢启动特性，TCP 层的性能要经过很长时间才能恢复，导致用户体验在小小区转换时受到较大影响[13]。

通过上面的分析可以看出，LTE 系统"以小区为中心"的资源分配方式已不能很好地解决超密集网络中的干扰和移动性问题，不能达到"一致用户体验"的效果。为此，5G 系统提出了虚拟化技术，"以用户为中心"方式提供服务，达到更好的用户体验。

| 12.3 UDN 虚拟化技术 |

随着网络密集化程度的不断提高，干扰及移动性问题变得越来越严重，传统的、以小区为中心的架构已经不能满足需求。为此，5G 提出了以用户为中心的小区虚拟化技术。其核心思想是以"用户为中心"分配资源，使得服务区内不同位置的用户都能根据其业务 QoE（Quality of Experience）的需求获得高速率、低时延的通信服务，同时保证用户在运动过程中始终具有稳定的服务体验，彻底解决边缘效应问题，最终达到"一致的用户体验"的目标。

实际上，目前的通信系统中已经存在一些虚拟化的影子。比如，3G 系统的软切换技术就可以看作小区虚拟化的一种简单形式。LTE R11 及 R12 也在逐渐向小区虚拟化的方向发展。在 CoMP 场景 4 中，一个宏小区包含多个低功率的 RRH，它们使用相同的小区标识。针对这个场景，LTE R11 引入了传输模式 10，支持多个 CSI 反馈进程，同时用虚拟小区标识代替物理小区标识产生 CSI-RS 及 DMRS 序列。此外，LTE R12 研究的小小区开关技术为形成以用户为中心的虚拟小区提供了更大的灵活性。

然而，目前的虚拟化手段存在一定局限性，不能很好地适应网络密集化的要求。比如，3G 的软切换技术需要 RNC 实体的支持，以集中式的方式实现。这增加了时延，提高了成本，不符合网络扁平化的趋势。为了达到较好的协作效果，4G 的 CoMP 技术要求参与协作的低功率传输节点在宏基站的覆盖范围之内，具有理想的回传链路且通过私有接口实现协作。在超密集网络中，理想回传链路在很多场景下是难以实现的，它限制了网络部署的灵活性，极大地增加了网络成本（选址/回传链路部署等），不能满足 5G 超密集网络无规划或半规划部署的要求。此外，不同宏小区的传输节点不能实现较好的协作，也使一致用户体验的目标难以完美地实现。因此，5G 系统需要通过一个平滑的虚拟小区（Smooth Virtual Cell，SVC）更好地解决上述问题。

除了小区虚拟化以外，5G 的虚拟化技术还包括终端虚拟化，即多个位置较近的物理终端形成一个虚拟终端，共同接收下行信号或联合发送上行信号。比如，随着可穿戴设备的流行，一个用户可能拥有多个物理终端，这些终端可以通过蓝牙等方式连接在一起，实现终端虚拟化。5G 之前的系统在终端虚拟化方面考虑得比较少，通常使用 MU-MIMO 之类的技术在相同的时频资源上为不同终端提供服务，不仅增加了开销以及反馈/调度/资源分配的复杂度，而且很难完美地解决终端之间的干扰问题。一些研究表明[14]，终端侧的虚拟化技术在解决干扰、降低调度及资源分配复杂度等方面可以带来可观的性能增益。

下面分别介绍 5G 虚拟化的整体架构、小区虚拟化及终端虚拟化技术。

12.3.1　虚拟化整体架构

5G 的虚拟化网络架构可能在多层实现，如图 12-8 所示。除了业界已经熟知的核心网的虚拟化（H0 层）以外，宏基站和小基站也能够通过虚拟化技术在基站层组成基站云（H1 层），用户设备也可以通过虚拟化技术在终端层组成终端云（图 12-8 中的 H2 层）。此外，在基站层和终端层之间，还可能存在由中继站和用户设备通过虚拟化技术混合组成的中继云（H1'/H2 层）。

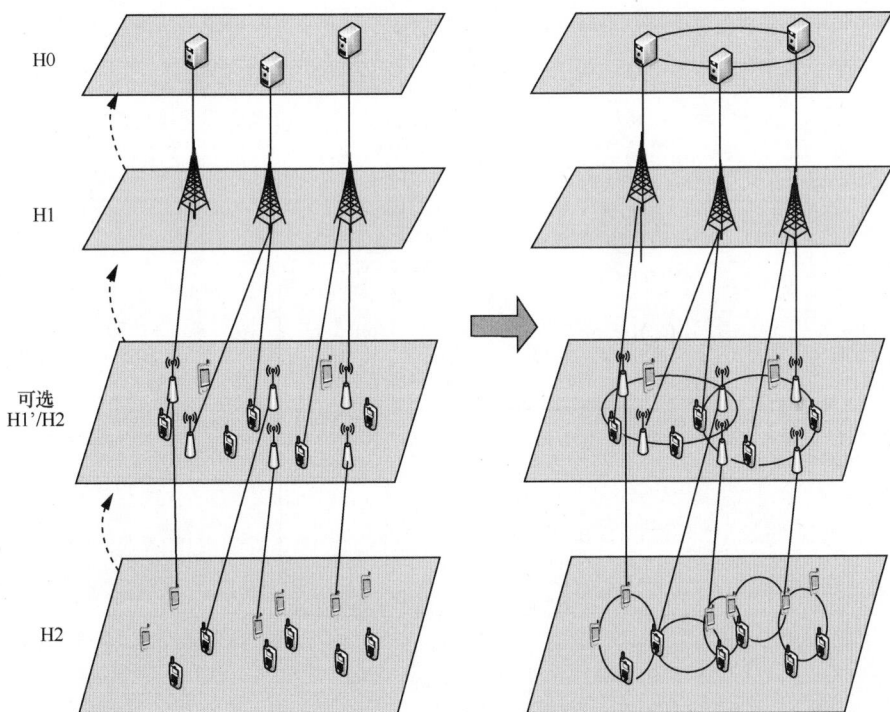

图 12-8　多层虚拟化的网络架构

上述架构假设在同一层内，存在高容量和低成本的同层通信技术（至少相对于跨层间具有更高容量和更低成本）。核心网的网元间以及基站之间可以通过光纤等大容量通信介质进行连接。在终端层内以及在中继层内，大容量通信可以基于设备直通（D2D）技术以及有线的直连技术。其中，设备直通技术通过使用丰富的频谱资源、高频谱效率（高 SINR）以及近距离低功率通信提供的高空间重用因子，实现大容量、低成本的通信。因此，无线接入网的瓶颈还在于层间通信，特别是基站层和 UE 层之间的通信。

　　小区和终端的虚拟化赋予了层间协作更大的自由度，从而为层间通信带来更高的效率、灵活性、可靠性和顽健性。通过增加层内的通信量，紧密的层内协作换来了更高效的层间通信：在虚拟小区和虚拟终端间，通信链路可以被灵活选择或者联合处理以提高接入链路的效率。

　　通过虚拟化，即使层间的部分通信链路失效或者部分节点损坏，接入网总体而言不会无法工作。如图 12-9 所示，每一个基站都能执行 S1 或者 X2 代理的功能，以协助其他基站连接到核心网或者连接到相邻的基站。在 eNB3 与核心网以及与 eNB1 间的直接链路被损坏的情况下，eNB2 可以在 eNB3 和其他网元间中继 S1 和 X2 连接。

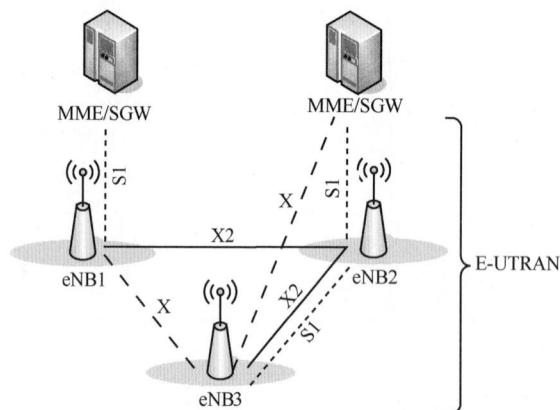

图 12-9　部分链路失效后的虚拟连接

12.3.2　小区虚拟化

　　5G 通过平滑小区虚拟化技术形成平滑的、以用户为中心的虚拟小区（Smooth Virtual Cell，SVC），用于解决超密集网络中的移动性及干扰问题，为用户提供一致的服务体验。SVC 基于混合控制机制进行工作，其原理如图 12-10 所示。用户周围的多个传输节点形成一个虚拟小区，用"以用户为中心"的方式提供服务。虚拟小区中的一个传输节点被选为主控传输节点（Master TP，MTP）负责管理虚拟小区的工作过程以及虚拟小区内其他传输节点的行为。不同虚拟小区的主控传输节点之间交互各自虚拟小区的信息（比如资源分配信息），通过协商的方式实现虚拟小区之间的协作，解决冲突，保证不同虚拟小区的和谐共存。由于虚拟小区内各个传输节点之间，以及相邻虚拟小区主控传输节点之间的距离比较近，因此 SVC 可以实现快速控制或协作。另外，如果使用无线自回传技术传输节点之间的信令（Signaling over The Air，SoTA），虚拟小区之内的控制信令以及虚拟小区之间的协作信令的时延可以进一步降低。

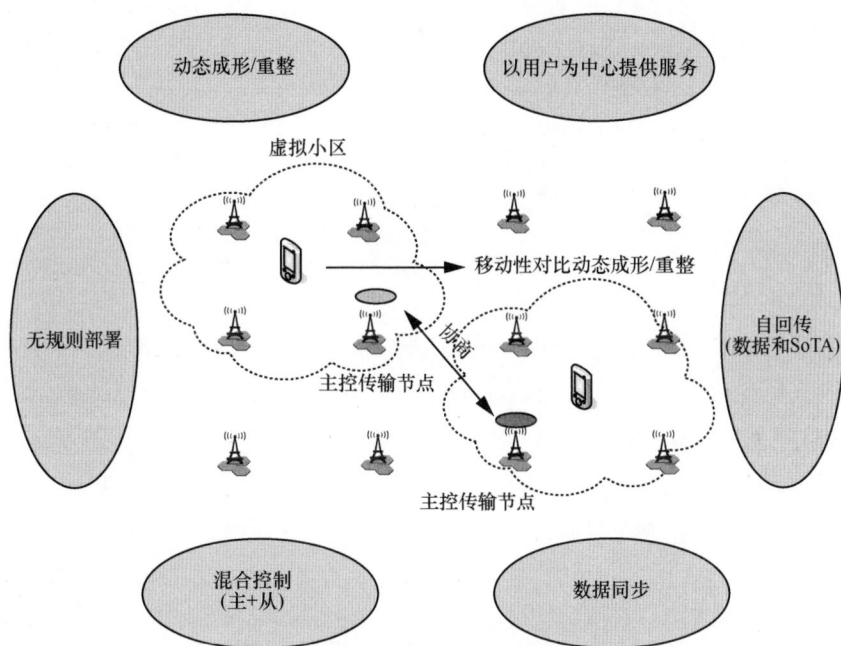

图 12-10　平滑的小区虚拟化示意图

图 12-11 为"一致用户体验"可行性的初步评估结果。如图 12-11(a)所示，该仿真使用了一个 50 m×50 m 的服务区，均匀地部署了 100 个低功率传输节点。仿真结果如图 12-11(b)所示，如果传输节点之间不协作（虚线），终端在不同位置的信干噪比将发生剧烈波动（从−5 dB 到 22 dB），用户体验将受到很大影响；如果通过传输节点间协作，关闭某些传输节点（实线），用户在不同位置时都可以达到 17 dB 的目标信干噪比，从而获得一致的用户体验。

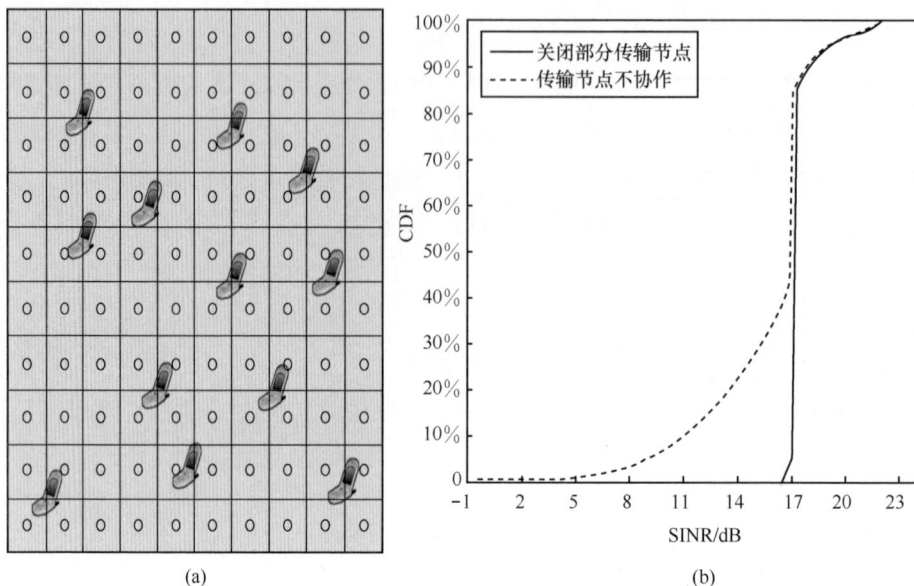

图 12-11　"一致用户体验"可行性的初步评估

SVC 包含一些关键的流程。下面以"新传输节点加入虚拟小区的过程"为例，进一步解释虚拟小区的工作过程。图 12-12 所示的例子假定由终端发现新的传输节点。在终端数量多于传输节点数量的时候，这一方式可以更好地节省发现信号的资源。当然，在相反的条件下，也可以由传输节点发现终端。另外，根据网络状态，灵活地切换这两种机制可以更好地减少开销，提升系统性能。

在第 1 步和第 2 步，终端测量未知传输节点的发现信号，并将测量结果反馈给其虚拟小区的 MTP。MTP 根据终端的反馈、虚拟小区的状态、干扰情况判断是否需要添加该传输节点。如果 MTP 决定添加该节点，则在第 4 步向该候选传输节点发送"STP Addition Request"命令。这个命令包含了一些与该虚拟小区相关的关键信息，比如虚拟小区标识、虚拟小区的无线资源配置情况、加入该虚拟小区所需要预留的资源的数量等。资源预留是"以用户为中心提供服务"这一特征的重要体现。也就是说，在加入虚拟小区之前，传输节点应该根据虚拟小区的要求预留足够的资源，用于为该用户提供一致的用户体验。这些预留的资源除了可以用于数据传输以外，还可以用于干扰控制。在超密集网络中，每个传输节点的负载通常比较轻，这为资源预留提供了可能。

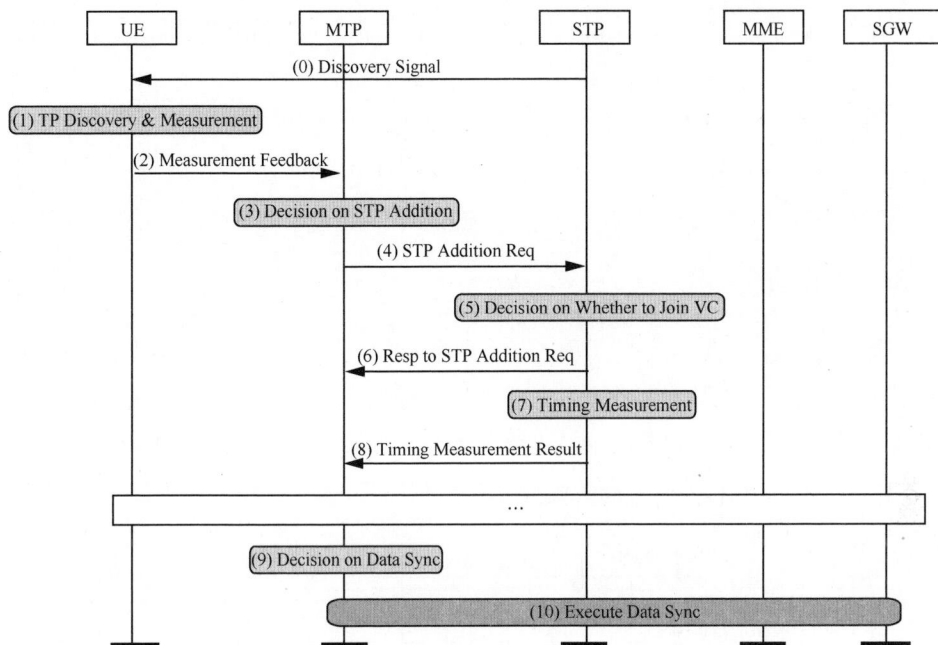

图 12-12　新传输节点加入虚拟小区的流程

在第 5 步，候选传输节点根据自身的资源使用情况以及虚拟小区的资源需求判断是否可以加入该虚拟小区。如果候选传输节点已经属于另一个虚拟小区，且该虚拟小区与发出加入请求的虚拟小区之间存在资源冲突，则候选传输节点通过"Response to STP Addition Request"命令将资源冲突问题通知新虚拟小区的 MTP。新虚拟小区的 MTP 可以放弃该候选传输节点，也可以与该候选传输节点的当前虚拟小区的 MTP 进行资源协商，待资源冲突问题得到解决之后，再重新对该候选传输节点发现虚拟小区的加入请求。如果不存在资源冲突问题，候选传输节点通过"Response to STP Addition Request"通知 MTP，确认加入新的虚拟小区。另外，候选传输节点也可以将自身的一些信息与确认信息复用在一起，通过"Response to STP Addition Request"发送给 MTP。这些信息（比如是否直接与核心网连接）对于后续 MTP 的管理是非常有帮助的。

在决定加入新虚拟小区之后，传输节点就可以开始利用上行参考信号测量上行定时信息，并将测量结果通知 MTP。虚拟小区的上行参考信号的相关配置可以在第 4 步通知候选传输节点。如果该传输节点后续被 MTP 选为终端的服务传输节点，则上行定时信息可以直接由 MTP 发送给终端，有效地降低了服务传输节点转换时的时延。

在新传输节点加入虚拟小区之后，由 MTP 决定什么时候执行数据同步以及数据同步的深度。数据同步指虚拟小区内的传输节点在数据内容及封装方式方面与 MTP 达成一致的过程（详见第 12.4.1 节）。在实现了数据同步之后，MTP 可以根据当前环境，灵活地为终端选择服务节点，避免对用户体验产生影响。

下面分别针对移动性及干扰问题，举例说明 SVC 技术的优势。

12.3.2.1 移动性

硬切换技术在 LTE R8 阶段引入，主要用于解决宏小区之间的移动性问题。但随着异构网的引入以及网络密集化程度的逐渐提高，硬切换技术暴露出的问题越来越多[8,11-12,15]。下面以 LTE 同一 MME 内的小区切换过程为例，如图 12-13 所示，分析 SVC 在解决移动性问题方面的优势。

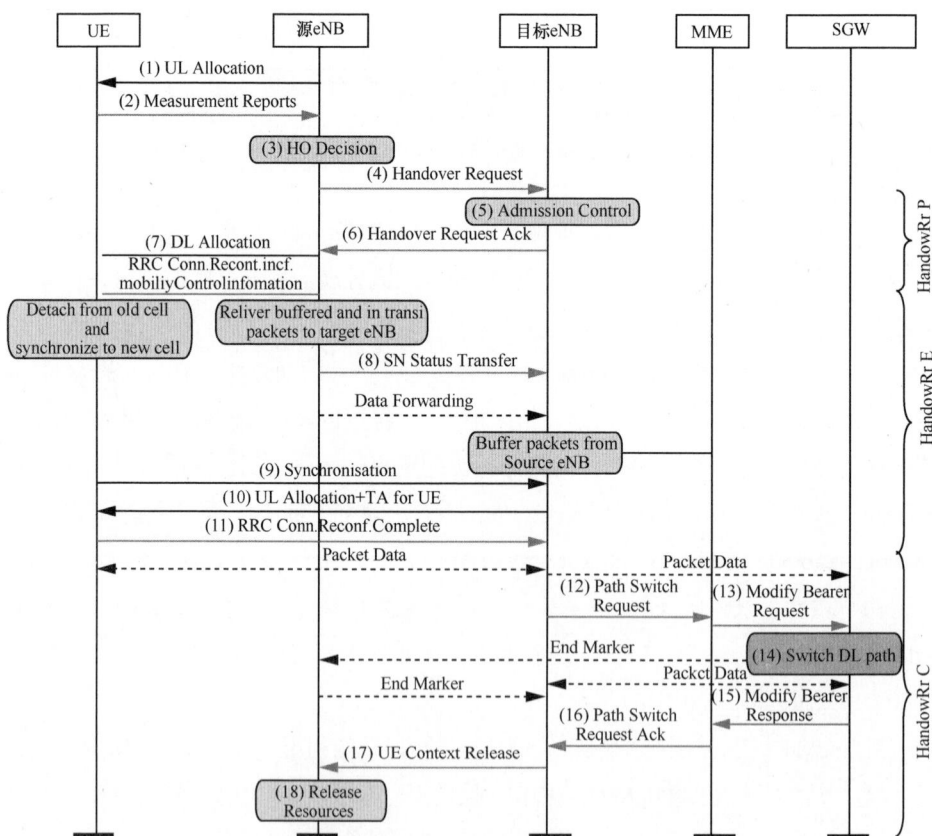

图 12-13　MME 内基于 X2 接口的硬切换流程

- 在硬切换过程中，通常需要链路质量在一段时间内持续低于某一个门限后才能做出第 3 步的切换决定。因此，当执行切换时，链路质量已经变得非常差。由于 TCP 具有慢启动特性，即使顺利完成切换，TCP 层也需要很长的时间才能恢复其性能，导致用户体验下降[13]。在超密集网络中，终端的数据速率较高，切换频繁，这一问题将变得更加严重。SVC 支持灵活、快速的服务节点选择，使得用户的链路质量变得更加平稳，保证了用户体验的一致性。

- 在第 3 步，当源基站做出切换决定之后，向目标基站发送切换请求。此时，目标基站根据系统负载状况，待切换终端的资源需求情况进行接纳控制，判断是否允许该终端切换到本小区。如果目标基站没有足够的资源，它有可能拒绝源基站的切换请求。这时候就有可能发生切换失败或导致信干噪比的严重恶化。然而，如果使用平滑的小区虚拟化技术，传输节点在加入虚拟小区之前就已经完成了资源预留。在需要转换服务节点时，不会发生虚拟小区内的传输节点拒绝成为服务节点的情况。因此，终端的链路质量可以保持在平稳的状态，降低了无线链路失败的概率。

- 在第 6 步，当目标基站确认接受源基站的切换请求时，源基站终端执行切换并开始将终端的数据转发给目标基站。这时候，终端与源基站断开连接，在执行第 11 步之前（即与目标基站建立新连接之前），终端处于数据传输中断的状态。显然，数据传输中断的时间主要由第 9～11 步的上行同步过程决定。SVC 技术使得传输节点在加入虚拟小区时就完成了上行定时的测量，并不断地进行更新。当 MTP 决定转换服务节点时，可以直接将上行定时信息发送给终端，避免了数据传输中断。

- 对于硬切换，终端与目标基站在第 11 步建立连接之后，并不意味着可以恢复较高的数据速率。目标基站在第 11 步收到终端发送的"切换完成确认信息"之后向 MME 发送数据路径转换（Path Switch）请求消息。在收到该消息之后，核心网才会执行数据流的重定向（第 12～18 步）。由于受到 X2 接口容量及时延等因素的限制，源基站的数据转发过程不一定能提供足够多的数据量。因此，即使完成切换且链路质量恢复到较好的状态，在核心网完成数据重定向之前，终端也未必可获得较高的数据速率。SVC 的数据同步过程很好地解决了这一问题：由于服务节点转换之前已经完成了数据同步，新服务节点有足够的数据量，且数据内容及封装方式与原传输节点相同，因此可以立刻为终端提供高速数据服务。

如第 12.2 节所述，虽然双连接技术可以在小小区转换过程中保持连接的连续性，但却不能很好地解决数据速率的波动问题。通过数据同步、资源预留等手段，SVC 可以实现传输节点的快速选择，能够更好地保持数据速率的稳定性，实现用户体验一致性的目标。

12.3.2.2　干扰

由于业务及干扰的突发性，即使用户处于静止状态，用户体验也有可能随时间的变化而变化。小区专有参考信号（如 CRS）是超密集网络中主要的干扰源之一，极大地限制了超密集网络的增益。SVC 利用 SoTA 实现虚拟小区之间的分布式协作和虚拟小区内的集中控制，根据用户的业务状态以及干扰环境，动态地打开或关闭传输节点，通过以用户为中心的方式发送参考信号，有效地解决了小区专有参考信号的干扰问题。如图 12-14 所示，SVC 有效地降低了参考信号的干扰，吞吐量增益（相对于没有协作的情况）随着传输节点密度的提高而快速增加[16]。图 12-14 中，宏小区包含 4 个小小区簇，X 为每个簇内小小区数量。

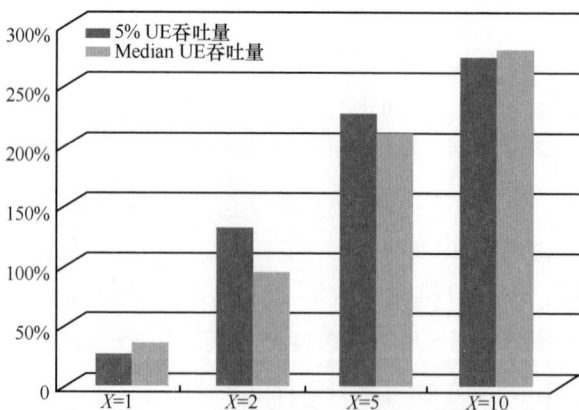

图 12-14　平滑小区虚拟化的吞吐量增益

除了参考信号的干扰，突发数据产生的干扰也会导致信道质量的剧烈波动，对用户体验产生较大的影响。通过虚拟小区之间的快速协作，可以有效地控制信干噪比的波动范围（如图 12-11 所示），实现一致的用户体验。

相对于 LTE 的 CoMP 技术而言，SVC 通过混合式的控制/管理机制以及 SoTA

等技术手段，实现了无规划或半规划地部署低功率传输节点，在有效降低网络的部署成本的同时，达到较好的干扰抑制效果。

12.3.3　终端虚拟化

如图 12-15 所示，终端的虚拟化可以在邻近用户的设备间，或者同一用户的多个设备（笔记本电脑、平板电脑、手机和穿戴式设备）间实现。多个设备可以在终端层组成一个虚拟的用户组或终端组，从基站层联合接收或者传输数据。取决于不同的设备间的通信条件，终端间的协作可以有多种实现方式。

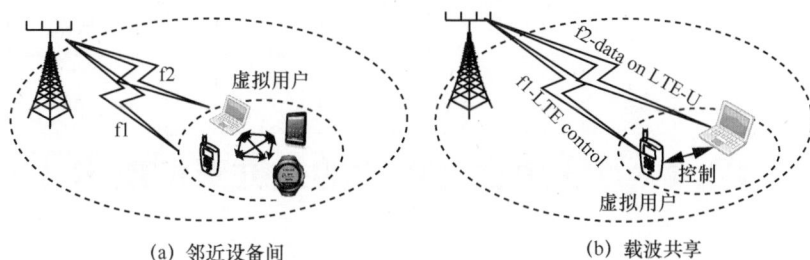

图 12-15　终端的虚拟化

图 12-16 展示了在基站和虚拟终端组之间的一种协作接收方式。步骤 1（T0）中，基站传输复用的数据给终端组，终端组内的多个终端尝试接收数据；步骤 2（T1）中，终端间交互数据以及和数据接收相关的参量（如 ACK/NACK 或软信息）；步骤 3（T2）中，某一个选出来的终端向基站发送 ACK/NACK 反馈。这样，在虚拟终端组看到的有效 SINR 会比基站和最好的终端间的 SINR 还要高，基站和虚拟终端组间的频谱效率也因此得以显著提升。

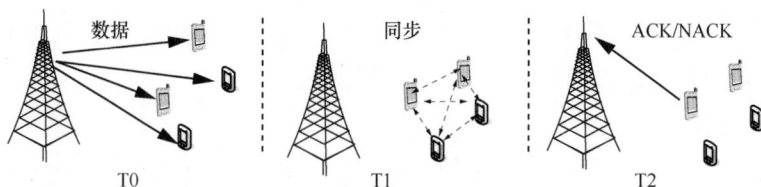

图 12-16　虚拟终端组的协作接收

取决于不同的协作方法，步骤 1（T0）和步骤 2（T1）的具体实现方式可以不相同。虚拟终端组内的设备可以共享资源和能力。T0 中，有最好 SINR 的终端可能被选择来接收下行数据然后转发数据给低 SINR 的终端。较高的 SINR 可能是由于更好的信道条件或者更先进的接收能力，如干扰抵消和抑制能力。

另外，虚拟终端组内还可以共享各自的载波处理能力。在图 12-15（a）中，每个终端只有单载波处理能力，但 4 个单载波能力的终端合起来就具有了 4 载波处理能力。例如，4 个终端可以利用各自的能力和设备直通链路为其中一个终端传输数据。如果设备直通链路足够好，4 个终端的协作传输将显著提升目标终端的吞吐量。

另一个例子如图 12-15（b）所示，虚拟终端组可以共享彼此的能力。例如，控制面来自其他使用更可靠的授权载波的终端，而用户面直接来自基站并基于不一定可靠的非授权载波。这样，一个虚拟终端组中的所有设备都能共享授权载波上的控制面功能。

| 12.4　5G 小区虚拟化的关键支撑技术 |

这一节简要介绍平滑小区虚拟化的两个重要支撑技术，即数据同步及无线自回传（Self-Backhaul）。

12.4.1　数据同步

数据同步是小区虚拟化重要的组成部分，其含义是：虚拟小区内各个传输节点在用户面协议栈某一层或某几层的数据封装方式、配置参数等方面达成一致，以便在传输节点之间实现灵活转换或联合信号处理。

数据同步的深度包括：内容同步（PDCP SDU 同步）、PDCP 层同步（PDCP PDU 同步）、RLC 层同步（RLC PDU 同步）、MAC 层同步（MAC PDU 同步）。数据同步的方法包括"基于分组转发"和"基于信令"两种。

实现数据同步的传输节点的数量及同步深度与所解决的问题、使用的技术有关。比如在解决干扰问题时，虚拟小区内传输节点间的联合信号处理技术需要实现 MAC PDU 级别的数据同步；在解决移动性问题时，传输节点选择的时间间隔可以放宽，PDCP PDU 级别的数据同步即可满足要求。而有些技术，比如 CS/CB，甚至不需要在传输节点间实现数据同步。

很明显，实现数据同步的节点越多，深度越深，虚拟化的效果越好，但开销也越大。尤其是在使用无线自回传技术时，数据同步的开销会对 UDN 的系统容量造成较大影响。因此，需要在保证虚拟化效果的前提下，合理地控制数据同步传输节点的数量、同步的深度、同步方式及同步时机，即"分层（Hierarchical）、异构（Heterogeneous）的数据同步（Data Synchronization）"。

图 12-17 为"分层、异构数据同步"的示意图。其中，UE1 的虚拟小区由 4 个传输节点组成，TP0 为 MTP，TP1/2/3 为 STP。TP2 与 TP0 都可以获取核心网的数据，通过信令方式实现 MAC 层数据同步，支持联合信号处理技术及 TP2/TP0 之间的动态传输节点选择。TP1 不能直接获得核心网数据，与 TP0 通过分组转发实现 PDCP 层数据同步，支持服务 TP 的快速转换。TP3 加入虚拟小区内，但未与 TP0 数据同步。TP3 可以获得 UE1 的调度信息，当其同时属于另一个小区时，可以利用 CS/CB 技术，避免对 UE1 的干扰。

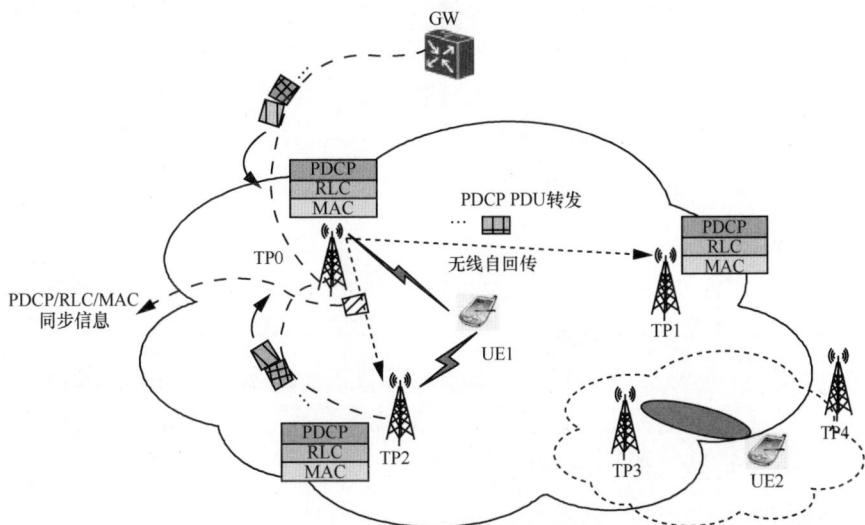

图 12-17　分层、异构的数据同步机制

12.4.2　无线自回传

回传链路是超密集网络所需要解决的另一个关键问题，直接关系到超密集网络的部署成本、容量及各类方案的性能。超密集网络中的节点可以分为两大类，即使

用自回传链路的节点和使用非自回传链路的节点。自回传的含义是回传链路使用与接入链路相同的无线传输技术以及频带。其中，回传链路与接入链路之间可以通过时分或频分的方式复用。使用非自回传链路的节点使用与接入链路不同的传输技术（如 Wi-Fi、ADSL 等）及媒质（如光纤、电缆）连接核心网。

对于很多超密集网络的应用场景（如密集街区），部署有线回传链路产生的成本（如电缆或光纤的部署或租赁成本、站址的选择及维护成本等）往往是不可接受的，无法实现无规划的部署。此外，如果按最大系统容量提供有线回传链路，回传链路的使用率将变得很低，严重浪费了投资成本。这是由于：在传输节点密集部署的情况下，每个传输节点服务的用户数较小，负载波动较大；出于节能或控制干扰等方面的考虑，一些传输节点会被动态地打开或关闭；在使用内容预测及缓存技术后，传输节点访问核心网的频率将下降。

微波经常作为宏基站的回传链路，但在超密集网络中，其应用却将受到很多限制。一方面，微波会增加低功率传输节点的硬件成本。与宏基站不同，超密集网络中的低功率传输节点本身的成本比较低，微波硬件对整个节点硬件成本的贡献会比较大。其次，微波也可能会增加额外的频谱成本。如果使用非受权频谱，干扰往往非常难控制，回传链路的传输质量不能得到保证。更重要的是，在超密集网络的主要场景中，传输节点的天线高度相对较低，微波更容易被遮挡，导致回传链路质量不稳定。

通过上述分析可见，自回传技术在超密集网络中非常有吸引力。它不需要有线连接，支持无规划或半规划地部署传输节点，有效降低了部署成本。与接入链路共享频谱和无线传输技术可以减少频谱及硬件成本。通过接入链路与回传链路的联合资源分配，系统可以根据网络负载情况，自适应地调整资源分配比例，提高资源的使用效率。此外，由于使用受权频谱，通过与接入链路的联合优化，无线自回传的链路质量可以得到有效保证，大大提高了传输的可靠性。

自回传消耗了接入链路的无线资源，会限制网络容量的进一步提高。因此，自回传链路的性能增强是一个重要的研究方向。多天线技术是提高链路效率的有效手段，可以在自回传链路上获得额外的自由度及分集增益。在图 12-18 的例子中，自回传的自由度受到贫散射环境（传输节点距离较近，散射不径较少）的限制，即使传输节点配置了多根天线，回传链路支持的层数也非常有限。然而，如果使用多个传输节点形成的广播信道，回传链路的自由度可以得到较大的提高。如图 12-18(b)所示，使用多个自回传节点组成的广播信道可以额外获得 50%的增益（相对于没有自回传节点，直接将数据发送给终端的情况）。此外，大规模多天线（Massive MIMO）技术可以为自回传链路带来更大的增益[14]。

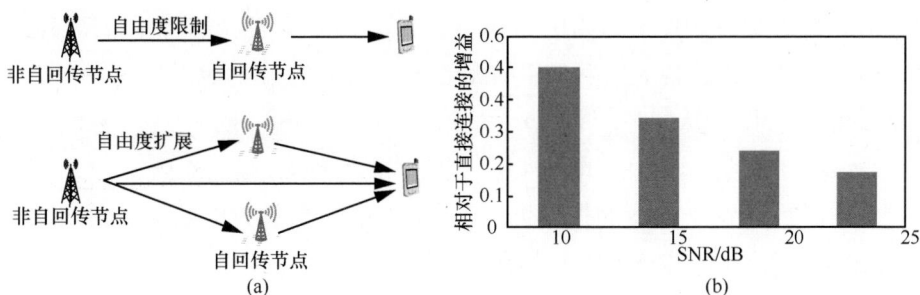

图 12-18　通过多天线技术提高自回传容量

充分利用无线信道及业务的波动，通过接入链路与回传链路的联合优化及资源分配，也可以显著地提高无线资源的使用效率及自回传的容量。比如，根据参考文献[9]的研究结果，在中低负载条件下，上、下行业务将产生剧烈的波动，灵活调整上下行链路之间的资源分配可以显著提高系统性能。然而，目前的上下行资源动态分配方案仅针对 TDD 系统的接入链路，在部署自回传节点后，需要联合设计自回传链路与接入链路的上下行资源动态分配方案。此外，FDD 系统也可以考虑利用上、下行业务的波动特性，提高资源的利用率。比如，当上行业务很少时，可以动态地将部分上行子帧分配给下行自回传链路。

除了通过更先进的无线传输技术提高自回传链路的性能以外，充分利用 IT 领域的研究成果提高超密集异构网络的性能也是目前的研究热点。比如，随着存储技术的飞速发展，存储成本大大降低，可以用存储换取无线资源使用效率的提高或部署成本的降低[17-18]。很多业务具有非常明显的时间、地域特性（如新闻、热点视频、股票信息等）。在对这些特性进行充分挖掘后，自回传节点可以利用内容预测技术将那些已获取的、被经常访问的内容存储起来，或者在非忙时间段（如夜间）预先获取并缓存部分内容，以便减少系统繁忙时段回传链路的资源消耗，提高接入链路的容量。因此，在使用内容预测及缓存技术之后，无线自回传链路的使用效率可以进一步提高，系统在繁忙时刻获得更大的小区分裂增益。

| 12.5 小结 |

在未来的 UDN 中，无论用户处于什么位置，都可以享受高质量的数据通信服务；内容感知技术使得针对各种应用的优化成为可能；终端功耗将进一步降低，电池的使用时间得以大大提高；传输节点将变成一个结构简单、成本低廉、绝色环保、易于安装/维护的设备，采用"即插即用"的方式无规划或半规划地基于现有基础设施灵活地部署。总之，UDN 将把移动通信网络带到每一个用户的身边，它所带来的不仅是容量，更是用户体验的全面提升！

| 参考文献 |

[1] METIS (European). Mobile and wireless communications system for 2020 and beyond (5G): ITU-R WP5D#18 Workshop [S]. 2014.

[2] ARIB (Japan). Views on IMT beyond 2020: ITU-R WP5D#18 Workshop[S]. 2014.

[3] 5G Forum (Korea). 5G vision and requirements of 5G forum: ITU-R WP5D#18 Workshop[S]. 2015.

[4] WWRF.5G : on the count of three paradigm shifts: ITU-R WP5D#18 Workshop[S].2015.

[5] GreenTouch. Energy efficient wireless networks beyond 2020: ITU-R WP5D#18 Workshop[S].2015.

[6] IMT-2020（5G）Promotion Group (China). IMT vision towards 2020 and beyond: ITU-R WP5D#18 Workshop[S].2015.

[7] 3GPP. Small cell enhancements for E-UTRA and E-UTRAN physical layer aspects: TR 36.872[S]. 2013.

[8] 3GPP. Study on small cell enhancements for E-UTRA and E-UTRAN – higher layer aspects: TR 36.842[S]. 2013.

[9] 3GPP. further enhancements to LTE time division duplex (TDD) for downlink-uplink (DL-UL) interference management and traffic adaptation (Release 11): TR 36.828 V11.0.0[S]. 2012.

[10] Nokia Siemens Networks, Nokia Corporation, Alcatel-Lucent. New work item proposal for HetNet mobility improvements for LTE: RP-110438, 3GPP TSG-RAN Meeting #51[R]. 2013.

[11] YAMAMOTO T, KONISHI S. Impact of small cell deployments on mobility performance in LTE-Advanced systems[C]//IEEE 24th International Symposium on Personal, Indoor and Mobile Radio Communications: Workshop on Cooperative and Heterogeneous Cellular Networks, September 8-9, 2013, London, United Kingdom. Piscataway: IEEE Press, 2013.

[12] 3GPP. Mobility enhancements in heterogeneous networks: TR 36.839[S]. 2012.

[13] TAORI R, CHANG Y B, KANG H J, et al. Cloud cell: paving the way for edgeless networks[C]//IEEE GLOBECOM 2013, December 9-13, 2013, Atlanta, Georgia, USA. Piscataway: IEEE Press, 2013.

[14] LI Y R, XIAO H, WU L J. Wireless backhaul of dense small cell networks with high dimension MIMO[C]//IEEE GLOBECOM 2014, December 8-12, 2014, Austin, TX, USA. Piscataway: IEEE Press, 2014.

[15] PENG Y F, YANG W, ZHANG Y J, et al. Mobility performance enhancements for LTE-Advanced heterogeneous networks[C]//IEEE PIMRC 2012, September 9 -12, 2012, Sydney, Australia. Piscataway: IEEE Press, 2012.

[16] LI Y R, LI J, WU H, et al. Energy efficient small cell operation under ultra dense cloud radio access networks[C]//IEEE GLOBECOM 2014, December 8-12, 2014, Austin, TX, USA. Piscataway: IEEE Press, 2014.

[17] Intel. Rethinking the small cell business model[R]. 2011.

[18] WANG X, CHEN M, TALEB T, et al. Cache in the air: exploiting content caching and delivery techniques for 5G systems[J]. IEEE Comm Mag, 2014, 52(2):131-139.

[19] 3GPP. Coordinated multi-point operation for LTE physical layer aspects: TR 36.819[S]. 2011.

大 连接是 5G 应用的典型场景之一,它要求系统能够提供每平方千米超百万的连接数,这就给 5G 系统的设计带来巨大的挑战。本章从海量机器型通信的发展趋势和需求出发,揭示现有系统的不足,论述 5G 网络在该场景下需要具备的功能以及相关的技术解决方案和演进趋势。

物联网（Internet of Things，IoT）服务的兴起和普及已经成为推动未来移动通信网络发展的主要动力。物联网将会凭借其先进的技术和广泛的需求渗透到智能仪表、自动售货机、智能交通、远程医疗、GPS 导航、电子产品等多个领域。5G 海量机器型通信（Massive Machine Type Communication，MMTC）将为数百亿的物联网设备提供可扩展的无线连接解决方案。机器型通信（Machine Type Communication，MTC）和目前以人为中心的通信有很大不同。5G 海量机器型通信需要满足 MTC 终端低成本和低复杂度的要求，具有超长的待机时间，信号覆盖到室内和乡村等偏远地区，支持海量 MTC 终端接入。核心网需要负责计费管理、用户注册管理、准入控制、过载控制以及小数据分组的支持功能。

首先介绍了机器型通信及市场前景；分别对 5G 海量机器型通信的技术需求和网络功能进行了分析；然后介绍了 5G 海量机器型通信中无线接入网的关键技术以及对网络架构的挑战和解决方案；最后进行了总结。

13.1　机器型通信市场前景和现有技术

13.1.1　机器间通信产业与市场

所谓物联网，指的是不需要人为参与的机器或者机器的模块之间的数据通信方式。为了使物联网变为现实，首先要解决的问题是机器与机器（Machine to Machine，M2M）通信。M2M 的定义与物联网类似，是指在没有人参与情况下设备之间的数据通信，包含机器与服务器之间以及机器与机器之间直接或通过网络间接进行的数据传输。M2M 的典型应用包括安全防护、跟踪、缴费、智能电网以及远程维护和远程监控。M2M 应用有极大的市场潜力，根据市场预测，到 2020 年网络中 M2M 终端的数量将超过 500 亿个[1]。无处不在的信号覆盖和网络连接是实现物联网的必要条件。当前广泛部署的移动通信网络成为最直接、最现实的 MTC 终端连接的方式。M2M 业务的兴起和普及对移动通信网络业务的增长也具有积极的推动作用。M2M 业务在蜂窝网络市场将会迎来巨大的发展空间。

　　根据图 13-1 中 M2M 终端数量增长的预测，到 2020 年移动通信网络中 M2M 终端的数量将达到 2 亿个。从 2014 年开始，移动通信网络中 M2M 终端的复合年均增长率（Compound Annual Growth Rate，CAGR）维持在 26%左右。

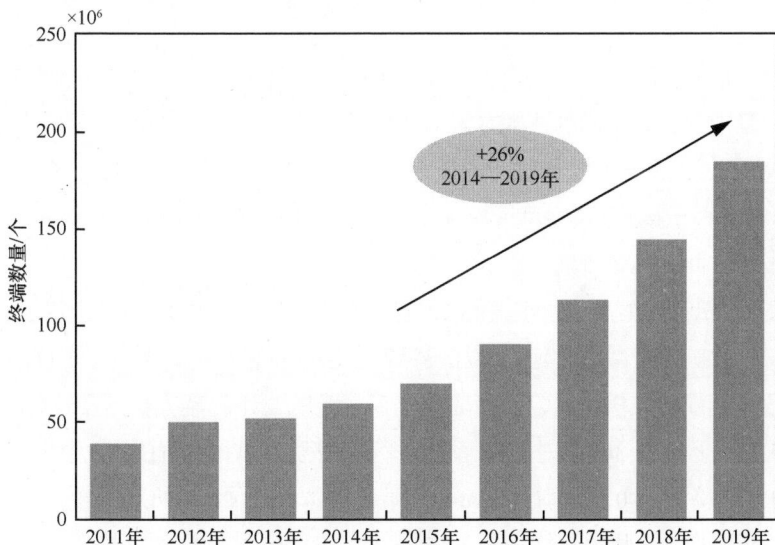

图 13-1　蜂窝移动通信网中 M2M 终端数量增长情况[2]

　　根据业务对吞吐量、时延和连接可靠性要求的不同，M2M 终端呈现应用多元化、市场分散化的特点。其中，M2M 终端在汽车工业中的应用，如汽车的安全、防盗、信息收集等功能，将会占据很大一部分 M2M 终端市场，在未来若干年内，汽车工业中 M2M 终端在 M2M 市场中的份额将会超过 50%。另一个 M2M 的重要应用领域是安装在智能水表、智能电表等公用设施中的低成本 M2M 终端，这将占到 M2M 市场份额的 1/5。除了这两个较大的应用领域外，安保、远程医疗、自动售货机等也会占据一定的市场份额。

综上所述，至 2020 年，蜂窝移动通信网络中的 M2M 终端数量将达到 2 亿个。目前，GSM 凭借其"无处不在"的信号覆盖和低廉的调制模块优势，成为 M2M 网络中应用最广泛的接入技术，但是基于 LTE 的 M2M 终端将以很快的速度增长。最终，低功耗、低成本（<10 美元）的 LTE M2M 模块有机会在低成本、低功耗的智能电表市场占据较大的市场份额。对于其他 M2M 应用领域来说，不同 M2M 模块的市场占有率会因为各自的市场特点而有所不同。随着 5G 网络的部署，5G M2M 终端会在 2020 年以后大规模应用，在成本相似的情况下，提供比目前 M2M 终端性能更好、支持更多元化的应用以及提供海量终端的接入能力。

13.1.2　现有 M2M 技术

根据 M2M 终端的通信范围，可以分为局域通信和广域通信。在广域通信网接入方面，目前存在着不同的技术方案，从标准化的 2G、3G 和 4G 移动通信网络技术，到 Wi-Fi，以及一些非标准化的技术，比如物联网专用网络 SIGFOX、OnRamP Wireless 等。由于接入网络类型的不同，M2M 终端在市场定位、业务模式、服务质量以及技术方面有显著差别。

LTE 是第四代数字移动通信技术，定义了频分双工（FDD）和时分双工（TDD）两种双工方式。为了减小时延、增加灵活性，LTE 子帧长度为 1 ms。LTE MTC 终端可以很方便地接入核心网，从而完成鉴权、跟踪、计费等功能。为了实现 M2M 通信与 LTE 的结合，3GPP 对 LTE 系统进行了增强。3GPP LTE R12 中定义了低成本的 MTC 终端（Cat-0）[3]。MTC Cat-0 终端的成本约是传统 LTE 终端的 40%~50%，随着技术逐渐成熟，最终价格将与 EGPRS 模块相当。3GPP LTE R12/R13 中还引入了覆盖范围增强技术。目前 LTE 针对 MTC 应用的主要改进包括：

- 降低终端复杂度，由传统 LTE 终端的至少 2 根接收天线减少为 1 根；
- 减小传输块尺寸（Transport Block Size，TBS）；
- 支持半双工 FDD；
- 支持上下行窄带传输。

LTE 系统最初的设计目标是解决人与人之间通信的高速数据传输问题，因而即便是加入了 M2M 的内容，LTE 考虑到后向兼容性，并没有针对 M2M 的通信特点和海量设备接入提出针对性的解决方案。

虽然 LTE-M 有巨大的发展潜力，但是 GSM 凭借其"无处不在"的信号覆盖和低廉的调制模块优势，成为当今 M2M 网络中应用最广泛的广域网接入技术。未来一个 BTS 可以同时支持 2G、3G 及 4G 多种无线方案，所以基于 2G（GSM）的 M2M 终端还会继续大量存在，直到运营商改变网络业务。同时，也可以用与 LTE-M 同样的思路和方法来优化 GSM/2G 网络：

- LTE R12 提出的功率节约模式也可以用在 GSM M2M 网络中；
- GERAN R13 引进了覆盖增强技术；
- GERAN R13 提出通过降低终端的网络性能来减少终端成本。

WCDMA 网络工作频率是 2.1 GHz，而且全球仅有 80 个工作在 900 MHz 频段的 WCDMA 网络。WCDMA 的覆盖范围不及 GSM，所以 3G M2M 将不会得到大范围应用。

除了以上列出的无线接入网络外，也有一些专门为解决 M2M 接入问题而提出的无线网络，如 SIGFOX 等。在未来一段时间内，在 M2M 的广域网接入上将呈现多种无线接入技术共存的局面。新的技术如 LTE-M 和未来 5G M2M 终端的应用和推广会冲击其他广域网接入技术的市场份额，但是 M2M 应用对于个域网（PAN）和局域网（LAN）的需求不会消失。在局部区域内的 M2M 通信，成本方面更胜一筹的 Wi-Fi、蓝牙、ZigBee 等技术占有优势。无论如何，在各种技术的竞争中，5G 网络需要为 M2M 终端接入和数据传输提供有足够吸引力的解决方案，并且建立顽健的产业生态系统。

13.2　海量机器型通信技术需求

机器和机器之间的通信需求和以人为中心的通信需求有很大不同，这主要体现在 M2M 通信的多元化的业务类型以及对数据流量、可靠性、有效性等的不同需求上。同时，MTC 设备的数量可能是"传统"设备数量的几个数量级。5G 海量机器型通信需要满足以下技术需求：

- 支持多元化的应用需求；

- 支持海量终端接入；
- 低成本，与目前主流 M2M 模块成本相似，在不增加成本的基础上大幅提高网络性能；
- 低功耗，保证超长的电池寿命；
- 广阔的网络覆盖，而且确保信号覆盖到室内和乡村等偏远地区。

13.2.1 机器型通信多元化应用

根据应用领域不同，M2M 通信在服务类型、实用性、可靠性和传输带宽方面有不同的要求。值得注意的是，越来越多的智能手机应用程序可以被看作特殊的 M2M 应用，比如远程控制家用电器、安防系统和温度调节控制装置等，这些都表明了 M2M 应用的广泛性。以下罗列了几个重要的 M2M 应用领域。

- 智能电表：包括水表、煤气表和电表。
- 自动售卖机：潜在故障检测、无现金支付、智能报价等。
- 汽车行业：车队管理、智能交通、实时交通信息收集及反馈、车载娱乐服务。
- 监控报警：楼宇智能检测及智能控制、人员跟踪。
- 医疗监控与告警：远程监控重要生理功能。
- 电子设备：电子阅读器、GPS 导航、数码相机。

以上的 M2M 应用有不同的 ARPU（Average Revenue Per Unit）值。以智能水表为例，由于水资源成本低廉，对水流量的检测和计费也需要保持较低成本，所以智能水表每月 ARPU 不到 1 欧元。而相反，在智能交通领域，由于传输数据量大，其 ARPU 与传统的移动宽带手机用户相差不大，可以达到每月数十欧元。

考虑到未来设备成本和部署的要求，5G 的接入网络需要能够用统一的框架来有效承载不同 M2M 应用产生的数据，兼顾到 M2M 通信和人与人之间通信的共存，这就需要 5G 空中接口有足够的灵活性。

13.2.2 机器型通信终端数量

未来网络中 MTC 设备的数量将远超"传统"设备数量几个数量级。相比目前蜂窝移动通信网络中的手机用户数量，到 2020 年，移动通信网络服务的 MTC 终端数量和目前的手机用户数量相比将增加 10 倍甚至 100 倍。可以估计，未来连接到的单个基站的 MTC 终端数量在 2020 年将达到 10 000 个甚至 100 000 个。M2M 终端在智能电表、智能家居、智能交通等领域的增长主要受到人口规模的影响，而在交通运输、制造以及公共设施领域的发展受自动化程度影响较大。

当前的蜂窝移动通信网络标准是基于语音服务和为相对较少设备提供高速率数据传送而设计的，传统的无线链路建立和保持方式将不能适用于海量 MTC 终端的应用场景。同时，MTC 终端的数据传输特性和当前移动互联网中手机用户数据传输特性明显不同，大多数 MTC 终端只产生少量的用户数据，典型的测量报告或控制信令只包含小于 1 KB 的信息。有些 MTC 终端基于定时器发送数据，例如每隔几分钟或每隔几小时。有些基于外部刺激引发（如报警），甚至可能在某些情况下，每隔几年仅发送一次数据。此外，许多 M2M 应用具有一定程度的时间和空间的相关性。利用这些 MTC 终端数据传输的特性，采用先进的信号处理技术以及编码和无线接入机制，可以极大提高 MTC 终端的接入数量，提高 MTC 数据传输的效率。

13.2.3　机器型通信终端成本

尽管物联网技术在许多领域存在巨大的价值，但 MTC 终端的成本依然是比较严峻的问题。物联网终端需要嵌入蜂窝移动网络数据传输模块才能正常连接至现有的蜂窝网络。市场中现有的移动宽带网络数据传输模块性能偏高，能够支持高清图像、视频、游戏数据的高速传输。但是物联网终端产生的数据量少，往往仅有数百比特，因而可以针对这一特点简化现有模块的设计，从而降低 M2M 应用成本。

13.2.4　电池寿命

移动电话尤其是智能手机用户已经对充电习以为常。然而延长电池续航时间对提高用户满意度仍然十分重要。对于 MTC 终端来说，延长电池寿命的重要性尤为明显。MTC 终端一旦断电，就会终止任何通信过程，对于特殊领域（如火警警报）来说，可能会酿成无法挽回的损失。因此 MTC 终端的电池寿命是一个关键的性能指标。在许多情况下，MTC 终端需要部署在无法提供电源的地点，出于成本考虑，这些终端只能使用电池供电，为降低维护费用，对于 5G MTC 终端，电池供电条件下，要求 10 年以上的待机时间。这就要求 5G MTC 终端具备低功耗的特性。

13.2.5 覆盖范围

M2M 的许多应用都对网络覆盖有极高的要求，例如安装在地下室的智能电表或者楼宇内部电梯间的传感器，所以 M2M 终端需要具备比传统手机终端更强的针对覆盖增强的网络侧和终端侧的传输技术。

总之，5G 网络的空中接口需要满足海量机器间通信对 MTC 终端低功耗、低成本、可用性、海量连接的需求。从定性的角度上说，这些要求和目前 LTE 和其他网络技术针对机器间通信的设计目标没有太大区别，但不同点是，5G 的设计指标更高，并且 5G 是一个全新定义的无线系统，可以定义新的无线接口和网络架构使这些需求更好地在系统中实现。

| 13.3 海量机器型通信的网络功能 |

为了应对未来各类 M2M 应用服务器和海量 MTC 终端间的通信需求，网络架构应该具备以下基本特性。

13.3.1 终端的拥塞控制和过载控制

网络应提供某些机制降低因大量 M2M 业务产生的数据和信令流量峰值。M2M 业务会造成网络中数据及信令过载的情况，因此必须设计一套完善的过载控制和拥塞控制机制。例如采用基于接入优先级的拥塞控制机制，在制造或管理过程中，每个 MTC 终端根据不同的业务类型来分配一个优先级指示标识符，网络可以根据该优先级标识来对 M2M 业务进行拥塞控制和过载控制。

13.3.2 MTC 终端触发

设备触发是指无论有没有可使用的连接，MTC 终端都可以被触发激活。在现有的网络部署中，SMS 被用于触发已连接的设备，但这需要为每一个 MTC 用户分配唯一的 MSISDN。该方案的缺点是某些地区对 MSISDN 的范围存在一些限制（如美国和中国）。有的方案采用互联网类似的标识符，MTC 服务提供商可以按需随意给 MTC

终端分配此类标识符，因此这类方案相对灵活。互联网类标识符有完全限定域名（FQDN）、统一资源名称（URN）或统一资源标识符（URI）。值得注意的是，已建立连接的设备可以通过应用层在 MTC 服务器注册其 IP 地址。因此，服务器可以通过发送应用层请求而不需要使用 5G 网络功能来触发该设备。然而，当 MTC 服务器需要请求 5G 网络触发 MTC 设备时，5G 网络应能提供相应标识符并能将其与外网定义的标识符建立一一对应的关系。外部标识符被存储在 5G 网络的用户信息存储控制管理中心，以便 5G 网络建立与两网之间标识的映射关系。

13.3.3　MTC 终端分组

MTC 终端分组的目的是通过将 MTC 终端分组，优化配置网络资源。如何分组可以由网络运营商决定或基于服务提供商与运营商之间的协议。每个 MTC 终端组在网络内有唯一的 ID 标识，设备的分组可以基于 QoS/策略规则或业务模型等（如数据交换数量，或只有在特定的时间发送数据）。设备的分组可能会影响用户的身份验证，建立连接或释放连接的过程以及如何为成组的设备管理承载。

13.3.4　MTC 终端监控

该功能主要满足一些部署在高风险地点（破损或被盗）的 MTC 设备的需求，包括事件监测以及向 MTC 服务提供商提供事件报告。一旦有事件发生，就会自动触发 HSS 中存储的相应机制，比如发送警报或者释放该设备的连接等。检测的事件类型以及响应方案由 MTC 服务提供商与运营商共同制定。

13.3.5　其他方面的要求

其他方面的要求具体如下。

- 标识和 IP 地址寻址：网络应能支持对海量终端进行唯一的标识，支持基于 IPv4/IPv6 的寻址功能。
- 计费方面：网络应能产生基于组的 CDR（呼叫详细记录），优化计费方案。
- 安全方面：MTC 终端通信的安全性能相比于非 M2M 终端不能有明显下降。
- 终端管理：运营商应能对终端进行远程管理。

- 小分组传输：这个功能为只需要发送和接收少量数据的 MTC 终端设计，目的是合理利用网络资源，并提高数据发送效率。
- 漫游方面：MTC 终端的漫游与传统手机不同。对 MTC 终端漫游需要制定特殊的漫游协议使 MTC 终端的使用成本控制在可以接受的范围之内。

| 13.4　海量机器型通信的无线技术 |

对 5G 海量机器类型通信中的关键技术，包括无线接入方式、海量 MTC 终端接入和传输技术、低成本低功耗的 MTC 终端以及覆盖扩展进行介绍。

13.4.1　5G 机器型通信的无线连接方式

如图 13-2 所示，5G 机器类型通信 MTC 终端和接入节点/基站的无线连接方式可以分为 3 种。

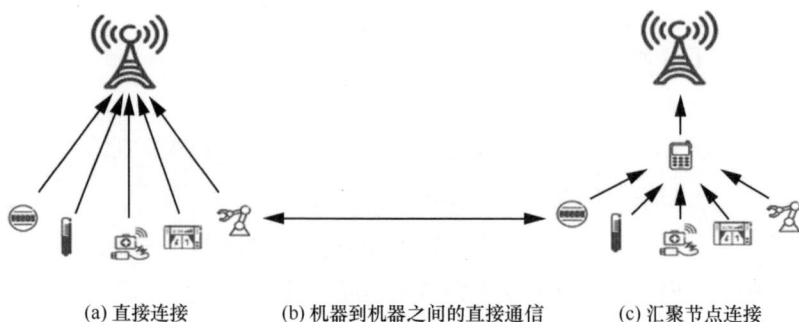

(a) 直接连接　　　　　(b) 机器到机器之间的直接通信　　　　(c) 汇聚节点连接

图 13-2　5G 机器型通信连接方式

第 1 种，直接连接，如图 13-2(a)所示。MTC 终端直接与接入节点/基站相连接。直接连接的优点是：在接入节点/基站提供宏覆盖的区域，MTC 终端位置可以根据实际应用需求安装在任意的位置，不需要对 MTC 终端的位置进行规划。直接连接的另一个优点是在移动性管理方面，连续覆盖的接入节点/基站为移动的 MTC 终端接入提供灵活性。直接连接方式的缺点是信号覆盖问题，对于低成本的 MTC 终端，由于发射功率小，可能会限制上行传输的性能和覆盖范围。

第 2 种，MTC 终端到 MTC 终端之间的直接通信，如图 13-2(b)所示。在 5G 海量机器连接中，MTC 终端到 MTC 终端之间的直接通信主要针对低比特数据速率和长时延的应用场景，这种数据传输方式的主要优点是 MTC 终端可以在网络信号覆盖差或很不稳定的区域使用。

第 3 种，通过汇聚节点连接，如图 13-2(c)所示。MTC 终端的数据在被发送到宏接入节点/宏基站之前，先发送到附近的一个汇聚节点，再由汇聚节点发送到宏接入节点/宏基站。汇聚节点可以是一个中继节点、专有网关、连接个人电子设备的智能手机，也可以是在一组 MTC 终端中动态选定的一个 MTC 终端。汇聚节点可以对 MTC 终端的数据做不同程度的处理。比如将接收到的数据直接转发，或者将小数据分组合成一个大数据分组后再转发，甚至有些汇聚节点可以对接收到的数据进行预处理，只把相关数据或处理后的数据转发到宏接入节点。使用汇聚节点可以有效改善上行性能，有利于解决 MTC 终端的室内深度覆盖问题。

根据不同的应用场景，海量机器连接可以选用适当的连接方式，也可以混合采用上述的 3 种接入方式。

13.4.2　MTC 终端的接入和传输

MTC 终端的数据传输特性和当前移动互联网中手机用户数据传输特性明显不同，大多数 MTC 终端只产生少量的用户数据。典型的测量报告或控制信令只包含小于 1 KB 的信息。当前的移动通信网络标准是基于语音服务和为相对较少设备提供高速率数据传输而设计的。一方面，虽然在移动宽带数据传输时，控制信令产生的开销和有效载荷相比比较小通常可以被忽略，但当控制信令与 MTC 传输的有效负载大小相似的时候，信令开销可能会成为传输的瓶颈；另一方面，由于 MTC 终端 ARPU 值比较低，MTC 通信需要保证高效性。传统的无线链路建立和保持方式将不能适用于海量 MTC 终端的应用场景。针对海量机器类型通信的特点，需要设计全新的接入和传输方案。

对于 MTC 终端接入和传输，目前存在两种互补的方案：协作机制和非协作机制。

所谓协作机制，就是 MTC 终端的接入和数据传输过程由网络控制，网络对 MTC 终端发出的接入请求进行响应，并对 MTC 终端进行接入管理。网络为 MTC 终端分配资源，防止传输的碰撞。目前的移动通信网络中用户的接入和数据传输基本都是基于协作机制的。对于协作机制，随着 MTC 终端接入尝试数量的增加，将直接导致控制信令（如接入请求、资源分配、确认）的增加，很容易成为限制网络中 MTC 终端数量的制约因素。

所谓非协作机制，MTC 终端的数据传输可以不经过网络调度，根据一定规则随机选择无线资源向网络发送数据。在非协作机制下，可以极大地减少控制信令的开销，提高 MTC 终端的数据传输效率。但是如果并发连接请求数目超过了单基站接入的能力，因为请求数据分组之间相互冲突，非协作接入机制（如随机数据传输）可能导致资源浪费。

在 5G 网络中，同时支持协作机制和非协作机制的 MTC 终端接入和传输是一个趋势，MTC 终端根据不同的场景选择适合的接入和传输模式。下面针对协作机制和非协作机制的接入和传输模式分别给出了增加网络 MTC 终端连接数量的方案。

13.4.2.1　基于编码的接入请求

在当前的移动通信网中，用户在随机接入信道中随机选择时隙和正交的竞争令牌（Token）或者前导码（Preamble）竞争接入网络。当网络中有大量的用户请求接入时，需要扩大竞争空间，传统的方法只能增加随机接入信道的物理资源，比如增加接入时隙和正交的竞争令牌/前导码的数量，这将占用数据信道可用的物理资源。

基于编码的随机接入是对竞争令牌/前导码进行编码，MTC 终端通过发送编码后的竞争令牌/前导码来获取接入权，相对传统方法竞争空间随物理资源线性增长的特点，基于编码的随机接入仅需少量额外物理资源就可使竞争空间呈指数型增长。假设有 L 个竞争时隙/机会，M 个正交竞争令牌/前导码，传统方法中竞争空间大小为 $L \times M$，而在编码接入情况下该空间为 $(1+M)^{L-1}$。图 13-3 给出的例子中，基于编码的随机接入方案产生的竞争用码字数量增加了一倍。1~4 为基本竞争码字，5~8 为通过编码获得的额外竞争码字[4]。

竞争码字	竞争时隙	
	1	2
1	–	A
2	–	B
3	A	–
4	B	–
5	A	A
6	A	B
7	B	A
8	B	B

图 13-3　$L=2$ 和 $M=3$ 时接入竞争空间

13.4.2.2　编码随机传输

编码随机传输是一种非协作机制接入和传输模式,能有效支持数量庞大的 MTC 终端。该方法基于时隙 ALOHA 和连续干扰抵消（Successive Interference Cancellation，SIC），通过迭代，利用置信度传播（Belief-Propagation，BP）算法进行解码。图 13-4 给出了时隙 ALOHA 方案中编码随机传输的主要步骤。

在图 13-4 中有 3 个用户（U1、U2 和 U3）和 4 个竞争传输时隙（S1、S2、S3 和 S4）。每个用户在多个时隙发送相同数据分组，用户和时隙中间的连线代表用户在相应时隙中发起的传输。在传统基于时隙 ALOHA 中，只有包含单个用户传输分组的时隙是有效的，而处于空闲或冲突（多于一个用户传输）的时隙是无效的。在图 13-4(a)中，只有 U2 在时隙 S4 传输的数据分组没有冲突是有效的，U2 的数据分组被成功接收。图 13-4(b)中，为了消除 U3 和 U2 在时隙 S1 的冲突，U2 在 S1 的副本被删除。类似的，图 13-4(c)中，为解决 U2 与 U1 的冲突，U3 的复本从 S2 中删除。通过这种方式，碰撞时隙中包含的信息也可以被利用，在增加了接入用户的数量的同时，也就提高了系统的整体吞吐量。

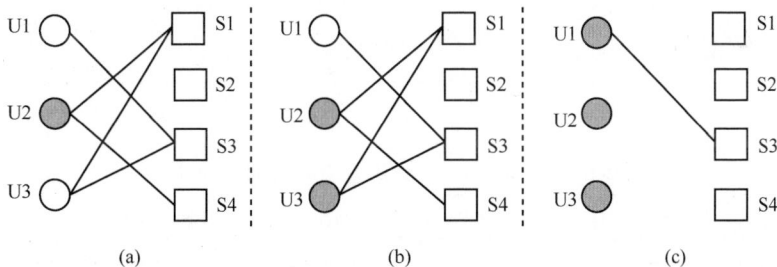

图 13-4　基于时隙 ALOHA 编码随机传输，利用连续干扰抵消对冲突的数据分组解码[5]

相对于单纯基于时隙 ALOHA 的机制（目前公认的时隙 ALOHA 的期望吞吐量上限为 1/e（e≈0.37），随机编码传输接近于 1），编码随机传输能有效提高系统吞吐量。

13.4.3　MTC 终端的成本优化

尽管物联网技术在许多领域存在巨大的价值，但是 MTC 终端的成本依然是比较严峻的问题。目前的 3G 和 4G 网络中应用的技术，主要是为了解决移动宽带数据可靠传输问题，优化的重点集中在如何提高数据传输速率方面。市场中现有的 3G/4G 网络传输模块的价格偏高，但是物联网终端产生的数据量少，往往仅有数百比特，因而可以针对这一特点简化 MTC 终端的设计，从而降低 MTC 终端成本。虽然 LTE 网络在 R12 版本后考虑了对低成本 MTC 终端的支持，但这些改进需要考虑到与 LTE 以前版本的兼容。5G 网络和之前 2G/3G/4G 网络不同的地方在于，5G 网络在设计之初就考虑到了对物联网应用的支持。为了提高 5G 技术在未来 MTC 终端市场的竞争力，除了提高性能以外，和 GSM/GPRS/LTE-M 方案相比，还要在价格上更具有竞争力。

在 5G 网络中，降低 MTC 终端的成本的思路是根据物联网传输要求，适当减少 MTC 传输模块的复杂度，从而降低成本。主要方法包括：

- 采用半双工 FDD 传输，可以减少模块中的射频双工器；
- 减少射频带宽；
- 仅实现单射频链路接收，不支持接收分集技术；
- 降低峰值速率，减少因数据处理及存储造成的消耗；
- 降低终端发送功率，有利于通过提高芯片集成度来降低设计成本。

表 13-1 对支持不同峰值速率的各种 MTC 终端在复杂度和成本方面的情况进行了对比。

表 13-1　不同 MTC 终端复杂度/成本的对比

下行峰值速率	150 Mbit/s	10 Mbit/s	1 Mbit/s	约 200 kbit/s
上行峰值速率	50 Mbit/s	5 Mbit/s	1 Mbit/s	约 200 kbit/s
下行空间分级层数	2	1	1	1
射频链路	2	2	1	1
双工模式	全双工	全双工	半双工	半双工
接收带宽	20 MHz	20 MHz	20 MHz	1.4 MHz
最大发射功率	23 dBm	23 dBm	23 dBm	20 dBm
相对调制解调器复杂度/成本	125%	100%	50%	25%

减少 MTC 传输模块的复杂度可能会造成链路性能的损失。在图 13-5 所示的例子中，当 MTC 终端采用单射频链路接收机时，由于没有接收机的合并和分级增益，与双射频链路的接收机相比，10% BLER 的链路增益减少了 3 dB。因此减少 MTC

传输模块的复杂度时也需要考虑节约成本和性能损失之间的折中。

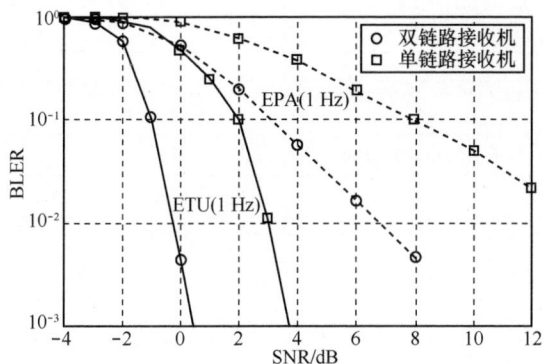

图 13-5　单链路接收机和双链路接收机性能比较

13.4.4　覆盖增强

M2M 的许多应用都对网络覆盖有极高的要求，例如安装在地下室的智能电表或者楼宇内部的电梯。为了向 M2M 业务提供无处不在的网络覆盖，5G 网络在设计时需要考虑对 MTC 终端，特别是对低成本的 MTC 终端的覆盖增强。

在实际系统中，不同的物理信道，例如上行/下行控制信道、上行/下行数据信道、广播信道等，由于发射功率、传输数据率和接收机灵敏度等因素对链路损耗有不同的要求，而上行数据信道受 MTC 发射功率的限制往往成为覆盖瓶颈。表 13-2 以 LTE 为例分别给出 PUSCH 和 PDSCH 的最大耦合损耗（Maximum Coupling Loss，MCL）计算相关参数，不难看出 PUSCH 需要比 PDSCH 有更大的链路预算提升。

表 13-2　不同 MTC 终端复杂度/成本的对比

LTE	PUSCH	PDSCH
数据速率/(kbit·s^{-1})	20	20
发射机		
功率/dBm	23	46
(1)实际发射功率/dBm	23.0	32.0
接收机		
(2)热噪声密度/(dBm·Hz^{-1})	−174	−174

（续表）

LTE	PUSCH	PDSCH
(3)接收机噪声系数/dB	5	9
(4)干扰余量/dB	0	0
(5)信道带宽/Hz	360 000	360 000
(6)有效噪声功率=(2)+(3)+(4)+10lg((5))/dBm	−113.4	−109.4
(7)要求的 SINR/dB	−4.3	−4.0
(8)接收机灵敏度=(6)+(7)/dBm	−117.7	−113.4
(9)最大耦合损失=(1)−(8)/dB	140.7	145.4

　　针对不同的物理信道，需要分别采用相应的覆盖增强技术解决方案，比如综合采用多子帧间时域重复（Repetition/TTI Bundling）、提高导频功率、增加重传次数、降低网络要求等。其中，多子帧间时域重复（Repetition/TTI Bundling），也就是增加重复子帧的发送次数，是一种通过增加能量累积效果增强覆盖的有效手段。在图 13-6 所示的例子中，上行子帧通过 500 次重复传输，链路预算增加了 20 dB。由于实际系统中信道估计误差，随着重复传输次数增加，系统链路预算增益和理论值有较大差异，这可以通过多子帧信道估计和多重译码等技术提高信道估计准确性，从而提高多子帧间时域重复的增益。

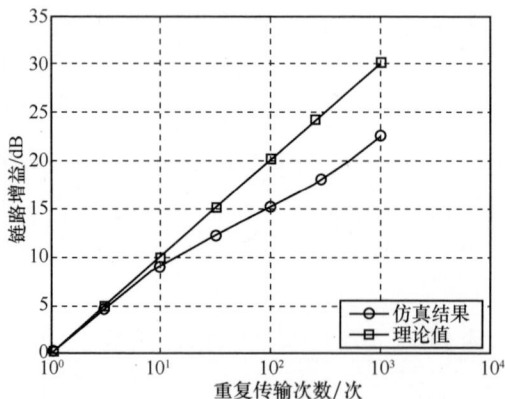

图 13-6　多子帧间时域重复实际增益和理论值

　　覆盖增强技术也会对其他网络性能带来影响，比如子帧的多次重复传输会降低网络频谱利用率，降低随机接入链路的性能要求会增加虚警次数等，这需要在系统设计时综合考虑。

13.4.5　降低功耗

对于有些 MTC 终端，如水表、传感器等，可能需要部署在无法供电的地方，使用电池为设备供电。目前手机终端的最大待机时长为 5 周左右，对于 MTC 终端来说，每月更换一次电池并不可行。因此，对于使用电池供电的 5G MTC 终端，需要能够满足超低功耗的要求，即用两节 AA 高能电池提供长达 10 年以上的续航能力。本节将讨论 5G 网络如何通过减低功耗来延长 5G MTC 终端的电池寿命。

移动终端在网络中除了发送和接收有用数据，往往需要不断监听网络中的广播、寻呼等信息保持"在线"状态。因此引入休眠模式，让处于休眠模式的 MTC 终端自动关闭无线收发器，减少无效的发送和接收，可以极大地节省功耗。在休眠期间，MTC 终端虽然仍然处于"注册"状态，但将停止接收包括寻呼信息在内的一切网络信息，网络无法对 MTC 终端进行任何操作。当 MTC 终端接入小区或者更新小区位置时，会向网络请求设定一个激活时间。在激活时间内，MTC 终端会监测寻呼信息，如果在规定的激活时间内没有任何数据到达（或寻呼信息到达），终端将自动进入休眠状态。只有当终端需要发起新的业务请求（比如进行周期性小区位置更新或上行数据传输时）才会结束休眠状态。引入休眠模式的缺点是 MTC 终端在休眠期间网络信息不可达，网络无法对 MTC 终端进行操作。

对于一些 MTC 的应用场景，比如下行数据对时延不敏感，也可以通过扩展非连续接收（DRX）周期并且同时降低寻呼频率的方法来降低 MTC 终端功耗。所谓 DRX，就是一种 MTC 终端根据网络配置，定期唤醒监听寻呼信号和接收下行数据的机制。根据具体应用，配置不同的 DRX 周期和寻呼频率，可以在 MTC 终端的网络可达性和电池寿命之间取得平衡。在图 13-7 所示的例子中，如果将 DRX 周期（寻呼周期）由 2.56 s 扩展到 2 min，两节 AA 高能电池寿命将从 13 个月延长到 111 个月（接近 10 年）。

除了 DRX 周期（寻呼信道发送频率），MTC 终端对数据传送的需求也对电池寿命有很大影响。对于传感器和智能水表等 MTC 终端，往往很长时间才需要发送一次数据，配合扩展的 DRX 周期，这类 MTC 终端可以获得超长的待机时间。表 13-3 显示了对于一个需要定期向网络发送数据的 MTC 终端，网络寻呼周期和数据发送的周期对 2 节 AA 高能电池寿命的影响。

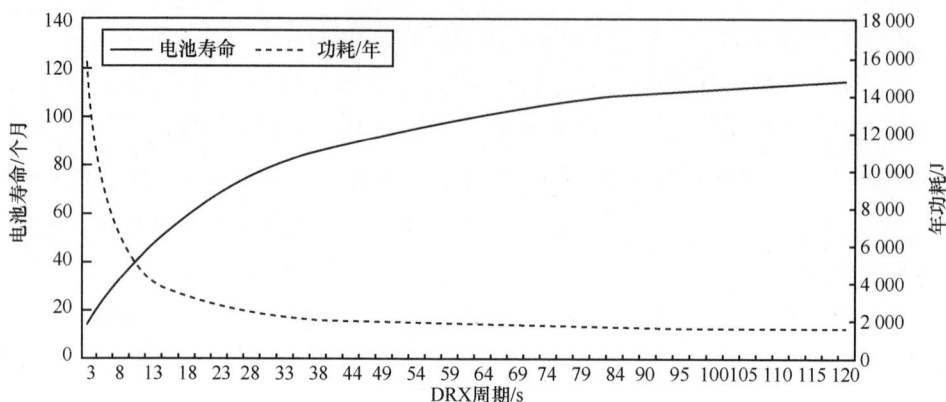

图 13-7　MTC 终端电池寿命随 DRX 周期扩展变化

表 13-3　随寻呼以及状态迁移周期而变化的电源寿命（单位：个月）

数据发送周期	寻呼周期						
	2.56 s	10.24 s	1 min	10 min	1 h	2 h	1 天
15 min	3.7	4.5	4.9	4.9	4.9	4.9	4.9
1 h	8.1	13.8	17.0	17.8	17.9	17.9	17.9
1 天	13.2	39.1	84.9	108.0	110.8	111.1	111.3
1 周	13.5	42.0	99.4	132.1	136.2	136.6	137.0
1 个月	13.6	42.3	101.6	135.9	140.2	140.7	141.1
1 年	13.6	42.5	102.3	137.1	141.4	141.9	142.3

根据表 13-3，如果网络设置的寻呼周期为 10 min，MTC 终端发送数据的周期为 1 周，那么电池寿命将达到 132 个月，也就是 11 年。

此外，通过协议设计，减少 MTC 终端在网络接入和数据传输中的信令开销，减少测量和测量汇报次数，综合考虑和优化 MTC 的性能和功率损耗的折中也是有效降低功率损耗、延长电池寿命的有效方法。

|13.5　面向海量机器型通信的网络架构演进 |

机器型通信与传统的移动网络通信业务不同，虽然每个终端设备可能仅仅生成少量的业务流量，但是它可能意味着需要支持成千上万台终端之间的通信。一般来讲，这些终端具有相似甚至相同的业务模型或者提供相同的业务，比如作为一个典型用例，一定区域内的智能传感器几乎会在同一时间连接到网络并发送数据。MTC 设备通常与网络（如互联网）中的 MTC 服务器通信，但在某些情况下，MTC 设备与特殊的 MTC 网关也可能建立所谓的毛细管网络，通过这种方式 MTC 设备可以实现设备之间的通信。目前 MTC 服务器和设备之间通信协议还没有被标准化，但 ETSI M2M 技术委员会目前正在制定应用层的架构和协议[6]。

目前 M2M 服务提供商已经在使用无线网络运营商提供的无线网络覆盖，比如使用 SMS 应用来提供 M2M 业务，如图 13-8 所示。这种类型的传输层结构被称作"MTC 传输服务"，如图 13-9 所示[7]。

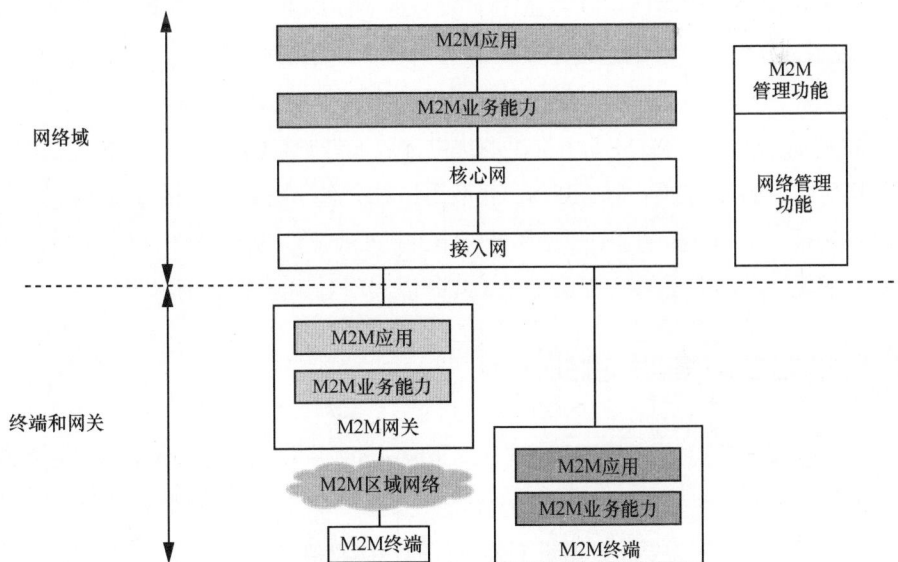

图 13-8　ETSI M2M 基本架构[6]

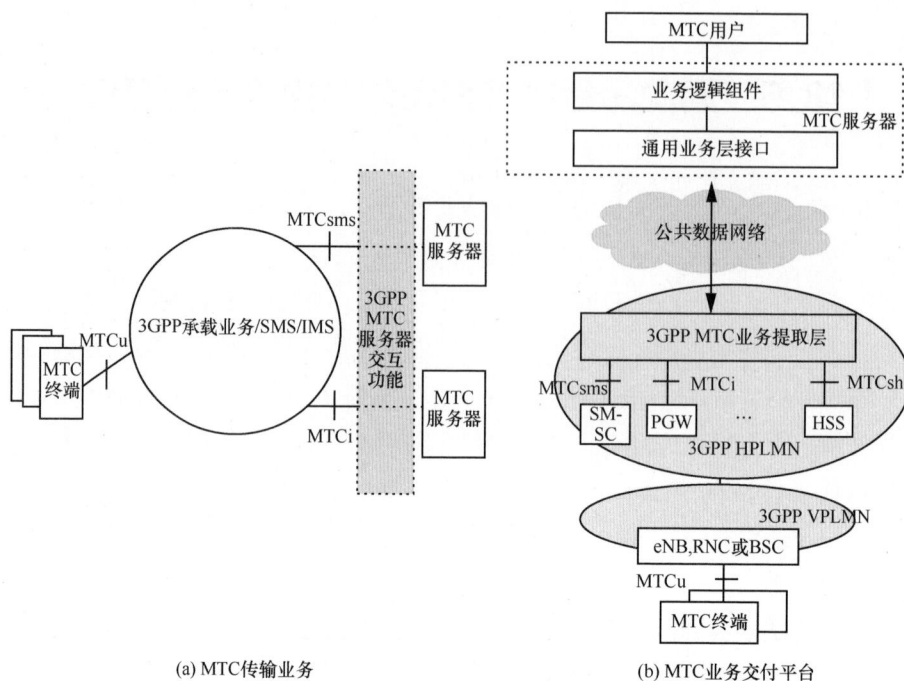

(a) MTC传输业务   (b) MTC业务交付平台

图 13-9　3GPP MTC 网络架构

另外，网络运营商还可以向 M2M 服务提供商提供一些增值业务，比如实现 M2M 设备以及智能终端的远程触发和配置。未来的网络运营商都在寻求解决方案，像通过部署 MTC 服务交付平台（SDP），以加强其在 M2M 价值链中的影响力。这种 SDP 平台一方面为 M2M 业务提供商提供开放或者专有的 API，另一方面又与不同于移动网络的方式交互（如 SMS、获取用户数据以及基于 IMS 的服务）。另外，SDP 还包括计费和安全功能、设备和智能卡的远程配置、监控、MTC 设备的触发和地址分配等。用户平面甚至也可以经由 SDP 以实现对数据业务的整体掌控。

13.5.1　5G 网络架构挑战

在定义 5G 需求时，M2M 有着举足轻重的地位，比提高峰值速率或者频谱效率更重要的是如何实现多种不同的业务需求，比如：

- 数量少，但却需要大数据量下载业务的终端设备；
- 数量巨大，却只传输小数据分组的传感器；
- 远程控制机器人应用业务（能控制快速响应远程指令并能上传大量数据，如

UHD 视频）。

M2M 通信的多样性体现在多变的业务类型、流量特性以及对可靠性、有效性或带宽的不同需求上。值得注意的是，越来越多的智能手机应用程序也都被看作特殊的 M2M 应用，比如远程控制的家用电器（像冰箱）、安防系统和温度调节控制装置等，这些用例都表明了 M2M 应用的广泛性。

大量的 MTC 终端设备可能导致过高的信令负荷，另一方面由于这些 MTC 终端的 ARPU 相对比较低，网络运营商都在寻求各种方式来提高 M2M 业务的盈利，比如限制用于 MTC 设备的网络资源，优化一些特殊用例的网络流程，包括减少固定智能传感器的移动性管理，或直接用信令消息来传输少量的数据等。另外，一些国家 E.164 号码的短缺更加速了对 M2M 网络架构的优化和改进。

MTC 设备的数量可能是"传统"设备数量的几个数量级。对机器类型通信服务的优化与人人间通信的优化大不相同，这不仅仅是因为 MTC 设备数量庞大，另一个原因是机器间的通信很大程度上是由自身安装的软件来控制的。M2M 技术实现机器彼此之间通信，能从根本上改变人们与机器交互的方式以及人们的生活。

移动网络产生的业务数据为检测业务数据模型、优化独立的 M2M 连接以及调整网络来快速适应变化的 M2M 业务模型提供基础。为了实现这些 M2M 的优势，需要提供大数据解决方案的实时功能来支持即时响应和其他必需的性能。现阶段的大数据解决方案并不是为电信网络专门设计的，并不能满足电信网络的性能和实时性需求。因此需要搭建一个系统来支持不同网络间的各种应用以及能够处理相应的数据。需要注意的是，电信网络不仅生成大数据分组，而且每秒生成的数据量也很巨大。比如，Visa 每秒能生成 18 500 个业务，Twitter 每秒生成 143 000 个，而在高峰时段无线网络内每 1 000 万个用户每秒能生成 1 000 000 个业务。一旦 M2M 成为主流业务，这些数据还会迅速扩张。

因此只有建立一个崭新的 M2M 网络，运营商才能更进一步和合作伙伴打造一个健康的网络环境来投资更盈利的商业模式，并为垂直行业和未来的物联网用例提供综合服务。

13.5.2　面向 5G 的 MTC 网络架构

为了能充分利用未来 5G 网络的优势，进一步改进一些已有的 M2M 功能是至关重要的，这些增强功能包括 [8]：

- 不同接口的准入控制和过载控制；
- 业务的带宽/质量/策略管理（分组处理）；
- 寻呼和信令优化；
- 对终端电耗的优化处理；
- 特定的短信处理程序。

同时，为了适应 M2M 极其多样的用例来满足其特有的性能要求，一个量身打造的网络架构是非常必要的。其中移动核心网络包含用于移动性管理、用户管理、语音服务、数据服务、网络管理单元、计费和与其他运营商和互联网其他外部网络的接口单元，这就决定了移动核心网是一个相对复杂的系统。M2M 的特有业务特性和性能需求对核心网网络数据会话的处理提出了新的要求。大多数的 M2M 用例可以通过紧密耦合接入网和传输的内容来提供统一的业务体验，比如设计 API 在应用程序和网络层之间去调整应用需求或者本地缓存数据。另外也可以建立局部网络，实现设备之间高效的直连网络。这些基本需求和接入网侧需求相似，但是由于少许几个核心网络网元要负责汇聚和处理一个很大区域内（可能包含多个接入网）的用户数据，这样对核心网就提出了更为严格的要求。

传统的核心网解决方案依附于已有的硬件设计，因此单靠扩充现有的网络并不是最优的。例如，一个新的电表用户可能意味着需要在非常短的期限内增加数以万计的新的终端设备，这可能会轻易地超出现有的核心网元的扩展极限。云计算和虚拟化技术以及多种灵活的实现技术为这一挑战提供了答案，能够轻易地满足对扩展性的需求。一个现代化的增强分组核心网络建立在虚拟化（Cloud）技术基础之上，这样一个虚拟化的增强型核心网络应能灵活地适应现有的和新兴的 M2M 应用面临的越来越多的差异化需求，同时能有效控制成本来满足远远超过了人类数量的终端设备。

13.5.3　M2M 网络技术

结合 5G 的场景，简单地介绍了一些潜在的 M2M 网络技术来应对未来 M2M 面临的挑战。

13.5.3.1　超低时延

M2M 时延要求取决于业务或应用的需求而不依赖于人类的感知，如金融交易、监控、智能电网、远程控制车辆或高频率的交易需要个位数毫秒的时延。汽车应用，非常类似于手机或平板电脑，将日益成为开发新技术的平台。一个典型的例子是谷歌根据 Android 用户提供的信息在谷歌地图中增加了交通层，以告知用户堵车等道路的问题。许多公司已经宣布成立联盟来加快汽车行业的创新，一些创新不仅对可靠性有需求，而且对连接到网络的时延有很高的要求，特别是当需要对路面或交通状况信息做出快速反应时。运营商需要能够保证基于 M2M 应用的实时数据传输，否则，基本的业务流程将无法正常工作或者汽车正常行驶会面临潜在危险。未来的 D2D 或机器间通信应能根据不同需求提供近距离的方案，同时存储在云内的业务或者内容可以仍然经由宽带网络传送。对于时间敏感的业务，在较近距离情况下时延可以提高到 20 ms 以下，同时在相距数百米或数千米时仍然能够保证信息的正常交互。另外，网络应能支持设备间的直接通信以实现即时响应。

除此之外，应用感知的无线网络应能够确保包括端到端的时延在内的服务质量。应用感知的无线网络应能使用一定的策略和执行规则来监测应用层的业务流量。核心网和接入网应能互相配合，核心网的信息与接入网提供的小区负载和无线链路状态应能互相结合来监测应用数据并应用和执行策略。目前，无线接入网在为运营商提供业务实时智能的控制时是一个缺失的环节。无线接入网的参与能打破以前通过区分传输来实现应用优先级排序的所有操作限制。运营商可以创建 M2M 应用特定的数据分组并可以根据不同的优先级来为不同的服务承载制定收费定价。

13.5.3.2　有效的信令和业务管理

网络需要同时处理数百万级的设备，例如汽车应用能产生 20%的额外信令开销。这些数目巨大的设备对如何提供更有效的信道机制提出新的要求，其中通过降低反馈信令能为大数目的设备提供更有效的服务。Liquid 软件的应用可以通过进一步减少信令负荷，支持更多的交易数量来满足日益增长的 M2M 需求。

信令和事务管理的一个关键组成部分是如何能智能地管理用户资源（Smart Data Management，SDM），一个有效的 SDM 可以为提高上行链路容量、优先排序传输数据以及有效处理小分组提供更多的帮助。另外，SDM 应能支持不同的 M2M 通信模式（如减少不需要永久连接设备的信令负载，如计量装置），从而优先确保需要永久连接并对时间要求严格通信的传输，如车队管理。同时核心网也必须提高处理能力，以应对更多的用户和提供更多的承载能力。

13.5.3.3 有效的用户和数据管理

每个终端为运营商带来的平均收入不高，运营商必须优化花费在每个设备上的运营成本。因此如何最省钱地管理这些终端用户是很重要的。SDM 解决方案应能快速灵活地重用用户信息，同时一些 M2M 专署的功能，比如将相似的 M2M 设备分组处理也可以提供有效的操作和管理。

13.5.3.4 按需灵活扩展

目前 M2M 的需求和业务增长是不可预知的，因此运营商需要能提供灵活的、高度可扩展的解决方案来实现灵活的投资和部署。传统上，新业务的引进需要诸如硬件的实现，软件的安装和调试等复杂的操作。基于云的 M2M 业务部署可能简化或者优化这个过程，同时可以缩短测试时间，使服务参数便于重新调整。新兴的云网络可以快速、无差错地提供新的网络功能，并能通过使用现成的模板定义需要的特定网络功能的虚拟资源来实现按需的网络扩充。另外 SDM 解决方案也需要能灵活缩放前端应用和后端数据库，以满足更广泛的可扩展性的需求。

13.5.3.5 超多设备的智能连接

运营商希望利用 M2M 网络中创建的大量业务数据来不断改善网络，满足服务水平或具体地分析应用程序。但是前提是必须能够收集处理并能即时分析这些交易数据。当前的大数据解决方案不是为 M2M 网络设计的，不能满足电信网络的性能和实时需求。因此，创建一个新型系统很有必要，及时了解网络状态，实时监测网络、用户和业务数据，并能提供相应的处理反馈。同样的，先进的 SDM 解决方案可以克服用户身份标识符的不足，提高应变能力，以保护因各种连接设备的网络引起的故障。

13.5.4 M2M 网络关注的领域

根据第 13.5.3 节的讨论，针对 M2M 业务的特殊需求，5G 网络架构的设计需要考虑一些非常重要的因素，比如，网络应有能力支持几乎无限可扩展的大量的终端、会话和对象。M2M 客户可以按需灵活增加处理容量，例如新增百万的仪表并不意

味着需要部署更多的核心网元。这就对以下特定的领域提出了更高的要求:

- 先进的用户数据存储管理;
- 高效的 SIM 处理(可能促成一个新型的用户信息管理产业系统)。

13.5.4.1　改进的用户数据存储管理

用户数据存储管理元件被用来管理终端设备的身份认证和维持网络的特性,它们通常还能清晰地反映 M2M 业务的商业部署。最初 M2M 签约用户信息通常和其他网络用户一起存储到同一个数据存储单元,但是对面向 M2M 的环境,针对 M2M 的个性配置是可行的,几个替代部署方案是:

- 为所有用户提供统一的数据存储单元,包括普通手机终端和机器类型设备终端;
- 专用的 M2M 数据信息库,并使用特有的数据模型、模板等,以更好地满足特定的可扩展性和性能需求;
- 虚拟运营商管理自己的用户资料库为 M2M 提供服务;
- 有能力支持跨国的业务类型以及漫游。

这些解决方案取决于具体的商业运营,同时不同方案的实现需要不同数据存储库的架构和技术的支持。

同样,核心网内的数据信息库也应针对 M2M 用户进行优化。其中,可扩展性是非常重要的方面,必须有能力可以管理和优化特定数据存储目录系统架构,以应对日益增加的用户数目和相应扩张的数据库。这就需要有核心网提供更多的容量和能力来管理目录索引服务代理中的身份认证以及 DSA 的数量。

13.5.4.2　eSIM

M2M 网络目前面临一些问题,比如较低的平均设备收入,以及在设备有效期内不能更换 UICC(SIM 卡)等,因此 M2M 领域提出了一些主要需求,包括需要能提供和普通移动终端用户同等安全级别的用户管理,使那些无人值守的 M2M 用户避免受到攻击。虽然目前的 UICC 和部署管理能提供一点的安全保护,但针对已成为日益增长的 M2M 业务还远远不够,因此引入一种更简化和灵活的部署管理方案是迫在眉睫的。

要想更好地服务于 M2M 领域,就必须对以下领域做出重要的改进:

- 从用户鉴权转化成设备鉴权,意味着鉴权过程需要做出相应修改;

- 不可拆卸的 UICC 将成为 M2M 通信的默认配置；
- 设备通常无人值守，这对用户认证和通信的安全性提出更高的要求；
- 大幅降低的设备平均收益给用户管理带来巨大压力，因此有必要引入自动化的操作过程。

GSMA 嵌入式 SIM[9]一直致力于开发和推动一个全球通用、适用于 M2M 技术的远程用户数据备份（管理）架构。这个项目得到了几个最大移动网络服务提供商以及全球最大 SIM 卡供应商的大力支持。eUICC 被初始化一系列的证书，这些证书不能删除或者重新写入。在终端的有效使用过程中，这些证书被相应地存储在一个被称作用户管理（Subscription Manager，SM）单元的新实体内。SM 的主要功能是通过这些证书生成 MNO 特制的 Profile（用户管理单元数据准备（Subscription Manager Data Preparation，SM-DP））并为这些终端配置提供安全保护（Subscription Manager Secure Routing，SM-SR）。

eSIM 的制定是为了实现运营商策略的"over the Air"的实施和管理，同时旨在驱动规模经济，也意在加速 M2M 的市场化并通过降低成本和提高灵活性和效率来为运营商和 M2M 用户提供更多的机会。eSIM 远程部署概览如图 13-10 所示。

应当注意的是，嵌入式 SIM 不是软或虚拟 SIM 卡。嵌入式 SIM 卡将现有的基于硬件的 UICC 嵌入终端设备并进一步在"over the Air"的机制中发展了已有的凭证分配机制：

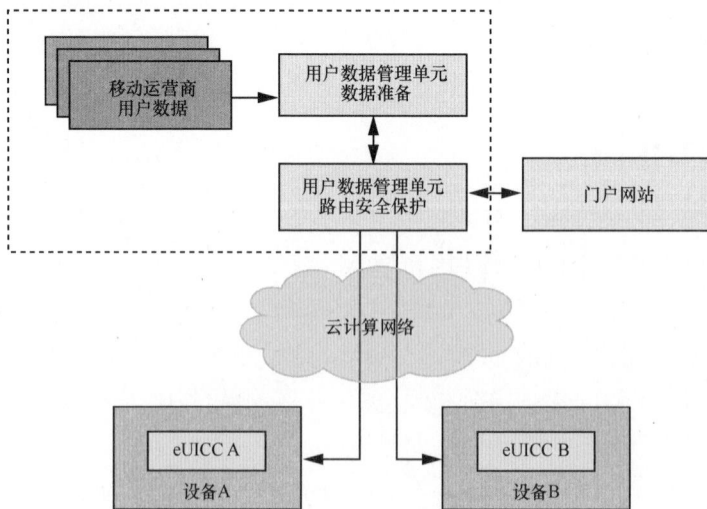

图 13-10　eSIM 远程部署概览[19]

- SIM 的嵌入方式可以采用新的 M2M 特有的封装格式（MFF1 或 MFF2）或使用现有的可移出的 SIM 卡封装格式，比如微型 SIM 或小型 SIM；
- 通过使用可移出的 SIM 的工序流程。嵌入式 SIM 卡可以在市场上高速地部署，并能按 ETSI 标准提供相应的安全功能。

软 SIM 或虚拟 SIM 是一种完全不同的概念，它不使用现有的 SIM 封装格式，eSIM 的基本架构如图 13-11 所示。而且提出了一些更严格的安全问题：

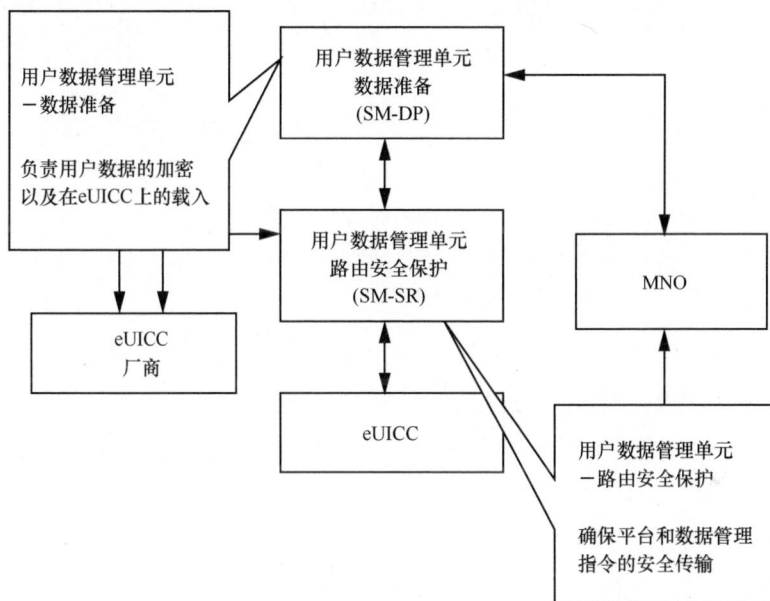

图 13-11　eSIM 的基本架构

- 软 SIM 将运营商私有的证书存储在移动设备的操作系统中。这种操作系统常常被攻击，以至于手机的 IMEI 被修改，SIM 卡被恶意锁定或者手机的操作系统被破解；
- 运营商非常关注由于使用软 SIM 带来的证书安全性降低的问题。任何不基于认证的安全硬件单元的 SIM 方案有可能受到黑客群体的持续攻击，如果不采取措施将会导致客户丧失对操作系统安全性的信心；
- 在不同的物理平台上，无论是在资源方面还是在非标准化的虚拟环境中提供安全功能，安全认证和鉴定将为持有证书的多个软 SIM 平台带来难以管理的开销。

| 13.6 小结 |

物联网的应用领域广泛，涉及人类生活的各个方面，不知不觉中正改变着人们的生活。为物联网设备提供无处不在的无线连接是 5G 网络的重要应用。首先分析了机器型通信发展现状及市场前景，M2M 业务的兴起和普及将对未来移动通信网络业务的增长起到积极的推动作用，到 2020 年移动通信网络中 M2M 终端的数量将达到 2 亿个。

M2M 对定义 5G 需求起着着举足轻重的作用，5G 海量机器型通信需要满足以下技术需求：支持多元化的应用需求，支持海量终端接入，支持低成本、低功耗和广阔的网络覆盖。同时，海量机器型通信对传统网络架构也提出了挑战，包括如何进一步优化和改进终端的拥塞控制和过载控制、终端触发、终端分组、MTC 终端监控和计费等。

本章对 5G 海量机器型通信中无线接入网的潜在关键技术和网络解决方案进行了介绍。在无线接入网方面，MTC 终端和接入节点/基站的无线连接方式包含 3 种方式：直接连接、通过汇聚节点连接、MTC 终端到 MTC 终端之间的直接通信。根据不同的应用场景，MTC 终端组网时可以根据情况选用适当的连接方式，也可以混合采用上述的 3 种接入方式。为了增加 MTC 终端数量，实现高效传输，同时支持协作机制和非协作机制的接入和传输是一个趋势。让处于休眠模式的 MTC 终端自动关闭无线收发器，减少无效的发送和接收，可以极大地节省功耗。降低 MTC 终端成本的思路是根据物联网传输要求，适当减少 MTC 传输模块的复杂度，从而降低成本。在网络技术方面，大量的 M2M 典型短连接应得到尽可能高效的管理，例如通过端到端的优化技术来确保重要数据得到优先处理等，其中电信云技术可以为这种按需求付费的 M2M 服务模式提供帮助。

| 参考文献 |

[1] Cisco visual networking index: global mobile data traffic forecast update: 2013-2018 [R]. 2014.

[2] ABI Research. Global M2M modules report: advancing LTE migration heralds massive

change in global M2M modules market[R]. 2013.

[3]　3GPP. Study on provision of low-cost machine-type communications (MTC) user equipments (UEs) based on LTE: TS 36.888[S]. 2013.

[4]　THOMSEN H, PRATAS N K, STEFANOVIC C, et al. Analysis of the LTE access reservation protocol for real-time traffic[J]. IEEE Communication Letters, 2013, 17(8): 1616-1619.

[5]　LIVA G. Graph-based analysis and optimization of contention resolution diversity slotted ALOHA[J]. IEEE Transactions on Communications, 2011, 59(2): 477-487.

[6]　ETSI. Machine-to-machine communications (M2M): TS 102 921[S]. 2014.

[7]　3GPP. System improvement for machine-type communications: TS 23.888[S]. 2014.

[8]　3GPP. Service requirements for machine-type communications (MTC): TS 22.368[S]. 2014.

[9]　GSM Association (GSMA). Embedded SIM remote provisioning system[S]. 2016.

第 14 章
5G 标准概览

　　在产业链的共同努力下，3GPP 在 2018 年 6 月实现了 R15 5G SA 的功能冻结，标志着 5G 的产业化发展进入全面冲刺阶段；同时，3GPP 也启动了 R16 的相关研究和标准化工作，旨在全面满足 ITU-R 对 5G 的各场景需求，完善 5G 的系统整体性能，同时进一步开发新的 5G 功能。本章首先简要介绍 5G R15 标准的系统体系和变化，然后介绍 5G R16 的主要研究内容。

考虑到不同市场的 4G 网络发展情况不同以及不同运营商对 5G 发展规划的节奏不同，在 3GPP 5G 研究之时，不同的设备商和运营商对 5G 的定义提出了不同的理解，为了避免整个标准的分裂，3GPP 就 5G 的定义达成一个广泛的共识，那就是 5G 包含了演进的空口和新空口，其中 5G 的演进空口仅需满足 ITU-R 关于 5G 的部分场景的需求，而 5G 新空口将满足 ITU-R 定义的 5G 所有场景的最小需求。其中，5G 的演进空口将由 LTE 演进，包括 LTE、eMTC 和 NB-IoT 的演进；而 5G 的新空口则完全定义一个不考虑后向兼容的全新空口，同时定义一个全新的下一代核心网（Next Generation Core Network，NGC），希望通过 IT 技术和 CT 技术的融合，实现未来核心网的虚拟化和软件可定义，从而实现类似 IT 网络的快速部署和迭代以及业务和功能的快速部署、容量的弹性伸缩和扩容等。另外，对于一些考虑 5G 快速部署的运营商，他们希望在现有的 4G 网络之上，通过引入 5G 的新空口而实现 5G 的快速部署，从而定义了 5G 新的部署方式。

本章首先介绍 5G 网络的两种部署方式 SA 和 NSA，然后介绍 5G 的整体协议架构，介绍 5G 新空口相对于 4G 空口的变化和差异，最后介绍 5G 下一个版本的可能增强和优化功能。

| 14.1　5G R15 概览 |

3GPP 在规划 5G 标准的时候，结合 ITU-R 定义的 5G 标准周期以及 5G 整体的最小技术需求，将整个满足 ITU-R 5G 需求的 5G 标准分成了两个版本，R15 主要针对 eMBB 和部分 uRLLC 场景进行标准的制定，满足初期 5G 部署的需求，而 R16 则通过对 uRLLC 的增强和完善以及 mMTC 场景需求的满足，实现 3GPP 5G 技术对整个 ITU-R 5G 需求的满足。本节对 5G R15 标准进行介绍和总结。

14.1.1　5G 部署方式

对于一些考虑 5G 快速部署的运营商，他们希望在现有的 4G 网络之上，通过引入 5G 的新空口而实现 5G 的快速部署；为充分利用 4G 网络的覆盖以减少 4G 和 5G 之间的切换和互操作，而将 5G 终端驻留在 4G 网络，整个 5G 终端的初始接入和业务发起、移动性管理等控制面则完全由 4G 网络来负责，5G 只是在有覆盖的时候提供一个额外的高速数据管道。这种 5G 网络部署方式被称为非独立组网（None-Standalone，NSA）。另外，传统的移动通信网络部署方式，称为独立组网（Standalone，SA），它同时引入一张全新的网络，和已有的网络之间通过接口实现互操作和切换，终端的整个控制面和用户面都是由 5G 网络来提供的。

由于对 5G 新核心网的理解和部署节奏以及 5G 与 4G 之间的互联互通的考虑不同，全球运营商在整个 NGMN 和 3GPP 的网络架构的讨论中，分别提出了 7 种不同的网络架构选择[1]。其中最主要的几种结构选项如下所示。

在选项 2（如图 14-1 所示）中，gNB 直接连接到 NGC，这种方式也是典型的 5G 部署方式之一，部署一张全新的 5G 网络，包括 5G NR 基站和新核心网 NGC，与 4G 核心网之间通过 N26 接口进行互联互通。

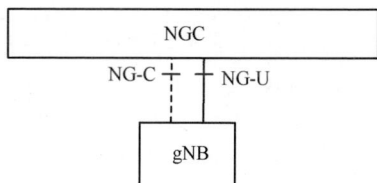

图 14-1　选项 2

此外，一些急于部署 5G 网络的运营商，提出了一种在现有的 4G 网络之上只引入 5G 新空口的部署架构（选项 3 和 3A，如图 14-2 所示）。对于选项 3，5G 基站直接连到 4G 基站，5G 基站的数据直接从 4G 基站分流。而对于选项 3A，5G 基站的控制面经过 4G 基站，而数据则直接从核心网分流。这种架构的好处是控制面承载在现有的 4G 网络，可以有很好的覆盖保证，使得终端可以避免频繁的切换，当 5G 网络有覆盖的时候，网络通过双连接把 4G 基站和 5G 基站的能力聚合在一起并为终端服务。

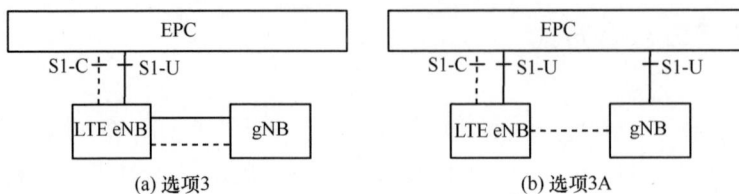

图 14-2　选项 3 和选项 3A

而选项 4 和选项 4A（如图 14-3 所示）则是另一个极端的例子，5G 部署一张全新的网络，包括 5G 基站和新核心网（NGC），4G 基站经过功能演进，通过 5G 基站接入 5G 新核心网（选项 4）；或者 4G 演进基站的控制面通过 5G 基站接入新核心网，而数据直接从 5G 核心网分流（选项 4A）。

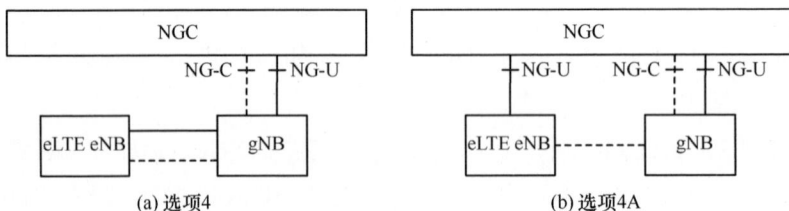

图 14-3　选项 4 和选项 4A

另外有一些对 5G 核心网新功能非常偏好的运营商，提出了将演进的 4G 基站直接接入 5G 新核心网的选项 5（如图 14-4 所示），希望使得 4G 无线网可以直接享受到 5G 新核心网的优势。

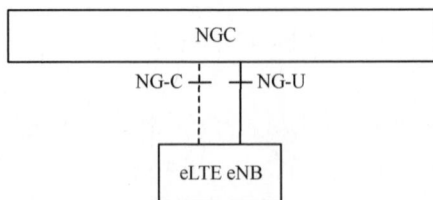

图 14-4　选项 5

一些对 5G 频率覆盖能力有较大顾虑的运营商提出了选项 7 和选项 7A（如图 14-5 所示）的网络架构，引入新的 5G 核心网，演进的 4G 基站接入新核心网，而 5G 基站通过 4G 基站接入 5G 核心网（选项 7），或者 5G 基站的控制面通过 4G 基站接入 5G 新核心网，而数据则直接接入 5G 新核心网（选项 7A）。

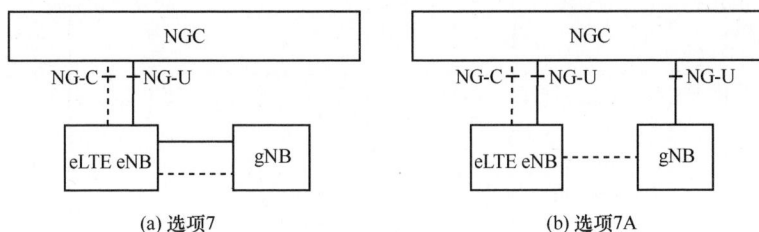

(a) 选项7　　　　　　　　　　　　　　　(b) 选项7A

图 14-5　选项 7 和选项 7A

14.1.2　5G 端到端网络架构与协议

对于 SA 部署，5G 网络由 5G 接入网和 NGC 共同组成。5G 接入网是一个满足多场景的以用户为中心的多层异构网络。宏基站和微基站相结合，统一容纳空口多种接入技术，提升小区边缘协同处理效率，提高无线和回传资源利用率。5G 无线接入网由孤立地接入"盲"管道转向支持多接入和多连接、分布式和集中式、自回传和自组织的复杂网络拓扑，并且具备无线资源智能化管控和共享能力，支持基站的即插即用。

5G 核心网需要支持低时延、大容量和高速率的各种业务，能够更高效地实现对差异化业务需求的按需编排功能。核心网转发平面进一步简化下沉，同时将业务存储和计算能力从网络中心下移到网络边缘，以支持高流量和低时延的业务要求以及灵活均衡的流量负载调度功能，5G 整体网络架构如图 14-6 所示。

NG-RAN 节点可能是一个 gNB，也可能是一个 ng-eNB，其中 gNB 使用 NR 的用户面和控制面协议栈，而 ng-eNB 使用 E-UTRA 的用户面和控制面协议栈。

gNB 和 gNB、ng-eNB 和 ng-eNB、gNB 和 ng-eNB 之间通过 Xn 接口互联。gNB 和 ng-eNB 通过 NG 接口连接到 5G 核心网，其中控制面通过 NG-C 接口连接到 AMF（Access and Mobility Management Function，接入和移动性管理功能），用户面通过 NG-U 接口连接到 UPF（User Plane Function，用户面功能）。

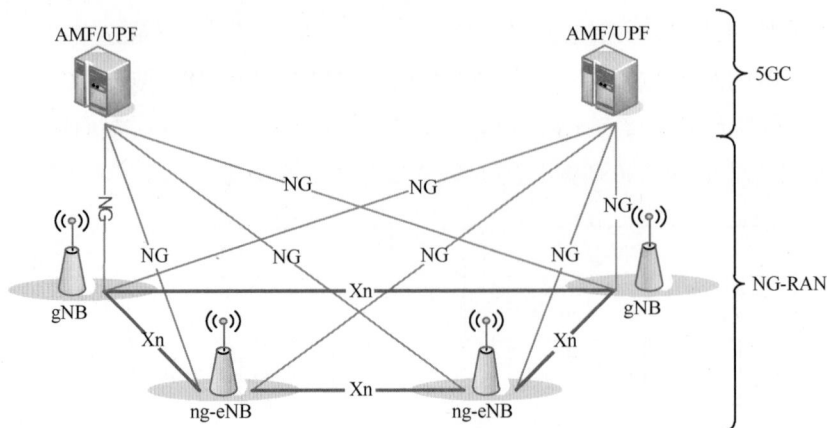

图 14-6　5G 整体网络架构

　　为了支持 5G 网络灵活部署和业务快速引入，同时进一步提升非连续组网场景下用户移动性，5G 网络提出了 CU（Centralized Unit，集中式单元）/DU（Distributed Unit，分布式单元）分离架构。该架构将无线网络功能划分为 CU 和 DU 两部分，其中 CU 包含 RRC/PDCP/RLC 协议栈，负责无线网络空口信令和业务数据的加解密、头压缩与路由等空口实时性处理要求低的功能，DU 包含 RLC/MAC/PHY 协议栈，负责业务数据的调度和空口无线传输等空口实时性处理要求高的功能。CU-DU 分离网络架构如图 14-7 所示。

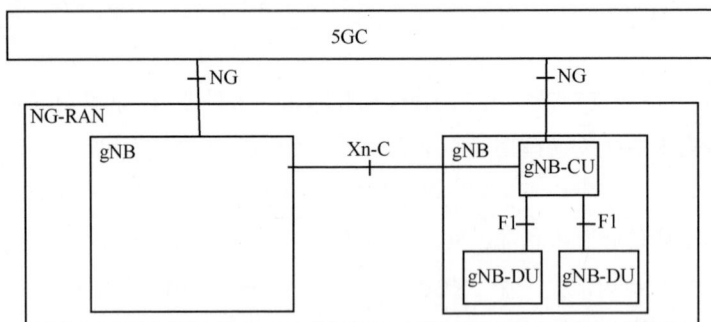

图 14-7　CU-DU 分离网络架构

　　一个 gNB 包含一个 CU 和多个 DU，CU 和 DU 之间通过 F1 逻辑接口连接。一个 DU 只连接到一个 CU 上。

　　CU 设备通常采用通用平台实现，处理非实时的无线高层协议栈功能，DU 设备处理物理层等实时性需求较高的功能，原 4G 接入网中 BBU 的部分物理层功能与 RRU 功能合并为 RU。相比于 4G 扁平化架构，5G 引入 CU-DU 分离架构，一方面作为高层协议栈锚点有利于实现多连接、高低频协作以及切换性能优化；另一方面便于未来网络平台开放，更好地支持移动边缘计算（MEC）以及自组织网（SON）等功能的部署。

具体的 CU-DU 的功能划分有 8 种选项[2]，如图 14-8 所示。

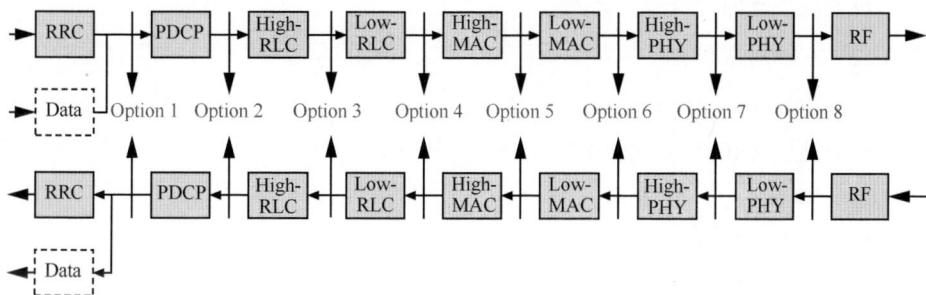

图 14-8　CU 和 DU 的功能划分选择

5G 网络功能划分如图 14-9 所示，图 14-9 中指出了每个网络节点包含的主要功能。

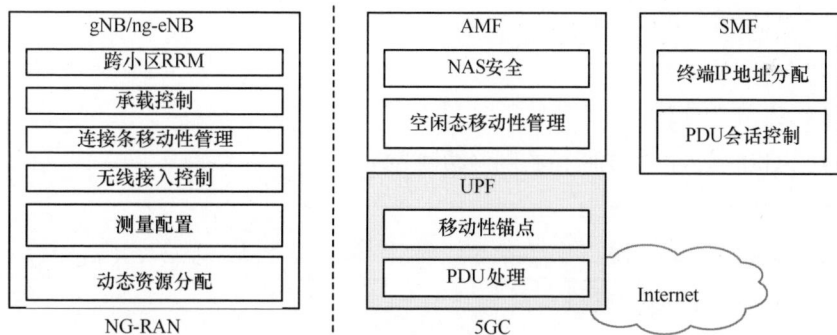

图 14-9　接入网与核心网节点功能划分

其中接入网节点 gNB 和 ng-eNB 主要包含的功能如下：

（1）无线资源管理，包括无线承载控制、接入控制、移动性管理、动态资源分配等；

（2）用户数据的 IP 地址头压缩、加密及完整性保护；

（3）AMF 选择；

（4）用户面数据路由到 UPF；

（5）控制面信息路由到 AMF；

（6）连接建立及释放；

（7）调度及传输寻呼消息；

（8）调度及传输广播信息；

（9）测量配置；

（10）上行传输层数据分组标识；

（11）会话管理；

（12）支持网络切片；

（13）QoS 流管理及映射；

（14）支持 RRC_INACTIVE 态终端；

（15）NAS 消息分发功能；

（16）接入网共享；

（17）双连接；

（18）NR 与 E-UTRA 的互操作。

而核心网功能主要分配在 3 个节点中，包括 AMF、UPF 与 SMF。其中 AMF主要功能包括：

（1）NAS 信令处理；

（2）NAS 安全；

（3）AS 安全控制；

（4）3GPP 接入网间的跨核心网移动性管理；

（5）空闲模式终端控制；

（6）注册区管理；

（7）系统内与系统间切换；

（8）接入鉴权；

（9）接入授权；

（10）移动性管理控制；

（11）支持网络切片；

（12）SMF 选择。

UPF 主要功能包括：

（1）RAT 内和 RAT 间移动性锚点；

（2）与数据网络相连的外部 PDU 会话节点；

（3）分组路由与分发；

（4）分组检测与用户面策略实施；

（5）业务应用上报；

（6）业务流到数据网络路由的上行分类器；

（7）支持多宿主 PDU 会话的分支点；

（8）用户面 QoS 处理；

（9）上行业务验证（SDF 到 QoS 流映射）；

（10）下行分组缓存与下行数据通知触发。

SMF 主要功能包括：

（1）会话管理；

（2）终端 IP 地址分配与管理；

（3）用户面功能选择与控制；

（4）业务转向配置；

（5）策略实施与 QoS 的控制部分；

（6）下行数据通知。

14.1.3　5G 新空口的主要特征

为了满足 ITU 提出的 5G 能力指标需求（参见第 2 章），顺应移动互联网和垂直行业的发展潮流，5G 新空口系统需要在技术框架上进行全面、系统的设计。

14.1.3.1　更高的技术指标

技术需求导致的技术框架变化主要体现在以下几个方面。

（1）高速率

与 LTE 系统相比，5G 需要极大地提高系统速率，达到下行 20 Gbit/s、上行 10 Gbit/s 的峰值速率。为此，5G 系统需要通过大规模天线、更多流数据传输以及支持更大带宽来满足这一需求。

（2）大带宽

LTE 系统仅支持 20 MHz 系统带宽，在需要满足更高数据率和系统容量的场景下，需通过载波聚合技术才能实现更大带宽。5G NR 标准在设计之初就考虑了更大带宽的需求，在 6 GHz 以下频段，数据信道最大可支持 100 MHz 单载波带宽。为此，5G NR

引入灵活的系统参数设置以支持大带宽操作，例如在 6 GHz 以下频段，5G NR 可支持 15 kHz、30 kHz 和 60 kHz 的子载波间隔，网络侧和终端侧带宽可以不对等，即基站配置大带宽但是终端配置小带宽，网络侧可根据需求灵活配置终端工作在小带宽模式。

（3）更大的频率适用范围

5G 对移动通信的可用频率提出了更高的需求，这就要求 5G 系统除支持现有的可用移动通信频率之外，还必须能够灵活地支持新的可用频率。为此，5G NR 引入灵活的系统参数设置以支持灵活的可用频率范围。例如在 6 GHz 以下频段，5G NR 可支持 15 kHz、30 kHz 和 60 kHz 的子载波间隔，可以支持 5G 的 400 MHz～6 GHz 的可用频率的使用；而在 6GHz 以上频段，则可以支持 120 kHz、240 kHz 等子载波间隔，从而可以支持 26～28 GHz、39 GHz，甚至 60 GHz 的频率范围。目前，3GPP 也已经开始研究对 60 GHz 以上频段的支持。

（4）低时延

与 LTE 相比，5G NR 提出了更低的时延需求，3GPP 定义 5G NR 控制面时延降至 10 ms；用户面时延（单向空口时延）更是降至 0.5 ms，以满足 uRLLC 等低时延、高可靠场景的业务需求。针对用户面，5G 在帧结构设计上，除了通过更大的子载波间隔降低时隙和 OFDM 符号长度，还支持时域上符号级的数据调度，并通过半静态和动态指示两级设计，引入更多上下行转换点，降低用户面时延；在调度流程方面，5G NR 设计了上行免调度的传输方式，灵活可配置的传输可进一步降低用户面时延。针对控制面，在空闲态和连接态的基础上引入第三种非激活（Inactive）状态，非激活态是位于空闲态和连接态之间的一种中间状态，既节省了终端功耗又能快速进行控制面状态的转换。此外，还可以通过移动边缘计算（MEC）方法，实现本地业务分流、本地内容缓存，可以进一步降低业务端到端时延。

（5）高频谱效率

5G NR 频谱效率要求为下行峰值谱效 30 bit/(s·Hz)、上行 15 bit/(s·Hz)。为此，5G NR 需要采用更大规模天线、新波形、新编码、降低开销等多种技术手段，提高系统频谱效率。在大规模天线方面，5G 可支持 32 端口 CSI-RS 参考信号设计，支持最大 12 流正交多用户传输等，提高多用户复用能力和平均频谱效率；在波形方面，可降低子载波间干扰，将 NR 系统的带宽利用率提高到 90% 以上，甚至达到 98%；在编码方面，数据信道采用 LDPC 编码、控制信道采用 Polar 编码，有效提升编译码性能；在降低开销方面，5G NR 不再支持全带宽、每子帧周期发送 CRS，转而支持参考信号的按需传输，减少了干扰和开销，进一步提升频谱效率。

（6）高可靠性

面向 5G uRLLC 场景（如车联网应用），对高可靠性的需求日渐增大。为实现高可靠传输，5G NR 支持对数据的多次重复传输和灵活资源分配，以保证 uRLLC 业务的可靠性；此外，通过支持基站向 eMBB 用户下发信令告知 eMBB 用户哪些资源被 uRLLC 抢占，以保证 eMBB 数据传输的可靠性。

（7）高移动性

5G 系统对移动性的支持大幅提升至 500 km/h，由此带来多普勒频偏增大、信道时变快、抖动大、小区快速切换等挑战。5G 在空口物理层设计方面，可通过更大的子载波间隔、更高时域密度的参考信号、扩展循环前缀等技术手段应对高铁等特殊场景的挑战。

14.1.3.2　更高效的协议流程

5G 的高层协议流程以 LTE 为基础，但在以下几个方面有较大改进。

（1）系统消息

引入了按需发送系统消息的方式，最必需的系统信息总是周期广播，而对于其他不是所有终端都必需的系统信息，网络可能只在终端有请求的时候才发送。此外，从终端接收角度提出了基于地理区域的系统信息接收方式，某个系统信息在一个特定区域内广播的内容相同，终端在该特定区域内移动或者再次进入该区域时，如果相应的系统信息对应的 valueTag 未发生改变，那么终端可以认为之前存储的系统信息依然有效，无需再读取该系统信息。

（2）随机接入

由于波束管理技术的引入，随机接入资源如随机接入前导码和随机接入时频资源可以与不同的波束相绑定，以便基站选择下行波束发送后续 Msg2 和 Msg4。此外，由于引入补充上行发送载波（Supplemental Uplink，SUL），终端可根据对 5G 下行载波的测量结果，在两个上行发送载波中选择其中一个做随机接入，基站在回复随机接入响应时也需要考虑对两组终端进行分别回应。

（3）移动性管理

引入了波束相关的增强机制，在测量配置、小区质量计算、测量上报、切换请求、切换命令等消息中都增加了波束相关的内容。

（4）终端状态转换

由于 LTE 状态转换时延较长，无法满足 5G 的 10 ms 控制面时延需求，5G 提出一种新的终端状态——去激活态。终端处于去激活态时断开无线侧连接，但保持核心网连接，从而保证终端节电同时实现低时延、低信令开销的快速状态转换。由于去激活态的引入，终端下行数据发送到基站，通过基站触发寻呼机制，在无线接入（Radio Access Network，RAN）侧寻呼区寻呼终端。

（5）双连接

5G 支持与 LTE 之间的不同制式间的双连接，且新增了不同的信令面、用户面承载，这既能有效利用已有 4G 网络的广覆盖，提高信令的可靠性；同时可以有效利用 5G 网络的高速率、低时延等特点，满足 5G 不同的技术场景下的特定需求。

（6）业务 QoS 保障

与 LTE 基于业务数据流（Service Data Flow，SDF）的 QoS（Quality of Service）管理不同，5G 提供基于 QoS 流（QoS Flow）的 QoS 管理机制，包含两层映射机制。非接入层（Non-Access Stratum，NAS）负责 SDF 到 QoS 流的映射，接入层（Access Stratum，AS）负责 QoS 流到 DRB 的映射，两层映射相互独立。NG-RAN 可以根据 5GC 的 NAS 层所提供的 QoS profile 灵活地决定对于 QoS 流的空口处理方式。

14.1.3.3　4G 现网问题的优化

从 4G LTE 系统的发展历程可以看出，TDD 和 FDD 的帧结构融合，为 LTE 一统全球产业链奠定了坚实的基础。但是从 LTE 的商用部署经验来看，依然暴露出一些问题和局限性，4G 的运营经验为全新的 5G 系统设计提供了重要借鉴，使得 5G 系统设计更加贴近未来应用需求，标准协议的制定更加全面和完善。

（1）更灵活的资源利用

LTE TDD 系统有 7 种上下行时隙配置，且每种上下行时隙对应的特殊子帧配置方式也比较受限。在现网部署中，针对 LTE TDD 远端基站的干扰问题，仅能通过特殊子帧配置调整保护间隔 GP 的长度，且 GP 可调整的范围也有限，无法灵活有效地解决远端基站干扰问题。此外，LTE 仅能通过 MBSFN 子帧配置实现部分资源的预留，无法针对前向兼容灵活预留更多资源。

5G 的帧结构设计必须着眼于满足未来不同应用场景和业务需求，面向多场景支持灵活的系统参数以及帧结构配置，具有灵活的前向兼容资源配置能力，以克服上述 LTE 系统帧结构的不足。

（2）更低的网络干扰

LTE 系统中的小区公共参考信号（CRS）是始终在每个子帧发送（Always-on）的并且占用全带宽，相邻小区之间的 CRS 参考信号资源位置根据小区 ID 号进行模 6 频率偏移。因此，在 LTE 全网连续覆盖的场景下，由于 CRS 参考信号的发送会导致小区间的干扰，尤其是对小区边缘用户的干扰较为严重。同时，CRS 参考信号占用了 LTE 系统将近 14%的开销，可能造成传输资源的浪费。

因此，在 5G NR 系统中取消了 CRS 的传输，将 CRS 的功能用 CSI-RS、DMRS、TRS 等带宽和时间可灵活配置的参考信号代替，规避了参考信号 Always-on 的传输机制，实现参考信号的按需传输，可有效降低小区间干扰，提升频谱效率。

（3）更好的业务信道和控制信道的覆盖匹配

我国的 TD-LTE 建设飞速发展，截止到 2018 年第三季度，中国移动 TD-LTE 基站数已经达到 206 万个。4G 网络已有部署站点已达相当规模，且新增站址难度增大，而 5G 商用部署初期主力频段为中频段（如 2.6 GHz、3.5 GHz、4.9 GHz 等），普遍比 LTE 所使用的频段高，信号的传播损耗和穿透损耗也更加严重，为了保证 5G 商用部署在尽可能利用现有 4G 站址的情况下达到与 4G 网络基本相同的覆盖能力，针对 5G 系统控制信道和业务信道的覆盖增强技术是 5G 系统设计的重要因素。

在 5G NR 的设计中，从以下几个方面对系统的覆盖进行了增强。

（1）广播信道和公共控制信道的波束扫描

5G NR 在大规模天线系统的设计方面，针对广播信道和公共控制信道传输引入了波束扫描机制，利用波束成形增益对抗频段升高带来的传播损耗，从而弥补 LTE 中仅有用户专属业务信道可以获取波束成形增益导致的控制和业务信道覆盖不匹配的问题。

（2）更高聚合等级的控制信道

与 LTE 相比，5G NR 在公共控制信道搜索空间的配置上提供更高聚合等级的选项（如 16CCE 聚合等级），进一步保证公共控制信道覆盖范围。

（3）更长的随机接入信道和上行控制信道

为了增强上行覆盖，5G NR 在随机接入信道和上行控制信道设计上，支持多次重复的随机接入序列格式以及上行控制信道长格式，通过时间能量累积达到覆盖增强效果。

（4）网络功能部署更灵活

随着未来 AR/VR、高清视频、自动驾驶、智能工厂等新业务的孕育兴起，电信网络正在面临实时计算能力、超低时延、超大带宽等新的挑战，基于现有的 4G 网络结构已无法满足这些新业务的技术需求。5G 引入的移动边缘计算（MEC）是应对这些挑战的最为关键的技术之一，MEC 是一种基于移动通信网络的全新分布式计算方式，构建在 RAN 侧的云服务环境，通过使部分网络服务和网络功能脱离核心网络，实现节省成本、降低时延和往返时间（RTT）、优化流量、增强物理安全和缓存效率等目标。5G MEC 不仅是一项新的网络结构和部署方式，更重要的价值体现在支持电信网络的底层开放，从而推动移动通信网络、互联网和物联网的深度融合，是运营商转型诉求下的技术实践和商业实践手段。

14.1.3.4 5G 与 4G 空口的主要参数对比

在整个 3GPP 的标准制定中，5G 参数的设计和选择，基本以 4G 的设计为基础，为了满足新的需求或者解决 4G 标准中存在的问题，才引入必要的修改。所以 5G 对很多 4G 的成熟设计都予以了继承，而只引入了必要的修正和变化。5G 和 4G 的主要参数对比见表 14-1。

表 14-1　4G 和 5G 的空口特征主要差别

项目	4G	5G
波形	下行：OFDM， 上行：SC-FDMA	下行：OFDM， 上行：SC-FDMA 或者 OFDM
调制	下行：256QAM 上行：64QAM	上行/下行：256QAM 为基准 上行还有新的 pi/2 BIT/SK
信道编码	数据信道：Turbo 控制信道：咬尾卷积码	数据信道：LDPC 控制信道：Polar 码
参数	15 kHz 子载波间隔， 1 ms TTI	15/30/60/120 kHz， 更短 TTI，如对于 30 kHz，0.5 ms TTI
帧结构	固定	准静态和动态
载波带宽	1.4/5/10/15/20 MHz	1.4/5/10/15/20/40/50/80/100 MHz
参考信号	CRS	取消 CRS，基于 DMRS
DMRS 资源	固定	和 PDSCH 共享
PBCH/SS	广播波束（宽波束）	基于波束扫描的窄波束
PDCCH	基于 CRS 的特定权重	基于 UE 特定权重的 DMRS
PDCCH 资源	符号级	符号和频率级
ACK/NACK 时延	最小 $N+4$	最小 $N+0$
UE 最大功率	最大 23 dBm	最大 26 dBm
UE 能力	1Tx/2Rx 为基准 最大 20 MHz/载波	2Tx/4Rx 为基准 最大 100 MHz/载波（sub 6 GHz）

14.1.4　5G 新核心网的主要特征

为了支持多场景、多业务的灵活快捷上线以及网络功能的快速迭代和容量的弹性伸缩，5G 的核心网相对于 4G 核心网产生了较大的变化，主要体现在基于 SDN/NFV 的通用平台[4-5]、端到端的网络切片[6]和服务化的架构等[7]。本节将对核心网的变化进行深入阐述。

14.1.4.1　基于 SDN/NFV 的通用平台

5G 基础设施平台将更多地采用基于通用硬件架构的数据中心支持 5G 网络的高性能转发要求和电信级的管理要求，并以网络切片为实例，实现移动网络的定制化部署。

引入 SDN/NFV 技术，5G 硬件平台支持虚拟化资源的动态配置和高效调度，在广域网层面，NFV 编排器可实现跨数据中心的功能部署和资源调度，SDN 控制器负责不同层级数据中心之间的广域互连。城域网以下可部署单个数据中心，中心内部使用统一的 NFVI 基础设施层，实现软硬件解耦，利用 SDN 控制器实现数据中心内部的资源调度。

NFV/SDN 技术在接入网平台的应用是业界聚焦探索的重要方向。利用平台虚拟化技术，可以在同一基站平台上同时承载多个不同类型的无线接入方案，并能完成接入网逻辑实体的实时动态的功能迁移和资源伸缩。利用网络虚拟化技术，可以实现 RAN 内部各功能实体动态无缝连接，便于配置客户所需的接入网边缘业务模式。另外，针对 RAN 侧加速器资源配置和虚拟化平台间高速大带宽信息交互能力的特殊要求，虚拟化管理与编排技术需要进行相应的扩展。

SDN/NFV 技术融合将提升 5G 进一步组大网的能力：NFV 技术实现底层物理资源到虚拟化资源的映射，构造虚拟机（VM），加载网络逻辑功能（VNF）；虚拟化系统实现对虚拟化基础设施平台的统一管理和资源的动态配置；SDN 技术则实现虚拟机之间的逻辑连接，配置端到端的业务链，实现灵活组网。

SDN/NFV 平台架构如图 14-10 所示。

14.1.4.2　网络切片[6-7]

网络切片是网络功能虚拟化（NFV）应用于 5G 阶段的关键特征。一个网络切片将构成一个端到端的逻辑网络，按切片需求方的需求灵活地提供一种或多种网络服务。网络切片的架构主要包括切片管理和切片选择两项功能。

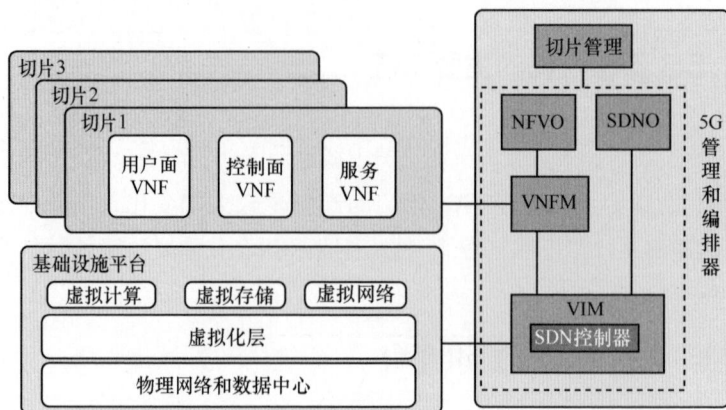

图 14-10 SDN/NFV 平台架构[7]

切片管理功能有机串联商务运营、虚拟化资源平台和网管系统，为不同的切片需求方（如垂直行业用户、虚拟运营商和企业级用户等）提供安全隔离、高度自控的专用逻辑网络。切片管理功能包含 3 个阶段。

（1）业务设计阶段

切片需求方利用切片管理功能提供的模板和编辑工具，设定切片的相关参数，包括网络拓扑、功能组件、交互协议、性能指标和硬件要求等。

（2）实例编排阶段

切片管理功能将切片描述文件发送给 **NFV MANO** 功能实现切片的实例化，并通过与切片之间的接口下发网元功能配置，发起连通性测试，最终完成切片向运行态的迁移。

（3）运行管理阶段

在运行态下，切片所有者可通过切片管理功能对己方切片进行实时监控和动态维护，主要包括资源的动态伸缩，切片功能的增加、删除和更新以及告警故障处理等。

切片选择功能实现用户终端和网络切片间的接入映射。切片选择功能综合业务签约和功能特性等多种因素，为用户终端提供合适的切片接入选择。用户终端可以分别接入不同的切片，也可以同时接入多个切片。用户同时接入多切片的场景形成两张切片架构变体。

（1）独立架构

不同切片在逻辑资源和逻辑功能上完全隔离，只在物理资源上共享，每个切片包含完整的控制面和用户面功能。

（2）共享架构

在多个切片间共享部分网络功能。一般而言，考虑到终端实现复杂度，可对移动性管理等终端粒度的控制面功能进行共享，而业务粒度的控制和转发功能则为各切片的独立功能，实现特定的服务。

网络切片功能架构如图 14-11 所示。

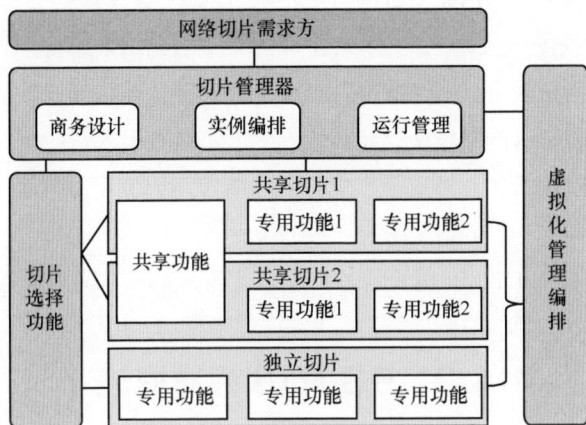

图 14-11　网络切片功能架构[7]

14.1.4.3　服务化架构（SBA）[7]

服务化架构（Service-Based Architecture，SBA）是 5G 网络的基础架构，是 5G 核心网区别于传统核心网的显著差异。SBA 的本质是按照"自包含、可重用、独立管理"三原则，将网络功能定义为若干个可被灵活调用的"服务"模块。基于此，运营商可以按照业务需求进行灵活定制组网。

SBA 网络架构具备三大特征：

- 松耦合的微服务；
- 轻量高效的服务调用接口；
- 自动化、智能化的服务管理框架。

SBA 中，网络功能间的交互由服务调用实现，每个网络功能对外呈现通用的服务化接口，可被授权的网络功能或服务调用。而传统 2G、3G、4G 网络架构采用的是"点对点"的架构，网元和网元之间的接口需预先定义和配置，且定义的接口只能用于特定的两类网元间，灵活性不强。

3GPP 在 R15 选定了 SBA 接口的协议实现组合：TCP、HTTP/2、JSON、RESTful、OpenAPI 3.0。这种协议设计带来诸多优点：便于采用新的互联网技术、实现快速部署、面向连续的集成和发布新的网络服务、便于运营商自有或第三方业务开发。

SBA 的协议将持续优化，如 HTTP/2 承载于 IETF QUIC/UDP、采用二进制编码方法（如 CBOR）等是后续演进的可能技术方向。

SBA 对运营商的价值如下。

- 敏捷：服务松耦合，网络部署、维护、升级更快速、便利。
- 易扩展：轻量级的接口使得新功能的引入不需要引入新的接口设计。
- 灵活：通过模块化、可重用方式实现网络功能的组合，满足网络切片等灵活组网需求。
- 开放：新型 REST API 极大地便利于运营商或第三方调用服务。

|14.2　5G R16 标准概述 |

3GPP 在 2018 年 6 月完成了 R15 的功能性冻结，在 2018 年 9 月实现 ASN.1 的冻结，预计在 2019 年完成 Late Drop 的相关工作，比如完成 Option 5 和 Option 7 的相关标准化。同时，3GPP 在 2018 年 6 月的全会上，批准面向 R16 的立项，从而正式启动了 5G 下一个标准版本的研究和制定，预计在 2020 年上半年完成。3GPP R16 的目标是使得 3GPP 的 5G 技术全面满足 ITU-R 关于 5G 的所有最小需求，包括面向 eMBB、mMTC 和 uRLLC 场景，同时尽可能解决 5G 初期部署需要解决的紧迫问题。本节将从无线接入网和核心网方面分别简要介绍 R16 可能的主要新特征。

14.2.1　5G 新空口 R16 的新功能

R16 引入新功能的原则是优先考虑满足 ITU-R 5G 提交需求的功能以及 5G 网络部署需求比较急迫的功能，综合考虑 3GPP 各工作组的现有工作负荷以及整个 TU 的规划，确定每个工作组能开展的新功能引入的研究立项。在新空口部分，5G R16 考虑的新的功能包括 NOMA、IAB（Integrated Access and Backhaul）、NR-U、RIM、定位增强、UE 节电、euRLLC、V2X、SON/MDT 等。

14.2.1.1　NOMA

与 LTE 类似，NR 的基本多址方案对于下行链路和上行链路数据传输都是正交的，这意味着不同用户的时间和频率物理资源不重叠。另一方面，非正交多址方案最近引起了研究人员广泛的兴趣，促使下行多用户叠加传输（MUST）在 R13 和 NR 的 R14 中进行了初步的研究，但是在 R15 中，由于标准化的时间限制而并没有被标准化。

在 R14 NR 研究项目中评估了许多非正交多址方案。对于评估的场景，结果显示了非正交多址接入在上行链路级吞吐量和过载能力方面的显著增益以及在给定系统中断时支持的分组到达率方面的系统容量增强。R14 研究项目进一步确定 NR 应至少针对 mMTC 开展上行非正交多址的研究。因此，R15 中没有完成的非正交多址的研究将在 R16 中继续进行[8]。

对于非正交多址，使用重叠资源的传输之间将存在干扰；随着系统负载的增加，这种非正交特性更加明显。为了对抗非正交传输之间的干扰，通常采用诸如扩频（线性或非线性，有或没有稀疏性）和交织的发送侧方案来改善性能并减轻高级接收器的负担。

一般而言，非正交传输可以应用于基于授权和无授权的传输。非正交多路访问，特别是在启用无授权传输时，可以包括各种用例或部署方案，包括 eMBB、uRLLC、mMTC 等。在 RRC_CONNECTED 状态，它保存调度请求过程，假设 UE 已经是上行同步。在 RRC_INACTIVE 状态下，即使没有 RACH 过程或 2 步 RACH，也可以发送数据。节省信令自然也节省了 UE 的功耗，减少了延迟并增加了系统容量。非正交多路访问可以使 Uu 和 slidelink 链路受益。

非正交多址的研究将在上行链路方案的评估方面进一步发展，并提供非正交多址方案的推荐。

R16 的研究应以 R14 和 R15 研究中的协议、观察和评估假设为出发点，详细目标如下。

（1）用于非正交多址的发送侧信号处理方案（RAN1）

- 调制和符号级处理，包括扩频、重复、交错、新的星座映射等；
- 编码比特级处理，包括交织和/或加扰等；
- 符号到资源元素映射，稀疏与否等；
- 解调参考信号，不排除其他信号。

（2）非正交多址接收机（RAN1）

- MMSE 接收机、连续/并行干扰消除（SIC/PIC）接收器、联合检测（JD）型接收机、SIC 和 JD 接收机的组合或其他接收机；
- 研究应考虑性能、接收机复杂性等。

（3）与非正交多址（RAN1）相关的操作

- UL 传输检测；
- HARQ，包括传输方案、反馈方案和组合方案；
- 链路自适应 MA 序列分配/选择；
- 同步和异步操作；
- 正交和非正交多址之间的自适应。

（4）从 R14 确定的性能指标出发继续进行非正交多址的链路和系统级性能评估或分析

用于比较的基准是 OFDM 多址接入。应考虑 Tx/Rx 非理想特性的真实建模，包括潜在的 PAPR 问题、信道估计误差、功率控制精度、碰撞等（RAN1）。

- eMBB（小数据分组）、uRLLC 和 mMTC 的流量模型和部署方案；
- 设备功耗；
- 覆盖范围（链接预算）；
- 延迟和信令开销；
- BLER 可靠性、容量和系统负载；
- 物理抽象（链接到系统映射模型）。

14.2.1.2 IAB

在 3GPP TSG RAN＃75 会议上，关于"NR 接入和回传集成"的研究项目获得批准[9]。该研究的目的是确定和评估有效运行 NR 集成接入和无线回传的潜在解决方案，考虑的频率范围可高达 100 GHz。该研究项目的详细目标如下。

- 用于单跳/多跳和冗余连接的拓扑管理[RAN2, RAN3], 例如，考虑锚节点（到核心的连接）和 UE 之间的多个中继跳之间操作的协议栈和网络架构设计（包括 rTRP 之间的接口以及控制和用户平面程序，包括 QoS 处理），用于支持通过一个或多个无线回传链路转发流量。
- 路由选择和优化（RAN2，RAN1，RAN3），例如，发现和管理具有集成回传和接入功能的 TRP 的回传链路机制；基于 RAN 的机制，支持动态路由选择（可能没有核心网络参与），以适应跨回传链路的短期阻塞和传输延迟敏感流量；评估跨多个节点的资源分配/路由管理协调的好处，用于端到端路由选择和优化。

- 回传链路和接入链路（RAN1，RAN2）之间的动态资源分配，例如，在 TDD 和 FDD 操作的一个或多个回传链路中转下，在每个链路半双工约束下的时间、频率或空间中有效地复用接入和回传链路（用于 DL 和 UL 方向）的机制，rTRP 和 UE 之间的交叉链路干扰（CLI）测量、协调和缓解。

- 高频谱效率，同时还支持可靠传输（RAN1），识别物理层解决方案或增强功能，以支持具有高频谱效率的无线回传链路。

　　IAB 的一个主要优点是可以灵活且非常密集地部署 NR 小区，而不会按比例增加传输网络的密度。可以设想各种各样的部署方案，包括支持户外小小区部署以及室内甚至移动中继（例如在公共汽车或火车上）部署。该研究项目应侧重于具有物理固定中继的 IAB，当然不排除在将来的版本中优化移动中继，且带内中继和带外中继都是 IAB 需要研究的内容。

　　对于 IAB，其网络架构如图 14-12 所示。

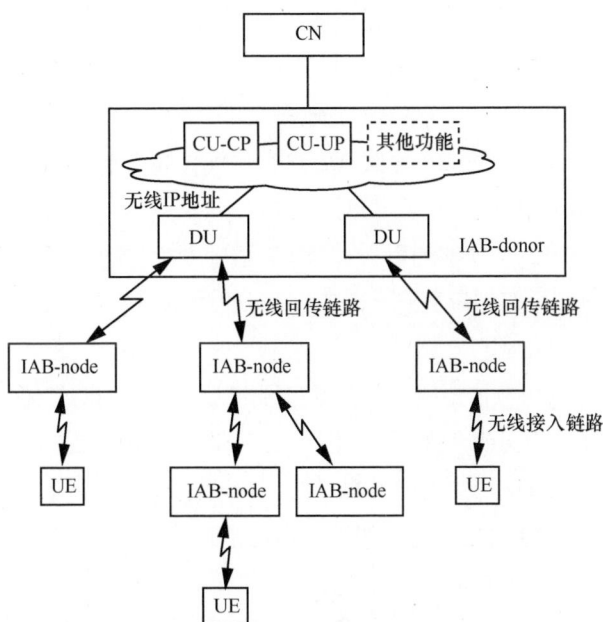

图 14-12　IAB 网络架构参考(SA)

IAB 模式下的 UE 操作如图 14-13 所示。

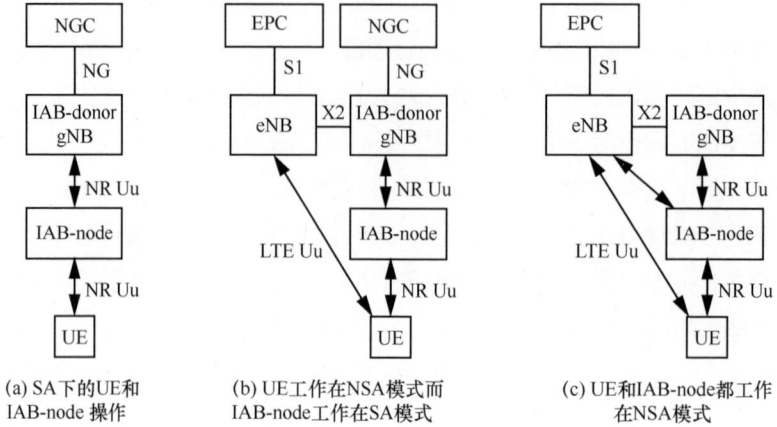

(a) SA 下的 UE 和
IAB-node 操作

(b) UE 工作在 NSA 模式而
IAB-node 工作在 SA 模式

(c) UE 和 IAB-node 都工作
在 NSA 模式

图 14-13　SA 和 NSA 模式下的操作

14.2.1.3　NR–U

授权辅助接入研究项目（RP-141646）首次引入了基于蜂窝的免授权频谱接入的概念，可作为运营商增强其服务提供能力的补充工具。

对于 IMT 系统，现有和新的授权频谱对于提供无缝覆盖、实现最高频谱效率以及通过精心规划和部署高质量网络设备确保蜂窝网络的最高可靠性仍然至关重要。所有这些都无法通过免许可频谱来实现，这种免许可频谱永远不能提供与授权频谱系统相比拟的网络质量。

随着 LAA 和 eLAA 功能的引入，授权频谱辅助技术的研究已经取得了很多进展。NR 已开始研究更宽的带宽波形，这些特征也可以被纳入 LAA 当中，称为"基于 NR 的免许可频谱访问"。

基于 NR 的免许可频谱访问，具有更宽带宽（如 80 MHz 或 100 MHz）的基础免许可频带载波，与较小带宽的载波相比，还将降低 eNB 和 UE 的实现复杂度，它的使用在需要实现数 Gbit/s 数据速率的情况下可能是不可避免的。

为了最大化基于 NR 的免许可频段接入的适用性，考虑研究适用于 sub 7 GHz 的免许可频段（如 5 GHz、6 GHz）的解决方案。同样，该研究应该考虑 NR-LAA 通过类似于常规 NR 通过双连接（DC）锚定到传统 LTE 载波的 NSA 场景和解决方案以及基于 CA 的 5G 聚合 NR 锚点的场景和解决方案。

正如世界上一些地区（RP-141646）已经考虑过的那样，免许可的技术需要遵守某些规定，例如 LBT。蜂窝技术和其他技术之间（例如 Wi-Fi 不同版本以及蜂窝运营商之间）的公平共存是必要的。即使在没有 LBT 的国家，也存在监管要求，尽量减少对免许可频谱的其他用户的干扰。但是，仅仅为了监管而最大限度地减少干扰是不够的，必须确保基于 NR 的免许可接入宽带系统能够成为现存所有蜂窝系统的"好邻居"。

3GPP TSG RAN＃77 批准了"基于 NR 的免许可频谱接入研究"项目[10]，旨在确定基于 NR 的免许可频谱接入的单一解决方案，以与 NR 概念兼容。该项目的研究内容（RAN1，RAN2，RAN4）包括以下几个方面。

- 物理信道继承双工模式、波形、载波带宽、子载波间隔、帧结构和物理层设计的选择，作为 NR 研究的一部分，并避免与 NR WI 中的决策产生不必要的分歧。

  （a）考虑 7 GHz 以下的未经许可的频段；

  （b）考虑 NR WI 中的类似前向兼容性原则。

- 初始接入，信道访问。调度/ HARQ 以及连接/非活动/空闲模式操作和无线电链路监视/故障的移动性。

- 基于 NR 的无执行和基于 LTE 的 LAA 之间的操作以及与其他现有 RAT 的共存方法，符合例如 5 GHz、6 GHz 频段的监管要求。已经为基于 LTE 的 LAA 环境中的 5 GHz 频段定义的共存方法应该被假定为 5 GHz 操作的基线。不应排除 5 GHz 以上的增强功能。免许可频谱中基于 NR 的操作不应影响已部署的 Wi-Fi 服务（数据、视频和语音服务）。

上述研究将讨论以下架构场景（RAN2）。

（1）基于 NR 的 LAA 小区与在授权频谱中操作的 LTE 或 NR 锚小区连接，该研究假定在 Pcell（LTE 或 NR 免许可 CC）和 Scell（NR 未许可 CC）之间建立链接的技术与 NR WI 的内容保持一致。

（2）基于 NR 的小区独立运行在免许可频谱中，连接到 5G-CN 网络，例如用于专用网络部署。

（3）研究如何从 RAN 级别确保连接和安全管理，可以与 E-UTRAN、NG RAN 和 5G CN 架构集成，包括在授权和免许可频段小区之间移动的用户服务的连续性要求。

14.2.1.4　MIMO 增强

R15 NR 已经包括许多 MIMO 功能，这些功能有助于在 6 GHz 以下和 6 GHz 以上的频段上利用基站的大量天线单元、其中一些功能主要基于 R14 LTE，而其他功能则由于多个新的部署方案而引入，例如多面板阵列，用于高频段的混合模拟数字波束成形。特别是包括以下 MIMO 功能：对多 TRP/面板操作的有限支持，灵活的 CSI 获取和波束管理，支持多达 32 个端口的 I 型（低分辨率）和 II（高分辨率）码本以及灵活用于 MIMO 传输的 RS（尤其是 CSI-RS，DMRS 和 SRS）。

NR MIMO 的功能至少可以在以下方面区别于 LTE MIMO：首先，类型 II 码本可以提供相当于 R14 LTE 的平均用户吞吐量的大幅（至少 30%）增益；其次，灵活的 CSI 获取和 RS 设计允许未来增强的可扩展性；最后，NR MIMO 通过波束管理适应高频段（大于 6 GHz）的操作。

总体而言，R15 MIMO 功能为 R16 NR 中可以挖掘的其他潜在增强功能提供了充足的基础[11]。这些改进包括：首先，尽管 R15 中指定的类型 II CSI 提供了比 R14 LTE 的高级 CSI 更大的增益，但是仍然存在一些显著但可实现的近乎理想的 CSI 的性能差距，尤其是对于多用户（MU）-MIMO 来说；其次，尽管 R15 NR MIMO 暂时适应多 TRP /面板操作,但支持的功能仅限于标准透明传输操作和少量 TRP /面板；再次，尽管 R15（针对高于 6 GHz 的频段操作）已经在很大程度上规定了对多波束操作的规范支持，但是诸如波束故障恢复和用于 DL/UL 波束选择的使能方案的一些方面是相当基础的，并且可能需要进行改进以增强顽健性、降低开销和/或降低延迟；最后，在具有多个功率放大器的上行链路传输的情况下，需要增强以允许全功率传输。

NR MIMO 增强的详细目标如下。

（1）扩展以下领域的规范支持[RAN1]。

- 增强 MU-MIMO 支持：考虑性能和开销之间的折中，研究类型 II CSI 反馈的开销减少；如果需要，将 II 型 CSI 反馈的扩展定义为等级 > 2。

- 多 TRP/面板传输的增强功能，包括改进的理想和非理想回传的可靠性和顽健性：定义下行链路控制信令增强，以有效支持非相干联合传输；并在必要时定义上行链路控制信令和/或参考信号的增强，以实现非相干联合传输。

- 多波束操作的增强功能，主要针对 FR2 操作：在需要时，研究 R15 中定义的

UL 和/或 DL 发射波束选择的增强，以减少延迟和开销；为多面板操作定义 UL 发送波束选择，以便于面板特定的波束选择；根据 R15 中定义的波束故障恢复，为 SCell 定义波束故障恢复；定义 L1-RSRQ 或 L1-SINR 的测量和报告。

- 如果需要，为一层或多层指定 CSI-RS 和 DMRS（下行链路和上行链路）增强以降低 PAPR（在 RE 中定义的 RE 映射没有变化）。

- 制定增强功能，以便在使用多个功率放大器进行上行链路传输时实现全功率传输（假设 UE 功率等级没有变化）。

（2）制定上面列出增强功能的更高层协议支持[RAN2]。

（3）制定与 RAN1 定义的项目相关的性能要求[RAN4]。

14.2.1.5 RIM

在大规模部署的 TD-LTE 商用网络中，在相对大量的 eNB 中观察到在其底噪间歇性的恶化（在某些极端情况下达到-105 dBm 以上，甚至达到-90 dBm），严重影响网络覆盖和连接成功率。综合各种方法，例如某些地区的 eNB 在对流层弯曲预测中的底噪统计数据以及随人工构建的传输模式而变化的特征，可以看出，只要能够产生有利于无线电波对流层弯曲的大气条件，就可以确定这种底噪抬升是由远程 eNB 的下行链路信号引起的（最远距离观测记录 300 km）。为了减轻间歇性发生的这种远程基站干扰的影响，但又不会一直给网络资源造成损失，在现有 TD-LTE 网络中，引入了一些自适应机制，其中异常底噪增强将触发受害 eNB 在窗口期中发送特定信号，在窗口期中检测到特定信号的每个 eNB 将其自身标识为恶化底噪的贡献者，然后它将重新配置 GP 或一些其他参数以减少它产生的干扰。在这个框架下，大气波导的影响得到了减轻，但是，这种私有实现方案也存在一些缺点，例如，由于缺乏供应商之间的 eNB 间协调，依赖于一些静态机制来检测信号传输和检测，决策基于每个 eNB 的实现等。

在较低 TDD 频率的 NR 部署中，如果不引入特殊机制，对大气波导的影响将继续存在。尽管 NR 中帧结构的设计已经考虑了更灵活的 GP 以留出更大的空间来避免远端干扰，但有必要研究 GP 的配置何时和如何改变相应机制以及相应 gNB 的行为和 inter-gNB 的协调过程。

研究的目标聚焦在同频且采用半静态 DL/UL 配置的同步宏小区间,具体的研究内容如下[12]。

（1）提高网络顽健性和解决强远程基站干扰的机制，包括潜在的 UE 侧增强 [RAN1]。

（2）用于识别哪些 gNB 产生强烈远程干扰的机制，包括以下方面。

- 潜在参考信号设计，用于 gNB 识别它对某些受害者 gNB 产生强烈的 gNB 间干扰，现有参考信号是讨论的起点[RAN1]。
- gNB 启动和终止参考信号的传输/检测的机制[RAN1，RAN3]。

（3）gNB 之间可能的额外协调，以减轻远程干扰[RAN3]。

14.2.1.6　52.6 GHz 以上 NR

NR R15 定义了高达 52.6 GHz 的频率应用。物理层信道的设计针对 52.6 GHz 以下的应用进行优化后，可用于 52.6 GHz 以上频率。然而，与较低频段相比较，52.6 GHz 以上的频率面临更加困难的挑战，例如较高的相位噪声、高大气吸收导致的极端传播损耗、较低的功率放大器效率以及较强的功率谱密度监管要求。

此外，高于 52.6 GHz 的频率范围可能包含更大的频谱分配带宽，这些带宽不适用于低于 52.6 GHz 的频段，并且应支持广泛的应用，例如 V2X、IAB、NR 许可和免许可以及非地面业务。

为了实现和优化 3GPP NR 系统在 52.6 GHz 以上频段的应用[13]，正如 NR SI 中最初计划的那样，3GPP 应该进一步研究物理层信道，包括可能引入新的波形、流程和要求等，其适用的场景包括许可和免许可频谱、WAN 操作、专用网络、综合接入回传（IAB）、使用车载通信（V2X）的 ITS 应用等操作。

所以，需要研究 52.6 GHz 以上频率 NR 的相关问题，如目标频谱范围、用例、要求等，这些都可以促进 3GPP 未来的相关工作。

（1）确定目标频谱范围：

- 全球频谱可用性和监管要求调查（包括信道化和许可制度）；
- 对于 60 GHz 频段，TR38.805 可作为参考。

（2）确定潜在的用例和部署方案。

（3）根据法规要求确定 NR 设计要求和考虑因素。

14.2.1.7　定位增强

定位是最需要的应用之一，其未来发展对定位的延迟和准确性提出越来越严格的要求，在理想情况下应该独立于环境（例如室内、室外等）。在许多定位应用中，通常通过多种技术的组合来实现精确定位，包括：基于 GNSS 的解决方案，在室外场景中提供准确定位；无线技术（如 LTE 网络、Wi-Fi 网络、地面信标系统等）；惯性测量单元（IMU）或传感器（如基于加速度计、陀螺仪、磁力计或通过大气压力传感器的垂直定位来跟踪用户位置）。预计所有这些技术将继续在未来实现准确的用户定位方面发挥重要作用。

3GPP NR 无线技术具有独特的优势，可在增强定位功能方面提供附加价值。低频段和高频段（即低于和高于 6 GHz）的操作和大规模天线阵列的使用提供了额外的自由度，可以显著提高定位精度。特别是高频段中使用宽信号带宽的可能性为基于 OTDOA 和 UTDOA、Cell-ID 或 E-Cell-ID 等众所周知的定位技术带来了新的性能界限，利用定时测量来定位终端。大规模天线系统（大规模 MIMO）的最新进展可以提供额外的自由度，通过利用传播信道的空间和角度以及时间测量来实现更准确的用户定位。

R15 NR 通过重用 LPP 定义了 Cell-ID 和 RAT 独立的定位方法。但是，尚未制定独立组网 NR 系统的基于无线接入技术的定位方法。

根据 3GPP TS22.261，3GPP 系统应支持更高精度（0.5 m）定位能力，应在 500 ms 内支持 UE 的位置估计。这些是非常具有挑战性的设计目标，需要在系统设计中进一步评估和考虑。

根据 3GPP TR22.804，5G 还提供了用于垂直行业的自动化通信能力。这涉及生产和工作和/或物理世界中的服务交付的沟通。这种通信通常需要低延迟、高可靠性和高通信服务可用性。

最近，3GPP SA1 工作组已经完成了关于在室内和室外环境中定位用例的 HYPOS 研究（SP-170589）。3GPP TR22.872 补充了涉及定位需求的 5G 用例的现有工作，以便识别 5G 定位服务的潜在需求。该报告通过提供关于定位技术对这些用例的适用性的一些考虑，进一步细化了已识别的用例。

NR 应该启用并改进最新的定位技术，如 RAN 内在式（Cell-ID、E-Cell ID、OTDOA、UTDOA 等）和 RAN 外在式（GNSS、蓝牙、WLAN）、地面信标系统（TBS）、传感器等。

NR 定位应利用高带宽、大规模天线系统、网络架构/功能（如异构网络、广播、MBMS）和大量设备的部署，并支持室内和室外使用案例。NR 也应支持监管机构对定位的要求。

商业定位用例的 NR 设计目标包括[14]：

- 支持一系列准确度、延迟级别和设备类别；
- 对于某些用例，支持 TR22.862 中定义的准确性和延迟；
- 降低网络复杂性；
- 降低设备成本；
- 降低设备功耗；
- 通过空中接口和网络中的高效信令；
- 支持混合定位方法；
- 可扩展性（支持大量设备）；
- 安全性高；
- 高可用性；
- 支持 TR22.862 中定义的 UE 速度。

该研究的目的是考虑 E911 要求，通过分析定位精度（包括纬度、经度和海拔高度）、可用性、可靠性、用于执行定位的延迟、网络同步要求和/或 UE/gNB 复杂性，并且考虑在可能的情况下利用 E-UTRAN 的现有定位支持来最大化协同作用，评估满足 TR38.913、TS22.261、TR22.872 和 TR22.804 中定义的 NR 定位要求的潜在解决方案。

该研究将考虑基于 NR 的 RAT 依赖以及 RAT 独立和混合定位方法，以解决监管需求和商业用例需求。第一个优先事项是评估在监管用例场景下的 FR1 和 FR2 中 RAT 相关（基于 NR）定位方法的可扩展定位解决方案（如 ECID、OTDOA 和 UTDOA 等），以便在其他用例情况下也可以使用这些技术，同时也不排除 RAT 相关的定位方法，以便于与监管要求的基于 LTE 的定位进行奇偶校验。Sidelink（包括 V2V）和 Sidelink + Radiolink（包括 V2X）的定位研究将不在本项目的研究范畴内，而基于通用无线链路的定位也将考虑高速终端。该项目研究的主要内容包括以下方面。

（1）研究需求、评估方案/方法，以便在监管和商业用例中进行定位[RAN1]。

- 确定准确性、延迟、容量、覆盖范围等要求；出于评估目的，仅考虑无线链路层级的延迟而不是端到端延迟。
- 为室内和室外定义代表性数量的评估场景：一个代表室内的用例（将室内办

公室作为基线）、一个代表室外的用例（将城区微小区街道和城区宏小区场景作为基线）以及 TR13.857 定义的 FR1 宏覆盖。

- 考虑上述评估场景，定义评估方法，包括：系统参数，如（基于 NR）RAT 相关定位、RAT 相关和 RAT 独立定位的混合场景的 FR1 和 FR2 的工作频段；用户分布流程；评估垂直/水平定位和上述要求的性能指标。针对上述监管方面制定的评估方案/方法可以作为其他定位评估的基准，至少考虑到 TR37.857。

（2）根据上述需求、评估方案/方法研究和评估定位技术的潜在解决方案[RAN1]。

- 解决方案应包括基于 NR 的 RAT 相关的定位方法，以便在 FR1 和 FR2 中运行，而不排除其他定位技术。
- 为了扩展到任何一般应用，应支持可扩展性的 NR 最小带宽（如 5 MHz）。

（3）研究定位服务的定位架构、功能接口、协议和支持 NR 依赖定位技术的流程（如果需要，否则需要确认）[RAN2，RAN3]。

- R15 NR 定位架构/协议是讨论的起点，同时考虑 TSG SA 侧的 R16 LCS 架构增强研究；
- 物联网和混合定位的通用架构；
- 定位架构应支持独立组网 NR 的语音和数据业务，包括 IoT 业务；
- 在考虑 IoT 用例、潜在的 LPP 演进以及高效/低复杂度的信令情况下，努力实现通用架构；
- 端到端延迟需要在定位架构设计中考虑。

14.2.1.8 终端节能

终端电池寿命是用户体验的一个重要方面，这将影响 5G 手机和/或服务的应用。研究 R16 的终端功耗以确保 5G NR 终端的功率效率至少不比 LTE 差，并且研究和采用用于改进的技术和设计是至关重要的[15]。

ITU-R 将能效定义为 IMT-2020 的最低技术性能要求之一。根据 ITU-R 报告，与 5G 空口的技术性能最低要求相关的终端能效与两个方面有关：在负载情况下的有效数据传输；没有数据时的能耗。通过平均频谱效率证明了加载情况下的有效数据传输，而没有数据时的低能耗可以通过睡眠比来估算。

因为 NR 系统可能支持高速数据传输，所以预期用户数据趋向于突发并且在非常短的持续时间内得到服务。一种有效的终端功率节省机制是从功率有效模式触发终端进行网络接入。除非通过终端功率节省框架通知网络接入，否则终端将保持在低功耗模式，例如长 DRX 周期中的微睡眠或关闭时段。或者，当没有要传送的数据时，网络可以帮助终端从"网络访问"模式切换到"低功耗"模式，例如终端通过网络辅助信号动态转换到睡眠状态。

除了通过新的唤醒/进入睡眠机制最小化功耗之外，在 RRC_CONNECTED 模式下降低网络访问期间的功耗同样重要。LTE 中超过一半的功耗是终端在接入模式下消耗的。节能方案应侧重于最小化网络接入期间功耗的主导因素，包括聚合带宽、有效 RF 链数和有效接收/传输时间以及动态转换到功率有效模式。由于 LTE 应用中的 TTI 在大多数情况下没有数据或有很少的数据，因此应当在 RRC_CONNECTED 模式下研究用于动态适应不同数据到达的功率节省方案。对于 R16，也可以研究动态适应不同维度的业务，例如载波、天线、波束成形和带宽。此外，应该考虑增强"网络访问"模式和省电模式之间转换的方法。对于终端节电机制，应考虑网络辅助和终端辅助方法。

终端还消耗大量用于 RRM 测量的功率。具体地，终端需要在 DRX 开启时段之前上电跟踪信道以准备 RRM 测量。一些 RRM 测量不是必需的，但消耗大量终端功率，例如，低移动性终端不必像高移动性终端那样频繁地测量。网络将提供信令以帮助终端降低不必要的 RRM 测量的功耗。额外的终端辅助，例如终端状态信息等，对于网络也是有用的，能够降低 RRM 测量的终端功耗。

所以终端节能的目标是研究终端节能框架，同时考虑 NR 中的延迟和性能以及网络影响。具体研究内容包括以下几个方面。

（1）识别用于终端节电的技术，重点在 RRC_CONNECTED 模式[RAN1,RAN2]。

- 终端功耗和业务对频率、时间、天线域、DRX 配置和终端处理时间的适应性：网络和/或终端辅助信息；考虑当前 DRX 方案，包括减少 PDCCH 监听的机制。
- 用于触发终端功耗特性的自适应的功率节省信号/信道/过程。

（2）同步和异步网络部署中 RRM 测量中的终端功耗降低[RAN1/2]。

（3）用于终端节能的更高层协议的增强[RAN2]。

- 基于附加的省电信号/信道/过程研究终端寻呼过程的增强；
- 终端功率节省过程的增强以支持从 RRC_CONNECTED 到 RRC_IDLE/RRC_INACTIVE 模式的有效转换。

14.2.1.9 euRLLC

在 R15 中，低延迟的 TTI 结构以及提高可靠性的方法引入了对 uRLLC 的基本支持。已经确定具有更严格要求的更多用例是 NR 演进的重要目标。RAN 级别的电子邮件讨论确定了要考虑的关键用例[16]：

- R15 已启用用例的改进，如 AR/VR（娱乐业）；
- R16 具有更高要求的用例，如工厂自动化、运输业、电力分配。

对于这些用例，已经确定了 L1 的改进空间。TSG SA WG1 也在考虑如何满足 TS22.804 中制定的增强 uRLLC 的需求。

本研究项目研究 uRLLC（超可靠低延迟通信）的增强，同时考虑将 FR1 和 FR2、TDD 和 FDD 以及已有的 NR 作为基线的解决方案。该研究的重点是以下内容。

（1）考虑已确定的高优先级 uRLLC 用例，建立 R15 版 uRLLC 可实现的基线性能。除了基线版本 R15 uRLLC 性能之外，评估高优先级 uRLLC 用例的必要改进以及如何满足 R16 中具有更高要求的用例的要求。

- 更高的可靠性（高达 1×10^{-6} 级别）；更高的可用性；时间同步低至几微秒数量级，其中值可以是一或几，取决于频率范围；短延迟为 $0.5 \sim 1$ ms，具体值取决于用例（工厂自动化、运输业和电力分配）。
- 也要考虑其他工作和该研究项目的相关内容。

（2）uRLLC L1 改进进一步提高了可靠性/延迟以及与所识别的用例相关的其他需求（RAN1）。

- PDCCH 增强功能。研究重点是 Compact DCI、PDCCH 重复、增加的 PDCCH 监控能力。
- UCI 增强功能。研究重点在于增强的 HARQ 反馈方法（在时隙内增加 HARQ 传输可能性的数量），CSI 反馈增强。
- PUSCH 增强功能。研究重点是短时隙跳级和重传/重复增强。
- 调度/HARQ/CSI 处理时间线（UE 和 gNB）的增强（针对现有 TTI 持续时间）。

（3）考虑到不同的延迟和可靠性要求，增强了多路复用（RAN1）：UL inter UE Tx 优先化/复用。

（4）增强的 UL 配置授权（无授权）传输，其研究集中于改进的配置授权操作，例如显式 HARQ-ACK，确保时隙内的 K 次重复和小时隙重复（RAN1 / RAN2）。

已确定以下内容与 uRLLC 有关系，但在其他研究项目中有所涉及：

- 多 TRP 传输；
- 移动性改进，提高可靠性；
- 波束管理。

14.2.1.10　V2X[17]

为了将 3GPP 平台扩展到汽车行业，支持 V2V 服务的初始标准已于 2016 年 9 月完成。专注于利用蜂窝基础设施，服务于 V2X 其他场景的增强功能（3GPP V2X 阶段 1）于 2017 年 3 月完成。在 R14 LTE V2X 中，支持 TR22.885 中对 V2X 服务的一组基本需求，它足以用于基本的道路安全服务。车辆（即支持 V2X 应用的终端）可以通过 Sidelink 链路（例如位置、速度和航向）与其他附近车辆、基础设施节点和/或行人交换它们自己的状态信息。

R15 中的 3GPP V2X 阶段 2 在 Sidelink 中引入了许多新功能，包括：载波聚合、高阶调制、延迟减少以及 Sidelink 链路中的传输分集和短 TTI 的可行性研究。3GPP V2X 阶段 2 中的所有增强特征是 LTE 的主要基础，并且需要在相同资源池中与 R14 终端共存。

SA1 已完成对 V2X 服务（eV2X 服务）的增强。每个用例组的合并需求记录在 TR22.886 中，一组规范性需求在 TS22.186 中定义。SA1 已经确定了 25 个用于高级 V2X 服务的用例，它们分为 4 个用例组：车辆编队、扩展传感器、高级驾驶和远程驾驶。每个用例组的详细描述如下[17]。

（1）车辆编队使车辆能够动态地形成一起行驶的队列。队列中的所有车辆都从领先车辆获得信息以管理该队列。这些信息允许车辆以协调的方式比正常车辆更近，朝同一方向行驶并一起行驶。

（2）扩展传感器可以交换通过本地传感器收集的原始或处理后的数据，或车辆、道路站点单元、行人和 V2X 应用服务器设备之间的实时视频图像。这些车辆可以增加它们对环境的感知，超出它们自己的传感器可以检测到的范围，并且可以更全面地了解当地情况。高数据速率是关键特性之一。

（3）高级驾驶可实现半自动或全自动驾驶。每个车辆和/或 RSU 共享其自身的感知数据，该感知数据是从其本地传感器获得的，其中车辆接近并且允许车辆同步和协调它们的轨迹或操纵。每辆车也与附近的车辆共享其驾驶意图。

（4）远程驾驶使远程驾驶员或 V2X 应用程序能够为无法自行驾驶的乘客或位于危险环境中的远程车辆操作远程车辆。对于变化有限且路线可预测的情况，例如公共交通，可以使用基于云计算的驾驶。高可靠性和低延迟是主要需求。

SA1 已经考虑 LTE 和 NR 作为支持 eV2X 的 3GPP RAT 候选技术。高级 V2X 服务是研究项目的重点，这些用例的技术要求将推动技术研究和设计。

TSG RAN 已经在 TR38.913 中同意，NR V2X 不是取代 LTE V2X。相反，NR V2X 将补充 LTE V2X 以实现更先进的 V2X 服务，并支持与 LTE V2X 的互通。至少从 3GPP RAN 技术发展的角度来看，NR V2X 研究的重点和范围是针对高级 V2X 用例。但是，这并不意味着 NR V2X 功能仅限于高级服务。显然，区域监管机构和相关利益攸关方（即汽车原始设备制造商和汽车生态系统）决定服务和用例的技术选择。

NR V2X 的目标是 3GPP V2X 第 3 阶段，并且支持 LTE R15 V2X 支持的服务之外的高级 V2X 服务。先进的 V2X 服务需要增强的 NR 系统和新的 NR Sidelink 以满足严格的要求。NR V2X 系统预计具有灵活的设计，支持低延迟和高可靠性要求的服务。NR 系统还希望具有更高的系统容量和更好的覆盖范围。NR Sidelink 框架的灵活性将允许轻松扩展。

考虑网络内覆盖、网络外覆盖和部分网络覆盖，该研究项目包括以下目标。

（1）Sidelink 设计[RAN1，RAN2]：确定 NR Sidelink 设计的技术解决方案，以满足高级 V2X 服务的要求，包括：

- Sidelink Unicast、Sidelink Groupcast 和 Sidelink Broadcast 的支持；
- NR Sidelink 物理层结构和流程；
- Sidelink 同步机制；
- Sidelink 资源分配机制（也包括目标（3））；
- Sidelink L2/L3 协议。

注意：在 NR Sidelink 的设计中，仅评估高级 V2X 用例的性能。

（2）针对高级 V2X 用例的 Uu 增强[RAN1，RAN2，RAN3]：评估 R15 NR Uu 和 LTE Uu 接口是否支持高级 V2X 用例：确定满足高级 V2X 用例所需的增强功能（如果有）。

注意：还要考虑其他 R16 NR 和 LTE SI/WI 增强功能以避免重叠。

（3）基于 Uu 的 Sidelink 资源分配/配置（类似 LTE V2X Mode3 和类似 Mode4）

[RAN1，RAN2]。

- 确定 LTE Uu 和 NR Uu 的必要增强功能，以控制来自蜂窝网络的 NR Sidelink；
- 确定 NR Uu 的必要增强功能，以控制来自蜂窝网络的 LTE Sidelink。

（4）操作的 RAT/接口选择[RAN2，RAN3]、与 SA2 协调，研究是否需要其他机制来决定是否使用 LTE PC5、NR PC5、LTE Uu 或 NR Uu 进行操作。

（5）QoS 管理[RAN1，RAN2]。

基于 SA2 输入，研究用于 V2X 操作的空口（包括 Uu 和 Sidelink）QoS 管理的技术解决方案。

（6）共存[RAN1]。

- 设备内共存：研究 NR SideLink 和 LTE Sidelink 在 "非同频" 情况下配备在同一车辆中时共存机制的可行性。
- NR Sidelink 提供的高级 V2X 服务与 LTE Sidelink 在不同信道（即非共信道）中提供的 V2X 服务共存。不共信道包括相邻信道和相距足够远的信道。

注意：假设 3GPP 不会定义 NR Sidelink 与非 3GPP 技术的任何共存要求和机制。

Sidelink 频率：FR1 和 FR2 的 Sidelink（即高达 52.6 GHz）未经许可的 ITS 频段和许可频段在本研究中予以考虑，目标是为 FR1 和 FR2 提供通用的 Sidelink 设计。

14.2.1.11　SON/MDT[18]

LTE 中引入了自组织网络（SON）功能，以支持 LTE 系统的快速部署和性能优化。R8 中已经引入了第一个 SON 功能，PCI 分配和自动邻居关系（ANR）（而在 R9 中引入了术语 "SON"）。这两个功能的成功鼓励了对该主题的进一步研究，并产生了 R9 工作项，最终实现了 3 个 SON 功能：移动性顽健性优化（MRO）、移动负载平衡（MLB）和 RACH 优化。MRO 和 MLB 这两个首要功能被证明是支持 LTE 发展的重要功能，它们在后续版本中得到了进一步的增强，以满足日益增长的 LTE 系统的复杂性。除了 ANR、MRO、MLB 和 RACH 优化之外，在单独的 SI/WI 中还讨论并启用了支持网络自优化的特定方面的其他功能：最小化路测（MDT）、节能（ES）、干扰消除（ICIC）。这些 SON 特性是基于对来自网络和 UE 的海量数据的统计来执行的，这可以被视为 RAN 中大数据使用的先驱。

此外，从现网应用中，通过应用面向 SON 的功能执行网络规划和自我优化时，可以观察到明显的好处。以基于 MDT 的应用为例，它已被用于商业网络中以识别和分析覆盖问题，例如覆盖不良和过度覆盖。通过 MDT 收集大量 RLF 报告，检测网络问题所需的时间从 3 个月缩短到 4 天，与传统路测相比，一致性超过 88%。RAN 数据利用的另一个可行范例是定位，基于 7 km² 范围内的 MR 数据，包括 160 多个基站和 600 个小区，定位精度在 50 m 内的概率可以达到约 70%。并且，随着收集和使用的数据越来越多，可以实现更高的准确性。

凭借观察到的优势，预计研究更多基于标准的 NR 数据收集和使用方案，可以为运营商带来非常大的价值。

（1）降低运营商的 CAPEX 和 OPEX，例如更精确的基站部署和操作、更少的人工干预。

（2）改善用户体验，例如更有效的 RRM、移动性管理和故障排除。

为了在终端同时由不同 3GPP 空口技术服务的场景中优化系统性能，需要设计 SON 机制以在存在 LTE 和 NR 无线链路的情况下实现自组织。这种场景的一个示例是 EN-DC，其中终端通过由 LTE 和 NR 基站托管的无线电链路来服务。在这种情况下，需要在所涉及的 eNB 和 gNB 之间进行协调。

另一方面，NR 中的新 RAN 架构（例如 CU / DU）、新 RAN 的更强大的存储和计算能力以及工业中的新兴技术（例如机器学习），为数据收集和利用提供了新的机会。此外，在 LTE 中，由于从一开始就缺乏整体构想，SON 系列的特性虽然彼此相互关联，但分别进行了研究和标准化，例如 MDT 和 RACH 优化、MDT 和 L2 测量、负载平衡和切换优化。对于 NR，这是一个重新开始全面了解如何收集信息以更好地服务于面向 SON 的解决方案、RRM 增强和其他应用的机会。因此，应该在 NR 中彻底研究以 RAN 为中心的数据收集和利用。

在此 SI 中应考虑已为 SON 和 MDT 定义的 LTE 解决方案，并且对 SON 和 MDT 用例的研究将关注 NR 相比于 LTE 的新场景或特征所产生的差异。

此外，使用机器学习来预测未来的 QoS 对 V2X 是有益的，并且可能需要特殊的 L1 / L2 / RRM 报告。

除此之外，可以在 NR 中实现更精细的粒度（即基于波束）。基于 SSB 执行 NR 测量，SSB 对应于每个波束。然而，基于 CRS 执行 LTE 测量，其对应于每个小区。

本研究项目旨在研究 NR 和 LTE 的以 RAN 为中心的数据收集和利用，详细目标如下。

（1）研究 RAN 为中心的数据利用的用例和好处，例如 SON 功能包括移动性优化（基于小区和波束）、RACH 优化、负载共享/平衡相关优化、覆盖和容量优化、最小化路测（MDT）、uRLLC 优化、LTE-V2X（即 PC5 和 Uu）等适用于 NG-RAN、MR-DC 连接到 5GC 和 EPC 以及 LTE 的不同场景，并考虑 NR 新功能，例如波束、网络切片、BWP 等[RAN3，RAN2]。

（2）确定对已定义的用例和方案的数据收集和利用的必要标准影响，具体如下。

定义：确定相关的测量数量、事件和故障，以便收集和使用。在现有 RRM 测量和 LTE L2 测量的基础上，确定新引入或待改进的指标，包括[RAN2]：

- 来自终端的 RRM 测量量、RLF 和接入失败信息等；
- L2 测量量；
- L1 测量量（例如 RAR 中的定时提前）；
- 除了位置之外还要记录终端方向/高度的传感器数据（如数字罗盘、陀螺仪、气压计）。

收集：研究配置和收集终端测量的过程，L1/L2 RAN 节点测量和用于分布式和中心分析的信令过程。确定对相关网络实体的潜在标准影响。此外，研究 MDT 的如下解决方案[RAN3，RAN2]：

- 记录的 MDT 侧重于 RRM 测量；
- 实时 MDT 专注于 RRM 测量。

利用：研究不同用例所需的必要流程和信息交换，例如：SON、RRM 增强、边缘计算、无线网信息暴露、uRLLC 和 LTE-V2X（即 PC5 和 Uu）等[RAN3]。

（3）如有必要，研究为以 RAN 为中心的数据收集和利用引入逻辑实体/功能的好处和可行性[RAN3]。

在研究 5GC 和 EPC 功能时，例如 NetWork Data Analytics 功能（NWDAF），可以考虑与其他组 SA5、SA3 和 SA2 的交互。

14.2.1.12　NR DC/CA 增强[19]

在 R15 中，3GPP 引入了 EUTRA-NR 双连接、独立 NR 操作、NR-EUTRA DC 以及 NR-NR DC。E-UTRA-NR DC 和 NR-EUTRA DC 被称为多无线电 DC（MR-DC）。但是，由于时间不足，不会引入异步 NR-NR 双连接。

与 CA 和同步 DC 相比，异步 NR-NR DC 具有以下优势：

- 不需要同步 gNB；

- 允许非共站部署；
- 使运营商管理的 5G 免许可频段应用（5G LAA）更易于部署。

因此，应该在 R16 规范中引入异步 NR-NR DC[19]。

除了 DC 之外，多个载波一直是许多不同部署方案以灵活方式提高峰值数据速率的关键特性。然而，CA 框架基于通过 UE 测量报告的紧密网络协调和 UE 辅助信息的可用性，该操作依赖于网络配置和决定是否保持 Scell 激活（用于最大峰值数据速率）或停用（用于在维持 CA 时最小化功耗）。

众所周知，业务数据流的模型是繁琐多变的，这可能导致连接的时间非常短暂。在当前的 LTE CA 框架中，Pcell 和配置的 Scell 的建立延迟可以从 30 ms 到 1 s。对于 DC 场景，可以假设类似的设置时间，该延迟限制了频谱的利用，因为当 CA/DC 建立时终端可能已经离开连接模式。

对于 NR，小区接入基于与 LTE 类似的原理，但 R15 中的 LTE 添加尚未成为 NR 过程的一部分。NR 带来的一个新关键要素是能够利用更大的频谱带宽，最终导致峰值数据速率比 LTE 高出约 10 倍。访问高容量（小）小区的延迟对性能是有害的，并且在 NR 中，这甚至可能更加明显（特别是宏基站仍然是 LTE）。因此，为了充分利用大带宽的可能性，应在所有情况下确保大带宽的有效和快速利用，包括初始连接建立、CA/DC 的重新配置和辅助小区的添加。

为了增加信令顽健性，3GPP 在 R15 中引入分离信令无线电承载（SRB），其允许通过 LTE 和/或 NR 发送 RRC 消息。分离 SRB 的主要好处是增加额外的顽健性。但是，在 R15 中，即使辅助链路仍在运行，也会触发无线链路故障和重建，这应该得到加强。

总之，在 R15 中应设计异步 NR-NR DC、快速接入 NR 和多无线电 DC（MR-DC）以及在 MR-DC 中的顽健操作。

该项目的目的是研究 DC 和 CA 的增强功能，至少应考虑以下主题。

（1）支持异步和同步 NR-NR 双连接[RAN1，RAN2，RAN4]

- UE 功率控制[RAN1]；
- RRC 信令以支持增强的 NR-NR DC[RAN2]；
- 支持增强型 NR-NR DC 的核心要求[RAN4]。

注意：同步案例仅考虑 R15 延迟丢弃中未涵盖的情况。

（2）早期测量报告

早期和快速报告来自邻区和服务小区的测量信息可用性，以减少建立 MR-DC 和/或 CA 的延迟[RAN2，RAN4]。

- 适用于 MR-DC、NR-NR DC 和 CA；
- 应考虑 IDLE、INACTIVE 模式和 CONNECTED 模式下的测量；
- 应尽量减少对终端功耗的影响；
- 如果适用，应重用 LTE R15 euCA 的工作。

（3）高效且低延迟的服务小区配置/激活/设置

最小化初始小区设置、附加小区设置和用于数据传输的附加小区激活所需的信令开销和延迟[RAN2，RAN1，RAN4，RAN3]

- 适用于 MR-DC、NR-NR DC 和 CA；
- 从 IDLE、INACTIVE 模式和 CONNECTED 模式开始时，应考虑增强功能。

（4）快速恢复

支持快速恢复 MCG 链接，例如通过利用 SCG 链路和拆分 SRB 在 MCG 故障期间进行恢复，同时在 MR-DC 下运行[RAN2，RAN3]。

- 适用于 MR-DC 和 NR-NR DC。

（2）和（3）应考虑所有状态的终端（即 IDLE、INACTIVE 和 CONNECTED）。

该项目的内容不包括为 UE 配置的 EN-DC 和 NR-NR DC 的组合。至少应考虑具有小小区的场景以及具有大量可用小区带宽的场景，应考虑 FR1 和 FR2 频率，已经为 LTE 制定的机制应该作为工作的基线。

14.2.1.13　移动性增强[20]

3GPP 已完成 R15 规范中新 NR 系统的基本功能。然而，由于 R15 的标准化没有充足的时间，仅引入基本切换。基本切换主要基于 LTE 切换机制，其中网络基于终端测量报告来控制 UE 移动性。在基本切换中，类似于 LTE，源 gNB 通过向目标 gNB 发送 HO 请求来触发切换，并且在从目标 gNB 接收到 ACK 之后，源 gNB 通过发送具有目标小区配置的 HO 命令来发起切换。在利用目标小区重新配置应用 RRC 之后，终端将 PRACH 发送到目标小区。

实际上，由于波束扫描延迟，与 LTE 相比，NR 高频范围中的切换与波束成形可能增加中断时间。由于波束成形特性提供较小的覆盖范围，可靠性因同样的原因而降低。当终端移动或旋转时，终端可以经历非常快速的信号劣化。另一个挑战是由于 NR 中的 LoS 和非 LoS 之间的信道条件差异很大。通过分析可以观察到，路径损耗波动在波束中或 LoS 与非 LoS 之间的信号强度可以是几十 dB，这可能导致更高的切换失败和乒乓速率。因此，在 NR 环境中切换变得比在 LTE 环境中更具挑战性[20]。

此外，在 NR 中，0 ms 中断是提供无缝切换终端体验的要求之一。移动性能是 NR 最重要的性能指标之一。因此，重要的是识别切换解决方案要实现具有 0 ms 中断、低延迟和高可靠性的高切换性能。在 R15 NR 中，通过用于 CA 操作的 Scell 的添加/释放，可以实现 0 ms 的中断时间。但是，需要在更多场景中实现 0 ms 的中断时间，尤其是在 uRLLC 类型的服务中，在某些情况下需要 1 ms 的端到端延迟。

因此，减少 HO/SCG 改变中断时间和提高 HO 可靠性应该是 R16 中的用例和要求。移动性增强应该应用于频率间/频率内 HO/SCG 变化。尽管应考虑高/中频的挑战/信道特性，但移动增强不应限于高频范围。

减少 HO/SCG 改变中断时间和提高 HO 可靠性的解决方案也可在高速列车和空中使用，其中信道状况在 HO 性能方面变得具有挑战性。

本项目的研究内容如下。

（1）研究解决方案以减少 HO/SCG 变更期间的中断时间，重点关注以下确定的解决方案，但不限于此：

- 切换/ SCG 更改与源小区和目标小区同时连接；
- 先合后断；
- 无 RACH 切换。

（2）研究解决方案以提高 HO/SCG 变化的可靠性和顽健性，特别是考虑到高/中频的挑战，重点关注以下确定的解决方案，但不限于此：

- 有条件的移交；
- 快速切换故障恢复。

注意：LTE 移动性增强应该作为快速切换失败恢复、先接后断和无 RACH 切换的基线。

（3）标准化在上述研究阶段商定的解决方案和协议[RAN2/RAN1/RAN3/RAN4]。

注意：上述目标应考虑以下几个方面：

- 频率间和频率内切换/SCG 改变；
- CU 间、CU 内/DU 间和 DU 内切换/SCG 改变；

- R15 NR 中假设的同步和异步部署；
- UE 对 Tx/Rx 链数量的能力；
- 低速和高速；
- FR1 和 FR2 频率。

14.2.2　5G 新核心网 R16 的新功能

在整个 R15 标准的制定过程中，由于时间有限，5G 新核心网的标准制定并没有全部完成，而是确立了基本的框架和基本的功能，比如服务化的网络架构（SBA）、网络切片、边缘计算等。所以，SA2 在 R16 启动了大量的面向核心网功能增强和完善的标准研究，比如：

- 网络切片增强[21]；
- SBA 的增强[22]；
- 网络自动化的使能技术[23]；
- 面向支持更高级的 V2X 功能的架构增强；
- 无线和有线融合的系统架构；
- 接入业务的导向、切换和分割的系统架构；
- CIoT 的支持和演进；
- SMF 和 UPF 的增强拓扑；
- 5GC 的位置业务增强；
- 垂直和局域网业务的增强支持；
- 未鉴权终端的受限制本地运营商接入；
- uRLLC 的支持增强；
- 5G SRVCC；
- 5G 卫星接入架构；
- 5G 终端无线能力信令优化；
- 用户数据的互通与共存。

本节简要介绍几个重点的研究内容。

14.2.2.1　网络切片的增强

网络切片是 5G 新核心网最鲜明的特征之一，它将帮助运营商围绕用户群的需求灵活地部署和配置网络的功能，满足不同用户的差异化 QoS 需求，从而帮助运营商拓展企业级和垂直行业市场。但是 R15 网络切片的标准化并没有做到尽善尽美，而仅仅是定义了一些基本的功能，使得网络切片的功能在 R15 中基本可用，需要结合实际的应用和部署经验，在后续的演进版本中继续完善和增强。

R16 的网络切片增强研究项目的范围是：

- 当 5GS 无法支持 UE 的所有可能的 S-NSSAI 组合以及网络切片的互斥访问时，识别、确定优先级并研究实际的非漫游和漫游部署方案和系统影响；
- 研究网络切片与 EPC 互连和空闲模式互通的可能增强；
- 研究如何提供特定于网络切片访问授权的网络切片访问认证和授权，该授权使用与 3GPP SUPI 不同的用户身份和凭证，它发生在 UE 和 5GS 之间，用于 PLMN 访问的授权和认证的主要认证之后。

目前，SA2 已经识别出该研究需要解决的关键问题如下。

（1）对网络切片的互斥访问

已经识别了解决对互斥网络切片的访问控制的若干场景，即由于部署、管制规则或 SLA 的原因，可以限制一些 UE 同时使用两个服务（S-NSSAI）。此类情景可包括（但不限于）以下几种。

- 通过订户、雇主、运营商等的内部监管：例如，可能禁止 UE 访问"常规"服务和"特定"服务，如政府官员使用的 UE 可能被限制为"休班"（常规）或"值班"（特定）模式，UE 规定禁止同时接入下班服务和上班服务。
- 通过网络功能：例如，工厂设备可能有两种操作模式："维护模式"（用于执行更新，例如蓝图上载、检查设备状态、监视和维护等）和"超级"低延迟工厂模式"，设备接收 uRLLC 命令以执行其职责。用于 uRLLC 工厂切片的 AMF 实例可以专门针对该职责定制，并且不能支持其他服务，例如文件数据库访问等，设备可能必须选择一个模式且不能同时连接到两者。

为了解决上述情况，本研究将：

- 确定现有的 R15 系统流程是否允许对互斥的网络切片进行访问控制。
- 确定在控制对互斥网络切片的访问时是否需要对现有版本 R15 系统流程进行改进，包括 UE 和网络的各个方面。

为了实现这些结果，本研究将回答（不限于）以下问题：

- 哪些信息用于支持 UE 和/或网络中对网络切片的互斥访问；

- 如何支持 UE 选择可以同时为 UE 服务的特定网络切片；
- 上述信息如何用于支持在非漫游和漫游情况下对网络切片的互斥访问；
- 在漫游情况下，当服务 PLMN 支持互斥网络切片时解决方案如何工作，而 HPLMN 不支持（反之亦然）；
- 确定/提供上述信息涉及哪些网络功能以及如何确定和提供；
- 上述信息应该在 UE 中预先配置还是由网络为 UE 动态处理；
- 如何通过网络强制实施对网络切片的互斥访问；
- 系统对现有 R15 的流程有何影响，以使网络能够控制从 UE 到不同网络切片的同时访问；
- 如何确保引入对互斥网络切片的支持不会破坏 R15 UE 的正常运行。

（2）在 EPC 和 5GC 之间实现切片互通

在 R15 中，当 UE 具有在 EPC 中活动的一组 PDN 连接时（CN 已经为其给予了相应的 S-NSSAI），当 UE 移动到 5GC 时，考虑到切片关联到活动的 PDN 连接，未选择服务 AMF。这可能导致 AMF 无法服务 UE 打算移动到 5GC 的所有 PDU 会话的情况。所以 R16 需要研究解决方案：是否可能并且有价值以最小化 EPC 到 5GC 的移动性流程对与 EPC 中激活的 PDN 连接相对应的切片的影响。

该关键问题旨在解决当 UE 在 EPC 和 5GC 之间移动时的以下开放问题，反之亦然。

- 基于与 UE 在 EPC 中具有的激活 PDN 连接相关联的切片来选择 AMF。
- 基于与 UE 在 EPC 中具有的激活 PDN 连接相关联的切片选择适当的 V-SMF。
- 将多个同时 PDU 会话（在空闲和连接模式下）传送到与不同切片相关联并由不同（H-）SMF 服务的相同 DNN。

（3）访问通过其他用户标识符授权和验证的特定网络切片

此关键问题将研究如何提供特定于网络切片访问授权的网络切片，访问身份验证和授权，该授权使用与 3GPP SUPI 不同的用户身份和凭证，它发生在 UE 和 5GS 之间，用于 PLMN 访问授权和认证的主身份验证之后。

特别是，该关键问题将解决：对需要额外授权和身份验证的网络切片的访问控制。

- UE 和网络如何知道网络切片需要额外的授权和身份验证？
- 如何触发和执行附加授权和身份验证，如使用哪些流程以及何时使用？

基于目前识别出的关键问题，SA2 已研究出了若干相应的解决方案。

- 解决方案#1：通过使用 URSP 对网络切片进行互斥访问。
- 解决方案#2：通过 UE 配置对网络切片进行互斥访问。
- 解决方案#3：关键问题#1 的解决方案——UE 感知互斥。
- 解决方案#4：切片组支持对网络切片的互斥访问。

相信随着 R16 研究的深入，上述关键问题将会得到更好的解决，帮助 5G 的端到端切片功能更加完善和成熟，更好地服务于差异化的业务场景。

14.2.2.2　SBA 的增强

3GPP 定义了逻辑功能架构，并且作为 3GPP R15 的一部分，已经定义了逻辑功能的基于服务的架构（如图 14-14 所示），即 3GPP SBA[24]。3GPP R15 SBA 架构定义了一组逻辑网络功能（NF），每个 3GPP NF 可以通过 3GPP 定义的基于服务的接口（SBI）来产生和/或调用一个或多个服务能力（3GPP NF 服务）。但是由于时间的限制，3GPP 并没有完成完整的 SBA 标准化，这就需要在后续的标准版本中不断完善和优化。

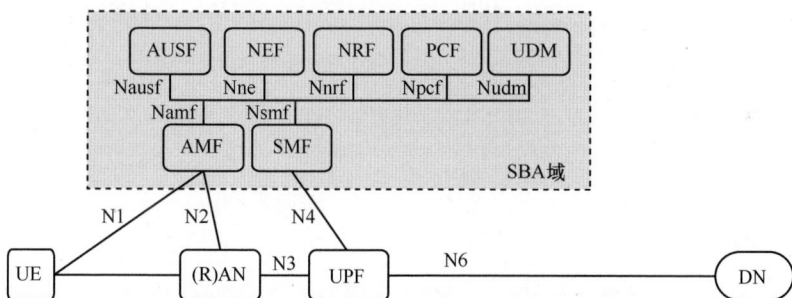

图 14-14　3GPP R15 的基于服务的简化架构

面向 R16 的该研究项目研究和评估对 R15 基于服务的体系结构（SBA）的潜在优化和增强，以便为 5G 系统提供更高的灵活性和更好的模块化，更容易地定义不同的网络切片并更好地重用已定义的服务。此外，也考虑了更好地支持网络功能服务的自动化和高可靠性的机制，涵盖以下方面：

- 优化系统的模块化以提高其灵活性；
- 将服务概念从 5GC 控制平面扩展到用户平面功能；
- 进一步改进服务框架相关方面；
- 考虑高可靠部署的架构支持；

- 研究上述考虑产生的后向和前向兼容性影响。

目前，3GPP SA2 已经识别出七大待优化的关键问题。

（1）系统的最佳模块化

系统的最佳模块化应该体现在以下方面。

- 支持在网络切片内部启用单个/隔离的 5GC 服务的部署/配置，或者由一组网络切片（如对于 AMF 服务的情况）共享，这将：

（a）在定制其功能和特性方面提高系统的灵活性，如用于网络切片；

（b）在一个网络切片或一组网络切片内的服务实例的动态添加和删除以及在独立生命周期管理方面提高灵活性；

（c）启用/增强单一服务的可重用性。

- 描述用于服务的最佳模块化/粒度的原则，以支持实现不同的部署场景（如针对不同 NF 类型的不同级别的服务模块化）/切片类型。

- 实现适当的服务粒度，即与现有服务和功能的 R15 NF 服务定义相比：

（a）删除服务之间的依赖关系，以实现单个/隔离的服务的独立实现和部署。

（b）通过适当的服务建模，使服务能够由他们自己部署而无需强制依赖某个 NF。

（c）阐明服务设计应如何通用，以使功能能够在流程中描述的交互之外使用。

- 研究服务和系统特征（模块）之间的关系，例如确定在必要时应合并服务的位置。

- 澄清服务的自包含、可重用和独立的生命周期管理。

（2）用户面优化

在 R15 中，服务概念已被引入 5G 核心网的控制平面。将研究将服务概念从 5GC 控制平面扩展到用户平面功能，其关键问题将集中在如何将服务概念仅扩展到 N4 接口，而不是扩展到 N3/N6/N9 接口。具体的研究内容如下。

- 如何将 UPF 的特定方面（如它的资源、PDU 会话和用户平面隧道的状态等）集成到基于服务的体系结构模型中，并确保 UPF 的这些方面包含在 SBA 的现有原则和那些将在本项目中新定义的原则中。

- UPF 在 SMF 服务接口上暴露/消费的内容是什么？例如与 PDU 会话和用户平面隧道建立等相关的服务。这包括以下方面：如何在切片内的 UPF 实例处理的会话重新分配中启用运营商策略，例如，在重新平衡总体流量负载或服务特定流量负载的场景以及属于 UPF 实例的所有 UPF 会话或 UPF 会话的子集中重新分配新的/不同的 UPF 实例。基于运营商策略选择 UPF 会话的子集，如与特定服务相关的会话、特定 QoS 或协议的会话或者以特定 DNN 为目的地的会话。这些情景的影响应仅限于 SMF、UPF 以及参与管理此类运营商策略的人员。

注意：在研究中只应解决问题的 SA2 相关方面。

• 将服务结构化分离为控制、报告和暴露服务的可能性。

• 由于 UPF 具有基于服务的接口，对 TS23.501 和 TS23.502 中定义的会话管理过程有何影响？

• 具有服务接口的 UPF 的引导流程，例如，TS23.502 第 4.17 条中定义的流程是否可以重复使用或是否需要定义新流程？

• 在使用 PtP 接口的 UPF 和使用基于服务化接口的 UPF（如在单个 PLMN 内的混合部署中），如何处理会话管理过程，例如 UPF 选择、UPF 搬迁等。

注意：如 eSBA SID 的目标中所述，eSBA 研究中不会对用户平面流量处理产生影响。因此，建议解决此关键问题的解决方案不会影响用户平面流量处理的功能。此外，解决此关键问题的解决方案不应影响 R15 中定义的 N3/N9 隧道协议。

（3）服务框架相关方面的改进

该问题的研究旨在进一步优化基于 5G 服务的架构，具体如下。

• 识别公共服务框架功能集，即不属于服务逻辑的一部分。

• 研究服务框架相关方面的改进，即：

（a）服务寻址和通信，例如通过直接/间接方式；

（b）服务发现、注册和授权，与方向 1 中的优化一致；

（c）当多个实例可用于处理给定的服务操作时，如何选择服务实例；

（d）与 CT4 协调的 5GC 过载处理；

（e）其他与通信/交互相关的功能；

（f）研究在哪里放置公共服务框架功能。

任何解决方案都应该旨在确保可以使用当前以及可能的未来实现技术和 3GPP 外部社区开发的设计模式，并且还应该避免锁定特定技术。

（4）高可靠部署的架构支持

当 5GC 服务部署在云环境中时，预计系统的整体可靠性至少应与当今非基于云的系统的可靠性相同。因此，基于服务的体系结构的设计应该能够无缝替换、添加或删除服务，并且不需要正在运行的组件和新组件的特定（重新）配置（如点对点接口或 UE 特定绑定）。

注 1：假设为 CP NF/NF 服务引入的此功能可以成为超可靠通信（uRLLC）的推动者。

注 2：该关键问题集中在 5GC 的控制平面功能上。

该关键问题将研究支持虚拟化环境（即云构建）中的高度可靠部署的体系结构，包括（非详尽清单）：

- 自动化以支持独立生命周期管理以及 5GC NF 和/或服务实例的故障转移处理。
- 对服务操作的影响，以支持具有和不具有服务实例之间的长寿命 UE 特定绑定的场景，如通过将功能处理与状态存储库或其他机制分离。
- 支持可追溯性和监控，以支持自动化。

注 3：解决方案可以在适用的情况下重用 FS_eNA 中研究的网络自动化的支持功能。

（5）SBA 后向和前向兼容性

该关键问题分析 R15 SBA 的潜在改进。很明显，部署 R15 SBA 的运营商需要具备与 R16 SBA 的兼容性和迁移路径。

虽然每个解决方案的实际后向兼容性和前向兼容性以及从 R15 基线的迁移路径预计将成为相应解决方案评估的一部分，但这个关键问题将：

- 提供后向兼容性和前向兼容性的定义；
- 制定后向和前向兼容性的设计原则以及如何将其应用于 5GC 组件的设计。

（6）系统灵活性和服务供应

系统灵活性可以有效支持网络中的 5G 系统功能。网络可以支持多个系统特征，并且可以在运行中的网络内添加/更新/移除这些系统特征。这个关键问题将研究：

- 识别系统功能的原则；
- 识别并列出 5G 系统提供的系统功能集；
- 如何将系统功能与相关的 NF、系统过程/ NF 服务相关联；
- 对服务框架的潜在增强，以便更好地支持系统功能，例如服务发现；
- 如何根据系统功能配置网络，包括所需的 NF 和/或 NF 服务；
- 系统功能和网络切片之间的关系；

• 具有不同系统功能的不同部署与系统功能的多供应商部署之间的互操作性。

（7）漫游优化

该方向旨在进一步优化漫游 5G 服务架构这一关键问题，包括研究漫游相关的改进。

随着研究的推进，SA2 已经研究定义出针对以上关键问题的相关解决方案。

• 解决方案 1：只需将 N4 替换为服务操作即可。

• 解决方案 2：NF 服务交互模型的修正方案。

• 解决方案 3：分布式服务框架。

• 解决方案 4：分布式 3GPP 感知服务框架。

• 解决方案 5：灵活的服务框架部署。

• 解决方案 6：使用服务代理增强的服务框架。

• 解决方案 7：支持高度可靠的部署。

• 解决方案 8：服务实例之间的临时绑定。

• 解决方案 9：NF/NF 服务可靠性。

• 解决方案 10：5GC 可靠性。

• 解决方案 11：通用网络数据服务。

• 解决方案 12：利用系统功能实现系统灵活性和服务配置。

相信随着 R16 的完善，5G 新核心网的功能必将更加完善，更好地帮助运营商满足未来业务发展的需求，帮助运营商拓展新的业务和新的商业模式，实现 5G 全产业链的繁荣。

14.2.2.3　网络自动化的使能技术[23]

对于 5G 网络的部署和运营来讲，如何简化网络的管理和维护、尽可能地实现网络的自动化是提升 5G 网络运维效率和降低 OPEX 的非常重要的内容。

图 14-15 显示了 R16 中 5G 网络自动化的一般框架，描述了 NWDAF 应该能够从运营商 OAM、AF 和 5GC 网络功能收集数据。

本研究项目的目的是研究和制定如何收集数据以及如何将数据分析反馈到网络功能。作为本研究的一部分，可以定义 NWDAF 和 OAM 之间的信息交换。OAM 和 NWDAF 之间的相互作用应基于用例要求。OAM 可能是 NWDAF 信息的潜在消费者或提供者。此类互动的定义应与 SA5 协调。

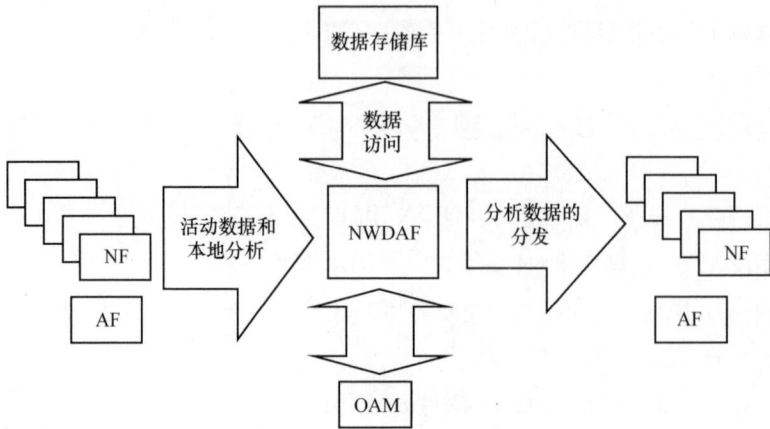

图 14-15　5G 网络自动化的一般框架

对于 OAM 数据的收集，NWDAF 应重用 SA5 定义的现有机制和接口。对于超出 SA5 定义的现有机制和接口的 OAM 信息交换，需要与 SA5 紧密合作。

根据网络部署，AF 可以通过 NEF 与 NWDAF 交换信息，或者使用基于服务的接口直接访问 NWDAF。NWDAF 从数据存储库访问网络数据。

对于 5GC NF，NWDAF 利用基于服务的接口进行通信，以获取网络数据。基于上述数据收集，NWDAF 执行数据分析并向 AF、5GC NF 和 OAM 提供分析结果。反之亦然，将根据所选关键问题的解决方案进行定义。

NWDAF 可以服务属于一个或多个域的用例，例如 QoS、流量控制、尺寸标注、安全性。NWDAF 的输入数据可以来自多个源，并且由消费 NF 或 AF 执行的结果动作可以涉及若干域（如移动性管理、会话管理、QoS 管理、应用层、安全管理、NF 生命周期管理）。

用例描述应包括以下几个方面：

- 一般特征（域：性能、QoS、弹性、安全性；时间尺度）；
- 输入数据的性质（如日志、KPI、事件）；
- 消耗 NWDAF 输出数据的 NF 类型、数据传输方式以及消耗分析的性质；
- 输出数据；
- 由这些分析产生的消费 NF 或 AF 所采取的行动的可能示例；
- 好处，如收入、资源节约、QoE、服务保证、声誉。

3GPP SA2 已经就网络自动化定义了如下的用例。

- 用例 1：如何从 AF 获取信息。
- 用例 2：NWDA 辅助 QoS 配置。
- 用例 3：NWDA 辅助流量处理。
- 用案 4：使用 NWDA 输出自定义移动性管理。
- 用例 5：NWDA 协助确定政策。
- 用例 6：NWDAF 辅助 QoS 调整。
- 用例 7：NWDAF 协助 5G 边缘计算。
- 用例 8：MIoT 终端的性能改进和监督。
- 用例 9：NWDAF 辅助负载平衡/网络功能的重新平衡。
- 用例 10：NWDA 协助确定网络状况振荡的区域。
- 用例 11：预防各种安全攻击。
- 用例 12：NWDA 辅助可预测的网络性能。
- 用例 13：UE 驱动的分析共享。

为了支持以上用例的应用，SA2 同时也定义了需要解决的若干问题，具体如下。

- 关键问题 1：分析信息开放给 5GS NF。
- 关键问题 2：分析信息开放给 AF。
- 关键问题 3：与 5GS NF / AF 进行数据收集的相互作用。
- 关键问题 4：与 OAM 进行数据收集和数据分析开放的互动。
- 关键问题 5：NWDAF 辅助 QoS 配置文件配置。
- 关键问题 6：NWDAF 协助交通路线。
- 关键问题 7：NWDAF 协助未来背景数据转移。
- 关键问题 8：MIoT 终端的性能改进和监督。
- 关键问题 9：根据 NWDAF 输出定制移动性管理。
- 关键问题 10：NWDAF 服务支持选择 NF 实例。
- 关键问题 11：NWDA 协助可预测的网络性能。
- 关键问题 12：支持北向网络状态开放。
- 关键问题 13：UE 驱动的分析。

目前，SA2 就该项目的研究，已经定义了针对以上问题的若干解决方案。

- 解决方案 1：网络数据分析反馈。
- 解决方案 2：网络数据分析反馈。

- 解决方案 3：QoS 配置文件提供。
- 解决方案 4：根据 NWDAF 输出优化注册区域管理。
- 解决方案 5：基于 NWDAF 的寻呼失败预测进行优化。
- 解决方案 6：使用新服务从 NF/AF 收集数据。
- 解决方案 7：根据 NWDAF 输出自定义移动性管理。
- 解决方案 8：MIoT 终端的性能改进和监督。
- 解决方案 9：NWDAF 制定的建议。

当然，该项目的研究还在继续和完善，必将为网络的自动化提供一些最基本的功能。但需要指出的是，网络的自动化并不是在短时间内就可以完全实现的，需要随着网络的部署和运营实践，而不断探索和优化、完善，结合人工智能等技术的发展，逐步走向应用和成熟。

|14.3　小结 |

本章对 5G 网络的不同部署方式、端到端 5G 网络和协议架构、新空口和新核心网的基本特征等进行了总结，并对 R16 的无线网和核心网的增强功能进行了简要的介绍，希望给读者一个整体的了解，详细的协议和流程，请参考其他书籍和 3GPP 的相关标准文本。

|参考文献 |

[1] ITU-R. Requirements, evaluation criteria and submission templates for development of IMT-2020[R]. 2017.

[2] 3GPP 的 ITU 提交建议[Z]. 2018.

[3] 3GPP. Study on new radio access technology: radio access architecture and interfaces (R14): TR38.801[S]. 2018.

[4] Network function virtualization (NFV) management and orchestration: GS NFV-MAN 001 V0.3.14[S]. 2014.

[5] Software-defined networking: the new norm for networks [Z]. 2016.

[6] 中国移动, 华为. 5G 网络切片白皮书[R]. 2018.

[7] 中国 IMT-2020 推进组. 5G 网络架构设计白皮书[R]. 2018.

[8]　3GPP. Revision of study on 5G non-orthogonal multiple access: RP-181403[S]. 2018.

[9]　3GPP. Study on integrated access and backhaul; (R15): TR38.874 V0.3.2[S]. 2018.

[10] 3GPP. Revised SID on NR-based access to unlicensed spectrum: RP-172021[S]. 2018.

[11] 3GPP. WI proposal on NR MIMO enhancements: RP-181453[S]. 2018.

[12] 3GPP. New SI proposal: study on remote interference management for NR: RP-181430[S]. 2018.

[13] 3GPP. SID-RAN NR beyond 52.6 GHz: RP-181435[S]. 2018.

[14] 3GPP. New SID: study on NR positioning support: RP-181399[S]. 2018.

[15] 3GPP. New SID: study on UE power saving in NR: RP-181463[S]. 2018.

[16] 3GPP. New SID on physical layer enhancements for NR uRLLC: RP-181477[S]. 2018.

[17] 3GPP. New SID: study on NR V2X: RP-181429[S]. 2018.

[18] 3GPP. New study item proposal RAN-centric data collection and utilization for NR: RP-181456[S]. 2018.

[19] 3GPP. New WID on DC and CA enhancements (NR_DCCA_Enh): RP-181469[S]. 2018.

[20] 3GPP. New WID: NR mobility enhancements: RP -18143[S]. 2018.

[21] 3GPP. Study on enhancement of network slicing: TR23.740[S]. 2018.

[22] 3GPP. Study on enhancements to the service-based architecture: TR23.742[S]. 2018.

[23] 3GPP. Study of enablers for network automation for 5G: TR23.791[S]. 2018.

[24] 3GPP. System architecture for the 5G system: TS23.501[S]. 2018.

第 15 章

3.5 GHz 5G 样机设计与外场试验

3.5 GHz 是 5G 频率中为数不多的全球统一规划频率, 将实现全球的规模化应用。本章从 5G 的产业化发展思路出发, 以 3.5 GHz 的 5G 基站样机设计为例, 详细介绍 5G 基站的设计和优化思路, 并通过 5G 外场试验全面揭示 5G 系统的无线性能和特点。

　　5G 有望通过为人们提供身临其境的体验，促进所有垂直行业发展的转型和升级，创造一个万物互联的社会。3GPP R15 的 5G 标准定义了 5G 的 eMBB 和部分 uRLLC 场景的技术特征，并且在 2018 年 6 月冻结。根据中国监管机构的计划，5G 将于 2020 年投入商用。为了加速 5G 端到端生态系统的形成，中国移动等运营商在 2017 年启动了 5G 的外场试验，以验证 5G 端到端系统的主要特性和性能，并将根据大规模试验的结果，定义 5G 商用系统的技术规范，指导未来的商业网络建设。本章首先介绍5G产业链的产业推进思路，结合各推进阶段的进展，详细介绍3.5 GHz 5G 基站样机的技术要求以及对样机开发的关键问题的考虑，如大规模天线阵列的天线端口数、CPRI/eCPRI 选择以及整机性能等；最后以广州为例，介绍 5G 样机的外场试验结果。

| 15.1　5G 产业推进规划 |

　　和 4G 相比，5G 旨在提供更高数据速率、更低时延、极高的可靠性、高流量密度以满足 eMBB、uRLLC 和 mMTC 等场景下的未来业务需求。为了实现这些 5G 能力，5G 的基站需要支持更大的带宽、更多的天线、更高的处理能力、更灵活的协议和硬件结构，这些都对基站的产品研发和生产工艺提出了非常高的挑战；另外，5G 的第一个完整的标准版本在 2018 年 6 月才冻结，而商用网的大规模建设将在 2020 年发生，从标准到产品留给产业研发的时间不足 2 年，这相比于 TD-LTE 从标准到产品的 4～5 年时间，时间的压力非常大。所以，为了满足 5G 在 2020 年商用的目标，5G 产品的研发必须改变过去先标准、再产品，然后再业务培育的发展思路，而必须考虑标准制定、产品研发和业务培育并行开展的发展方式，才能大幅缩短整个产业成熟需要的时间。所以，5G 产业发展的整个思路是"以需求为牵引，以外场试验为依托，先硬件、后软件，迭代推进"，具体的时间规划如图 15-1 所示。

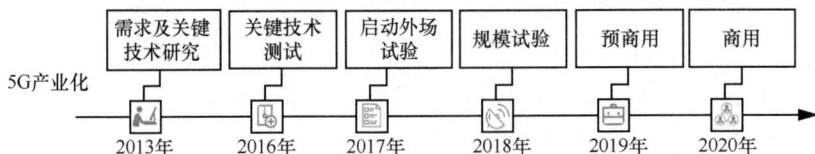

图 15-1　5G 产业推进路线

考虑到标准制定和产业化并行开展，早期的产业化没有最终的标准做参考，所以只能聚焦硬件，先期突破基站等的硬件架构和平台瓶颈，加速产业链的上下游对标，确保 2018 年能够提供满足规模试验要求的预商用产品，2019 年年底能提供商用产品。在标准基本框架确定之后，再全面开展软件协议的迭代，随着标准的逐步完善来滚动迭代 5G 产品的协议和软件版本，逐步满足功能测试、性能测试、互联互通测试、预商用和商用的需求。所以，整个 5G 产业推进工作可以明确规划为 6个阶段。

第一阶段（2013 年以前）：5G 的愿景、需求和关键技术研究。

第二阶段（2013—2016 年）：关键技术的单点测试，基于 LTE 系统，完成 5G单点关键技术测试，验证单点关键技术可行性，2016 年底完成。

第三阶段（2016—2017 年）：启动外场试验，开展系统概念验证，确定 5G 系统的技术框架，推动系统技术和设备平台成熟，在 2017 年第四季度完成。

第四阶段（2018—2019 年）：启动规模试验，面向预商用产品开展，形成面向运营的技术体系，确保在 2020 年实现 5G 商用全面部署。

第五阶段（2019 年下半年）：在少数重要城市启动预商用试验，发放友好用户，提供 5G 业务体验。

第六阶段（2020 年—）：5G 的大规模商用，在全国重要的城市开展 5G 的大规模网络部署，开展大规模的商业应用。

参考工业和信息化部（以下简称工信部）的 5G 频率规划和意见征集，初期的 5G 产业化推进聚焦在 3.5 GHz，围绕满足 5G 空口需求的大带宽、大规模天线和低时延开展基站的平台设计与开发。同时，面向 5G 在室内和热点场景的超高速率、超高容量需求，也同步开展 24.75～27.5 GHz 和 37～42.5 GHz 等高频段应用研究、测试和产业推进工作。综合考虑国家政策、产业成熟度等因素，预计 2020 年将首先聚焦在 6 GHz 以下频段部署 5G，为 5G 网络提供一个基础的覆盖和业务体验，随着 5G 终端渗透率的提高和业务的增长，后续再考虑引入高频段，所以高频段的试验和商用部署时间预计晚于 6 GHz 以下频段 1～2 年。目前，产业发展已经进入第三阶段，即 5G 的大规模外场试验阶段，为 2020 年的 5G 商用全面部署奠定了坚实基础。

国内产业推进在各阶段取得的进展如下。

1. 单点关键技术验证结果

5G 新空口具备超高速率、超低时延、超大连接等特点，可应用于增强移动宽带、低时延高可靠和低功耗大连接三大场景。作为新一代移动通信技术，5G 新空口具备四大关键技术特征：新架构、新频段、新天线、新系统，将在 3GPP 分阶段完成标准制定。

结合产业推进的规划，国内运营商和设备商从 2015 年开始启动 5G 测试工作，并在 2016 年先后完成 7 个厂商 11 项 5G 关键技术样机测试，重点验证了大规模天线（Massive MIMO）、高频段毫米波、新波形、新多址、新编码（Polar Code）、全双工等 5G 单点关键技术的可行性，为 5G 关键技术遴选和标准推动奠定了坚实基础。

关键技术验证的主要结论如下。

大规模天线：采用了三维空间波束成形、控制信道增强、波束管理等先进技术，可提升平均频谱效率 2~3 倍，小区下行频谱效率满足 30 bit/（s·Hz）需求；目前该技术已提前应用于 4G 现网。

高频段毫米波：高频样机在 1 GHz 带宽下，小区多用户速率可达 20 Gbit/s 以上，室外覆盖可达 350 m（29 dBm/24 dBi），支持中低速移动（步行 15 km/h， 40 km/h 车速）的波束跟踪。

新波形、新多址、新编码：性能增益满足理论预期，其中新编码（Polar Code）已被 5G 标准采纳为控制信道编码方案。

2. 系统概念验证进展

系统概念验证阶段的工作同样包含了 6 GHz 以下频率和 6 GHz 以上频率。

（1）6 GHz 以下频段测试进展

为快速构建 5G 低频段产业优势，IMT-2020 推进组组织了 5G 技术研发试验第二阶段（怀柔外场）测试，构建了全球最大的外场试验环境，通过技术试验确定关键技术和指标。此外，国内各运营商也结合自身对 5G 商用网络的理解和产业推进需求，各自开展了面向组网能力验证和产品研发的 5G 外场试验。特别地，中国移动面向 2020 年 5G 商用产品研发，发布了《5G 系统样机及测试指导建议书》，给产业的推进以清晰的指引，并在北京、上海、广州等地开展 5G 系统样机的实验室测试和外场演示，对 6 GHz 以下频段 5G 系统的覆盖、速率、时延、大连接能力等进行了系统性的测试。

在现网站址资源已极度紧张、传输资源建设要求极高的情况下，6 GHz 以下频段 5G 基站能否利用现有站址满足连续广域覆盖场景的覆盖需求，是 5G 能否实现独立组网的关键因素之一。

目前，产业界已分别选取现网密集城区、高楼覆盖等典型场景开展了 1.9 GHz/2.6 GHz、3.5 GHz、4.8 GHz 等不同频段的覆盖对比测试，为后续 5G 组网方案提供了重要的实践依据。

各频段覆盖差异：以 1.9 GHz 为比较基准，在室外覆盖场景，3.5 GHz 覆盖损失 7.3 dB，4.8 GHz 覆盖损失 9.76 dB；在室外打室内的浅层覆盖场景，3.5 GHz 覆盖损失 10～10.5 dB，4.8 GHz 覆盖损失高达 17.7～18.2 dB。

引入 5G 增强方案后的预期控制信道覆盖性能（采用 64 通道大规模天线及控制信道增强方案）如下。

3.5 GHz：若采用 2T4R 高功率终端（26 dBm），在室外场景可达到 1.9 GHz 覆盖；在室内场景可达到 2.6 GHz 覆盖；若采用 1T2R 终端（23 dBm），在室外场景可接近 1.9 GHz 覆盖，在室内浅层场景可接近 2.6 GHz 覆盖。

4.8 GHz：在室内场景无法达到 1.9 GHz 的覆盖效果。

理论计算与初步测试是否可以反映实际部署场景下的覆盖性能，还需在更多丰富场景进一步验证。

速率性能：100 MHz 带宽下，下行单用户峰值速率达 2.3 Gbit/s 以上（全小区仅接入 1 个用户，70%下行资源配比，30%上行资源配比），上行单用户峰值速率达

388 Mbit/s；小区多用户速率可达 6 Gbit/s 以上（全小区 12 用户接入、24 流传输），满足理论预期。

时延指标：单向空口时延 0.41～0.66 ms，满足 ITU 定义的单向空口时延<1 ms 的需求。根据不同的回传条件和组网部署方案，5G 系统将能提供低至 10 ms 量级的端到端时延。

高可靠性：可靠性> 99.999%，满足 ITU 定义的指标需求。

大连接能力：在室外场景，采用新型多址方案，可支持 160+万连接/（小区·MHz·min）。

通过前期对 6 GHz 以下频段 5G 系统的摸底测试，验证了 5G 系统样机可全面满足 ITU 定义的 5G 三大应用场景的技术指标要求，且引入 5G 增强方案后，3.5 GHz 频段控制信道可基本达到 4G 网络覆盖能力。

目前国内外的主要设备厂商基本在 2017 年年底及 2018 年年初完成了第二阶段系统概念验证测试，正加快完善和优化 5G 系统硬件平台，并结合最新冻结的 5G R15 标准，完善 5G 基站的软件和协议，为下阶段开展 5G 规模试验奠定了坚实的技术及产业基础。

（2）高频毫米波测试进展

除了推动 6 GHz 以下低频段，产业界也同步开展 5G 高频段样机的关键技术测试与验证工作，对 5G 高频应用的传输速率、传播特性、部署场景及覆盖能力、关键技术等进行了初步验证，以期为高频毫米波产品的技术要求和应用部署方案提供指导建议。

传输速率：室内场景下，基于 800 MHz 系统带宽、8 通道 256 天线基站、8 通道 8 天线终端配置，单用户峰值速率可达 14 Gbit/s，小区峰值速率可达 24.3 Gbit/s；室外场景下，性能有一定损失，小区峰值速率约为 14.2 Gbit/s。

传播特性：高频信号的遮挡损耗比较大，茂密树冠遮挡损耗为 21～25 dB、车体损耗为 14～20 dB、人体遮挡损耗为 17～18 dB、水泥墙体损耗为 40～60 dB。整体上，高频会比低频有 10～20 dB 额外的损耗。

部署场景及覆盖能力：在室外直射场景下，覆盖范围可达 400～600 m，但遮挡物对传播影响非常大，会导致用户速率急剧下降。在室内部署场景下，直射覆盖范围可达 60 m，但在有水泥墙体遮挡情况下，会导致信号中断。

关键技术：为对抗由于用户移动或受到遮挡导致的掉话，高频需要引入波束跟踪技术。在室外场景，该技术可支持 30～40 km/h 移动速度下的性能需求，能否支持更高移动速率下的波束跟踪需结合实际应用场景进一步验证。

后续还将针对高频组网中的高低频协作、干扰协调和移动性管理等关键技术进行研究与测试验证，并扩大测试规模和场景，促进技术和产品成熟，力争 2021 年左右推动形成端到端商用产品及组网能力。

3. 规模试验规划

随着 5G 标准 R15 的冻结，产业化将进入紧张的产品协议标准的开发与完善、产品性能的优化、多网元互联互通的测试与验证阶段以及运营商面向 5G 组网、规划和优化的试验验证阶段。这些都是 5G 产业推进第三阶段结合规模试验需要研究的重要内容。

目前中国移动、中国电信和中国联通正在依托工信部新一代宽带无线移动通信网重大专项课题 "5G 产品研发规模试验" 开展 5G 产品研发试验，并分为两步实施。

第一步：2018 年 6 月—2019 年 6 月。在 5 城市开展 5G 产品研发规模试验，包括典型室外商用场景和室内覆盖。测试内容重点面向产品验证，包括典型商用环境下的 5G 真实性能验证，发现 5G 端到端在各种典型场景下的应用问题，探索 5G 网络规划方法，实现技术和产业成熟，具备商用网络建设条件。

第二步：2019 年 6 月—2020 年 6 月。在预商用阶段，预计试验城市超过 10 个，每城市形成 100 站以上的网络规模。测试内容重点面向商用准备，包括 5G 组网、建设、优化等内容，形成完整的商用技术体系，具备商用条件。未来 5G 商用部署规模将根据商用需求进行扩展。

目前，国内外产业在工信部最终的 5G 频率分配方案的确定后，已开始面向商用产品的冲刺开发。

|15.2　5G 基站的样机规划和技术要求 |

结合前面提到的 5G 产业推进的第一和第二阶段的进展，产业链上下游已经对 5G 基站的基本功能和要求有了深入的理解。中国移动在 2017 年 2 月世界移动通信大会上发布了《5G 概念样机端到端技术指导建议》[1]，详细规划了 5G 端到端产品的关键技术选择和配置，并在 2017 年的外场试验中得到了进一步的验证。同时，中国移动在 2018 年 2 月的世界移动通信大会上，又进一步发布了《面向 5G 规模试验的技术指导建议书》[2]，全面规划了 5G 端到端预商用产品的功能和性能要求以及关键技术的选择。本节以这两本指导建议为依据，详细介绍 5G 基站的关键技术配置和性能要求。

基站的技术要求旨在为 3.5 GHz 5G NR 宏基站的开发提供指导，这些要求将在 5G 大规模外场试验中得到测试和验证。本章仅介绍宏基站的技术要求，其他类型的基站，例如室内部署的站型，其要求比宏站要简单，本章不做赘述。

1. 关键系统功能

- 工作频段：3 400～3 600 MHz；
- 系统带宽≥100 MHz；
- 下行 SU-MIMO 层的数量：支持 4 个下行 SU-MIMO 层，建议使用 8 个下行 SU-MIMO 层；
- 上行 SU-MIMO 层的数量：支持 2 个上行 SU-MIMO 层，建议使用 4 个上行 SU-MIMO 层；
- 下行 MU-MIMO 层数≥16；
- 上行 MU-MIMO 层数≥8；
- 单用户峰值速率要求见表 15-1 和表 15-2（假设 100 MHz 带宽，下行 70%资源配置，建议使用上行 256QAM）；
- 小区峰值速率要求见表 15-3 和表 15-4；
- 控制平面延迟≤20 ms；
- 用户平面延迟≤4 ms；
- 往返时间（RTT）≤10 ms。

表 15-1　下行单用户峰值速率

支持的流数	调制	峰值速率
≥4	256QAM	≥1.3 Gbit/s
≥8	64QAM	≥2 Gbit/s

表 15-2　上行用户峰值速率

支持的流数	调制	峰值速率
≥2	64QAM	≥175 Mbit/s
≥4	64QAM	≥370 Mbit/s

表 15-3　下行小区峰值

支持的流数	要求的速率
≥ 16	≥ 4 Gbit/s

表 15-4　上行小区峰值速率

支持的流数	要求的速率
≥ 8	≥ 700 Mbit/s

2. RAN 架构

5G 的组网方式分为独立（SA）和非独立（NSA）模式。

SA 模式：使用选项 2 作为示例，NR gNB 连接到 NGC（下一代核心），然后 NGC 连接到 LTE EPC 并与其互操作。不应用 gNB 和 LTE eNB 之间的双连接。

NSA 模式：使用 Option 3x 作为示例，NR gNB 和 LTE eNB 连接到相同的核心网络（EPC）。 gNB 和 eNB 通过双连接聚合在一起。数据流量从 EPC 发送到 gNB，gNB 在分组数据汇聚协议（PDCP）分离模式下通过 eNB 部分地转发到 UE。

比较这两种模式，SA 提供了端到端的 5G 功能，包括网络切片、MEC 等，这使得各种垂直行业的应用成为可能，SA 被认为是 5G 发展的目标建网方式。

（1）CU/DU 架构

根据 5G 协议栈的可能配置方案，逻辑功能架构（CU/DU）分为分布式架构和集成架构，如图 15-2 所示。

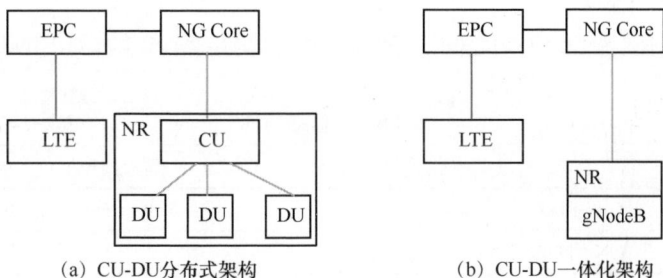

（a）CU-DU分布式架构　　　　（b）CU-DU一体化架构

图 15-2　NR 的逻辑架构

选项 1：对于分布式架构，CU 和 DU 是两个独立的物理实体。例如，协议栈功能部署在 CU 或 DU 上。CU 和 DU 之间的 F1 接口必须遵循最终的 3GPP 规范，且应支持理想和非理想传输网络，以满足不同分割选项的要求。

选项 2：对于集成架构，CU 和 DU 逻辑功能集成在相同的实体（gNB）中，具有完整的协议栈功能。

最终的商用网络将根据现场试验结果验证和确定不同场景中 CU/DU 的不同部署。

（2）硬件要求

- 基带部分（Legacy BBU，CU / DU）

目前有两种类型的 5G 架构：分布式 CU / DU 和集成 CU / DU。对于集成 CU-DU，单个 BBU（CU+DU）必须能够处理至少 3 个小区的数据，每个小区具有 64 个 TRX 路径和 100 MHz 带宽。此外，它必须能够处理具有 4 Gbit/s 下行链路峰值速率和每个小区至少 700 Mbit/s 的上行链路峰值速率的数据。单个 BBU 的最大功耗不应超过 1 000 W。BBU 必须支持多种同步模式，如北斗导航卫星系统（BDS）、全球定位系统（GPS）和 IEEE 1588。对于分布式 CU/DU，一个 CU 必须能够支持至少 100 个 DU、至少 80 Gbit/s 的吞吐量以及最多 5 000 W 的功耗。

- 射频部分

应支持下行链路中的 64 个发送信道和上行链路中的 64 个接收信道，下行链路中的 32 或 16 个发送信道和上行链路中的 32 或 16 个接收信道是备选方案。一个天线阵由 192 个独立单元（16 个水平单元 × 12 个垂直单元）组成。

- 输出功率

应支持载波带宽 100 MHz，输出功率至少为 200 W。

- 发射机暂态周期

在发射机启动和关闭之间切换的瞬态时间满足表 15-5 中列出的要求。

表 15-5　暂态周期

暂态	暂态周期/μs
OFF 到 ON	5
ON 到 OFF	8

- EVM

当使用 64QAM 调制方案和最大发射功率时，有源天线单元的误差矢量幅度（EVM）必须小于或等于 5%。

当使用 64QAM 调制方案时，通道校准后，并且所有发送通道同时被占用，EVM

必须小于或等于 5%。

当使用 256QAM 调制方案和最大发射功率时，有源天线单元的 EVM 必须小于或等于 3.5%。

当使用 256QAM 调制方案时，通道校准后，并同时占用所有发送通道，EVM 必须小于或等于 3.5%。

- ACLR

当使用最大发射功率时，有源天线单元的单通道相邻信道泄漏功率比（ACLR）必须小于或等于 −45 dBc。校准通道并同时使用所有发送通道时，ACLR 也必须小于或等于 −45 dBc。

- 接收机灵敏度

吞吐量应为 3GPP 38.104 中表 7.2.2-1（G-FR1-A1-5）中规定的参考测量信道最大吞吐量的 95% 以上。单通道的接收机灵敏度小于或等于 −97 dBm。多个通道的接收机灵敏度小于或等于（$-94-10\log N$）dBm，其中 N 表示接收通道的数量。

- EIRP

在正常大气温度下，额定等效全向辐射功率（EIRP）在法线方向上大于或等于 78 dBm。

- EIS

吞吐量应为 3GPP 38.104 中表 7.2.2-1（G-FR1-A1-5）中规定的参考测量信道最大吞吐量的 95% 以上。对于设备，等效各向同性灵敏度（EIS）小于或等于 −122 dBm。

（3）天线部分

天线必须支持 3 400～3 600 MHz 频段和 192 个天线单元。根据 RF 通道的数量，天线可以分为 16 通道设备、32 通道设备和 64 通道设备。在天线阵列的水平方向上，天线必须支持 16 个独立的阵列元件。

广播波束是时分固定角度扫描波束，并且支持最多 8 个广播波束。广播波束的数量可根据场景进行配置。两个相邻波束之间的重叠水平不小于两个波束最大增益的 3 dB，波束的下倾角为 6°（所有合成波束的最大增益）。波束增益根据通道数量而变化，64 通道、32 通道和 16 通道的增益分别为 25 dBi、24 dBi 和 23 dBi。垂直 3 dB 波束宽度大于或等于 6°，水平 3dB 波束宽度小于或等于 15°。垂直旁瓣电平不能超过 −12 dB，前后比必须超过 25 dB。

必须支持多个数据通道波束。

3. 软件功能要求

（1）系统配置

• 系统参数

支持 100 MHz 小区带宽和小区带宽调整；支持 30 kHz 子载波间隔（SCS）；建议支持 15 kHz 和 60 kHz。

• 帧结构

支持统一灵活的 TDD 帧结构配置；支持静态和半静态帧结构配置；建议使用动态帧结构配置；支持下行/上行切换 GP 持续时间和起始位置可配置；支持单期和串联两期；支持 2 / 2.5 ms 周期；建议使用 1 / 0.5 ms 周期。

帧结构示例 1 设置如下：

• 传输周期为 2.5 ms；

• 支持 2～4 符号 GP 配置（例如 4 个符号 GP）；

• #0、#1、#2 时隙每 2.5 ms 固定为下行时隙。#3 时隙是下行-GP-上行格式中的下行为主的时隙。 SSB 信号可以在 #0、#1、#2、#3 时隙中传输。#4 时隙固定为上行时隙，PRACH 可以在 #4 时隙中传输。

帧结构示例 1 如图 15-3 所示。

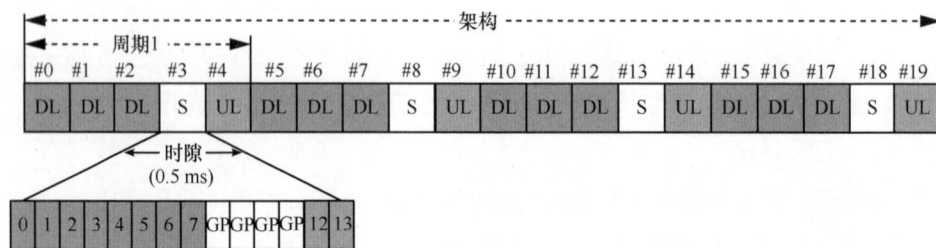

图 15-3　帧结构示例 1

帧结构示例 2 设置如下：

• 传输周期为 2 ms；

• 支持 2～4 个符号 GP 配置（例如 4 个符号 GP）；

• #0、#1 时隙每 2 ms 固定为下行时隙。#2 时隙是下行-GP 格式中的下行为主的时隙。SSB 信号可以在 #0、#1、#2 时隙中传输。#3 时隙固定为上行时隙，PRACH 可以在 #3 时隙中传输。

帧结构示例 2 如图 15-4 所示。

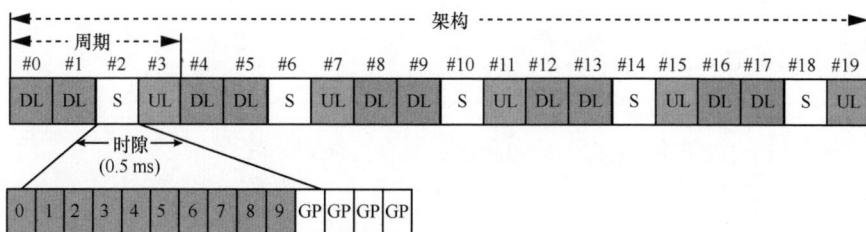

图 15-4 帧结构示例 2

帧结构示例 3 设置如下：

- 传输周期为 2.5 ms + 2.5 ms；

- 支持 2～4 个符号 GP 配置（例如 4 个符号 GP）；

- 在前 2.5 ms 内，#0、#1、#2 时隙固定为下行时隙，每 2.5 ms+2.5 ms，#3 时隙是下行-GP 格式中的下行为主的时隙，SSB 信号可以在#0、#1、#2 时隙中传输，#4 时隙是上行为主的时隙，PRACH 可以在 #4 时隙中传输；

- 在第二个 2.5 ms，#5、#6 时隙固定为下行时隙，每 2.5 ms+2.5 ms。#7 时隙是下行-GP 模式中的下行为主的时隙。#8、#9 时隙固定为下行时隙，PRACH 可以在 #8、#9 时隙中传输。

帧结构示例 3 如图 15-5 所示。

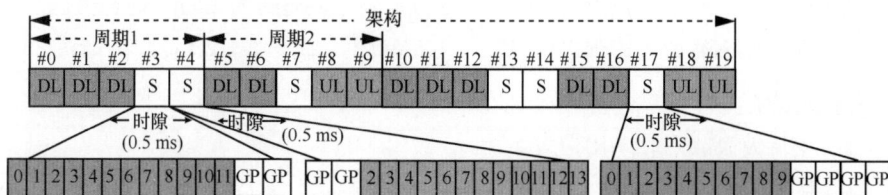

图 15-5 帧结构示例 3

注意：可以调整 GP 在以上所有情况下的持续时间和位置，鼓励其他框架配置支持试用。

- 波形

（a）下行链路：循环前缀-正交频分复用（CP-OFDM）；

（b）上行链路：CP-OFDM 和离散傅立叶变换扩频 OFDM（DFT-S-OFDM）；支持为免调度 PUSCH 配置波形；支持通过重新配置或 PDCCH 指示调整上行波形。

- 多址

支持上行和下行的正交多址（OFDMA）。

- 信道编码

（a）上行和下行数据信道：LDPC；

（b）上行和下行控制通道：Polar 码。

- 调制方案

（a）下行链路：支持 QPSK、16QAM、64QAM 和 256QAM；

（b）上行链路：支持 π/ 2-BPSK、BPSK、QPSK、16QAM 和 64QAM，建议使用 256QAM。

- 带宽部分（BWP）

可以为用户配置全带宽 BWP；每个用户可以配置 1～4 个 BWP。每个 BWP 的起始位置和带宽是可配置的。

（2）物理信道配置

- PBCH

（a）支持广播（包括 PBCH 和 PSS / SSS）波束成形；

（b）支持 PBCH 周期，可配置范围为 5 ms、10 ms、20 ms、40 ms、80 ms、160 ms，默认值为 20 ms；

（c）支持可配置的 SSB 数量（1～8）；

（d）支持 8 个波束，增强上行链路—下行链路转换周期为 2.5 ms 时的覆盖范围；

（e）支持 6 个波束，增强上行链路—下行链路转换周期为 2 ms 时的覆盖范围。

- PDCCH

（a）支持波束成形和多用户复用；

（b）支持动态调整 PDCCH 占用符号，范围为 1～3 个 OFDM 符号；

（c）支持基于 UE 链路质量的 PDCCH 链路自适应，动态调整 PDCCH 占用的 CCE（1、2、4、8 和 16）；

（d）支持非交织和交错的 CCE 到 REG 映射；

（e）支持传输格式 Format0_0、Format0_1、Format1_0 和 Format1_1，推荐传输格式为 Format2_0、Format2_1、Format2_2 和 Format2_3。

- PRACH

支持 PRACH 格式 0、格式 B4（15 kHz、30 kHz）和格式 C2（15 kHz），建议

格式 3。

- PUCCH

（a）支持 PUCCH 格式 0、格式 1、格式 2 和格式 3，建议格式 4；

（b）支持时隙间和时隙内跳频模式；

（c）支持 PUCCH 上的周期性 CQI / PMI / RI 报告以及不同多天线传输模式下的报告模式。

- 同步参考信号

支持在 SSB 中传输 PSS / SSS，并通过波束扫描支持 SSB 覆盖增强。

- 解调参考信号（DMRS）

（a）当使用 PDSCH 映射类型 A 时，基于 SU-MIMO 和 MU-MIMO 端口的数量发送类型 1 和类型 2 DMRS，推荐 PDSCH 映射类型 B；

（b）当使用 PUSCH 映射类型 A 或类型 B 时，上行波形 CP-OFDM 用于配置类型 1 和类型 2 DMRS，上行波形 DFT-S-OFDM 可用于配置类型 1 DMRS；

（c）支持 PDCCH DMRS，支持 PDCCH USS 波束成形，增强其覆盖范围，支持 PBCH、PDCCH CSS 波束扫描，增强覆盖；

（d）建议根据频率偏移估计为高速场景配置额外的 DMRS。

- 探测参考信号（SRS）

（a）支持为每个 TDD 占空比配置 2 个符号 SRS 资源；

（b）支持配置 UE 5 时隙 SRS 周期；

（c）当用户数量增加时，首先使用 FDM 和 CDM 用户获取 SRS 资源；

（d）支持 4 端口 SRS 的天线选择。

- 信道状态信息–参考信号（CSI-RS）

（a）支持配置多组 CSI-RS 资源，用于无线资源管理（RRM）/无线链路管理（RLM）、信道状态信息（CSI）测量和跟踪参考信号（TRS）测量；

（b）支持配置单端口 CSI-RS 进行连接模式 RRM / RLM 测量，支持多波束扫描；

（c）支持配置多组 CSI-RS 资源，用于无线资源管理（RRM）/无线链路管理（RLM）、信道状态信息（CSI）测量和跟踪参考信号（TRS）测量；

（d）支持配置单端口 CSI-RS 进行连接模式 RRM / RLM 测量，支持多波束扫描；

（e）支持 4 端口 CSI-RS 波束成形，进行信道质量指示（CQI）测量；

（f）支持 CQI 和预编码矩阵指示（PMI）测量的 4 端口 CSI-RS 波束扫描；

（g）建议使用 16 端口/ 32 端口 CSI-RS 进行 CQI 和 PMI 测量；

（h）可以为 TRS 配置单端口 CSI-RS。

（3）空中接口基本过程

• 随机访问

（a）支持 PRACH 周期的静态配置，启动 PRB；

（b）支持基于竞争和非竞争的随机接入；

（c）支持不同小区范围和高/低速小区的根序列、NCS 和高速标志配置。

• 功率控制

（a）支持 PRACH 初始功率配置和上升步骤；

（b）支持 msg3/PUCCH/PUSCH/SRS 闭环功率控制；

（c）支持 PUSCH、PUCCH 和 SRS 的开环功率控制；

（d）建议单独使用 SRS 和 PUSCH 闭环功率控制；

（e）支持 SSB / SIB /寻呼/ MSG2 及相关的调度功率配置，功率最大提升至 6 dB，实现更好的覆盖；

（f）支持 CSI-RS 功率偏移可配置。

• 调度

（a）支持基于 QoS 的调度；

（b）支持在普通时隙和下行/上行交换点的时隙进行调度，建议调度包含 2、4 或 7 个符号的小时隙；

（c）支持上行/下行资源指示 type 0 和本地化 type 1，建议采用分布式 1 模式；

（d）支持 PDSCH 静态 PRB BundleSize 配置（PRB-bundling = OFF），默认值为 2；

（e）支持从上行 Grant PDCCH 到 PUSCH=1 的最小时隙间隔；

（f）支持从上行 Grant PDCCH 到 PUSCH（范围：2～8）的最小时隙间隔，支持基于帧结构、UE 能力和 PDCCH 资源限制状态动态调整时隙间隔长度；

（g）建议支持从上行 Grant PDCCH 到 PUSCH 的最小时隙间隔为 0；

（h）支持从 PDCCH 到 PDSCH 的最小时隙间隔 0，从下行 Grant PDCCH 到 PDSCH 间隔的最小时隙间隔为 0～8；

（i）支持 8 个逻辑信道组（LCG），每个 LCG 的 LCG 和 SR 资源分配正确；

（j）支持上行 type 2 免调度 PUSCH；

（k）建议支持上行类型 1 免调度 PUSCH；

（1）建议支持多个 UE 复用免调度 PUSCH 资源，以提高资源利用率。

• 链路适配

（a）支持上行/下行链路自适应，根据信道质量调整调制和编码级别；

（b）根据信道质量和数据量支持合理的 TB 大小选择，保证 Padding 速率；

（c）支持 PUCCH 或 PUSCH 上的周期性宽带和窄带 CQI/PMI/RI，建议在 PUSCH 上接收非周期宽带和窄带 CQI/PMI/RI；

（d）支持上行和下行频率选择调度。

• 混合自动重传请求（HARQ）过程

（a）上行和下行增量冗余（IR），支持至少 4 种冗余版本；

（b）支持上行/下行异步适配 HARQ；

（c）每个 UE 支持 16 个上行 HARQ 进程和 16 个下行 HARQ 进程；

（d）建议使用基于代码块组（CBG）的 HARQ 处理，单个 TB 包含最多 8 个代码块（CB）；

（e）支持上行 PUSCH 初始传输与重传的相关 PDCCH 之间的最小时隙间隔=2；

（f）支持 HARQ-ACK 空间捆绑和非 HARQ-ACK 空间捆绑；

（g）支持动态码本，建议使用半静态码本；

（h）支持 HARQ ACK 反馈与相关下行重传之间的最小时隙间隔=2。

• 加密和完整性保护

（a）支持加密/解密算法；

（b）支持 RRC 的完整性保护；

（c）建议对 PDCP 数据进行完整性保护。

• 设备省电

（a）支持 RRC_connected 模式下的长短 DRX，节省功耗；

（b）支持 IDLE 模式下的默认寻呼 DRX；

（c）建议在空闲模式下使用专用寻呼 DRX。

• 上行链路数据压缩（UDC）

（a）建议使用 PDCP 报文的 UDC。

（b）建议使用数据无线承载（DRB）的上行报头压缩（仅上行链路 ROHC）。

• PDCP 重复

建议使用 PDCP 复制。

（4）多天线基本功能

• 传输模式

上行支持基于码本的传输模式，建议上行使用非基于码本的传输模式。

• MIMO 能力

（a）下行和上行支持 SU-MIMO 和 MU-MIMO；

（b）支持下行最多 4 流 SU-MIMO，推荐 8 流 SU-MIMO；

（c）支持上行最多 2 流 SU-MIMO，推荐 4 流 SU-MIMO；

（d）支持上行 MU-MIMO，每个用户最多 2 流；

（e）支持下行 MU-MIMO，每个用户最多 4 流。

• 波束管理

支持基于覆盖要求的公共 PDCCH 覆盖增强，如 SSB、CSI-RS、RMSI 等；根据上行链路 SRS 或测量报告，UE 区分选择下行链路波束以增加覆盖范围。

（5）无线电资源控制

• 系统信息（SI）

系统支持 RRC 发送系统消息和请求支持系统消息最小 SI 和其他 SI；支持 RRC 发送系统消息并请求支持定期广播最小 SI 和按需转移其他 SI。

• RRC 连接控制

（a）支持 RRC 建立、重新配置、重建和发布；

（b）支持数据 DRB 的建立、重新配置和释放；

（c）支持 RRC_INACTIVE 状态和连接暂停的快速连接建立。

• 寻呼功能

（a）支持 CN 的寻呼功能；

（b）支持基于 RAN 区域（RNA）的寻呼；

（c）支持 RAN 上的寻呼区域更新（RAU）。

（6）无线电资源管理

• 测量和移动性管理

（a）支持测量接收到的干扰功率（包括热噪声）；

（b）支持 RSRP/RSRQ/SINR 测量配置，包括频率内和频率间测量；

（c）支持 SSB 测量；

（d）支持基于事件的测量；

（e）支持基于 RSRP、RSRQ 和平均波束功率的 RAT 内小区选择和小区重选，可以根据频率配置小区优先级；

（f）支持多种可配置的频率间测量；

（g）支持运营商根据用户移动速度配置小区重选参数；

（h）支持基于 RSRP/RSRQ/SINR 的 Xn 频率内和频率间切换，切换阈值是可配置的；

（i）支持基于 RSRP/RSRQ/SINR 的 Gn 频率内和频率间切换，切换阈值是可配置的。

• 接入控制

（a）支持新用户的准入控制；

（b）支持访问优先级，可根据运营商的要求进行配置；

（c）支持语音用户的优先访问。

• QoS 保证

（a）支持非 GBR 和 GBR 服务；

（b）支持扩展 5QI，支持运营商定制 5QI 级别和相应参数；

（c）支持基于 5QI 的切换，建立与 5QI 对应的 DRB 的 UE 切换到特定频率或 RAT。

• 服务数据适应

（a）支持基于切片标识了解网络切片；

（b）支持基于切片标识选择 AMF；

（c）SDAP 层支持从 QoS 流到 DRB 的映射，包括 QFI 和 RQ。

（7）无线接口功能

• NG 接口

（a）支持 NG 接口管理、PDU 会话管理、UE 上下文管理、UE 移动性管理、寻呼、RAN 配置转移和负载管理；

（b）每个 gNB 至少支持多个 NG 接口。

• Xn 接口

支持 Xn 管理、UE 移动管理、省电；每个 gNB 至少支持多个 Xn 接口。

• F1 接口

支持 NG 接口管理、UE 上下文管理、RRC 消息传输、其他 SI 和寻呼消息传输；

每个 gNB-CU 支持多个 F1 接口。

（8）语音服务解决方案

• VoNR

（a）支持 VoNR 业务设置，默认承载 5QI 5 和专用承载 5QI 1，分别用于 SIP 信令和语音业务；

（b）建议优先访问和调度 VoNR 服务；

（c）支持 ROHC。

• EPS 回落

支持拒绝 5QI 1 承载建立请求并回复正确原因，触发核心网发起对共址 LTE 小区的 QCI1 承载建立请求；在承载建立期间支持 5QI 1 承载切换到共址的 LTE 小区，然后通过 NR 覆盖中的 VoLTE 完成呼叫建立。

（9）互操作

• 数据服务互操作

（a）支持 4G/5G 双向重选；

（b）支持 4G/5G 双向切换。

• 语音服务互通

支持在 SA 网络的 NR 网络覆盖范围内发起语音呼叫时，切换到 VoLTE 完成呼叫；支持 VoNR 切换到 VoLTE，保证 SA 网络边缘的语音业务连续性。

（10）网络信息开放功能

• 室内定位

（a）建议测量组合小区中每个 RRU 收到的 SRS 的强度；

（b）建议报告 UE 测量的 SRS 强度，并使用 UE IP 地址进行识别。

• 跨层优化

建议将选项字段添加到 TCP 上行 ACK 反馈包的头部，以将无线信息发送给 TCP 服务器；建议根据 IP 流量估计空中接口的下行带宽和可用的 PDCP 缓冲区。

|15.3　5G 基站样机开发 |

基于第 15.2 节的对 5G 基站的技术要求，国内外设备厂商围绕 3.5 GHz 频率，开发了 5G 基站样机，可基本满足对预商用网络基站的技术要求，后续随着产品的进一步优化，其性能将有进一步的提升。

对于基站样机的设计和开发，除总发射功率 200 W 和 100 MHz 带宽要求外，最大的挑战来自于大规模天线的设计和优化。本节围绕大规模天线设计的独立射频通道数的选择、CPRI 和 eCPRI 的选择，概述 5G 基站开发的优化过程。

15.3.1　RF 通道数的选择

对于 3.5 GHz 频率，考虑铁塔对天面尺寸的要求，迎风面小于 0.5 m^2，考虑半波长的水平方向阵元间距以及 0.75 波长的垂直方向间距、阵子的双极化，所以一副天面总共可以布设 192 个阵子，每个极化方向 96 个，如图 15-6 所示。

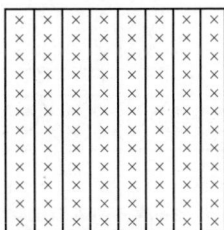

图 15-6　3.5 GHz 所能采用的天线尺寸和天线数

考虑系统性能的提升与硬件复杂度之间的折中，需要优化 AAU 所支持的 RF 通道数，也就是独立的天线端口数。为便于优化基带的数字信号处理，天线端口数通常选择 2 的幂次个，如 2、4、8、16、32、64、128。

对于大规模天线来说，一个很重要的增益就是来自于对波束成形的垂直维度的扩展，在高楼场景可以带来大幅度的功率效率和覆盖效率的提升。结合现网的统计数据，可以看出，在不同的环境，考虑典型的天线高度，需要不同的垂直维度的波束扫描张角。

- CBD：平均站高 30 m，ISD<200 m，平均建筑高度 40～60 m，站点占比 10.8%，垂直扫描张角 25°～40°。
- 密集城区：平均站高 30 m，ISD 为 200～400 m，平均建筑高度 30～50 m，站点占比 29.5%，垂直扫描张角 15°～25°。
- 城区：平均站高 33 m，ISD 为 400～600 m，平均建筑高度 30～50 m，站点占比 47.8%，垂直扫描张角 10°～18°。

- 城郊：平均站高 35 m，ISD 为 600～1 000 m，平均建筑高度 15～35 m，站点占比 11.9%，垂直扫描张角 6.5°～10°。

所以，需要充分考虑垂直方向的波束扫描能力，采用 3 维的 MIMO（3D-MIMO）的天线端口映射将很好地利用垂直维的 MIMO 自由度，否则垂直面的功率效率将大幅降低。

同时，以 64 阵元为例，对天线端口的水平和垂直布局的不同方案进行了仿真对比[3-4]，可以看出，由于水平方向的角度范围很大，在水平方向部署更多的阵子将带来更大的 MIMO 性能增益。图 15-7 是 64 阵元的 3 种排列方式分别为 8×8、16×4 和 32×2。

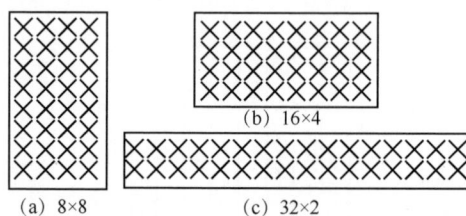

图 15-7　64 阵元的不同排列方式

图 15-8 是 3 种排列方案在城区宏小区环境下（站间距 500 m）的用户接收吞吐量（UPT）的对比，图 15-9 是城区微小区环境下（站间距 200 m）用户接收吞吐量的对比。从仿真的结果可以看出，水平方向的天线阵子越多，性能增益越大。但是从图 15-7 可以看出，水平方向阵子越多，天面越宽，越不利于实际的工程部署。

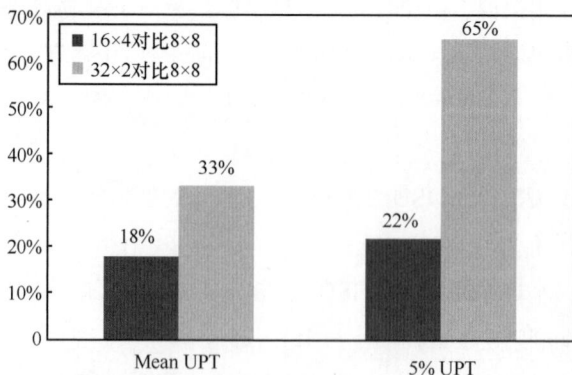

图 15-8　城区宏小区场景下的用户吞吐量对比[4]

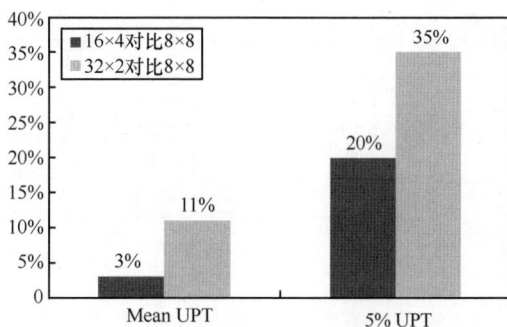

图 15-9　城区微小区场景下的用户吞吐量对比[4]

　　另外，从工程实施的角度看，水平方向的天线宽度不宜太大，而更希望天线的垂直面的高度更高一些，便于天线在抱杆和铁塔上的安装。

　　所以折中的选择就是水平维布局 8 个双极化的阵子（16 阵子），这样既可以有更大的水平维度增益，又不至于天线面太宽。所以，192 天线阵子的最优布放如图 15-6 所示，水平 8 个双极化阵子，垂直 12 行阵子。

　　基于图 15-6 的 192 天线阵子的布放，可选的 3D-MIMO 的天线端口映射就包含 16、32、64。综合考虑基带的处理复杂度和硬件的复杂度与成本，将在 16、32 和 64 之间选择，如图 15-10 所示。

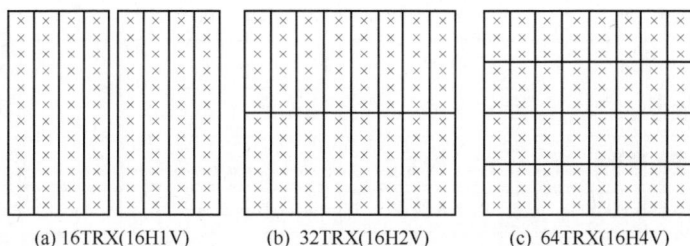

(a) 16TRX(16H1V)　　(b) 32TRX(16H2V)　　(c) 64TRX(16H4V)

图 15-10　大规模天线的阵子分布和逻辑映射

　　如图 15-11 所示，对上述 3 种天线端口的 3D-MIMO 进行了性能仿真比较，从仿真结果可以看出，16 通道的性能最低，32 通道的次之，64 通道的性能最高。

　　同时，不同天线端口的物理能力对比见表 15-6，可以看出，64 通道更适合 5G 部署初期的密集城区和城区的覆盖需求。所以初期的产业化可以聚焦在 64 端口，同时也可以考虑针对其他场景，如农村等场景下不需要垂直维扫描能力的更低成本的 16 通道产品。而 32 通道由于在垂直方向的自由度仅为 2,考虑到一些天线的非理想，其垂直维度的波速扫描能力将非常有限，所以不建议采用。

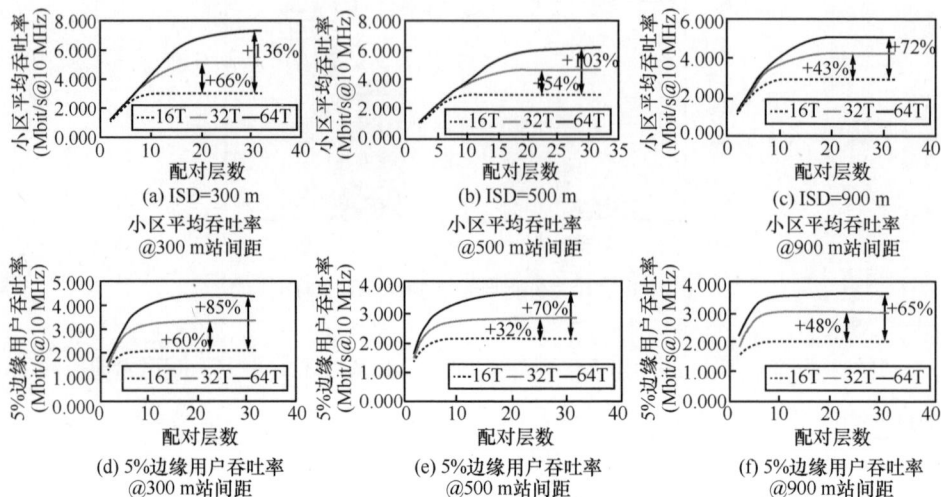

(a) ISD=300 m
小区平均吞吐率
@300 m站间距

(b) ISD=500 m
小区平均吞吐率
@500 m站间距

(c) ISD=900 m
小区平均吞吐率
@900 m站间距

(d) 5%边缘用户吞吐率
@300 m站间距

(e) 5%边缘用户吞吐率
@500 m站间距

(f) 5%边缘用户吞吐率
@900 m站间距

图 15-11　不同天线端口的性能比较

表 15-6　不同天线端口的天线综合能力对比

天线端口数	16T(16H1V)	32T	64T
水平波宽（单列）	90～100	90～100	90～100
水平扫描角	20～100	20～100	20～100
垂直扫描角	0	0～12	0～25
水平覆盖提升	基线	0	0
垂直覆盖提升	基线	3～5	5～7
公共信道扫描方式-水平	～8 波束	～8 波束	～8 波束
公共信道扫描方式-水平+垂直	不支持	$n(V)+m(H)$, $n+m\leqslant 8$	$n(V)+m(H)$, $n+m\leqslant 8$

15.3.2　CPRI/eCPRI 的选择

对于支持 100 MHz 带宽、64 天线端口的 3.5 GHz 3D-MIMO 天线，由于考虑 RF 和天线的一体化集成（AAU），需要定义 AAU 和基带处理之间的接口。考虑传统的 CPRI，需要的接口速率计算见表 15-7。

表 15-7　不同带宽和天线端口数的 CPRI 速率

系统带宽	单载波采样率	通道数	量化比特	编码方式	CPRI 带宽
20 MHz	30.72 Mbit/s	8	16	10B/8B	9.8 Gbit/s
60 MHz	30.72 Mbit/s	8	16	10B/8B	29.5 Gbit/s
100 MHz	122.88 Mbit/s	16	16	66B/64B	64.9 Gbit/s
100 MHz	122.88 Mbit/s	64	16	66B/64B	259.5 Gbit/s

所以，对于 100 MHz 和 64 天线端口的 3.5 GHz 样机来说，如果考虑传统的 CPRI，需要 3 根 100 Gbit/s 的光纤，特别是对于 C-RAN 的集中化部署场景，对光纤的要求量将是非常巨大的，实际难以满足容量的要求。同时，目前前传接口的光模块成本比较高会导致基站成本大幅上升，所以需要考虑优化的解决方案以及加快推动 100 Gbit/s 光模块的成熟和成本下降。

（1）CPRI 压缩

CPRI 压缩方案：通过降低采样率和量化比特数以降低接口带宽，比如 2.6:1 的压缩率，这样可以用一个 100 Gbit/s 的光模块满足容量的需求，大幅降低成本，同时光模块数量少，接口的复杂度低，对重量的增加最少。目前，100 Gbit/s 的光模块预计 2020 年前可以成熟，并且成本可以大幅度下降，满足 2020 年 5G 商用部署的需求。

（2）eCPRI

eCPRI 方案：将一部分物理层（PHY 层）功能上移到 AAU 中，如在下行仅传输编码后的数据，在上行仅传输空间处理（MIMO 处理）之后的数据，如图 15-12 所示，从而降低前传接口带宽。

eCPRI 的基带上移可以有不同的定义，如图 15-12 所示，实线以下或者虚线以下的功能都可以上移到 AAU，移得越多，对 AAU 的挑战越大。

eCPRI（方案 1）：25 Gbit/s，AAU 完成 Digital BF、信道估计/均衡等功能。由于基带上移到 AAU，为了降低对功耗、体积的影响，可简化算法以降低处理复杂度，进而损失 3D-MIMO 的性能。

eCPRI（方案 2）：2×25 Gbit/s，AAU 主要完成 Digital BF 的功能，如使用空间滤波相当于做了矩阵降维的处理，性能取决于算法实现，如滤波使用的导频（SRS 或 DMRS），性能需要验证。

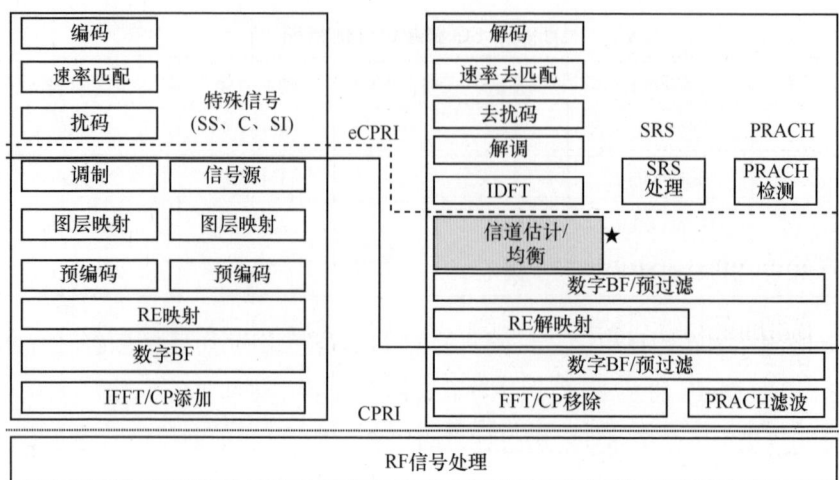

图 15-12　CPRI 和 eCPRI 的接口划分方案

对于 eCPRI 解决方案，虽然解决了接口容量的问题，但是带来了许多新的问题和风险，需要在后续产业化中充分重视和考虑：

- 增加 AAU 的重量、体积和功耗，增加工程部署和施工难度；
- PHY 功能上移，为了优化重量、功耗和体积，可简化算法性能，进而影响基站的整体性能；
- PHY 功能上移，增加 AAU 的故障率，增加未来天面操作的概率，潜在增加网络维护成本。
- 基带上移，现有的能力可能难以满足未来更先进、更复杂的物理层功能的要求，影响基站的前向兼容性。

15.3.3　整机性能

结合产业的整体论证，目前设备厂商围绕 3.5 GHz 的 64 天线端口的基站开展了样机的设计与开发工作，并开始了实验室的测试，从测试结果来看，基本满足预商用产品的技术要求。

目前整机的重量、尺寸、体积基本满足铁塔对 AAU 的要求，见表 15-8。3.5 GHz 5G 基站 AAU 整机外观如图 15-13 所示，3.5 GHz 5G 基站 AAU 拆卸天线阵列后的整机外观如图 15-14 所示，3.5 GHz 5G 基站 AAU 的大规模天线阵列如图 15-15 所示。

表 15-8　5G 样机的几何特征

体积	880 mm×450 mm×140 mm
迎风面/m^2	0.4
重量/ kg	～43

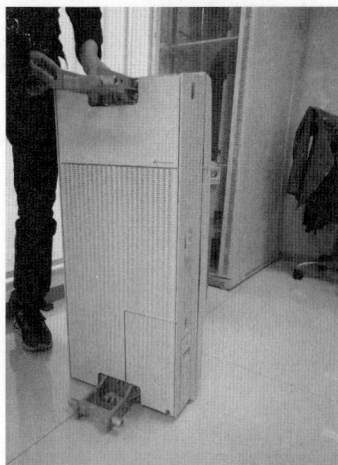

图 15-13　3.5 GHz 5G 基站 AAU 整机外观

图 15-14　3.5 GHz 5G 基站 AAU
拆卸天线阵列后的整机外观

图 15-15　3.5 GHz 5G 基站 AAU 的大规模天线阵列

　　为了在实验室开展对 3D-MIMO 的性能测试，构建了基于基带多用户信道模拟的测试环境，其原理如图 15-16 所示，一个 3D-MIMO 基站的 RF 端口通过射频线缆连接到 MIMO 信道模拟器，信道模拟器再连接到多个测试 UE，通过 MIMO 信道模拟器来模拟多用户的 3D-MIMO 信道，从而在实验室完成多场景下的基站基带多用户的性能。具体的实验室环境如图 15-17 所示。

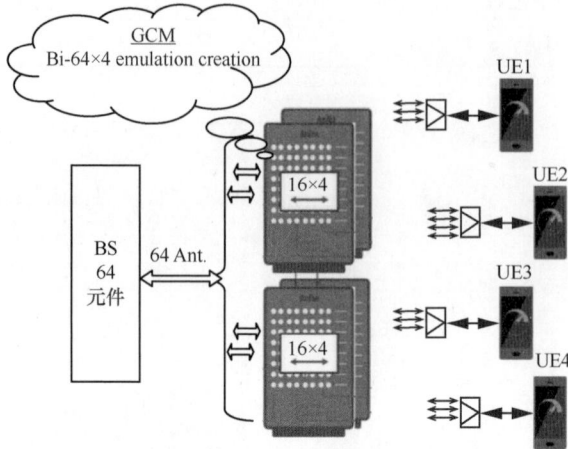

图 15-16　3D-MIMO 基站的多用户性能测试原理

图 15-17　3.5 GHz 5G 基站的 3D-MIMO 实验室多用户测试平台

　　另外，由于 3D-MIMO 产品涉及了大规模的天线阵列，天线阵列本身对整个基站的性能影响也是不可忽视的，所以在测试中也有必要对 3D-MIMO 基站包括基带、射频和天线阵列在内的整体进行实验室的性能测试，以保证其符合预期的性能，而不是仅仅靠复杂的外场试验环境去验证。为了实现这个测试，必须通过空口（Over The Air，OTA）的测试方式来实现测试平台的搭建，具体的原理如图 15-18 所示，基站被放置在暗室之中，信号通过暗室的探头进行采集和发送，再配合信道模拟器来模拟整个空间信道，再连接测试终端实现整个端到端链路的性能测试。具体的测试暗室如图 15-19 所示。对于这种测试方式，可以大幅减少测试的连接线的数量和接口，大大降低测试的复杂度和测试环境的可靠性，提升测试的效率。

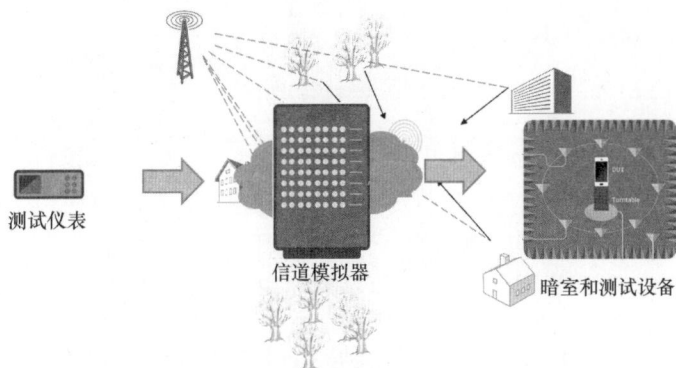

图 15-18 MIMO OTA 测试原理

图 15-19 OTA 测试暗室

针对 OTA 测试，可以测试基站的不同信道的空间扫描能力和精度，基站的整机有效辐射功率（EIRP）、ACLR 等指标。一个 OTA 测试结果的例子如图 15-20 所示。

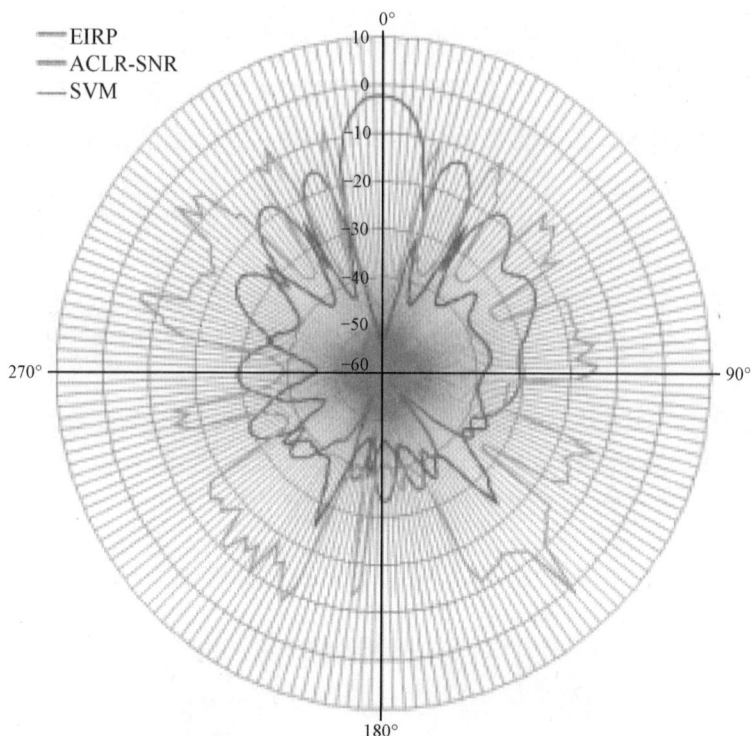

图 15-20　OTA 暗室测试的测试结果示例

| 15.4　5G 样机的外场试验 |

为了尽早对 5G 系统组网、覆盖等性能进行摸底验证，面向规模试验，国内运营商联合主要的设备商于 2017 年陆续开始了 5G 的外场试验。中国移动联合华为、中兴、大唐、诺基亚、爱立信分别在杭州、广州、武汉、上海和苏州开始了 5G 规模试验网的建设，目标是 2019 年完成 100 站规模的试验网建设。

- 建设不少于 3 个 5G 典型应用场景的规模试验环境，在复杂城区、室内等测试环境中，验证 5G eMBB 等应用场景的系统、终端的功能、性能及互通能力，验证和优化组网和互操作等能力。

- 针对 5G eMBB，建立规模试验环境，每一个城市内连续覆盖基站数 50 个以上，应至少包含 3 个城市；验证大规模天线等关键技术以及网络切片、边缘计算、基于 SDN 的回传等组网技术。

下面以广州外场为例，介绍 5G 样机外场试验的测试情况。

中国移动和中兴在广州的大学城建设了 5G 的试验外场，结合当地的地形地貌，该区域可看作城区环境，建筑物比较密集，楼层较高。整个试验网的逻辑结构如图 15-21 所示，包括测试的终端、gNB、传输网、核心网和 MEC/CU/业务服务器。

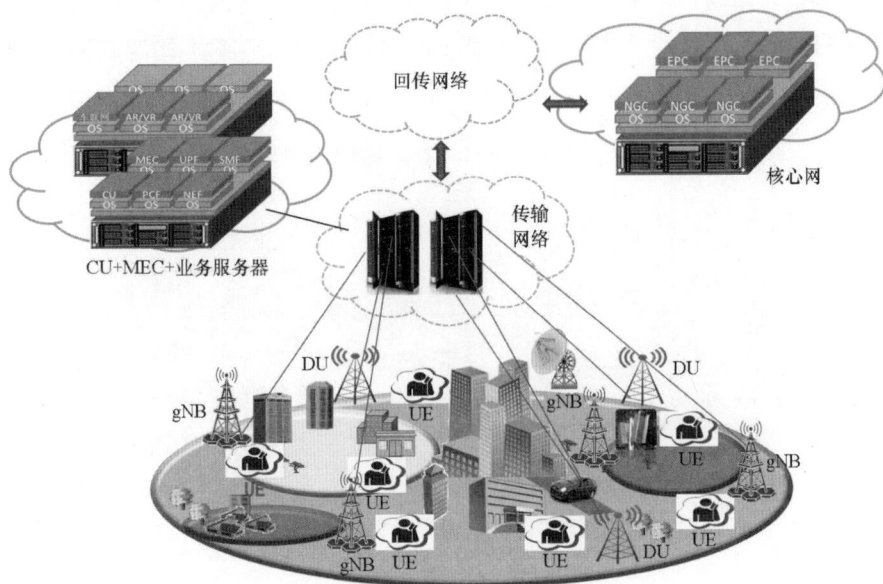

图 15-21　5G 试验网的逻辑结构

图 15-22（a）是试验网中的一个 AAU，图 15-22（b）是测试用的 5G CPE（反向基站），用于模拟 5G 终端，其可根据需要配置不同的天线数，满足试验测试对比需要。

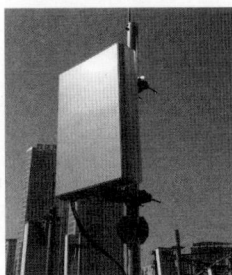 

（a）AAU 部署图　　　　　（b）试验用 CPE

图 15-22　5G 基站的 AAU 部署图及试验用 CPE

对于 5G eMBB 方案，峰值数据速率、小区吞吐量、室内覆盖能力和时延是关键性能指标。因此，在外场试验中，着重对峰值速率、小区吞吐量、室内覆盖能力和时延进行了测试和摸底。在测试中，配置 70%的时间资源用于下行传输，剩余的资源为保护时隙间隔和上行传输资源。对于现场试验，原型中支持 QPSK、64QAM 和 256QAM，码率为 1/3、1/2、3/4、5/6。

首先，对单用户的峰值速率进行了测试。测试环境选取较为封闭的建筑内天井，形成回笼的结构，同时院中有树，遮挡 LOS 传播路径，构建多流传输环境，如图 15-23 所示。

图 15-23　单用户峰值速率测试环境

单用户下行链路吞吐量测试结果表明，8 层和 64QAM 可以实现 2.3 Gbit/s 数据速率。试验结果与相应的理论值非常接近。与 110 Mbit/s/20 MHz 的 TD-LTE 系统相比，当配置 8 层和 64QAM 时，5G NR 可以实现 4 倍的峰值数据速率（TD-LTE 折算到 100 MHz 系统带宽为 550 Mbit/s），同时也满足 ITU-R 要求的 5G 下行峰值频谱效率 30 bit/（s·Hz）的要求。

在上行链路方面，20%的上行资源配置可以获得 388 Mbit/s 的峰值速率，满足规范 350 Mbit/s 的要求，同时也满足 ITU-R 要求的 5G 上行峰值频谱效率 15 bit/（s·Hz）的要求。

在与单用户峰值速率测试相同的环境下，完成了多用户的小区吞吐量的测试。使用不同的多路复用层和调制阶数，可以实现不同的峰值小区吞吐量。从下行测试结果来看，24 流 64QAM 调制可以实现近 6 Gbit/s 的小区吞吐量，而 28 流 64QAM 可以实现 7.57 Gbit/s 的小区吞吐量，平均每个数据流 0.26 Gbit/s。

与用于 TD-LTE 系统的 40 Mbit/s/20 MHz 的典型小区吞吐量相比，当带宽被归一化时，5G 可以实现 20 倍的吞吐量增益。因此，与 4G 相比，3D-MIMO 可以实现 5G 的频谱效率提升 3～5 倍。

考虑到上行链路比下行链路小得多的发射功率而导致的覆盖瓶颈，预期 UE 处的更多发射天线将提高上行链路中的单用户吞吐量（THP）和覆盖范围。为了验证 UE 处不同数量的发射天线的确切性能，选择 UE 处的 2 个和 4 个天线作为用于试验的两种情况。从图 15-24 的测试结果可以看出，在同一条测试线路上，距离基站相同的距离（Distance），上行 2 天线发送可以相对于 1 天线发送获得更高的吞吐量（THP），原因在于上行双发可以支持 2 个数据流并行发送，同时终端总的发射功率可以高 3 dB。终端上的两个发射天线可以实现上行链路数据速率近 2 倍的增加，因此终端的多个天线发射是增强上行链路覆盖和用户体验的有效方法。

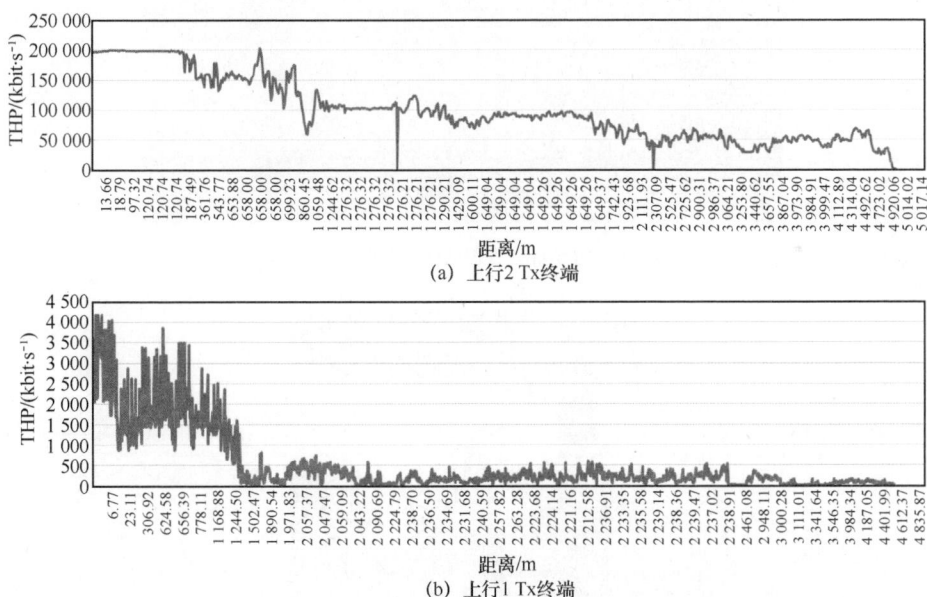

(a) 上行 2 Tx 终端

(b) 上行 1 Tx 终端

图 15-24　上行 1 发和上行 2 发终端的吞吐量对比

对于 5G 系统，室外基站覆盖室内环境的性能非常关键，因为 80% 的业务发生在室内，而大量的室内业务是通过室外宏站来覆盖的。所以，在试验区域，也完成了室外基站覆盖楼宇的测试。具体的测试环境如图 15-25 和图 15-26 所示，被覆盖的楼宇和相应基站的相对位置如图 15-27 所示。

图 15-25　室外基站覆盖室内环境的测试环境

图 5-26　覆盖的楼宇的外观

图 15-27　覆盖楼宇和室外宏基站

　　为了对比参考，把同站的 2.6 GHz TD-LTE 作为参考，在同样的测试点对比测试了 4G 和 5G 的测试速率，结果如图 15-28 所示。

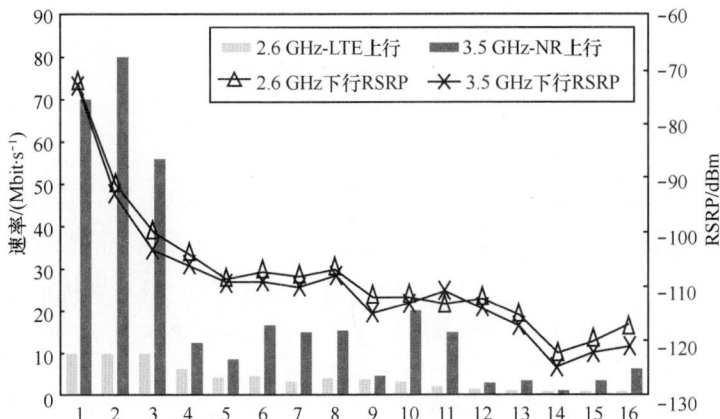

图 15-28　同站址的 2.6 GHz TD-LTE 和 3.5 GHz 5G NR 的上行速率对比

从楼内 17 个测试线路的结果来看，RSRP 在[−70, −100] dBm，终端功率不受限，5G 上行速率最大可达 80 Mbit/s；4G 受限于带宽以及最高 16QAM 的调制方式，传输速率为 10.2 Mbit/s；RSRP 在[−100, −110] dBm 区间，4G 上行速率可维持在 4～6 Mbit/s；5G 上行速率为 8～16 Mbit/s。4G 和 5G 能够将上行全部资源占满。RSRP 在[−110, −120] dBm 区间内，4G 上行速率为 1～3 Mbit/s；5G 上行速率为 2～15 Mbit/s，部分场景下 5G 难以占用全部带宽。RSRP 在低于−120 dBm 时，4G 上行速率在 1 Mbit/s 以下；5G 上行占用与 4G 相同的资源，速率在 3～6 Mbit/s。基于测试结果，可以得出以下结论。

- 3.5 GHz NR(5G)在上行功率不受限时（小区中心），可以使用更多的资源进行传输，速率可达 4G 的 2～8 倍。
- 3.5 GHz NR(5G)在上行功率受限时（小区边缘），通过上行双发 26 dBm 和 64 通道接收保证了边缘用户的性能，速率可达 4G 的 2～5 倍。

对于 uRLLC 场景的低延迟情况，系统的帧结构配置需要调整为自包含的帧结构，这样才能保证终端和基站之间可以有快速的响应。在外场试验中测试了单个方向传输等待时间（定义为从物理层到数据接收的分组数据会聚协议的空中接口处理延迟）。对于测试，传输具有随机大小的 FTP 数据分组，并且测试每个数据分组的传输等待时间并在 1 s 的持续时间内进行平均。

从测试结果来看，当前的基站在配置自包含帧结构的条件下，可以实现小于 0.5 ms 的等待时间，所以 5G 标准可以满足 uRLLC 的空口低时延的要求。

| 15.5　小结 |

面向 2020 年的 5G 商用，留给产业去开发和完善端到端产品的时间非常紧张，所以需要超常规的产业推进思路。本章简单介绍了 5G 的标准、产业化和业务孵化并行的产业推进思路。围绕产业化，详细介绍了分阶段的 5G 产业推进的规划和最新进展以及 5G 样机的规划和技术要求，最后简要介绍了最新的 5G 外场试验结果。

| 参考文献 |

[1]　中国移动 5G 概念样机技术指导建议[Z]. 2017.

[2]　中国移动 5G 外场试验技术指导建议[Z]. 2018.

[3]　LIU G Y, HOU X Y, JIN J, et al. 3D-MIMO with massive antennas paves the way to 5G enhanced mobile broadband: from system design to field trials[J]. IEEE Journal on Selected Areas in Communications, 2017, 35(6).

[4]　LUO F L, ZHANG C. Sigal processing for 5G algorithms and implementations[M]. Piscataway: IEEE Press, 2016.

第 16 章

5G 应用与部署展望

随着 5G R15 标准的完成，5G 的产业化进程全面加速，全球运营商纷纷开展 5G 的技术与外场试验，并通过各自的业务演示来体现在 5G 发展上的话语权和影响力，5G 的商用开始进入倒计时。本章首先介绍全球运营商的 5G 商用规划，然后围绕 5G 的核心能力和商业模式展开，全面展望 5G 未来的业务发展和可能面临的挑战。

5G 标准的第一个版本已经完成，可以满足未来移动通信业务在 eMBB、uRLLC 和 mMTC 场景下的大多数需求，为建立一个全连接的信息社会奠定了基础。随着标准的冻结，从核心网、传输网、基站到终端的产品研发全面加速，全产业链正在为实现 2020 年的 5G 商用而最后冲刺。同时，全球领先的运营商也纷纷开展面向商用的 5G 试验，并积极探索 5G 的应用与业务，为 5G 的大规模商用铺平道路。本章首先介绍全球运营商的 5G 商用部署规划，展望 5G 的应用与发展，最后从运营商发展面临的挑战出发，阐述运营商未来发展中的挑战。

| 16.1　全球运营商 5G 部署规划 |

无论是从市场宣传，还是从技术研究的角度，全球大多数运营商都对 5G 试验充满兴趣，特别是全球技术领先的运营商，更是希望自己能成为 5G 技术发展的领先者，所以纷纷联合全球的主要设备厂商，开始了 5G 的技术试验和外场试验，并且随着 5G 的推进，运营商之间关于 5G 的市场宣传竞争也是愈演愈烈。

5G 的发展不仅仅寄托着运营商的商业发展期望，同时也寄托着各个国家对数字经济发展的厚望，所以通信技术发达的国家和地区都纷纷制定了 5G 发展的宏伟计划，同时各运营商为了体现自己的技术创新和领先优势，纷纷宣布了激进的 5G 部署计划[1]。

（1）5G 部署

根据 GSA 的 2018 年的调查报告，6 个国家的 6 家电信运营商声称他们在过去两个月内推出了 5G 网络，它们是 Elisa（芬兰和爱沙尼亚）、Ooredoo（科威特）、Ooredoo（卡塔尔）、STC（沙特阿拉伯）和 Etisalat（阿联酋）。第 7 家运营商 Zain（科威特）声称已经部署并在选定的地点试商用 5G 网络。然而，目前商用 5G 设备的缺乏阻碍了运营商推出 5G 服务的努力。在声称部署 5G 的运营商中，只有 Elisa（芬兰和爱沙尼亚）和 STC（沙特阿拉伯）对 GSA 的调研作出回应，确认（有限的）设备可用性；每个运营商都在使用华为提供的 CPE。宣传已经商用 5G 的运营商的5G 部署情况见表 16-1。

表 16-1　宣传已经商用 5G 的运营商（数据来源：GSA 2018[1]）

运营商	国家	5G 部署
Elisa	爱沙尼亚和芬兰	Elisa 于 2018 年 6 月宣布推出 5G 服务，在爱沙尼亚的塔林市中心和芬兰的坦佩雷提供服务，据 Elisa 的新闻办公室称，目前至少有一款华为 5G 无线路由器可用。该服务在 3.5 GHz 频段使用 100 MHz 带宽
Zain	科威特	Zain 于 2018 年 6 月宣布已部署并将在部分地点商业化试用 5G 网络
Ooredoo	科威特	Ooredoo 宣布在多哈推出 5G 服务
Ooredoo	卡塔尔	Ooredoo 于 2018 年 5 月宣布推出 5G 服务，截至 6 月底，共有 22 个 5G 基站
STC	沙特阿拉伯	2018 年 5 月，STC 推出了一个试验网络，但声称它正在等待设备的使用
Etisalat	阿联酋	Etisalat 于 2018 年 5 月使用 3.3～3.8 GHz 频段推出了有限可用的商用 5G FWA 网络。该服务最初在阿布扎比推出，迪拜也正在进行部署

（2）5G 计划的部署

全球 37 个国家的 66 家电信运营商已宣布有意从 2018 年起向其客户提供 5G 服务，2018 年底前有 10 个部署计划，其中包括美国运营商 AT＆T Mobility 和 Verizon Wireless 以及总部位于巴林的 Zain。将有超过 17 个 5G 网络部署于 2019 年发布，其中包括 KT、SK Telecom 和 LG Uplus 在韩国运营的网络、澳大利亚的 Optus、中国的多家运营商、英国的 EE 和俄罗斯的 Rostelecom。2020 年可能是 5G 部署的重要一年，目前至少有 26 个网络部署将在 2020 年上线。Orange Slovensko 和 Telefonica Spain 已表示计划在 2020 年后推出 5G。宣布 5G 服务商业推出时间表的运营商数量在 2019 年到 18 个月后将大幅增加，因为首批具有 5G 功能的 CPE 设备以及随后的智能手机在 2019 年上半年开始出现。全球运营商在 2018—2022 年的 5G 部署规划见表 16-2。

表 16-2　全球运营商在 2018—2022 年的 5G 部署规划（数据来源：GSA 2018[1]）

运营商	国家	5G 部署规划
Optus	澳大利亚	Optus 宣布计划于 2019 年年初开始推出固定无线 5G 网络
Telstra	澳大利亚	Telstra 计划分 3 个阶段部署其 5G 网络，并计划在 2020 年全面部署
Zain	巴林	Zain 在 2018 年推出 5G
Claro	巴西	Claro 计划在 2020 年推出 5G
Telus	加拿大	Telus 计划在 2019—2020 年期间部署 5G
中国移动	中国	2018 年 5 月，中国移动开始在广州、武汉、苏州、杭州和上海部署 5G 试验网，计划在 2019 年推出 5G 业务体验，2020 年实现 5G 商用
中国联通	中国	2018 年 6 月，中国联通在中国 16 个城市启动了 5G 试点项目，计划到 2020 年将该技术商业化
中国电信	中国	中国电信计划到 2020 年推出 5G 商用
T-Hrvatski Telekom	克罗地亚	T-Hrvatski Telekom 计划在 2020 年推出 5G
Vodafone	捷克	Vodafone 计划在 2019 年第一季度部署 5G
TeliaEesti	爱沙尼亚	TeliaEesti 在 2018 年推出 5G
TeliaSonera	芬兰	TeliaSonera 于 2018 年推出 5G
DNA	芬兰	DNA 计划于 2019 年推出 5G。该运营商在 2018 年夏季推出一款速度超过 1 Gbit/s 的 5G 网络演示
Orange	法国	Orange 计划到 2020 年部署 5G
SFR	法国	SFR 的 5G 部署计划于 2019 年开始，并于 2020 年投入使用
德国电信（T-Mobile）	德国	德国电信于 2018 年 5 月宣布，已在柏林部署了 6 个 5G 天线，在 2018 年夏季再部署 70 个站点，以准备在 2020 年完成 5G 部署
Telefonica（O2）	德国	2018 年 2 月，Telefonica 和诺基亚组建了一个联合的 5G 创新集群，在慕尼黑和柏林进行 5G 部署，将于 2021 年完成
Bharat Sanchar Nigam Limited（BSNL）	印度	BSNL 将于 2020 年在印度推出 5G 服务
沃达丰	爱尔兰	沃达丰（爱尔兰）预计将在 2020 年推出 5G
TIM	意大利	TIM 计划到 2018 年年底在马泰拉和巴里的 5G 测试区域实现 75% 的 5G 覆盖率，到 2020 年实现全面覆盖
NTT DoCoMo	日本	NTT DoCoMo 计划在 2020 年奥运会期间在东京推出 5G 网络。DoCoMo 正在部署 NSA 5G，计划稍后推出 5G SA

（续表）

运营商	国家	5G 部署规划
软银/ Ymobile 公司	日本	软银/ Ymobile 公司计划到 2020 年部署 5G
Viva	科威特	Viva 在其总部展示了其 5G 准备状态，一旦收到监管部门批准，该公司表示将为客户推出 5G 服务
LMT	拉脱维亚	LMT 的首批商业服务预计在 2020 年
Spark	新西兰	Spark 在 2018 年/2019 年开始推出 5G 网络
沃达丰	新西兰	沃达丰计划到 2021 年开始将用户转换为 5G
PLDT	菲律宾	PLDT 计划在 2020 年推出 5G 商用
Global	菲律宾	Global 计划在 2019 年推出固定无线接入 5G
Orange Polska	波兰	Orange Polska 计划在 2019 年开始测试 5G，并计划在 2020 年/2021 年实施
沃达丰	葡萄牙	沃达丰葡萄牙首席执行官表示，预计该公司将在 2020 年开始提供商用 5G
沃达丰	卡塔尔	沃达丰卡塔尔在 2018 年年底推出 5G
Orange	罗马尼亚	Orange 罗马尼亚计划在 2020 年推出 5G
Megafon/ Yota	俄罗斯	Megafon 已部署测试了在莫斯科举办 2018 年世界杯比赛的体育场馆内的 5G 网络，并计划未来全面部署 5G
MTS	俄罗斯	MTS 已与爱立信签署协议，将运营商网络升级至 5G，预计到 2020 年将推出 5G
Rostelecom	俄罗斯	Rostelecom 计划在 2019 年部署商用 5G 网络
TIM	圣马力诺	圣马力诺 TIM 计划在圣马力诺（从 2018 年开始）逐步部署新技术，以期使圣马力诺成为世界上第一批拥有 5G 服务的国家
Orange Slovensko	斯洛文尼亚	Orange Slovensko 宣布计划在 2020—2022 年之间推出 5G
Comsol	南非	Comsol 计划在南非进行 FWA 5G 试验，旨在于 2019 年推出服务
SK Telecom	韩国	SK Telecom 计划在 2019 年推出 5G
KT	韩国	KT 的网络业务负责人表示，KT 计划从 2019 年 3 月开始提供 5G
LG Uplus	韩国	LG Uplus 计划在 2019 年年初推出其 5G 网络
Telefonica（Movistar）	西班牙	Telefonica 计划在 2021 年推出 5G

（续表）

运营商	国家	5G 部署规划
Orange	西班牙	Orange 计划在 2019 年使用 3.5 GHz 频段在 4 个西班牙城市部署 5G
Masmovil（Yoigo）	西班牙	Masmovil 正在部署 5G 设备来升级其网络
SLT（Mobitel）	斯里兰卡	SLT 计划到 2020 年推出 5G 网络
TeliaSonera	瑞典	TeliaSonera 在 2018 年年底前推出 5G
Tele2	瑞典	Tele2 瑞典签署协议，与 Telenor 共同开发其 5G 网络，预计 2020 年将推出 5G
Telenor	瑞典	Telenor 已签署协议，与 Tele2 Sweden 共同开发其 5G 网络，预计将于 2020 年推出 5G
Swisscom	瑞士	Swisscom 的 5G 商用网络将于 2018 年底推出
Sunrise Communications	瑞士	2018 年 6 月，Sunrise 宣布其首款 5G 天线投入运营，预计 2020 年全面提供 5G 服务，预计 2020 年发布 5G
TrueMove	泰国	TrueMove 计划在 2020 年推出 5G
EE / BT	英国	EE / BT 计划在 2019 年推出 5G
沃达丰	英国	沃达丰计划在 2020 年推出 5G
O2	英国	O2 预计将从 2020 年起推出 5G
3	英国	2018 年 5 月，3 与 SSE 企业电信公司签署了一项协议，在开始推出 5G 时，将在网络上引入 20 个核心数据中心
Du	阿联酋	2018 年 5 月，该公司宣布，预计 2018 年将有一个 5G 网络准备就绪，以便在 2019 年推出 5G 设备
Sprint	美国	Sprint 此前计划于 2019 年在凤凰城、堪萨斯城、亚特兰大、芝加哥、达拉斯、休斯顿、洛杉矶和华盛顿特区推出商业服务和设备
AT & T Mobility	美国	2018 年 1 月，AT & T 宣布，预计到 2018 年底，将在达拉斯、亚特兰大和韦科等十几个城市推出移动 5G 服务
T-Mobile	美国	T-Mobile 的 5G 部署预计将于 2019 年开始，2020 年将覆盖全国。随着与 Sprint 的预期合并，预计合并后的业务将在 2024 年建成一个覆盖美国人口 90％的 5G 网络
Verizon Wireless	美国	Verizon Wireless 2018 年在 3～5 个城市商业部署 5G 服务
DISH	美国	DISH 计划在未来推出 5G 服务，但预计它不会在 600 MHz 频段内使用其频谱，直到它被太阳能电池管理局释放，这在 2020 年之前难以实现

从目前全球的 5G 规划来看，美国最为激进，但其初期的应用场景主要集中在固定无线接入上，并不能算真正的 5G 业务；韩国运营商也较为激进，2019 年上半

年实现了商用部署；中国在 2019 年 10 月实现了 5G 的商用；日本也将在 2020 年实现 5G 的商用。从 5G 部署的规模来看，东亚三国将走在世界的最前列。

|16.2　5G 应用展望 |

图 16-1 所示为 HIS 关于 2035 年 5G 驱动各行业产出增长贡献的预测，其中关键业务型服务指的是 5G 将支持高可靠性、超低时延连接以及高安全性和可用性的应用。可以看出，5G 的出现将对各行各业都带来巨大影响。据 IHS Markit 预测，到 2035 年，5G 对各行业产出增长贡献将达 12.3 万亿美元，约占 2035 年全球实际总产出的 4.6%。

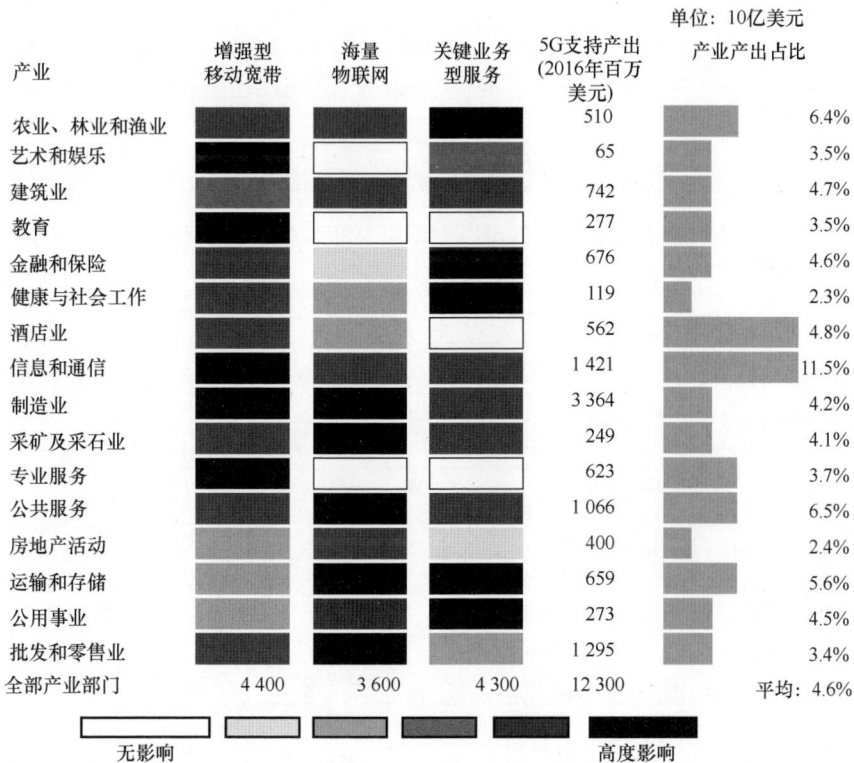

产业	增强型移动宽带	海量物联网	关键业务型服务	5G支持产出(2016年百万美元)	产业产出占比
农业、林业和渔业				510	6.4%
艺术和娱乐				65	3.5%
建筑业				742	4.7%
教育				277	3.5%
金融和保险				676	4.6%
健康与社会工作				119	2.3%
酒店业				562	4.8%
信息和通信				1 421	11.5%
制造业				3 364	4.2%
采矿及采石业				249	4.1%
专业服务				623	3.7%
公共服务				1 066	6.5%
房地产活动				400	2.4%
运输和存储				659	5.6%
公用事业				273	4.5%
批发和零售业				1 295	3.4%
全部产业部门	4 400	3 600	4 300	12 300	平均：4.6%

单位：10亿美元

无影响　　　　　　　　　　　　　　　　高度影响

图 16-1　5G 驱动各行业产出增长贡献的预测

根据 HIS、中国信息通信研究院《5G 经济社会影响白皮书》数据，2020—2035 年，

5G 对全球 GDP 总体贡献预计为 2.1 万亿美元，相当于全球第七大经济体印度的 GDP。

此外，2030 年，5G 对 GDP 直接贡献和间接贡献分别为 3 万亿元和 3.6 万亿元，带动直接和间接就业机会分别为 800 万个和 1 150 万个，对社会带来巨大影响。

通过上述数据可以看出 5G 的巨大潜力和影响力，所以全球各国纷纷对 5G 的发展给予非常高的期望和关注。本节首先从 5G 的核心能力出发，揭示 5G 可能支持的 5G 业务与应用以及 5G 的商业模式。

16.2.1 5G 的核心能力及其商业模式

5G 可以提供 10 Gbit/s 的峰值速率（主要靠毫米波的超大带宽）、0.5 ms 的单向空口时延、99.999%的可靠性、100 万/km² 的连接数密度，但这些能力并不是在所有场景下都可以获得的，而是在一些特定场景下的极限能力。所以，在 5G 的实际应用中，需要结合具体的场景和业务的能力要求，为 5G 网络配置不同的能力和参数。

相比于 4G，5G 带来了无线网、传输网和核心网的巨大变化，也具备了很多新的核心能力，这些都使得 5G 网络可以支持更灵活和更快速的业务部署，支持更加丰富多彩的新业务、新应用和新的商业模式。

（1）移动边缘计算（MEC）[2]

MEC 将计算、存储和路由等能力引入网络的边缘（可以是单独的网元，也可以和无线基站合设），如图 16-2 所示，可以为网络带来如下好处。

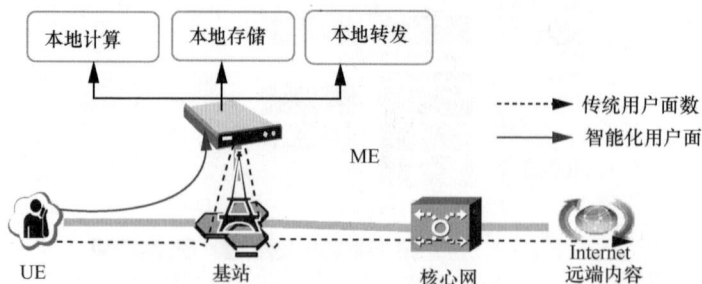

图 16-2　MEC 原理示意图

• 将业务和内容部署在尽可能靠近用户的位置，最小化业务访问的时延。

- 将路由功能下放到距离用户尽可能近的位置，实现用户数据的快速路由和本地交换，缩短数据交互时延。

- 将计算能力部署在靠近用户的位置，从而将用户端的计算转移到云端，同时也可以保证数据和处理结果的快速交互，从而简化终端的实现，降低其尺寸、重量、功耗和成本。比如，对于 AR/VR 类应用，如果将内容处理和渲染的功能上移到 MEC，则可以大大降低 AR/VR 设备开发的门槛，同时也大大降低成本和重量等，使得设备更轻便和易于普及。

- 将核心网的 UPF 功能下放到 MEC，支持必要的计费、安全等功能，可以提供用户数据的高度隔离，实现用户数据的隐私性保护。

- 通过标准的 API，可以实现无线网络的能力开放，如位置定位等，将网络能力开放给第三方，进而培育新的业务和新的商业模式。

所以，MEC 可以根据实际业务部署的需求而灵活配置，其平台能力和位置都可以灵活地按需选择，以适应差异化的部署和业务需求。

下面详细介绍几个具体的 MEC 应用案例。

图 16-3 所示的案例是大型商场的应用，MEC 可以引入本地缓存、MCDN、室内定位能力、本地路由等，定位能力可以通过开放的标准 API 开放给商场的商户或者大厦管理者，基于这些位置信息，加上运营商可以开放的其他信息等，商场可以开发出很多新的业务和应用，比如商户的广告和打折信息推送、餐馆的点餐、定位和排队、商场的人流统计等精细管理等。

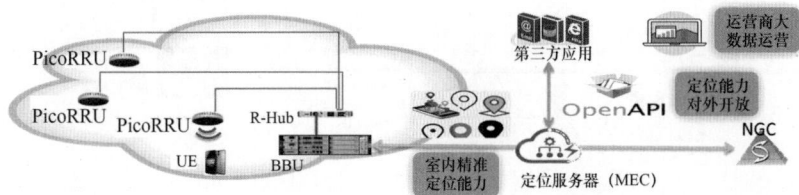

图 16-3　MEC 在商场的应用部署案例

图 16-4 的用例为本地缓存，将业务内容下沉到基站附近，可大幅降低业务访问的时延，提升用户业务体验。在 4G 网络中实测表明，可缩短视频缓冲时延约 20%（从 0.36 s 到 0.26 s），提升下载速率约 50%（从 3.9 Mbit/s 到 6.3 Mbit/s），节省传输带宽 16%。应用场景包括高校园区（长期高价值用户区域）、营业厅（业务体验

区域）、地铁（用户密集区域）、高密度住宅区（用户密集及高价值区域）等；其应用价值在于可大幅度提升用户体验，保障高价值区域及用户的体验（特别是随着 AR/VR 的普及，移动流量的爆发式增长对网络要求极大），带来用户速率提升，也能带来流量业务增长。

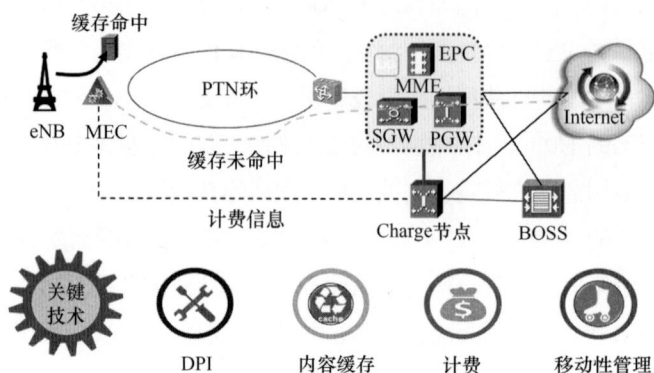

图 16-4 MEC 的本地缓存用例

图 16-5 是 MEC 在智慧工厂的应用案例，MEC 提供信息的本地化处理，确保工厂数据与网络的隔离，保证数据的安全性和私密性，同时本地数据路由保证工厂内数据的及时交互和实时控制处理。

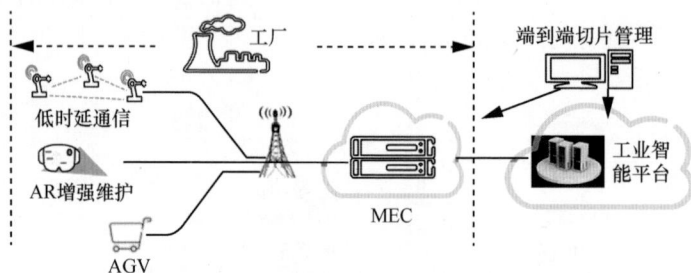

图 16-5 智慧工厂的 MEC 用例

（2）网络切片[3]

传统的 4G 网络是一张结构固化的网络，各个功能一应俱全。但是对于差异化的企业级和垂直行业的应用，对网络功能的要求千差万别，采用这种传统的大而全的网络建设方式，必将导致资源的巨大浪费，以及由于固化的网络结构而不能对时延和路由拓扑等进行必要的优化，难以满足个性化的业务拓展需求。

5G 网络通过功能解耦的模块化设计、控制与承载分离、功能间以服务的方式进行调用、底层云化等颠覆性的设计支持端到端切片能力、能力按需部署等，实现网络的定制化、开放化、服务化。服务化的架构使得业务和功能的部署非常地灵活，基于 SDN/NFV 平台之上的核心网使得网络的功能可以按需要灵活部署和容量可以弹性伸缩。

如图 16-6 所示，对于 5G 网络来说，可以根据不同场景下的部署需求和业务需求，选择性地部署相关的网络功能以及灵活地选择网络功能的部署位置，最佳地适应业务和客户的需求，同时做到网络投资的性价比最高。从图 16-6 中的不同场景的功能选择可以看出，不同场景所需要部署和配置的功能因需求的不同而不同，在优化性能的同时并不需要对整个网络的功能全集进行部署，从而可以实现差异化的服务保证，也节约了网络投资。同时，在同一个物理区域的多个不同的应用场景重叠的情况下，网络基础设施还可以实现动态共享，通过切片的动态生成和按需编排、部署，满足不同业务的需求，避免硬件资源的浪费。

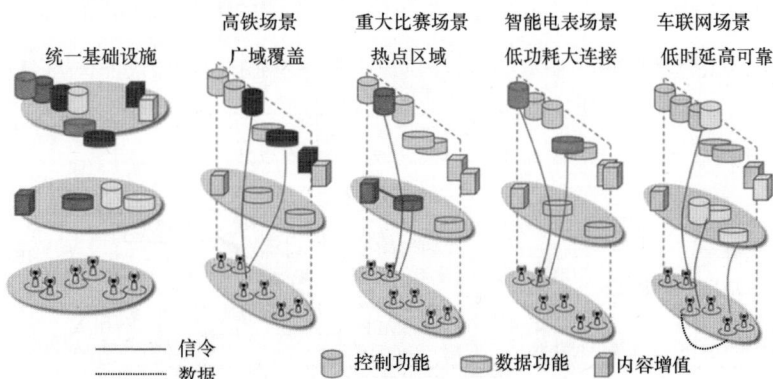

图 16-6　网络切片示意图

（3）差异化的业务提供

对于 5G 网络，由于具备了网络切片的能力以及更精细的网络 QoS 控制，可以提供更加差异化的业务服务。比如，对于未来的高清视频、AR/VR 等个人业务，可以为不同等级的用户提供不同等级的业务质量保证，进而实现差异化的业务计费，而不再是简单地靠流量计费。这样，就可以形成很多新的商业模式，将网络的能力进行数字化和变现。

对于企业级和垂直行业市场，也可以通过不同 QoS 的保障满足不同的应用场景和业务的需求，并通过这种差异化的业务提供进行差异化的计费，通过网络在体验速率、时延和可靠性等能力方面的数字化，实现 5G 能力的变现。

（4）能力开放

对于新一代移动通信系统，人们总是期望着出现一种或者多种杀手级的应用来支持网络的大规模发展。但是从 3G 开始，我们就发现所谓杀手级的应用很难提早预测到，也很难像当年的语音和短消息那样，所以 5G 网络的建设和发展更应该致力于构建基本的网络能力开放平台，通过网络能力的开放，让更多的合作伙伴围绕 5G 的业务进行创新和拓展，构建一个多赢的生态体系，联合培育和孵化新的业务、应用和商业模式，通过量变到质变的积累，加速 5G 网络的普及和应用，实现 5G 网络能力的变现以及 5G 网络的可持续发展。

所以，未来 5G 网络需要构建一个网络能力开放的平台，如图 16-7 所示，通过标准的开放 API，把网络能力提供给第三方调用，用于生成其自身的业务和应用，通过收入分成的形式实现共赢。5G 网络可以开放的能力范围非常广，可以是传统的一些核心网的能力，如短信生成等，也可以是更广泛的用户泛化和统计信息等，还可以是无线侧的位置能力、云平台的计算能力和存储能力、人工智能的计算能力等。通过这些能力的开放，可以大大降低业务创新的门槛，让更多的企业和个人参与到 5G 的业务和应用的创新当中，带来 5G 业务的快速繁荣和发展。

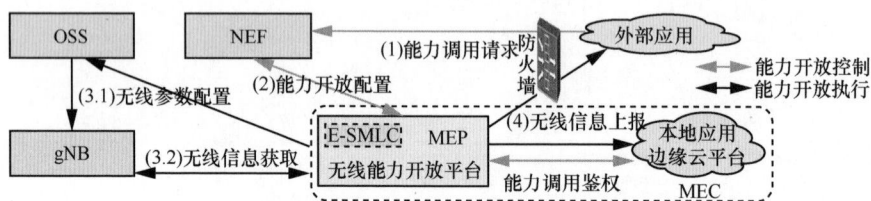

图 16-7　网络能力开放示意图

16.2.2　5G 典型应用

借鉴 4G 发展的成功经验，5G 的发展着眼于两个方面，一是继续深挖个人业务的市场潜力，使能信息消费，延展人们的想象空间，让 VR/AR、云端服务机器人、高清视频、裸眼 3D 等成为可能，走进人们的生活；二是培育和孵化企业级和垂直行业市场，通过 5G 的赋能构建智慧社会，助推行业升级转型，带来车联网、网联无人机、智慧能源、智慧医疗、智能制造、智慧教育等行业的发展和突破，打造行业新契机，达到助推行业升级转型、构建智慧社会的美好愿景。

5G 带来的业务发展机遇将非常广泛，目前产业界正在探索和培育的 5G 应用领域主要集中在如下方面。

（1）5G 使能 AR/VR

近年来 VR/AR 大热，但真正的普及度并不高；到 2020 年，预计全球 AR/VR 市场份额将达到 1 500 亿美元，AR 预计将占据 80% 的份额，VR 将占据 20% 的份额，要促成 VR/AR 随时随地成为现实，还需要 5G 通信能力支持高移动性和广域覆盖。同时，5G 提供的高速率和低时延，可以使得 AR 和 VR 的复杂处理被设置在云端，这样可以大大降低 AR 和 VR 终端的处理复杂度、功耗、重量和成本，降低其实现门槛，进而加速其普及和应用。

（2）网联无人机

从 4G 到 5G，网络能力的提升也带来了网联无人机驱动多类场景应用升级：远程控制上，随着时延的缩短，让远程遥控进阶为远程实时操控；数据速率的提升，让高清图传、360 度全景/VR 成为可能；飞行管控方面，随着技术的不断升级，已经由最初的飞行状态跟踪逐步演进为高精度飞行管控；另外，定位精度从 10 m 提升到 0.1 m，让精细作业成为可能。5G 的网联无人机将把无人机的应用拓展到更加广阔的应用场景。

（3）车联网和自动驾驶

2G/3G/4G 是车联网发展的第一阶段，主要提供车载信息服务；而 4.5G（LTE V2X、3GPP）及 DSRC（美国 WAVE、欧洲 ETSI）则是车联网发展的第二阶段，以智能辅助驾驶为主，主要考虑安全和节能；5G 作为车联网发展的第三阶段，其性能指标的提升能够满足车联网低时延、高速、高可靠的需求，提供自动驾驶和智能交通服务，而传统网联式汽车及自主式智能汽车也将向智能网联汽车发展。

（4）智能电网

5G 网络还将助力智能电网全面升级，电网智能化对于成本、能耗、可靠性、安全性、时延、覆盖、内容感知、移动性、带宽等都有较高的要求，涉及艰苦地区电力检测、电网工业控制等不同应用场景。4G 网络仅能满足部分要求，5G 网络将从工业控制角度提供配电自动化、精准负荷控制、电网应急通信等服务，从信息采集角度为电网提供配网计量、输变电设备在线监测等服务。5G 将使得能源互联网的目标成为可能。

（5）智能制造

5G 网络将为工厂提供测试设备预测性维护、关键设备状态监控、生产环境监控、流水线效率分析、智能螺丝刀、智能物料盒等服务和设备，打造智能工厂，支撑"中国制造 2025"。

（6）智慧医疗

5G 还将通过网络连接急救中心、专家医院、指挥中心、急救车等，构建远程医疗服务平台，在医疗资源匮乏、临时场景等情况下实现移动急救车与远端医疗机构超高速率、极低时延、低功耗的交互式实时通信，实现生命体征实时监测、影像检查、超声检查、病历共享、远程诊断等，促进智慧医疗的发展。5G 在智慧医疗中的应用必将缓解城乡医疗资源分布不均的难题，大幅提升医疗资源的利用效率和患者的治疗体验。

图 16-8 汇总了 5G 各类特色业务对网络能力的要求，可作为未来网络规划和建设的参考。

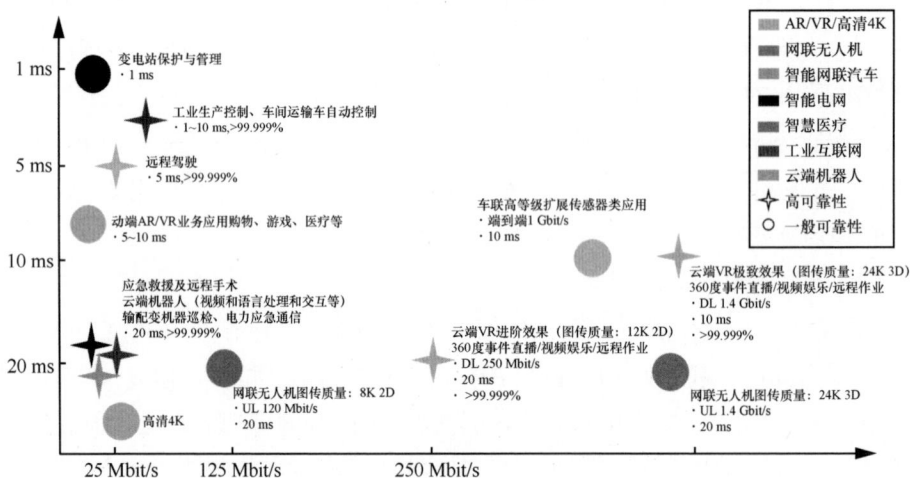

图 16-8 5G 特色业务的需求

|16.3 5G 发展面临的挑战 |

从移动通信的发展历史来看，基本每 10 年就会发生一次制式的更替，通信行业称之为代。现代意义上的蜂窝移动通信的蓬勃发展期大约始于 20 世纪 80 年代，也就是第一代（1G）移动通信，其最显著的特点是无线通话成为可能，但这一阶段并不支持漫游。20 世纪 90 年代至 2000 年，通信技术也进入了 2G 时代；2G 采用的是数字传输技术，2G 时代语音和短信业务得以普及，同时还能提供低速率的数据业务。这时的手机相比 1G 时的大哥大，不再是奢侈品。

随着移动网络的发展，人们对于数据传输速度的要求日趋高涨，而 2G 网络十几 kbit/s 的传输速度显然不能满足人们的要求，于是高速数据传输的蜂窝移动通信技术——3G 应运而生。这个阶段，手机开始向智能化发展，除了基本的语音、短信业务，人们可以在手机上直接浏览网页，进行低质量的视频通话，玩一些简单的网络游戏，特别是智能手机的出现，给移动通信的发展揭示了全新的未来。

到 2010 年，移动宽带业务蓬勃发展，4G 网络应运而生，可以装载各种 App、能够在线观看视频、实现高速下载和上传的更为高级的智能手机出现，使得手机上网得到普及，手机网民的比例节节攀升，约占网民总数的 90%。

预计到 2020 年，全球将迎来 5G 时代，通过增强型移动宽带能力、大连接物联网能力及高可靠和低时延通信能力，5G 将实现人与人、人与物、物与物的万物互联，实现全连接的智慧社会。

从全球 4G 发展的历史来看，从 2010 年开始，全球累计建设的 4G 基站超过 500 万个，其累计投资总量更是一个天文数字。4G 给运营商的发展带来了增长，但是这种增长随着激烈的市场竞争和管制机构的干预而日趋饱和。移动通信市场发展趋势预测如图 16-9 所示。

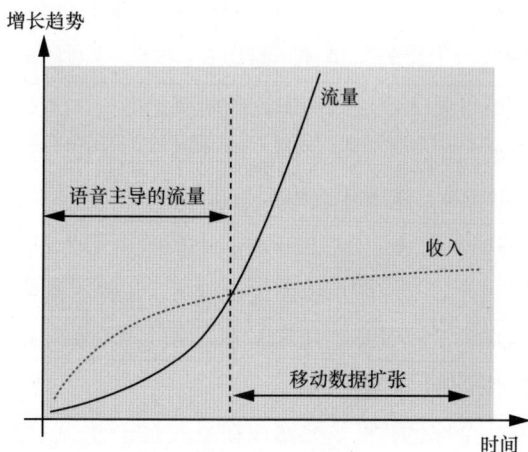

图 16-9　移动通信市场发展趋势预测

　　早在十多年前，咨询机构就已经成功地预测到了今天移动通信网络运营商发展所面临的困境。4G 的快速发展终结了移动通信市场以语音业务为主的时代，真正进入了以数据为主的时代。随着运营商大规模的 4G 投入和快速建网以及智能终端的快速普及，4G 终端风靡全球，迅速催生了一大批移动互联网业务和应用，使得移动互联网市场迅速繁荣起来。如今，4G 已极大地便利了人们的日常工作和生活，人们基本不需要带钱包就可以完成日常的出行。移动互联网正深刻地改变着人们的生活、行为方式，同时也在培育着新的业务和应用，推动着移动数据流量爆发式地增长。另一方面，随着政府提速降费政策的执行、国内省间漫游资费的取消以及运营商间激烈的市场竞争，移动数据的套餐资费急剧下降。4G 网络的流量增量不增收成为常态，4G 的发展进入尴尬的境地：一方面，由于网络流量需求爆发式地增长，为了保证用户的体验，运营商需要对 4G 网络进行大规模的扩容；另一方面，由于移动通信市场的渗透率已经超过 100%，运营商原有的靠市场规模来增加收入的方式已难以为继，所以流量增长带来的收入远不能满足扩容的需求。所以，移动运营商在 4G 网络的发展上陷入两难的境地。

　　当然，国内外的运营商都在积极准备 5G 网络的发展。根据中国信息通信研究院的预测，未来国内运营商在 5G 上的投资将是 4G 的 4 倍左右。可见，5G 的发展需要大规模的投入。所以，5G 建设的钱从哪儿来？5G 如何收回成本？这两个问题成为运营商 5G 决策的两大难题。

　　（1）运营商是否有钱支持 5G 的大规模建设

　　在 4G 网络的大规模建设上，全球运营商投入了大量的资金，虽然 4G 使运营商客户 ARPU 值在一定程度上上升，但还不足以短期内快速收回成本，所以投资的收回需要较长的时间。从目前全球运营商发展的情况来看，大多数运营商的财务状况还难以支持 5G 网络的大规模建设。同时，欧美频率资源的分配采用拍卖的方式，预计 5G 频率将会拍出新高，这也将成为欧美运营商 5G 发展的沉重负担。所以，可以预期，5G 的发展将很难有 4G 发展的速度。大多数运营商的 5G 建设将采用渐进式的部署方式，根据业务需要从城市热点逐步开始，逐渐扩展到其他区域。当然，也不排除管制机构在牌照发放时强制规定网络部署的规模和发展的速度。

　　（2）5G 如何盈利以收回成本

　　对于 4G 的发展，全球运营商主要聚焦在个人业务的提供上，以更高的速率来满足客户不断增长的数据流量需求。在整个移动互联网业务的利益链条中，运营商仅仅分得了卖流量的价值，而绝大部分连接和内容的价值则被互联网厂商所瓜分，所以运营商仅仅靠提高用户消费的流量来提升 ARPU 值。但是，随着运营商间的市场竞争加剧以及管制机构强制性的提速降费，不限量套餐已经日益成为运营商个人业务普及的商业模式。在这样的大环境下，运营商难以继续过去的流量经营模式，而必须拓展新的商业模式。

所以全球领先市场的运营商纷纷开始探索物联网应用市场。但是，目前在全球运营商 LORA、eMTC 和 NB-IoT 等为代表的物联网应用的拓展中，运营商并没有找到快速增长的秘诀，仍然是靠卖连接和卖流量来盈利，投入产出比不容乐观。运营商需要探索和培育新的商业模式来改变这种状况。

5G 未来能够满足 eMBB、uRLLC 和 mMTC 等应用场景的需求，所以未来 5G 发展的潜力在于物联网和垂直行业的拓展。尽管很多领先的运营商都在探索 5G 新的商业模式，但是大多数运营商对未来 5G 在物联网和垂直行业的商业模式并不乐观。所以，大多数运营商将 5G 的初期发展定位在 eMBB 业务，首先考虑满足 4G 业务量发展带来的扩容需求。从个人用户的角度来看，如果仅仅是上网速率的提升，业务提供方式仍然是不限量套餐，为什么需要多付钱？所以运营商很难期望通过 5G 提高流量带来额外的 ARPU 提升，传统的 MBB 靠卖流量的商业模式已经难以为继。

5G 如何盈利？有人说卖能力，如时延和可靠性，因为 5G 可以提供更低的时延和更高的可靠性。作者认为，5G 盈利能力的发展方向在于如下几个方面。

（a）深耕个人业务市场，构造差异化用户体验，通过不同等级的体验来差异化资费等级，通过消费等级的提升来提高 ARPU 值

在这方面，移动运营商应该向互联网企业学习，提供差异化的业务体验，通过不同的服务等级来差异化计费，则可以在原有不限量套餐的基础上开发出更多、更灵活的资费体系，进而提高个人业务带来的收入。比如，考虑到视频业务已经成为消耗流量的主要应用，对于基本的资费套餐，可以考虑保证标清的视频传输能力；而对于愿意支付更高资费的用户，则可以保证高清的视频能力。

同时，也可以考虑对于一些要求业务能力较高的个人业务，如 AR/VR，可采取按次或者按时长等单独的计费方式。

（b）拓展垂直行业和企业级市场，拓展新的业务空间

对于 5G 网络，运营商可以利用其高速率、低时延、高可靠和大连接能力，借助网络切片和 MEC，布局差异化的企业级和垂直行业应用市场，逐步扩大 5G 应用

的市场规模，进而摊低整个 5G 网络的建设和运维成本，通过新的商业模式，提升 5G 盈利能力。

所以，作者相信，垂直行业和企业级市场是 5G 未来发展的主要方向。但是，从垂直市场和企业级市场过去的发展历史来看，其市场的开放性存在很大的不确定性。传统垂直行业的发展都是烟囱式的，其生态链较为封闭，大都采用建设专网的形式提供通信服务，以满足专属性和可靠性等要求，所以其市场开放都充满不确定性，需要政府通过统筹规划加以引导，也需要通信产业尽早将垂直行业引入 5G 发展的推进当中，沟通需求，孵化业务和应用，探索和培育共赢的商业模式。

5G 公网相对于 5G 专网具有非常明显的优势：

- 产业链更成熟、更顽健，市场需求的响应时间更短；
- 和个人业务共享网络，应用规模更大，终端设备成本更低；
- 采用运营商专有频率，有专业的网络运维团队，网络可靠性和覆盖有保障；
- 网络发展有规划，新功能引入更快速。

所以，作者相信，在 5G 未来的发展当中，运营商公网和垂直行业客户、企业级客户的结合必将产生双赢的局面，赋能垂直行业发展的同时，降低其支出的成本，助力其实现转型升级和智慧化发展。

（c）网络能力开放

对于传统运营商而言，由于机制和体制的限制，其在新业务和新应用方面的创新能力远不如中小微企业。所以，对于运营商而言，如能构建一个网络能力开放的平台，通过标准化的开放 API，将网络能力开放给第三方合作者，则可以通过和第三方合作者的收入分成和网络能力租赁找到新的收入增长点，也能大幅提升 5G 业务和应用的创新活力，加速 5G 的发展和普及。面向 5G，运营商网络可以开放的能力有很多，包括高速率、低时延、高可靠、人工智能、云计算和存储、用户信息、位置定位等等能力，需要运营商结合 5G 网络的部署和发展，去拓展和培育这个更加广阔的新兴市场。

|16.4　小结 |

本章首先介绍全球运营商的 5G 发展规划及 5G 的核心能力，包括 MEC、网络切片、差异化的业务提供能力等，进而介绍了 5G 正在探索的典型业务和应用；接着分析了全球运营商发展的现状以及挑战，并围绕 5G 的发展，着重讨论了 5G 如何盈利以及 5G 业务的发展方向。

｜ 参考文献 ｜

[1]　GSA. 5G trial report[R]. 2018.

[2]　MACH P, BECVAr Z. Mobile edge computing: a survey on architecture and computation offloading[J]. IEEE Communications Surveys & Tutorials, 2017, 19(3).

[3]　邵广禄. SDN/NFV 重构未来网络[M]. 北京: 人民邮电出版社, 2016.

Global Mobile Industry Ready to Start Full-Scale Development of 5G NR

— 3GPP first 5G NR standard is completed —

Lisbon, Portugal, December 21, 2017 — Today the 3GPP TSG RAN Plenary Meeting in Lisbon successfully completed the first implementable 5G NR specification. AT&T, BT, China Mobile, China Telecom, China Unicom, Deutsche Telekom, Ericsson, Fujitsu, Huawei, Intel, KT Corporation, LG Electronics, LG Uplus, MediaTek Inc., NEC Corporation, Nokia, NTT DoCoMo, Orange, Qualcomm Technologies, Inc., Samsung Electronics, SK Telecom, Sony Mobile Communications Inc., Sprint, TIM, Telefonica, Telia Company, T-Mobile USA, Verizon, Vodafone, and ZTE have made a statement that the completion of the first 5G NR standard has set the stage for the global mobile industry to start full-scale development of 5G NR for large-scale trials and commercial deployments as early as in 2019.

On February 27, 2017 in Barcelona, global mobile industry leaders announced their support for the acceleration of the 5G NR standardization schedule, which introduced an intermediate milestone to complete the first implementable specification for non-standalone 5G NR operation. As a result of this announcement, the schedule acceleration was agreed at the 3GPP RAN Plenary Meeting on March 9 in Dubrovnik, Croatia. This first specification was completed as part of 3GPP Release 15.

This standard completion is an essential milestone to enable cost-effective and full-scale development of 5G NR, which will greatly enhance the capabilities of 3GPP systems, as well as facilitate the creation of vertical market opportunities. 3GPP plans to continue to develop Release 15, including the addition of support for standalone 5G NR operation also agreed upon by 3GPP in Dubrovnik. The 5G NR lower layer specifications have been designed so that they can support standalone and non-standalone 5G NR operation in a unified way, to ensure that 3GPP benefits the global industry with a large-scale single 5G NR ecosystem. We express our appreciation for the tremendous efforts that 3GPP has dedicated to accomplishing this challenging standardization schedule.

AT&T

"We're proud to see the completion of this set of standards. Reaching this milestone enables the next phase of equipment availability and movement to interoperability testing and early 5G availability," said Hank Kafka, VP Access Architecture and Analytics at AT&T. "It showcases the dedication and leadership of the industry participants in 3GPP to follow through on accelerating standards to allow for faster technology deployments."

BT

"BT welcomes the first significant step to 5G deployment and we remain excited about the further innovations that 5G will bring," said Neil J McRae, Chief Architect at BT, "We are proud to have played a part in this and BT is committed to continuing to drive further 5G standardisation at pace to benefit our customers and communities."

China Mobile

"The first version of 5G NR not only provides a NSA solution for 5G deployment but also completes the common part of NSA and SA, which lay a solid foundation for a global unified 5G system with global market scale. We believe the next important milestone that is SA standard providing end to end 5G new capability could be completed by June of 2018, which is very crucial to enable the operators to explore the enterprise and vertical markets. China Mobile is actively working with industry partners for 5G commercialization in year of 2020 and providing various services to customer." said Zhengmao Li, EVP of China Mobile Group.

China Telecom

"China Telecom is proud of being part of the 3GPP standard efforts that led to the completion of the first implementable 5G new radio specification. We expect that this important milestone, together with the SA part to be completed later, will promote and accelerate the development of 5G products, trials and commercial deployment in the coming years," said Guiqing Liu, EVP of China Telecom Group, "With this successful completion of the 5G new radio standard, China Telecom plans to lead the 5G effort by launching field trials in many major cities in China as early as 2018, and prepare for the possible commercialization thereafter."

China Unicom

Guanglu Shao, EVP of China Unicom Group, said: "It is the significant step for both 3GPP and the whole industry. This first version of 5G NR standardization provides essential functionalities for NSA and SA deployment, which are equally important for operators. We believe in that the industry could joint together further to make 5G more advanced for both human and vertical societies. We welcome the 5G era's coming, and will continue collaborate with industry partners to make successful 5G commercialization."

Deutsche Telekom

"We view both the non-standalone and standalone modes of new radio as equally important for the completeness of the 5G standard specification. This timely finalization of NSA is one important step on that journey and in the development of the 5G ecosystem," said Bruno Jacobfeuerborn, CTO of Deutsche Telekom, "It is crucial that the industry now redoubles its focus on the Standalone mode to achieve progress towards a full 5G system, so we can bring key 5G innovations such as network slicing to our customers."

Ericsson

Erik Ekudden, CTO at Ericsson, said: "3GPP has done a tremendous job to complete the first 5G specifications according to industry demand and expectations. As a prime contributor to 5G standardization, Ericsson has worked with industry partners in the evolution of mobile technology to a global network platform for consumers and enterprises. Our research team has worked on 5G since 2010 including early 5G testbed efforts created together with these industry partners. The open contribution-driven specification work and the rapid completion of the first 5G standards for global deployment demonstrates the strength of the 5G eco-system."

Fujitsu

Masayuki Seno, EVP and Head of Network Products Business Unit at Fujitsu, said:

"I'm very pleased that the first 5G NR standard has been completed today. Fujitsu will accelerate development of 5G NR products based on the first 3GPP 5G NR specifications and provide them to worldwide markets to support our customers' trials and commercial deployments."

Huawei

Chaobin Yang, President of Huawei 5G Product Line, said: "As one of the key players, Huawei has committed to develop a single global 5G standard. With the a successful cooperation and join efforts with global organizations including governments, regulatory agencies, research organizations, academia, industries, and many more sectors, 3GPP 5G NR standardization Phase 1 has been completed with great progress. Huawei will keep working with global partners to bring 5G into the period of large-scale global commercial deployment from 2018."

Intel

"We are pleased to work in cooperation and close alignment with global mobile industry leaders to support the new 3GPP non-standalone 5G NR standard and to accelerate the first NR trials," said Asha Keddy, Intel Vice President and General Manager, "As part of this coordinated effort, Intel will continue to play a leading role across the network, cloud and client devices; and with our first commercial 5G modems, we will help the ecosystem lead the way to 5G deployments worldwide."

KT Corporation

Dongmyun Lee, Chief Technology Officer and Head of Institute of Convergence Technology, KT said: "As one of the 5G leaders, we are greatly excited to witness the first ever release of 5G NR NSA specification that the whole industry including KT has endeavored to achieve in recent years and therefore make a strong commitment to finally bring full-scale services of the true 5G standards to commercial market as early as 2019. KT expects that such 3GPP's efforts meeting the market needs will further accelerate the realization of the 4th Industrial Revolution for telecommunication industry."

LG Electronics

I.P. Park, Chief Technology Officer, said: "LG Electronics is pleased to be one of key contributors to the first global 5G NR standard completed in a timely manner, which will play a pivotal role in enabling innovative IoT services and expediting the convergence of diverse industry sectors. Along with continued contributions to evolved 5G standards, we will make all the efforts to introduce new innovative 5G convergence products and services in the market."

LG Uplus

Joosik Choi, Head of 5G Strategy Planning, said: "We would like to thank to 3GPP and all companies for great effort on initial 5G NR NSA standard which will accelerate promising future. As one of the big contributor for RF analysis on LTE band, 3.5 GHz and 28 GHz dual connectivity operation, LG Uplus will keep endeavor for bring 5G NR deployment and advanced standard into industry for this ecosystem."

MediaTek Inc.

"The milestone reached is significant as it is an important step towards making 5G NR a commercial reality," said Dr. Kevin Jou, Corporate Sr. Vice President and Chief Technology Officer, MediaTek, "As a leading baseband chip provider, MediaTek has actively contributed to the standardization of 5G NR and will continue to do so. With the standard becoming stable, our focus is now on delivering viable commercial solutions that will enable the use of 5G NR technology to its full potential."

NEC Corporation

Atsuo Kawamura, Executive Vice President and Head of the Telecom Carrier Business Unit at NEC Corporation, said: "Completion of non-standalone 5G NR standardization is a significant milestone for the realization of full-scale 5G services. NEC is strongly committed to driving the progress of standardization for a global mobile system, and believes future 5G services will benefit society in an unprecedented manner by utilizing advanced information and communications technologies. NEC is creating secure and intelligent technologies to realize such services."

Nokia

Marcus Weldon, President of Nokia Bell Labs and Chief Technology Officer, Nokia, said: "This is a key milestone in bringing 5G to market, and one in which Nokia is proud to have played a significant role. 5G will advance new possibilities for the role of wireless technology in society, leading to dynamic innovation in mobile broadband and in industrial automation for industry 4.0, enabling the creation of exciting new applications that connect and control our physical and digital worlds."

NTT DoCoMo

Dr. Hiroshi Nakamura, Executive Vice President and Chief Technology Officer, NTT DoCoMo, said: "I would like to express my deepest gratitude for 3GPP's great effort to successfully complete the first release of 5G NR specification six months ahead of schedule. NTT DoCoMo has made tremendous contributions to the standardization as a world-leading mobile operator. We have been collaborating with various partners across industries to co-create 5G services through '5G Trial Sites' since this May. This completion will accelerate these activities and we will launch 5G services with non-standalone 5G NR by 2020."

Orange

Arnaud Vamparys, SVP Radio Networks, said: "Orange welcomes this inaugural first release of a worldwide standard for 5G. With subsequent 3GPP releases expected from mid 2018 that will accelerate application and IoT development, Orange sees a myriad of opportunities to deliver a differentiated and high quality network, and is therefore fully committed to working with the industry to roll out 5G."

Qualcomm Technologies, Inc.

"We are excited to be part of this significant milestone, and to once again be at the forefront making the 5G vision a reality in 2019," said Cristiano Amon, Executive Vice President, Qualcomm Technologies, Inc. and President, Qualcomm CDMA Technologies,

"We look forward to continue working with our mobile industry peers to bring 5G NR commercial networks and devices in 2019 in smartphone and other form factors, for both sub-6 GHz and mmWave frequency bands, and to continue developing 5G technologies to connect new industries and enable new services and user experiences in the years to come."

Samsung Electronics Co., Ltd.

DJ Koh, President and Head of IT and Mobile Communications Division at Samsung Electronics, said: "As a global leader in the mobile industry, Samsung has been collaborating with the whole industry to achieve this milestone in 5G standards. With the completion of 5G NSA NR standard, we will be able to expedite 5G commercial deployments including chipsets, devices and network equipment. Samsung will continue making every effort to deliver complete Rel-15 NR standards. Rel-15 NR and its further evolution will be a key milestone for the industry to meet the increasing global demand for enhanced mobile broadband services and exploring new business opportunities and services inspired by 5G."

SK Telecom

"Having global 3GPP 5G NR standard by 2017 is one of key milestones to bring 5G into early commercial service in 2019", said Jinhyo Park, EVP, Head of ICT R&D Center, "SK Telecom is proud to be one of key contributors to the accelerated 3GPP 5G NSA-NR standardization. We will continue to work on further development of 3GPP 5G NR to ensure readiness for early 5G commercial deployment."

Sony Mobile Communications Inc.

Izumi Kawanishi, Director, EVP, Sony Mobile Communications Inc., said: "Sony has been part of the 5G NR and NSA standardization and recognizes the progress in 3GPP to reach this important milestone with features targeting evolved mobile broadband and ultra low latency communications. Sony Mobile is ready for full-scale development of 5G NR smartphones to take benefit of the opportunities offered by the new standard."

Sprint

"We're excited to help usher in the next generation of wireless networks that will drive new levels of innovation and progress around the world," said Dr. John Saw, Sprint CTO, "We congratulate 3GPP and its delegates on this important milestone, and we look forward to working with our industry partners to deploy 5G NR in our 2.5 GHz (NR band n41) spectrum."

TIM

Giovanni Ferigo, CTO of TIM, said: "TIM has already defined a sound track towards 5G and is collaborating with key industry players, municipalities and public Institutions to unleash the full potential of 5G for people and vertical markets by 2020 expanding the footprint of LTE-A. The extraordinary work done in 3GPP in a few months to keep the promise of a first set of standards coping with the strict requirements of a new radio interface is a fundamental step in this roadmap. We are looking forward to contributing to the next 3GPP milestones which will complete the work on Release 15."

Telefonica

Enrique Blanco, Telefónica's Global Systems and Networks Director, said: "Telefónica greatly appreciates the efforts made by the industry for completing this major milestone towards 5G. Telefónica acknowledges the full potential of 5G, and encourages the industry to keep developing ambitious ideas in order to deliver outstanding connectivity and bring the best possible experience to our customers. Telefónica is fully committed to working with the industry in this direction."

Telia Company

"We are happy to see that the acceleration of 5G standardization that we and the whole industry called for in February has been achieved. This allows for the early commercial deployments needed to open up for innovation and new business opportunities that our customers expect from us", says Mauro Costa, Director Network Architecture & Strategy, Telia Company, "In order for the industry and society to take advantage of the full potential of 5G, it is vital that the standardization now continues with a focus to complete also the stand alone version."

T-Mobile USA

"This is an important moment and a crucial development toward making 5G NR happen," said Neville Ray, Chief Technology Officer for T-Mobile US, "At T-Mobile, we're committed to drive a 5G rollout across the US in 2020, and the efforts of 3GPP will help us to realize this great win for our customers."

Verizon

"Verizon is delighted that the 3GPP is moving quickly to release a global standard for mobile 5G," said Ed Chan, Chief Technology Architect and Network Planning, "With this important 3GPP milestone, Verizon is once again well positioned to deliver next-generation technology to customers just as we did with 4G LTE."

Vodafone

Luke Ibbetson, Head of Vodafone Group R&D, said: "Completion of the 5G standard six months earlier than originally anticipated is a significant milestone that should enable compliant network infrastructure and phones to be delivered in line with our requirements. This first version of 5G will build on the success of 4G, providing fast and highly efficient mobile broadband services to our customers and setting the foundation for the Gigabit Society."

ZTE

Huijun Xu, CTO of ZTE Corporation, said: "The completion of the non-standalone 5G NR standardization is a critical milestone in the industry. I really appreciate 3GPP's efforts in meeting this challenging schedule. As one of the contributors to the 5G standards-making process, ZTE will partner with the fellow mobile industry players to commit to accelerating the 5G NR large-scale trials and deployments."

5G 标准按时完成，产业携手加速商用步伐

中国移动、安立、亚太电信、美国电话电报公司、英国电信、中国信通院、大唐电信、中国电信、中国联通、德国电信、DISH 网络、爱立信、富士通、华为、英特尔、InterDigital、是德科技、KDDI Corporation、KT Corp、京瓷、联想、LG 电子、LG Uplus、联发科技、健通科技股份有限公司、三菱电机、日本电气股份有限公司、诺基亚、NTT DoCoMo, Inc.、OPPO、Orange、松下、Qualcomm Technologies、罗德与施瓦茨、三星电子、夏普、SK 电讯、软银、索尼移动通信、思博伦、星河亮点、住友电工、意大利电信、紫光展锐、Verizon、VIAVI、vivo、沃达丰、小米、中兴

当地时间 2018 年 6 月 13 日 20:18（北京时间 2018 年 6 月 14 日 11:18），3GPP 全会（TSG#80）批准了第五代移动通信技术标准（5G NR）独立组网功能冻结。加之 2017 年 12 月完成的非独立组网 NR 标准，5G 已经完成第一阶段全功能标准化工作，进入了产业全面冲刺新阶段。此次 SA 功能冻结，不仅使 5G NR 具备了独立部署的能力，也带来全新的端到端新架构，赋能企业级客户和垂直行业的智慧化发展，为运营商和产业合作伙伴带来新的商业模式，开启一个全连接的新时代。

来自全球主要电信运营商、网络设备商、终端和芯片厂商、仪器仪表厂商、互联网公司和其他垂直行业公司等 600 余名代表共同见证了这个历史时刻。3GPP TSG RAN 主席 Balázs Bertényi 表示：“5G NR 无线协议的冻结是无线产业在探索 5G 愿景实现路上的重要里程碑。5G NR SA 系统不仅显著增大了网络速率和容量，更为其他新行业打开了通过 5G 系统进行行业生态系统变革的大门。” 3GPP TSG SA 主席 Erik Guttman 表示：“5G 冻结这一里程碑的完成对于 5G SA 系统具有重要的意义。感谢数以百计的工程师们在过去的三年里夜以继日的辛勤付出，5G 系统标准终于进入正式完成阶段。这里还要特别感谢不同工作组之间的有效协作。5G 将带来移动通信行业的大拓展，并将成为我们经济、社会以及个人活动中越来越重要的一个元素。正因为 5G 新空口和核心网的全新、出色的能力，5G 系统为多样化服务的商用铺平了道路。全新的 5G 系统将为全新的商业模式提供不间断的‘专属’服务。与 4G 及其他几代移动通信不同的是，5G 可以根据各种业务的不同诉求，提供非常明确的个性化通信服务。目前，3GPP 已经开始研究如何利用 5G 支持工业自动化等垂直行业的诉求。基于今天这一重大事件，5G 与垂直行业的融合将在今后几个月甚至数年的时间内的多个领域同时开展。”3GPP TSG CT 主席 Georg Mayer 表示：“两年前，5G 在大家看来还只是一个愿景，甚至只是一场炒作，但伴随着 R15 标准的

完成，3GPP 在短时间内让 5G 成为可能。5G 的这一套标准不仅为用户提供了更高的数据速率和带宽，同时也通过开放、灵活的设计满足了不同行业的通信需求——5G 将是多样化产业的整合平台。而这一切都应归功于业界对完成 5G 标准这一目标而共同努力的意愿，以及 3GPP 架构与运作机制的高效。R15 标准的冻结只是 5G 发展的第一步，3GPP 今后将继续努力对其进行完善，使其可以更好地满足客户和工业界的需求。"相信经过 34 个月艰苦而高效的工作，凝聚各方协作与智慧的 5G 第一个版本，必将不负各界众望。

中国移动（China Mobile）

中国移动通信集团公司副总裁李正茂表示："本次会议举办地 La Jolla 在西班牙语中是'珍宝'之意。而正如举办地名字一样，5G 自诞生之日起，就被业界视为珍宝，承载着整个移动通信行业提供更高速流畅的宽带服务和更广泛有效的垂直行业通信解决方案的梦想和期望。业界也必将以此为契机，齐心合力全面加速 5G 的端到端成熟，共创跨界融合新生态，共同培育 5G 发展新模式，为全球数字经济发展做出更大的贡献。"

安立公司（Anritsu Corporation）

安立公司高级副总裁 Takashi Seike 表示："这是一件让人欣喜的事情，随着 5G NR SA 标准的逐步完成，我们看到下一代无线通信正一点点成为现实。Anritsu 将继续与业界顾客及伙伴通力合作，确保设备和服务质量，努力为 5G 的成功贡献力量。"

亚太电信（Asia Pacific Telecom）

亚太电信董事长吕芳铭表示：R15 NR 标准的完成为我们生活的世界引入更多智能化技术打开了大门。亚太电信很高兴和来自全球的业界伙伴继续探索更多基于 5G 技术的新应用。特别是创建 5G+8K 的生态系统以丰富我们的智能化生活，并为社会提供更多的创新解决方案。

美国电话电报公司（AT&T）

"随着 3GPP R15 的完成，5G 的商用业务愈发接近。"AT&T 接入架构和标准副总裁 Hank Kafka 表示："这一里程碑将允许我们使用符合标准的设备来进行鞴进一步的测试，为我们 2018 年在一些城市的 5G 商用铺平道路。我们很自豪作为业界的一份子参与到 5G 第一阶段标准的制定过程中。"

英国电信（British Telecom）

"BT 认为这是 5G 发展的又一意义重大的里程碑。"BT 首席架构师 Neil J. McRae 表示："这一步为 5G 实现低时延、大连接及高可靠等特性打下了坚实的基础，这对于我们即将进入第四代产业革命和更广泛合作时代的客户而言是至关重要的。"

中国信通院（CAICT）

中国信通院副院长王志勤表示："5G 第一版本标准的如期发布，凝聚了全球 5G 技术标准人员的智慧与汗水。5G 端到端新型业务能力，将成为开启万物互联新时代的重要引擎。IMT-2020 5G 推进组将与行业与社会各界一道，共同推动 5G 成功应用与发展。"

大唐电信（CATT）

大唐电信副总裁陈山枝表示："经过产业界各单位共同努力，5G 第一个完整版本标准规范得以顺利完成。独立组网方式是全面支持 5G 移动互联网和物联网丰富应用的前提，是 5G 网络成功商业化应用、发挥社会价值的加速器和倍增器。独立组网标准顺利完成也为 5G 产业的全面启动奠定了基础，商用化进度进入最后的冲刺阶段，大唐电信将一如既往地努力推动 5G 在全球的成功商用。"

中国电信（China Telecom）

中国电信集团公司执行副总裁刘桂清表示："作为 5G 标准的重要参与者，中国电信非常高兴 R15 全面冻结这一历史时刻的到来。随着 R15 独立组网标准的冻结，中国电信计划通过扩大现有的多城市外场测试，引领 5G 的性能验证和网络功能优化工作。与此同时，中国电信还期待继续与 3GPP 各方合作，进一步完成 R16 中的低时延高可靠标准工作。为促进 5G 产业成熟，中国电信还将通过与厂商和合作伙伴紧密合作，致力于产业链的推进，在业务创新方面进行不懈努力。"

中国联通（China Unicom）

中国联通集团公司副总经理邵广禄表示："本次会议上完成的 5G 标准版本，

是业界伙伴精诚合作的共同贡献，既凝结着通信专家们的汗水与心血，也饱含着对美好的智慧生活的期盼，必将成为 5G 成功商用的基石。5G 网络能满足多样的业务需求和场景，既可以提供高速无线接入，更可为垂直行业赋能，共同铸就"互联网+""中国制造 2025"的战略目标。中国联通将携手合作伙伴，构建良好的 5G 生态，以"五新"的姿态开创 5G 新局面、新格局！"

德国电信（Deutsche Telekom）

"作为 3GPP R15 标准的一部分，5G 独立组网及其云化的核心网架构等标准的完成让我们倍感欣慰，这是实现 5G 端到端系统的又一重要里程碑。"德国电信研究和技术创新高级副总裁 Alex Jinsung Choi 表示："德国电信近期在德国商用网络中完成了世界上首个基于 NSA 网络架构的试验。我们期待能够继续进行跨行业合作，以加速 5G 生态系统的构建，同时在时延降低、网络切片等方面持续探索，让我们的用户全面体验 5G 带来的优势。"

DISH 网络（DISH Network）

DISH 网络技术发展副主席 Mariam Sorond 表示："祝贺 3GPP，我们很高兴能够见证这一 5G 里程碑。5G 注定会带来工业界的深度转型，5G NR SA 标准的完成为新行业提供创新解决方案。我们将继续致力于 5G 未来里程碑的建设，以充分发挥 5G 提供大连接和垂直行业解决方案的潜能。"

爱立信（Ericsson）

爱立信高级副总裁兼首席技术官 Erik Ekudden 表示："在 3GPP 的领导下，整个通信行业全身心投入标准化的工作中。通过共同努力，我们极大加快了标准的交付时间，5G 商用进程正大步向前迈进。携手生态体系合作伙伴，我们将继续保持这一强劲发展势头，确保通信运营商能够成功推出符合 3GPP 标准的 5G 网络。"

富士通（Fujitsu）

富士通网络产品商业部部长、高级执行副总裁 Masayuki Seno 表示："Fujitsu 非常荣幸能同世界各地的运营商和供应商一起完成 5G NR SA 标准这一里程碑。5G 网络是大连接时代确保信息安全交互的基础。Fujitsu 将努力提供更优秀的 5G 网络产品，并与全球客户及伙伴一道，共同推动以人为本的技术创新。"

华为（Huawei）

华为 5G 产品线总裁杨超斌表示："全球 5G 标准的发展进入新阶段，华为非常高兴看到 3GPP 5G 独立组网（Standalone, SA）标准已经冻结，5G 标准化与产业生态建设又迈出关键一步。华为将积极投入 5G 技术与产品研发，持续与全球产业伙伴紧密合作，助力全球 5G 商用部署，构建 5G 产业健康生态。"

英特尔（Intel Corporation）

英特尔公司副总裁兼标准与下一代技术部门总经理 Asha Keddy 表示："随着即将展开的 5G 网络的全球部署，英特尔非常荣幸和业内合作伙伴携手，共同完成了 5G 独立组网（SA）新空口（NR）规范。这个新空口规范是 5G 网络发展的重大一步。通过英特尔的端到端网络、云和客户端产品，以及与合作伙伴的协同创新，我们正在重新构造网络，以实现计算和通信的真正融合。"

InterDigital

InterDigital Labs 副总裁 Robert DiFazio 表示："5G NR 独立组网及其他 5G 新技术标准的完成，是 3GPP 所有公司和数百位工程师多年来辛勤工作的成果，InterDigital 很荣幸与他们共事。InterDigital 在移动通信领域，多年来致力于在多代移动通信系统的标准化工作中扮演引领角色，我们很高兴继续在 5G 部署中贡献我们的技术，为全世界带来惊人的连接数量和绝佳的经济机遇。"

是德科技（Keysight Technologies）

是德科技高级副总裁 Satish Dhanasekaran 表示："是德科技非常荣幸能够和运营商及合作伙伴一起促进 5G 的标准化和商业化的加速。5G NR 标准独立组网版本（SA）的完成，是一个非常具有意义的里程碑，为整个 5G 行业生态链提供了前进的指南，将极大地促进 5G 的商用并为建设更加美好的社会释放巨大的推动力。作为测试领域的领导者，是德科技将提供从层 1 到层 7 的灵活完整的 5G 测试解决方案，我们正与其他行业领袖企业一起，为 3GPP 标准的开发和演进做出贡献。"

KDDI Corporation

KDDI 高级行政执行官 Yoshiaki Uchida 表示："我们很高兴能够作为 3GPP TSG

的领导者之一完成 5G 标准。随着 5G NR 标准的成功完成，KDDI 将继续和产业伙伴精诚合作，为 2020 年 5G 商用做准备。"

KT Corp

KT 执行副总裁、KT Infra Lab 主管 HongBeom Jeon 表示："自从 2 月平昌冬奥会的 5G 成功试验以来，我们致力于在 3GPP 实现更高水平的 5G 标准。KT 非常感谢 5G 标准能够按时完成，并将继续引领即将到来的 5G 商用。"

京瓷（KYOCERA Corporation）

京瓷高级执行官、公司研发部门总经理 Masahiro Inagaki 表示："5G NR 独立组网标准的完成是下一代无线技术演进的一个重要节点。京瓷相信这种新技术将从根本上改进网络的资源利用效率和部署的灵活性，从而支持具有不同 QoS 需求的、多样化的应用，包括要求高效率、高可靠性和低时延的 IoT、V2X 等应用。"

联想（Lenovo）

联想集团高级副总裁、首席技术官芮勇表示："3GPP 全会刚刚发布了 5G NR 的独立组网功能，这是 5G 迈过的一个重要的里程碑。5G 会改变游戏规则，对于通信及很多其他行业在未来很多年内都有极其广泛和深远的影响，其范围可包含当今社会最激动人心和具有前景的领域。联想一直与中国移动等重要行业伙伴一起努力加速实现 5G 技术的商业化，期望尽早让我们的消费者和客户获得最大利益。"

LG 电子（LG Electronics）

"能够作为重要一员，推动包含 5G SA 标准在内的 5G 第一阶段标准成功及时完成，LG 感到无比自豪，这是将 5G 技术扩展到多样应用环境和垂直行业的重要里程碑。" LG 电子首席技术官 Dr. I.P. Park 表示："我们已经准备好将 5G 智能产品和服务投放到全球市场，并大力推动 5G 标准的演进。"

LG Uplus

LG Uplus 5G 策略规划部长兼执行副总裁 Joosik Choi 表示："十分感谢 3GPP 和其他公司为 R15 5G SA NR 标准做出的贡献。基于该版标准，LG Uplus 已经做好在 2019 年进行 5G 商用部署的准备。我们也将继续为 5G NR 的发展贡献力量。"

联发科技（MediaTek）

联发科技资深副总经理庄承德表示："5G NR 独立组网的标准确立，是 5G 发展进程中又一个重要里程碑，将有助推进 5G 独立组网的全面覆盖。联发科技深度参与 5G 核心技术的标准化工作，随着 5G 独立组网和非独立组网标准的全面完成，我们的 5G 商用芯片开发也渐趋成熟。联发科技有信心也有实力，成为 5G 商用的第一梯队成员。"

三菱电机（Mitsubishi Electric Corporation）

三菱电机执行官、通信系统部门主管 Takashi Nishimura 表示："作为新 5G 标准的缔造者之一倍感荣幸。三菱电机愿致力于实现可持续的、安全的、舒适的繁荣社会，最大化利用已有的商业模式和新 5G 标准带来的机遇。"

日本电气股份有限公司（NEC Corporation）

NEC 执行副总裁、网络服务商业部门主管 Atsuo Kawamura 表示："NEC 非常荣幸参与了 5G NR 标准的完成。这是 5G 成功商用的一个重要里程碑，并将通过安全智能的技术带来新的价值和服务。未来 NEC 将继续研发 5G 技术并为社会提供创新的解决方案，推动通信技术进步和精细化服务的广泛应用。"

诺基亚（Nokia）

诺基亚贝尔实验室总裁、诺基亚首席技术官 Marcus Weldon 表示："今天这一历史性的时刻标志着 5G 的加速到来，是全球产业界精诚合作的见证。作为这一伟大进程的重要参与者，诺基亚深感自豪。5G NR 独立组网功能标准冻结实现了 5G 无线与新的 5G 核心网的连接，理念与诺基亚的 Future X 愿景相一致，为 5G 互联世界的数字化转型带来了无限可能。这必将为人类社会继移动宽带之后，开创一片数字经济的新天地。诺基亚将继续发挥独有的 5G 端到端技术实力，与业界伙伴共同实现未来网络愿景。"

NTT DoCoMo, INC.

DoCoMo 执行副总裁、首席技术官 Hiroshi Nakamura 表示："非常高兴 5G 标准的第一个版本已经完成。通过统一的非独立组网和独立组网技术，5G 标准的完成是可持续的 5G 研发以及 5G 全球生态系统拓展的起点。通过'DoCoMo 5G 开放合作伙伴项目'和'DoCoMo 5G 开放实验室'等活动，DoCoMo 一直致力于协同多个行业的合作伙伴一起打造 5G 服务。我们相信 5G 标准的完成将加速开放创新，为社会问题提供解决方案，实现更美好的未来。DoCoMo 将继续致力于与产业界共同合作，实现第四次工业革命。"

OPPO

OPPO 副总裁、研究院院长刘畅表示："5G 独立组网 SA 标准的完成，标志着5G 真正成为完整的通信系统，能够充分发挥出低时延高速率的优势。OPPO 愿携手中国移动和其他运营商伙伴，第一时间推出相应产品，为全球消费者提供更精彩丰富的业务体验。"

Orange

Orange 无线网络 SVP Arnaud Vamparys 表示："Orange 对于新 5G 标准的成功完成感到十分欣喜。这为未来 5G 的应用提供了更多的灵活性与自由度，并可在遵循各国政策法规及国情前提下，实现 5G 的自动部署。"

松下（Panasonic Corporation）

松下公司高级执行官、CTO Yoshiyuki Miyabe 表示："松下很高兴见证了 5G NR 标准的完成。5G 不仅可以用于语音和视频通信质量的提升，同时也为 IoT、自动驾驶等多种新服务提供了增强，这些都从根本上促进了社会问题的解决。我们十分乐意通过 5G，为达成更好的生活、更好的世界的目标贡献力量。"

Qualcomm Technologies

Qualcomm Incorporated 总裁克里斯蒂安诺·阿蒙表示："我们很高兴与业界同仁在 3GPP RAN、CT 和 SA 中合作实现了这一里程碑，完成了 5G 全球标准中的 5G 新空口独立组网。Qualcomm Technologies 不仅在为 3GPP 提供新的创想与方向上发挥了领导作用，还投入了巨大努力去推动实现新空口的商用，其中包括推出符合3GPP 5G 新空口规范的原型系统、进行互操作测试以及开发支持非独立组网和独立组网的 5G 新空口调制解调器芯片组。我们将继续与整个行业开展协作，共同推动

5G 技术演进以及独立和非独立组网的 5G 网络及移动设备的全球商用。"

罗德与施瓦茨（Rohde–Schwarz）

罗德与施瓦茨执行副总裁、测试与测量部门总裁 Andreas Pauly 表示："这是 5G 发展的一个重要节点。在 5G 产业化过程中，标准是基石，而测试提供了保障。作为无线测试的领先厂商，R&S 公司参与了 5G 标准研究的各个阶段，同时配合产业链合作伙伴完成 5G 各个阶段的试验测试。随着 5G NR SA 标准的正式冻结，R&S 将在 5G 新技术和各种应用领域继续加强与产业伙伴们的紧密合作，提供创新的测试方案，以应对 5G 带来的挑战，为 5G 产业的繁荣贡献力量。"

三星电子（Samsung Electronics）

三星电子执行副总裁 Seunghwan Cho 表示："5G 第一版本的标准顺利完成。三星电子一直以来引领着 5G 突破性技术的研究，和产业界的合作伙伴进行着紧密地合作，成功地完成了这一重要里程碑。三星电子将会继续投入，以获得 5G 商用化的成功，从而给每个人的生活带来全新的移动服务体验。"

夏普（Sharp Corporation）

夏普公司移动通信事业部高级副总裁表示："3GPP 今天完成了全球 5G 标准。通过使用 5G 标准，夏普将加速技术革新进程，如"8K"（超高清图像）和"AIoT"（以人为主的 IoT），为丰富人们的生活和社会的可持续发展贡献力量。"

SK 电讯（SK Telecom）

"这是通过利用 5G 新空口和 5G 核心网功能,实现 5G 技术革新的极具意义的一步。我们很高兴能够为这一重要里程碑做出贡献。SK 电讯执行副总裁、信息通信技术研发部门主任 Jinhyo Park 表示："及时完成 5G NR SA 标准鼓舞了运营商尽快实现 5G 商用。我们非常期待迈出 5G 商用的第一步，并和 5G 生态系统的合作伙伴一起保持这良好的势头。"

日本软银（SoftBank Corp.）

日本软银法人代表、首席技术官 Junichi Miyakawa 表示："软银希望能够表达对 3GPP 5G 标准及时完成的感恩心情。到 2020 年，所有事物都将连接到互联网上，引领一场前所未有的变革。Softbank 特别期待 5G 时代的到来，也十分期望可以引领整个行业加速 5G 商业化进程。"

索尼移动通信（Sony Mobile Communications Inc.）

索尼移动通信董事、执行副总裁 Hidehiko Teshirogi 表示："索尼是 5G NR 和 SA 标准推进的一份子，祝贺 3GPP 完成 SA 5G NR 标准。索尼已经准备好借助新标准提供的大好机遇大规模上市的 5G NR 智能手机。"

思博伦通信（Spirent Communications）

思博伦通信全球执行副总裁 Nigel Wright 表示："5G 独立组网（Standalone, SA）标准的完成，标志着 5G 产业进入新的发展阶段。作为测试解决方案提供商，思博伦将继续和产业各界合作，简化 5G 测试复杂度，降低 5G 测试成本，加速 5G 创新产品和应用上市的时间。思博伦将和业内伙伴紧密合作，共同迎接 5G 的到来。"

星河亮点（StarPoint）

星河亮点创始人张平表示："5G NR 标准 SA 版本的顺利完成是 5G 产业化历程上的重大里程碑。基于此，来自全球各运营商和移动通信厂商的 5G 产品和服务有了完整和统一的标准依据。未来 10 年，居民生活质量必将因此出现飞跃式提升。星河亮点可提供完备和高效的 5G 终端测试解决方案，配合中国移动和其他业界合作伙伴共同构建稳定而可靠的端到端网络通信环境。"

住友电气（Sumitomo Electric Industries, Ltd.）

住友电气管理执行官 Toshiaki Kakii 表示："作为一家全球领先的信息通信设备及通信网络系统供应商，我们对于第一版 5G NR 标准的完成感到十分高兴，也十分骄傲能够成为 5G NR 先驱之一。住友电气将继续发展先进的产品来支持 5G NR 商业网络和设备的引入。"

意大利电信（TIM）

TIM 技术创新部部长、副总裁 Enrico Bagnasc 表示："R15 的按时完成，是将 5G 逐步引入现有移动网络，以开拓移动网络新应用市场的重要的一步。能够为 3GPP 家族贡献力量完成这一标准，意大利电信感到非常自豪。NSA 和 SA 标准的完成为

5G 部署提供了更多可能，也将开始移动设备的新时代。"

紫光展锐（Unisoc）

紫光展锐首席运营官王靖明表示："5G SA 模式能全面展现 5G 的技术优势，真正满足 5G 时代的智能化需求。3GPP R15 的适时定稿为紫光展锐全力推进 5G 终端芯片研发，助力 5G 于 2020 年实现全面商用提供了技术标准保障。"

Verizon

Verizon 高级副总裁、首席技术架构师 Ed Chan 表示："我为 3GPP 完成包括 NR 独立组网的 R15 标准感到高兴。这一里程碑反映了我们在业界标准上的积极努力与合作以及在 5G 持续的引领，例如 2015 年创办 Verizon 5G 技术论坛加速 5G 创新等。本月早些时候，Verizon 实现了业界两个重要的首次：基于 3GPP NR 标准的成功户外数据会话以及成功的多载波聚合，达到 Gbit 级别。这些成功都是基于 3GPP NR 标准以及 Verizon 的 28 GHz 毫米波频谱，证明了 5G 技术惊人的潜力。我们展示了多个时延为 1.5 ms 的实时互动虚拟现实会话，同时还有 4K 视频流传输。我们正在同业界合作伙伴一起引领 5G 固定无线网和移动宽带网的部署。Verizon 相信 3GPP 5G 技术的标准化有助于我们进一步构筑未来服务的新时代。"

VIAVI

VIAVI 高级副总经理 Ian Langley 表示："第一阶段全功能 5G NR 标准工作的完成对整个无线通信行业来说都是一个振奋人心的消息。从 3G 时代开始，VIAVI 测试解决方案就专注于帮助产业加速下一代移动通信和宽带服务的发展和部署。VIAVI 将会加快 TM500 测试产品的开发，助力 5G SA，并为 5G 网络基础建设提供全面的支持。"

vivo

vivo 高级副总裁、首席技术官施玉坚表示："vivo 立足用户体验提升，参与推动完成了 5G 独立组网以及非独立组网标准。非常感谢业界工程师和技术专家们夜以继日努力工作。vivo 正在加紧 5G 手机的研发，力争在 2019 年推出支持独立组网的 5G 手机，为用户提供极致的 5G 体验。"

Vodafone

沃达丰 R&D 部长 Luke Ibbetson 表示："这是发挥 5G 全部潜力路上迈出的重要一步，我们期待未来十年即将迎来的移动革新。这一步也为包括 5G NR、LTE 演进和 LPWA 在内的 5G 家族增添了更多力量。"

小米（Xiaomi）

小米公司高级副总裁王翔表示："小米公司秉承着'让全球每个人都能享受科技带来的美好生活'的理念，积极参与 5G 标准化的制定过程。5G 的技术将为市场和行业应用提供更加宽广的平台，小米公司将利用自身的生态业务特点，结合 5G 的技术优势，为 5G 产业的应用和进一步发展做出持续的贡献。"

中兴（ZTE）

中兴通讯高级副总裁张建国表示："5G 标准第一阶段完整版本的如期诞生，凝聚了运营商及产业伙伴们的集体智慧和卓绝努力，必将进一步加速全球 5G 产业进程。一个更加开放、敏捷、智能的极速全连接时代已经触手可及，企业和行业应用的扩展更将使全社会受益。中兴通讯将继续携手业界同仁，为全球数字化发展贡献力量。"

名词索引